"十四五"时期国家重点出版物出版专项规划项目

先进制造理论研究与工程技术系列

国家双高数控技术专业群建设项目

机械创新设计

潘胤卓　杨　磊　主编

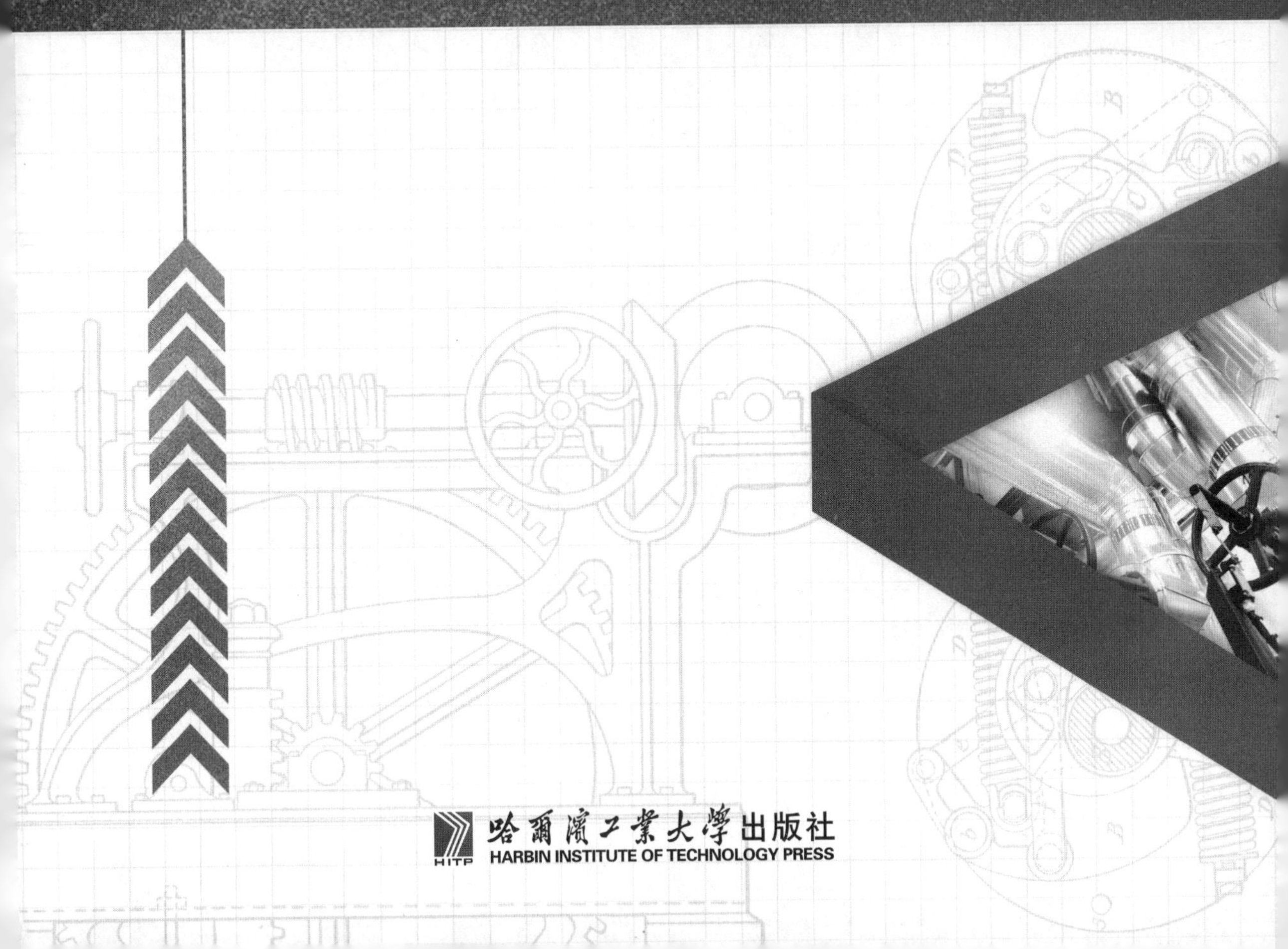

哈爾濱工業大學出版社
HARBIN INSTITUTE OF TECHNOLOGY PRESS

内 容 简 介

为加强对创新人才的培养、提高学生的创新能力，编者根据近年来为本科生开设"机械创新设计"课程的教学经验编写了本书。本书内容主要分为八个项目：绪论、创新思维与技法、机构的组合与创新设计、机械机构与创新设计、机构变异与创新设计、反求设计与创新、TRIZ 理论与创新设计以及机械创新实例与分析。在使用时，读者可结合具体情况对学习内容加以增减。

本书可作为普通高等学校机械类专业的教材，也可作为非机械类专业学生及有关工程技术人员的参考书。

图书在版编目(CIP)数据

机械创新设计/潘胤卓，杨磊主编. —哈尔滨：哈尔滨工业大学出版社，2022.10

ISBN 978-7-5603-3791-3

Ⅰ.①机… Ⅱ.①潘… ②杨… Ⅲ.①机械设计 Ⅳ.①TH122

中国版本图书馆 CIP 数据核字(2022)第 094804 号

策划编辑 张 荣
责任编辑 李长波 惠 晗
出版发行 哈尔滨工业大学出版社
社 址 哈尔滨市南岗区复华四道街 10 号 邮编 150006
传 真 0451-86414749
网 址 http://hitpress.hit.edu.cn
印 刷 哈尔滨市工大节能印刷厂
开 本 787 mm×1 092 mm 1/16 印张 21.25 字数 516 千字
版 次 2022 年 10 月第 1 版 2022 年 10 月第 1 次印刷
书 号 ISBN 978-7-5603-3791-3
定 价 56.00 元

前　言

国民经济的发展水平取决于国家科学技术的发展水平，科学技术的发展水平很大程度上又取决于科技创新的水平，而科技创新的水平又依赖于科技人员的创新能力的高低。大学生应该用创造的精神运用创造学，以便开阔思路、启迪思维，开发出自已潜在的创造能力；还应该把创造学作为入门的向导，以便在学习中重新认识自己、发现自己，并尽可能地把创造学与各专业的科学技术知识及日常的生活实际相结合，尽早地、自觉地进入创造角色，把自己培养成富有创造性的人才，为我国的社会主义经济腾飞多作贡献，为赶超世界先进水平而奋斗。

一个国家或民族，如果没有一大批富有创造才能的人，没有一大批创新成果及时转化为新的生产力，那么要自立于世界民族之林是决不可能的。为了开发机械类专业学生在机械设计方面的创新能力，培养他们的创新精神，我们编写了这本《机械创新设计》教材。《机械创新设计》是现代机械设计学、哲学、认识科学、思维科学、发明创造学交叉形成的一门关于探讨机械设计创新原理及方法的创新设计学，是创新教育在“机械设计”课程中的具体实践。创造学是一门刚起步的新学科，在许多方面还不够成熟，本书作为一本新编教材可以参考的内容十分有限。既然是创新，就需要去探索，我们正是本着探索的创新精神来编写这本教材的。

本书旨在让工程设计人员掌握一定的创新设计理论及方法，在编写过程中力求做到以下几点：

(1)以循序渐进、兼顾理论与工程应用的原则为出发点。本书内容讲解从概念出发，进而到设计理论，再到设计方法，并在其中穿插具体的创新设计实例，具有很强的实用性。

(2)在内容的组织安排上，力求由浅入深，逐层推进，便于读者学习。本书内容按照读者学习的顺序进行编写，阅读本书，读者可以先掌握概念，再掌握理论，最后掌握方法和技巧，扎扎实实地学好每一步。

在本书的编写过程中，编者参阅了大量文献资料，引用了有关教材和参考书中的精华及许多专家、学者的部分成果和观点，在此特对他们致以真诚的感谢！

全书由黑龙江职业学院潘胤卓负责统稿并担任主编。参加本书编写的教师还有哈尔滨北方航空职业技术学院杨磊、黑龙江职业学院季思慧、哈尔滨北方航空职业技术学院王丽丽，具体分工如下：前言、项目一、项目二、项目三、项目四由杨磊编写；项目五、项目六、项目七由潘胤卓编写；项目八的任务一、任务二由季思慧编写；项目八的任务三、任务四由王丽丽编写。

鉴于机械创新设计内容涉及面广，加之编者水平有限，书中难免会有不足之处，敬请读者批评指正。

编　者

2022 年 8 月

目　　录

<table>
<tr><th colspan="5">项目总评表</th></tr>
<tr><th>项目</th><th colspan="2">任务及内容</th><th>成绩</th><th>实训心得</th></tr>
<tr><td rowspan="2">项目一</td><td>任务一</td><td>创新设计概述</td><td></td><td></td></tr>
<tr><td>任务二</td><td>创新教育与人才培养</td><td></td><td></td></tr>
<tr><td rowspan="2">项目二</td><td>任务一</td><td>创新思维</td><td></td><td></td></tr>
<tr><td>任务二</td><td>创新技法</td><td></td><td></td></tr>
<tr><td rowspan="2">项目三</td><td>任务一</td><td>机构的组合</td><td></td><td></td></tr>
<tr><td>任务二</td><td>机构组合的创新设计方法</td><td></td><td></td></tr>
<tr><td rowspan="4">项目四</td><td>任务一</td><td>机械结构设计的
概念与基本要求</td><td></td><td></td></tr>
<tr><td>任务二</td><td>实现零件功能的
结构设计与创新</td><td></td><td></td></tr>
<tr><td>任务三</td><td>机械产品的模块化与创新设计</td><td></td><td></td></tr>
<tr><td>任务四</td><td>提高性能的设计</td><td></td><td></td></tr>
<tr><td>项目五</td><td>任务</td><td>机构的倒置(机架变换)</td><td></td><td></td></tr>
<tr><td rowspan="2">项目六</td><td>任务一</td><td>反求设计概述</td><td></td><td></td></tr>
<tr><td>任务二</td><td>硬件反求设计与创新</td><td></td><td></td></tr>
<tr><td rowspan="2">项目七</td><td>任务一</td><td>TRIZ 理论概述</td><td></td><td></td></tr>
<tr><td>任务二</td><td>TRIZ 理论 40 个基本原理</td><td></td><td></td></tr>
</table>

<table>
<tr><th colspan="5">项目总评表</th></tr>
<tr><th>项目</th><th colspan="2">任务及内容</th><th>成绩</th><th>实训心得</th></tr>
<tr><td rowspan="4">项目八</td><td>任务一</td><td>新型内燃机的开发实例</td><td></td><td></td></tr>
<tr><td>任务二</td><td>圆柱凸轮数控铣削装置的创新设计实例</td><td></td><td></td></tr>
<tr><td>任务三</td><td>全自动送筷机创新设计实例</td><td></td><td></td></tr>
<tr><td>任务四</td><td>小型钢轨砂带成形打磨机设计实例</td><td></td><td></td></tr>
<tr><td colspan="3">阶段考核</td><td></td><td></td></tr>
<tr><td colspan="3">期末考试</td><td></td><td></td></tr>
<tr><td colspan="3">平均成绩</td><td></td><td></td></tr>
</table>

项目一

绪　论

【学习目标】

1.了解创新、创造与设计的概念
2.掌握创新教育的意义
3.明确创新的风险
4.熟知创新人才培养的方向性

【任务引入】

机械创新设计是指充分发挥设计者的创造力，利用人类已有的相关科学技术成果(含理论、方法、技术、原理等)进行创新构思设计出具有新颖性、创造性及实用性的机构或机械产品(装置)的一种实践活动。机械创新设计包含两个部分:一是改进完善生产或生活中现有机械产品的技术性能、可靠性、经济性及适用性等;二是创造设计出新产品、新机器，以满足新的生活的需要。

任务一　创新设计概述

【任务要求】

掌握创新设计的概念与创新教育人才培养的构成，能够在学习中开拓思维，积累知识，为后续学习过程打下坚实的理论基础。

【任务分析】

根据创新的概念，分析创造、创新与设计的用途，熟知创新设计的知识理论，明确创新风险的重要性，匹配创新教育与人才培养的途径，在学习过程中对创新的发散性概念有清晰的导向目标，丰富自身的创新创造概念，将创新设计概念正确地运用到学习工作中，在各类创新设计赛项中开拓进取、拓展思维，例如在“中国大学生机械创新设计大赛”“互联网＋”“中国大学生 TRIZ 杯创新方法大赛”等机械创新设计类比赛中将创新融入实际，在实际设计过程中完成创新的过程。

【任务实施】

一、创造

创造是指将两个或两个以上概念或事物按一定方式联系起来，主观地制造客观上能被人普遍接受的事物，以达到某种目的的行为。简而言之，创造就是把以前没有的事物产生或造出来，这是一种典型的人类自主行为。因此，创造的一个最大特点是有意识地对世界进行探索性劳动，想出新方法、建立新理论、做出新成绩或东西。

创造的本质在于甄选，甄选出真正有建设性的联系（事物或概念之间的联系）。例如，当你想拿到桌子上的一个花瓶却又因为自己太矮而够不着时，你挠挠头往周围看了看，发现旁边有一个凳子。你突然想到也许可以通过站到凳子上而够到花瓶，这是最关键的一步，通常称为灵感（这个现象类似于生物中的突变，这里发生的变化是改变了凳子只是用来坐的这样的观念）。做到这一步时，你已经将“凳子”和“自己的身体”这两个概念在头脑里联系起来了，并且进行了一个思想试验过程：首先看了看凳子的高度，大概判断了下自己如果站在上面很可能就可以够着花瓶了，并且觉得自己肯定可以爬到凳子上去。于是你头脑中迅速闪过了你爬到凳子上然后顺利够着花瓶的情景。这个思维过程完成后，你就完成了一个“手续概念”的创造。为了方便陈述，你还可以把刚才这个手续概念命名为“通过站在凳子上拿到桌子上的花瓶的方法”。

为了验证刚才创造的这一手续的可行性，你将你的想法付诸实现，结果也许真的可行，也许不可行，或者造成了你没有想到的结果，比如凳子翻了你摔倒了，还把花瓶打碎了，这都是因为你在头脑中模拟的过程忽略了某些应该考虑的重要因素（比如凳子的稳定性、地面的摩擦系数，或者对凳子和自己的高度判断不准确等）。如果可行，并且拿到了花瓶，那么你就进行了一个“概念的物理实现”的创造过程，也就是说你将你创造概念的“物理实际”也创造出来了。它本质上就像你完成了一个建筑的设计，并且亲自把它建造出来一样。经历了这件事后，再遇到类似的问题就能够马上想起已经建设完成的这个概念，这就是你增长的知识。可见创造可以分为概念的创造和概念的物理实现创造两种。

二、创新

1. 创新的定义

创新是指以根据现有的思维模式提出有别于常规或常人思路的见解为导向，利用现有的知识和物质，在特定的环境中，本着理想化需要或为满足社会需求的原则而改进或创造新的事物、方法、元素、路径、环境，并能获得一定有益效果的行为。

2. 创新的内涵

创新从哲学上来说是一种人的创造性实践行为，这种实践为的是增加利益总量，需要对事物和发现的利用和再创造，特别是对物质世界矛盾的利用和再创造。人类通过对物质世界的利用和再创造，制造新的矛盾关系，形成新的物质形态。

创意是创新的特定思维形态，意识的新发展是人对于自我的创新。发现与创新构成人类相对于物质世界的解放，是人类自我创造及发展的核心矛盾关系，它们代表两个不同的创造性行为。只有对于发现的否定性再创造才是人类创新发展的基点。实践是创新的根本所在。创新的无限性在于物质世界的无限性。

三、设计

《现代汉语词典》(第七版)对设计的解释为:“在正式做某项工作之前，根据一定的目的要求，预先制定方法、图样等”。实际上，设计本身就是一种有目的的创作。设计是人类社会最基本的一种生产实践活动，它是创造精神财富和物质文明的重要环节。设计的发展与人类历史的发展一样，是逐渐进化、逐步发展的。

人类最初的设计是一种单凭直觉的创造活动，这些活动的意义仅仅是为了满足生存。例如，为了保暖剥下兽皮或树皮，稍加整理就披在身上防寒，即设计了服装；为了猎取动物、分食兽肉，设计了刀形斧状的工具，这也许就是最初的结构设计。

后来设计经过发展，不再是仅仅为了生存，而上升到为了生活质量的提高，为了精神上的某种需要。例如，设计的服装不仅能御寒，还要美观。此时，人们开始利用数学与物理的研究成果解决设计问题。当设计的产品经过实践的检验，并有了丰富的设计经验以后，就开始归纳总结出各种设计的经验公式，并通过试验与测试获得各种设计参数，作为以后设计的依据。例如，“周三径一”就是早期人们用来估算圆周长和直径的计算公式。同时开始借助于图纸绘制设计的产品，逐步使设计规范化。

现在的设计或称现代设计，不论从深度还是广度都发生了巨大的变化。特别是电子计算机的出现，使人们已不再把时间和精力花费在烦琐的计算上，而是用在更高层面的设计上，平面图纸的设计也逐渐被三维设计取代，并出现了优化设计、并行设计、虚拟设计等现代设计方法。设计产品更新换代的时间逐渐缩短，第一代产品刚问世不久，第二代、第三代产品很快会接踵而来。例如，自 1790 年美国实施专利制度以来，至今已有 600 多万件专利，前 100 万件用了 85 年，后 100 万件只用了 8 年。戈登·摩尔(Gordon Moore)在

1965 年预言平方英寸芯片的晶体管数目每过 18～24 个月就将增加一倍，成本则下降一半。在 1969 年，他在细致地总结和归纳后将这个规律的时间区间修正为 18 个月，这就是著名的摩尔定律。

在这样一个快速发展的时代，人们的要求越来越高，对设计及设计工作者提出了更高的水准要求，设计向什么方向发展，设计如何满足现代人的需求，已经成为当今社会重要的话题。

四、创新设计的形成

创新设计是创新理念与设计实践的结合，发挥创造性的思维，将科学、技术、文化、艺术、社会、经济融合在设计之中，设计出具有新颖性、创造性和实用性的新产品。创新设计可以从以下几个侧重点出发：

(1)从用户需求出发，以人为本，满足用户的需求。

(2)从挖掘产品功能出发，赋予老产品新的功能、新的用途。

(3)从成本设计理念出发，采用新材料、新方法、新技术，降低产品成本、提高产品质量、提高产品竞争力。

五、创新设计的本质

创新是设计本质的要求，也是时代的要求。作为“为传达而设计”的视觉传达设计，如何正确充分地传达信息是每一个设计者始终要面临的中心问题。但是，在当今社会，仅仅把传达信息的关键词定位于正确和充分显然是不够的，必须要把视觉传达设计的创新重视起来，从设计理念、视觉语言和技术表现方式的创新入手，正确充分地传达信息。

六、创新设计的层次

随着人类社会从工业化社会到信息化社会的发展，视觉传达设计经历了商业美术、工艺美术、印刷美术设计，装潢设计，平面设计等几大阶段的演变，最终成为以视觉媒介为载体，利用视觉符号表现并传达信息的设计。“创新”一词对于我们来说并不陌生，创新表现在人类社会历史发展的每一个方面。就设计界来说，创新同样也是设计的灵魂，是设计的本质要求。不论是纵观历史，还是着眼现实，一幅优秀的视觉传达设计作品，都是在创新的基础上对其所表现设计主题的信息进行正确、充分地传达。那么，视觉传达设计的创新究竟体现在哪些方面？在笔者看来，视觉传达设计的创新包含以下三个层次：

(1)视觉传达设计的创新是对设计理念和思维的创新。

视觉传达设计的创新是对设计理念和思维的创新，简而言之，就是对过去的设计经验和知识的创新。创新根据性质、程度的不同可以理解为继承传统式的创新和激进式的创新，后者发展到一定程度上甚至成为一种否定和反叛，尤其是对于长期以来自我潜意识所形成的一种固定思维框架的否定和反叛。从马克思主义哲学观来看，创新就是事物螺旋式上升的运动。

(2)视觉传达设计的创新是对视觉语言的创新。

从某种意义上来讲，视觉传达设计就是“图形语言化”和“语言化图形”的过程。为了达到信息传达的目标，设计师需要始终不渝地寻找、挖掘并创造出最佳的视觉语言，借以表现传达自我的设计理念和艺术主张。19世纪和20世纪的许多艺术和设计运动都是以探索视觉语言新形式为基本目标的，一种新的形式往往是由反传统的艺术通过反对过去时代的艺术而创生的，“工艺美术运动”“新艺术”“现代主义”“波普设计”和“后现代主义”等流派的设计运动在形式方面的试验与革命，以及为寻找并获得体现时代特征的形式和视觉语言而进行的探索都说明了这一点。

(3)视觉传达设计的创新是对技术表现方式的创新。

科学技术在人类历史发展中的作用是不言而喻的，它所提供的思维方式、理论模式、试验成果、先进机器工具等都为设计提供了强有力的精神和物质基础。从某种角度上看，设计就是设计者依靠对其有用的、现实的材料和工具，在意识与想象的深刻作用下，受惠于当时的技术文明而进行的创造。随着技法、材料、工具等的变化，技术对于设计的创新产生着直接的影响。

就视觉传达设计创新的这三个层次而言，它们具有辩证统一、不可分割的整体关系。设计理念创新是视觉语言创新和技术表现方式创新的前提和基础；而视觉语言创新是设计理念创新和技术表现方式创新的表现形式；技术表现方式创新则为前二者提供强有力的技术支持和实现途径。

进入21世纪，人类不得不承认技术正在重新构造现实，它已经成为一种强大的力量，在很大程度上控制和决定了社会、经济、文化及其未来的发展。计算机技术、网络信息技术、多媒体技术使人们直接面临“数字化生存”，与此同时，它们也冲击着传统的传达方式，视觉传达设计正在经历着一场数字化的革命。而这些先进的技术、探索设备、研究方法和手段，也为设计师观察事物的角度和思维方式提供了不断延伸和扩展的机会。因此，设计师只有主动地迎接信息时代的洗礼，从设计理念、视觉语言和技术表现方式的创新入手，坚持三者的辩证统一，才能彻底地推动视觉传达设计在信息时代的大发展。

七、创新风险的含义

风险是由于各种因素的复杂性和变动性的影响，实际结果和预期结果发生背离而导致利益损失的可能性。创新风险则是指创新主体在创新设计的过程中，由于技术本身和市场环境的不确定性、创新项目本身的难度以及企业自身能力的制约，致使创新设计不能取得预期的成果或失败而造成各种损失的可能性。同时，由于创新设计又是一个由以下阶段组成的过程，即产生创意构思—提出实现创意构思的设计原型—开发试验模型—工艺试验和新产品试生产—初次商业化生产—大规模生产—创新技术扩散，其中只要有一个阶段出现严重障碍就会导致整个创新设计过程的失败。因此，可以说创新设计是一项充满风险的工作，这种风险主要表现在创新过程中的高度不确定性上。

1. 技术上的不确定性

技术上的不确定性由以下几个因素所导致。

(1)技术本身的不成熟。

有些创意和设计虽然在技术上、市场上都很有吸引力，而且最初看来在技术上也是可行的，然而，一旦投产就会发现许多技术问题还没有或无法解决，需要做较大的改进，甚至

进行再创意和设计，而企业又可能没有这方面的能力和精力，创新项目不得不半途而废。

(2)辅助性技术的缺少。

有些创意和设计，本身技术上没有什么问题，然而它的成功实施还取决于一些其他辅助性技术的发展，而有些辅助性技术很可能是目前无法做到的。

(3)技术的飞速变化和市场的激烈竞争。

当企业进行一项创新设计时，最初这项技术是先进的，但是由于创新过程的完成需要一定的时间，当创新完成时，一项新的更好的技术也许已经出现，原创新的技术已经变得过时；同时，当一个企业在进行一项创新设计时，也许还有别的企业也在进行类似的创新，激烈的市场竞争并不能确保本企业的创新一定会优于别人。

2. 市场的不确定性

市场的不确定性主要包括以下几点。

(1)市场需求的变化。

企业在进行创新设计时，一般首先要进行市场调查，了解市场需求，根据市场需求选择创新项目。但是由于市场需求的变化有时是出人意料的，当创新项目完成时，市场需求也许会发生根本变化，导致创新产品的市场受到很大的冲击。

(2)市场预测不准确。

当市场前景模糊不定时，需要进行市场预测，根据市场预测的结果决定创新项目。但是，市场的复杂性和企业市场预测能力的有限性可能会造成市场预测的不准确，由此会导致创新产品不受市场欢迎。

(3)模仿的存在。

由于存在着对创新的可能的模仿，创新产品的市场会由于模仿产品的进入而受到影响。

(4)技术引进的冲击。

当企业正在进行某项创新设计时，可能会有另外的企业正在从国外引进类似的技术。如果引进技术的产品的性能、质量优于该创新产品，该项创新产品的市场前景会变得暗淡无光。

3. 其他不确定性

其他不确定性主要包括以下几点。

(1)政策法规的不确定性。

在企业进行创新设计时，有时会出现国家宏观调控政策和法律法规的调整，从而影响创新设计项目的继续实施。

(2)投资的不确定性。

在企业进行创新设计过程中，由于创新设计所需要的设备、原材料、人力成本等费用的变化，可能会出现投资预算不足的情况，而创新项目的投资者又不愿意增加投资时，将会因投资不足而导致创新项目半途而废。

(3)人才的不确定性。

在企业进行创新设计过程中，有时会出现由于创新项目的主持者或主要参加者调离企业而使创新项目难以继续的情况。

总之，创新设计是一项高风险的事业，企业必须高度重视创新设计的风险，加强风险研究，采用科学可行的方法来进行创新设计风险管理。

【任务评价】

创新设计的概念、应用掌握情况评价表见表1.1。

表1.1 创新设计的概念、应用掌握情况评价表

序号	评价项目	自评			师评		
		A	B	C	A	B	C
1	能说出创新设计的本质						
2	知道创新设计的形成						
3	掌握创新的定义						
4	能说出创造的概念						
5	明确创新的要点						
综合评定							

【知识链接】

一、创新设计风险的种类

对创新设计风险进行分类是深入研究创新设计风险和加强创新设计风险管理的需要，按照不同的研究角度和分类标准可以对创新设计风险做出不同的分类。

1. 系统风险和环境风险

从系统论的角度研究创新设计风险，可以将创新设计风险划分为系统风险和环境风险。

(1)系统风险。

系统风险是指因创新设计系统内部的有关因素及其变化的不确定性，而引起创新活动失败的可能性。这里的创新设计系统是指一项创新设计所需的各种要素的集合及其相互关系，并不以创新主体为边界。从企业的创新能力来看，系统风险是指开发部门的技术能力、人员素质、设备水平、管理水平、投资强度、市场开拓能力等方面导致创新设计失败的可能性；从企业经营管理来看，系统风险是指市场调研、技术开发、资金筹措、财务管理、生产管理、组织管理、战略管理、决策等方面导致创新设计失败的可能性。

(2)环境风险。

环境风险是指由创新设计系统以外的环境因素及其变化的不确定性，从而导致创新项目失败的可能性。环境中的风险因素在很大程度上是不可控的，尤其是宏观环境因素导致的风险是难以预测和控制的，而微观环境因素在一定程度上是可以施加影响的。

2. 过程性风险和非过程性风险

将创新设计作为一个过程来研究创新设计的风险，可以将创新设计风险划分为过程性风险和非过程性风险。

（1）过程性风险。

过程性风险是指由于创新设计过程中的某些因素及其变化的不确定性而引起创新活动失败的可能性，如创新构思不新颖、设计不合理所导致的创新风险等。过程性风险比较直观，容易被人们识别、研究与防范。

（2）非过程性风险。

非过程性风险是指由于创新设计过程以外的某些因素而引起创新活动失败的可能性，如创新设计战略不明确、创新设计主体内部组织结构不协调等所导致的创新风险。非过程性风险不属于创新过程及其特定阶段，并不直观，因而也不易被人们认识、研究与防范。

在企业创新设计的实际工作中，过程性风险和非过程性风险往往是同时存在、共同作用的，而由于企业通常只注意到显而易见的过程性创新设计风险，忽视非过程性创新设计风险，因此导致创新设计的失败。

3. 不同层次的创新设计风险

从创新设计风险的层次性角度研究创新设计风险，可以将创新设计风险划分为最高层次创新设计风险、中间层次创新设计风险和最低层次创新设计风险。

（1）最高层次创新设计风险。

最高层次创新设计风险是决定企业生存与发展的风险，主要是方向性、战略性、关键性的因素导致的风险，如开发方向的选择和决策、市场机会的识别与判断、创新设计资源的投入等。

（2）中间层次创新设计风险。

中间层次创新设计风险是创新设计系统中各个子系统的管理与协调等因素导致的风险，如研究与开发、生产、销售等部门的管理与协调中存在的不利于创新成功的因素。

（3）最低层次创新设计风险。

最低层次创新设计风险是在创新设计过程中各个阶段可能出现的最直接、最具体的因素导致的风险。

三个层次的风险与环境中存在的风险构成一个复杂的风险系统。这种分类方法的意义在于提供一个明确的风险层次结构思考模型，有利于风险的分析，为创新设计风险的分层次防范奠定了重要的基础。

4. 不同阶段的创新设计风险

从创新设计过程的各个阶段来研究创新设计风险，可以将创新设计风险划分为开发前风险、技术风险、生产风险和商业风险。

（1）开发前风险。

开发前风险是指由于调研不准、决策失误所造成的风险。

（2）技术风险。

技术风险是指创新活动从立项开始到样品试制阶段的风险。

（3）生产风险。

生产风险是指从小批试制到批量生产阶段的风险。

（4）商业风险。

商业风险是指批量生产阶段以后出现的，消费者不肯接受创新产品或因消费需求变动使创新产品没有市场，以及由于市场竞争过度和代替产品出现所形成的风险。

【知识拓展】

设计是一种产品生产，这种产品具有物理的属性，可批量生产，它满足商品的价值规律，反映着设计的市场性、时代的科技水平，是时代的必然产物。设计是一种艺术创造，它体现着人类的精神文化价值，实现了设计师的才能和精神对象化，并通过产品反映出来，产品表现着设计师的一切。就设计生产来说，设计不仅仅是产品生产，而且生产了设计师的主体和欣赏感受艺术的大众这个主体。它的大众化是远大于其他艺术所产生的影响。所以在我们看来，设计美学所反映出来的审美价值是多元的整体。

【想想练练】

一、想一想

根据生活中的实际情况，谈一谈创新设计的灵感来自哪里？机械的创新对于人们的生活存在哪些不可缺少的作用？当下社会中有哪些设计存在创新设计闪光点？

二、练一练

1. 简述创造的概念。
2. 简述创新的定义。
3. 简述创新的要点。
4. 简述创新设计的风险。

任务二　创新教育与人才培养

【任务要求】

掌握创新教育与人才培养的方案，明晰自身努力前进的方向。

【任务分析】

为适应21世纪知识经济时代的创新性特征，培养和拥有大量的创新型高素质人才已成为当今教育必须完成的紧迫任务。而创新人才的培养对教育提出了新的更高要求，为此必须转变教育观念，在创新教育中培养国家与社会需要的创新人才。

【任务实施】

新时代赋予青少年实现中华民族伟大复兴的重任，“六个下功夫”对教育培养时代新人提出了具体要求，明确了教育的主要内容和基本任务。

1. 坚定学生的理想信念

为了解决好世界观、人生观和价值观这个“总开关”问题，必须开展理想信念教育，坚定学生的理想信念。因此，要加强习近平新时代中国特色社会主义思想教育，引导学生领

会党中央治国理政新理念、新思想和新战略。要加强中国历史特别是近现代史教育、革命文化教育、中国特色社会主义宣传教育、中国梦主题宣传教育及时事政策教育，引导学生深入了解中国革命史、中国共产党史、改革开放史和社会主义发展史，继承革命传统，传承红色基因，深刻领会实现中华民族伟大复兴是中华民族近代以来最伟大的梦想，增强学生的中国特色社会主义道路自信、理论自信、制度自信、文化自信，使学生不断树立为共产主义远大理想和中国特色社会主义共同理想而奋斗的信念和信心，立志肩负起民族复兴的时代重任。

2. 厚植学生的爱国主义情怀

爱国是人世间最深层、最持久的情感。爱国主义是中华民族精神的核心，始终是中华民族坚强团结在一起的精神力量。因此，必须厚植学生的爱国主义情怀，必须开展家国情怀教育、社会关爱教育和人格修养教育，传承发展中华优秀传统文化，大力弘扬核心思想理念、中华传统美德、中华人文精神，引导学生了解中华优秀传统文化的历史渊源、发展脉络、精神内涵，增强文化自觉和文化自信。要把爱国和爱党、爱社会主义相统一，这是当代中国爱国主义精神的最重要体现，引导学生热爱和拥护中国共产党，立志听党话、跟党走，立志扎根人民、奉献国家。

3. 增强学生的品德修养

道德是社会关系的基石，是人际和谐的基础，育人的根本在于立德。增强学生的品德修养就是要把社会主义核心价值观融入国民教育全过程，落实到中小学教育教学和管理服务各环节，深入开展爱国主义教育、国情教育、国家安全教育、民族团结教育、法治教育、诚信教育、文明礼仪教育等，引导学生牢牢把握富强、民主、文明、和谐作为国家层面的价值目标，深刻理解自由、平等、公正、法治作为社会层面的价值取向，自觉遵守爱国、敬业、诚信、友善作为公民层面的价值准则，踏踏实实修好品德，成为有大爱、大德、大情怀的人。

4. 增长学生的知识见识

当今世界，知识更新的节奏不断加快，如今的学习没有完成时，只有进行时，可以说，增长知识见识是一辈子的事情。因此，要增长学生的知识见识，就是要引导学生珍惜学习时光，具备持久学习的热情和兴趣，心无旁骛求知问学。面对信息爆炸、技术革新一日千里，见识的培育更为关键。要引导学生增长见识，丰富学识，具备粗中取精的信息筛选力、去伪存真的知识鉴别力、把握时代大势的洞察力，沿着求真理、悟道理、明事理的方向前进。

5. 培养学生的奋斗精神

新时代是奋斗者的时代，幸福都是奋斗出来的。我们当下所处的新时代，是一个需要无数奋斗者的伟大时代。因此，要培养学生的奋斗精神，就是要教育引导学生树立高远志向，秉持为人民谋幸福、为民族谋复兴、为世界谋大同的使命，历练敢于担当、不懈奋斗的精神。要教育引导学生具有勇于奋斗的精神状态、乐观向上的人生态度，做到刚健有为、自强不息，呈现出最美丽的人生姿态。

6. 提高学生的综合素质

人的综合素质的全面提高是社会发展的一般要求和趋势，尤其是当前人类已经迈进知识经济社会，提高人的综合素质尤为迫切。提高学生的综合素质，就是要培养学生的综合能力，培养创新思维，引导学生注重学习的乐趣性、思维的创造性、精神的愉悦性和心理的健康性。

【任务评价】

创新教育与人才培养的应用掌握情况评价表见表 1.2。

表 1.2　创新教育与人才培养的应用掌握情况评价表

序号	评价项目	自评			师评		
		A	B	C	A	B	C
1	能说出创新教育的内涵						
2	知道创新教育的重要性						
3	掌握创新教育的手段						
4	能说出创新培养的核心						
5	明确创新人才培养的关键特征						
综合评定							

【知识链接】

一、创新教育的意义

教育最根本的目的在于促进人类和社会的发展，人类和社会的发展都是在不断的创新中进行的。在科学、技术高速发展的今天，创新思维尤其重要，一个不断创新的国家，必将成为一个有竞争力的国家；一个不断推陈出新的社会，必将是一个高速发展的社会。因此，培养学生创新能力，是时代的呼唤，也是教育改革发展自身的要求。

1. 创新教育的内涵

教育创新这一概念，在开展创新教育和教育教学的改革中已经引起了人们的关注。

通过学习我们知道，创新教育从不同的角度来看有很多种定义，但是大致可以分为以下两大类：一类把创新教育定义为以培养创新意识、创新精神、创新思维、创造力或创新人格等创新素质以及创新人才为目的的教育活动；另一类则把创新教育定义为相对于接受教育、守成教育或传统教育而言的一种新型教育。

笔者认为，在对创新教育的定义上，我们既要考虑一直以来在创新教育过程中形成的既有想法思维，也要充分考虑到创新教育本身的扩展性、可升华性。因此，我们不应该狭隘地理解创新教育，凡是以培养人的创新思维、提高创新素质、强化创新能力为主要目的的教学活动都可以称为创新教育。

2. 创新教育的重要性

(1)创新教育之于素质教育有着非常重要的意义。

中共中央、国务院作出《关于深化教育改革全面推进素质教育的决定》中就创新教育有如下说明：智育工作要转变教育观念，改革人才培养模式，积极实行启发式和讨论式教学，激发学生独立思考和创新的意识，切实提高教学质量。要让学生感受、理解知识产生和发展的过程，培养学生的科学精神和创新思维习惯。可以说，创新教育是素质教育的重点和关键。

创新教育之于素质教育的重要性，主要体现在以下两个方面。

①创新教育是素质教育的助推剂。创新教育把素质教育推上了一个更全面的台阶。创新教育是素质教育的灵魂和核心，为实施素质教育、深化素质教育找到了一个得力助手和实践平台。它让我们摆脱了以前多搞活动以及德智体美劳齐发展等方式实行素质教育的束缚。创新教育抓住了素质教育的一个核心内容，使素质教育有了很具体的着手点，创新精神和创新能力便于细化、可以操作，同时，创新教育也因此有了很广泛的扩展性。

②创新教育有助于提高全民族的素质，提高全民族的创新能力。创新教育和素质教育的目的具有一致性，它既是素质教育的助推剂和重要手段，同时又和素质教育相辅相成。创新教育助推素质教育，在素质教育中完善创新思想和创新教育手段，两者完美融合，具有高度的目的一致性。

(2)创新教育是教育改革的核心和重要手段。

原教育部副部长吕福源说过："深化教育改革，全面推行素质教育有很多方面，其中最重要的是创新精神和创新能力。"

教育改革要求我们必须在一系列问题上做出重大的变更，包括教育观念、教育思想、教育制度、教育内容、教育方法都要更新。这段话表面的意思是在教育改革的过程中，需要我们勇于改变。但是，我们知道，如果没有创新，教育观念和思想就很难改变，教育改革就很难实施。创新教育是时代的发展、现代化的需要，是教育改革的需要，是素质教育追求的目标，创新教育是为了使教育革命能够真正得到贯彻实施。

(3)创新教育在社会生产实践中有着重要的意义。

科学技术是第一生产力，领先的科学技术几乎就决定了一个国家经济实力和国际地位。那么，在科技发展和生产发展的过程中什么最重要？是创新。只有不断地保持创新、不断地更新优化手段和方法，才能保证科技和生产水平处于领先的地位，才能不断为国家和社会创造财富。

微软、丰田、IBM、华为、海尔等世界知名企业，无一不是依靠不断创新的精神才能一直领先同领域其他对手。创新是社会生产的根本生命力。

3. 开展创新教育的手段

创新教育要得到良好的效果，笔者认为应该从下面几个方向着手。

(1)转变教育观念。

什么样的老师教出什么样的学生，没有创新精神的老师是很难教出具有创新精神的学生的。所以，开展创新教育，要求我们的教师改变观念，具备创新精神和创新思维。

首先，我们应该明白，教师在学生的学习过程中应是组织者、指导者、帮助者和评价者，而不是知识的灌输者，不要把教师的意识强加于学生。

其次，创新教育要求我们在教学方法上也要改变传统的注入式教学为启发式、讨论式、探究式教学。学生通过独立思考融会贯通新旧知识、建构新的知识体系，只有这样才能养成良好的学习习惯，从中获得成功的喜悦。在这样一个自我提升的过程中产生心理满足感和骄傲感，体现自我价值，激发他们的学习动力，增强创新意识。

(2)营造教学氛围。

营造优秀的教学氛围,需要做好下面三个方面。

①老师需要给学生一个安全的创造环境。一个人的创新精神只有在他感觉到心理安全和心理自由的条件下才能获得最大限度的表现和发展。教学上所谓"心理安全"是指不需要任何戒备心,不担心被指责、被批评,有一种安全感,即使回答错了,也没有指责和嘲笑,这样才能无所顾忌地发挥,充分展现一个人的聪明才智。教师应该多鼓励、多表扬、多引导,允许学生犯错误。

②创造愉悦的教学环境。科学证明,人在轻松愉悦的环境下,思维比在高压下要敏捷得多,这充分说明了愉快的教学环境在促进教学中起着重要的作用。我们要善于调控课堂教学活动,为学生营造平等、合作、相互尊重的学习氛围,鼓励怀疑、鼓励不同的解题思想。另外,保持良好的师生关系也很重要,师生融洽,课堂气氛才能活跃。只有营造良好的教学气氛,才能为学生提供一个锻炼创新能力的舞台。

③课堂教学要不断创设阶梯问题情境,用疑问促进思考,以思维促进乐趣。大学生在自我引导和思维突破方面的能力较差,很大程度上需要老师的引导。我们需要做到由易到难、由单向到多向、由少到多地引导学生,让学生在不断解决新的问题中获取知识和信心,保证学生在努力解决问题的前提下,前面始终有向上的拓展性。这就要求教师提出的问题具有层次性,做到层层递进;解决问题具有启发性,充分发挥学生学习的主动性,克服包办灌输的做法,这种做法不但不能启发学生思维,更没有深入性、进步性可言。

(3)实践、观察、想象和分享。

"实践出真知""观察是获取认知最直接的手段""一切创造性劳动都是从创造性的想象开始的""你有一个想法,我有一个想法,我们分享后,就各有了两个想法"……这些话足以说明实践、观察、想象和分享在学习过程中起到的作用。但是不可否认的是,这些方法对于激发创新思维也是同等重要的。实践和观察中最容易发现问题和缺陷,而问题和缺陷正是完善方法、改进手段的重要原动力,同时也是创新的原动力;想象是创新的翅膀,是一种立足现实而又跨越时空的思维,它能结合以往的知识与经验,在头脑中形成创造性的新形象,把观念的东西形象化、把形象的东西丰富化,从而使创造活动顺利开展。想象渗透在大学生生活的一切方面,在发展思维、培养学生的创新素质中更具有重要作用;分享是积累知识最有效的手段之一,知识的积累是创新的保障,只有积累了扎实、丰富的知识,创新才会有肥沃的土壤可以生根、发芽。

(4)利用新的信息、新的教学手段触发创新灵感。

现代社会科学技术迅猛发展,新的科技、新的成果、新的手段、新的信息以飞快的速度向我们扑面而来。教师要善于培养学生收集、组织、利用新信息、新方法的能力,要保持对新鲜事物的敏感性和观察力,只有不断地获取并储备新信息,掌握科学发展的最新动态,才能对事物具有敏锐的洞察力,产生创新的灵感。因此,要引导学生通过各种渠道获取新信息,比如电视、报纸、互联网、社会调查等都是获取信息的好渠道。在教学手段上,我们也应该充分利用多媒体教学等现代教学方法,将教学形象化、具体化、乐趣化。通过各方面的共同努力,为创新奠定坚实的知识基础。

二、创新人才的培养

各类企业与研究所是创新的主题执行单位，高等学校是培养创造型人才的摇篮，开设“机械创新设计”课程是在机械工程专业中培养创造型人才的探索与尝试。

1. 创新能力是人才培养的核心

当代社会的发展最需要具有主动进取精神和创新精神的人才，而主动进取精神和创新精神的养成离不开人的个性的充分发展。人的个性是指在一定社会条件和教育影响下形成的人具有比较固定的特性，高等学校应把鼓励学生个性发展作为重要的改革举措，为激发和充分发挥人的潜能创造必要的环境和条件，使学生在各自的基础上提高素质和能力，使创新人才的关键特征和非智力因素的培养成为现实。

(1)创新人才的关键特征。

勇于探索和善于创新是创新型人才的主要特征。美国犹他州大学管理学院教授赫茨伯格通过分析几十年各行各业涌现的大量创新人才的实例，总结出了创新人才的关键特征，为创新人才的培养提供了很好的借鉴作用。

①智商高，但并非天才。智商高是创新的先决条件之一，但并不一定是天才。过高的智商有时会有害于创新，因为在常规教育中成绩超群，有时会妨碍寻求更多的新知识。

②善出难题，不谋权威。善于给自己出难题，而不谋求自我形象和权威地位是创新型人才可持续成功的重要特征，驻足于以往的成就，不思进取是发挥创新作用的主要障碍。创新人才也必须依赖不断学习与进取来维持创新道路上的青春常在。

③标新立异，不循陈规。创新人才不能靠传统做法建功立业，习惯于在陈规范围内工作的人员往往把精力消磨在大量重复性的劳动中，难以取得突破；而创新事业往往是不循陈规、标新立异的结果。

④甘认不知，善求答案。承认自己“不知道”是创新的起点，“不知道”或“不清楚”会给追求答案带来压力，压力转换为动力，是创新力量的源泉。

⑤清心寡欲，以工作为乐。在工作中追求幸福与快乐、享受生命是创新型人才共有的特征。

⑥积极解忧，不信天命。挫折与失败经常伴随着创新的全过程，困难面前排忧解难、勇往向前是创新型人才的基本特征。

⑦才思敏捷，激情迸发。敏锐的思维和热情奔放的工作激情是生命的最充分延伸，是创新人才工作进入佳境的条件，也是在成功道路上前进的标志。

针对创新人才的关键特征，组织有针对性的教育，对人才培养会产生积极作用。

(2)注重非智力因素的培养。

非智力因素在创新能力的培养中有重要作用。一般来说，智力因素是由人的认识活动产生的，主要表现在注意力、观察力、想象力、思维力和记忆力五个方面。非智力因素是由人的意向活动产生的，从广义来说，凡智力因素以外的心理活动因素都可以称为非智力因素；从狭义来说，非智力因素主要表现为人的兴趣、情感、意志和性格。在创新教育过程中，除智力能力的培养外，还应注意非智力因素的培养。

①兴趣。兴趣是人们在探索某种事物或某种活动时的意识倾向，是心理活动的意向

运动,是个性中具有决定性作用的因素。兴趣可以使人的感官或大脑处于最活跃的状态,使人在最佳状态接受教育信息,有效地诱发学习动机和激发求知欲。所以,兴趣是人们寻求知识的强大推动力。注重创新教育过程中的兴趣培养是个性化教育的具体体现。

观察力是一种重要的智力因素,但兴趣是观察的先导,并对观察的选择性、完善性和清晰程度施加影响。兴趣有助于提高观察效果,而观察效果的提高又促进了观察力的提高。

兴趣是引起和保持注意力的源泉,使受教育者自觉地把注意力集中在某一领域,促进了智力因素的提高。

兴趣能激发人的积极思维活动,从而促进人们寻找分析问题和解决问题的办法,促进创造活动的积极开展和深入进行。兴趣不仅关系到人们的学习质量和工作质量的提高,而且关系到他们的潜在素质和创新能力的提高与发展。所以,科学家爱因斯坦曾说过,兴趣是最好的老师。

②情感。情感是人的需要是否得到满足时所产生的一种对事物的态度和内心的体验。任何创造活动都离不开情感,情感是想象的翅膀,丰富的情感可以使想象更加活跃。摒弃旧技术、发展新技术离不开想象。想象可以充分发挥人的创造精神,没有想象就没有创造,就没有科学的进步和发展。

情感影响人的思维品质。情感高涨时求知欲强烈,人的思维活动更加活跃、效率更高,更容易突破定势思维、形成创造性思维、提出创造性的见解。所以,情感是思维展开的风帆。

情感影响人的记忆力。记忆的基本功能是保存过去的知识与经验,没有记忆就没有继承和发展,就不可能认识客观事物。强烈的兴趣和饱满的情绪可以产生良好的记忆。情感的变化必将影响牢固的记忆。有了浓厚的兴趣、良好的情感,才能产生敏锐的观察力,随之产生的可靠记忆和丰富的想象,产生创造性成果。

③意志。意志是为达到既定的目标而自觉努力的心理状态,在智力的形成与发展中起着重要的作用。意志是一种精神力量,坚强的意志能保证人们在探索与实践的道路上百折不挠。任何意志总是包含有理智成分与情绪成分,认识越深刻,行动越坚强。意志能使人精神饱满、不屈不挠,为达到理想境界坚持不懈地斗争。

情感伴随着认识活动而出现,其中蕴藏着意志力量,也是意志的推动力。反过来,意志控制和调节情感。人在认识世界和改造世界的过程中,总是会遇到各种各样的困难,没有困难,就没有意志的产生。所以在人的实践活动中,明确的奋斗目标是意志产生的先决条件。

④性格。性格是人在行为方式中所表现出来的心理特点。性格影响人的智力形成与发展,良好的性格是事业成功的重要条件。性格和意志是可以通过教育转化的,如勤劳与懒惰、坚强与软弱、踏实与浮躁、谦虚与自负等都可以互相转化。

对这些非智力因素的培养,充分发挥每个人的主观能动性,使他们始终处于主动学习和主动进取的状态,不仅对促进智力因素的培养发展有很好的作用,同时也是形成教育的重要组成部分。高等学校在人才培养过程中,往往注重智力因素的培养,忽视诸如兴趣、情感、意志和性格等非智力因素的培养,这样会影响创新人才,特别是拔尖人才的培养。

为适应当前高科技的快速发展与全球竞争的日益激烈化,高等学校的传统的人才培养模式也必将发生改革。本课程的设置目的就是改善机械工程类专业大学生的知识结构,为以后的发明创造打下理论基础和实践基础。

【知识拓展】

新时代对人才培养提出的新要求意义重大、内容丰富,必须落实、落细、落小。

1. 观念先行

观念是先导,需要先行。急剧变化的时代需要我们接受新的思维和观念以适应人才培养的新要求,纠正错误和过时的观念。以宣传为主要渠道,引导全社会彻底转变唯学历的选人用人观念,转变唯分数、唯智育的教育教学观念,宽容失败、尊重个性、崇尚多元,为“六个下功夫”的落实和人才培养成长营造良好的社会环境。

(1)树立和坚持科学的人才观。

尊重教育规律,创新教育教学方式方法,培养适应时代发展的人才;尊重人才成长规律,帮助优秀学生脱颖而出,帮助特长学生充分发展,帮助有潜力的学生自主发展,不拘一格地培养人才;适应社会发展的需要,扎根中国大地办教育,培养为社会主义事业奋斗终生的有用之才。

(2)加强科学研究。

人才培养是一个复杂的、专业的、系统的工程,需要有针对性的、持续的专业支持和指导,需要凝聚专业团队在课程设置、内容选择、教学组织形式、课堂形态和考试评价等方面进行长期研究,为观念的转变、人才的培养、更高水平人才培养体系的形成奠定扎实的科学基础。

2. 创新机制

人才培养机制是教育工作的难点,也是提高人才培养质量的根本保障,为落实“六个下功夫”的人才培养要求,当前迫切需要创新机制、完善体系。

(1)构建全过程育人机制。

“六个下功夫”不只是一时的事情,也不只是某一个阶段就能够完成的事情,需要终身学习、终身修炼,需要渗透在整个人生发展的全过程。这就需要把“六个下功夫”贯穿基础教育、职业教育、高等教育等各个领域,贯通连接大中小学各个阶段,贯通连接国民教育体系与终身教育体系,实现全过程育人。

(2)构建全员育人机制。

“六个下功夫”不只是一个人的事情,涉及学生的全面发展,涵盖德智体美劳各个方面。这就要求把“六个下功夫”融入思想道德教育、文化知识教育和社会实践各个环节,让所有教师、学校中各个岗位的教职员工都能够担当起人才培养的职责,都能够围绕这个目标履职尽责,实现全员育人。

(3)构建全方位育人机制。

“六个下功夫”不只是一节课的事情,绝不仅仅是在学科教学中发生的,这就需要学科体系、教材体系和管理体系都围绕这个目标来设计,扩宽育人渠道、创新育人方式方法,把人才培养工作向学生学习和生活的各环节、全过程延伸,实现全方位育人。

3. 改革评价

评价具有引导作用,如何积极主动发挥评价在人才培养中的“指挥棒”作用,一直是评价制度改革需要攻克的难题,“六个下功夫”的贯彻落实,也需要改革评价的保障。

(1)建立开放多元的评价体系。

改革宏观层面的人才评价和选用用人制度,鼓励学校根据实际制定多样化的教学评价标准,支持学校自主开展教育质量评价和教学诊断活动,引导学校把主要精力放在立德树人与“六个下功夫”的落实上,为人才培养营造良好环境。

(2)完善人才选拔培养机制。

建立中小学与大学、大学与大学、大学与企业在学生培养方面的合作机制,鼓励高等学校探索人才培养的新途径、新模式,加大对学生自主创新活动的支持和资助力度。对各方面表现优异的学生跳级、转学、提前毕业、选修高学段课程、转换专业等制订特殊支持政策。

【想想练练】

一、想一想

创新教育与人才培养机制与我们自身有哪些关系?

二、练一练

1. 简述创新教育的定义。

2. 简述开展创新教育的手段。

3. 简述创新人才的关键特征。

4. 简述人才培养的非智力因素。

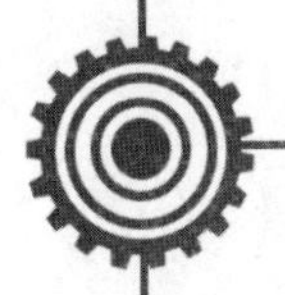

项目二

创新思维与技法

【学习目标】

1. 知道创新思维的概念
2. 掌握创新思维的要素及特性
3. 明确创新思维的形成过程
4. 准确掌握创新思维的类型
5. 重点掌握创新思维的方法
6. 能够准确无误地说出创新技法的种类

【任务引入】

一封家书——8只八哥

有个商人在外做生意，他的同乡要回家，于是他就托同乡带100两银子和一封家书给妻子。同乡在路上打开信一看，原来只是一幅画，上面画着一棵大树，树上有8只八哥、4只斑鸠。同乡大喜：信上没写多少银子，我留下50两，她也不知。

同乡将书信和银子交给商人妻子以后，说："你丈夫捎给你50两银子和一封家书，你收下吧！"商人妻子拆信看过后说："我丈夫让你捎带100两银子，怎么成了50两？"那同乡见被识破，忙道："我是想试试弟媳聪明不聪明。"忙把那50两银子还给了商人的妻子。

商人妻子怎么知道是100两银子的呢？原来那幅画上写的意思是：8只八哥是八八六十四，四只斑鸠是四九三十六，合起来是100，所以商人妻子知道是100两银子。

商人写信不用文字而用图画，商人妻子读信不是认字而是解画，他们两人使用的思维法就是再造型想象思维法。

想象和联想是创新思维能力的表现形式之一，在创新思维中占据重要位置。

任务一　创新思维

【任务要求】

掌握创新思维的定义、要素、特性与形式过程，能够举一反三地从实际生活中列举创新思维有关的实例。

【任务分析】

通过课程内容的学习，能够精准地把握创新思维的要点，在熟读各个定义、概念、实例时，联想实际生活中的案例，自我反思总结。在课程相关课题上自我查询相关的知识要点，以分组的形式相互进行报告式演讲。

【任务实施】

一、创新思维培养教育的内涵

创新思维是指以新颖独创的方法解决问题的思维过程，通过这种思维能突破常规思维的界限，以超常规甚至反常规的方法、视角去思考问题，提出与众不同的解决方案，从而产生新颖、独到、有社会意义的思维成果。

麻省理工学院担任过工学课程的阿诺·彭齐亚斯教授说："曾经接受独创性训练的人要比从未接受训练的人有更多推出富有价值的革新的机会。"亚历克斯·奥斯本根据企业的实践总结出：创新思维可以通过培训产生，主要的方法是训练大脑的活跃性与创新技法的掌握应用。也就是说，创新思维可以培养而且有径可循。

二、创新思维培养教育的现状与问题

2009 年英国经济学人网站刊载：包括发达国家和新型市场在内的所有经济体中，中国创新能力排第 54 名。在当前国家创新驱动发展战略背景下，高校作为创新创业人才的培养基地，培养出具有创新思维能力的大学生，是时代赋予的使命。但在这方面，存在几个典型的问题。

(1)通过训练大脑进行创新思维培养教育的模式很空虚。

人脑是人类思维的工具，大脑容量是人成为高等动物与低等动物的重要差异的依据，也是形成人与人之间千差万别思维的源泉。创新思维本质上是一种反常规的思维，是以发散思维、侧向思维、逆向思维等非逻辑思维类型的讲授与训练为创新思维培养教育的一种路径。这种训练模式就是对大脑展开各种思维形式的训练，目的是使大脑活跃，更容易产生出更多、更有效的创新性方案。但是，由于思维形式没有实体，受教者难以体验与应用，这种训练大脑的创新思维培养教育模式很空虚。该模式的培养教育最常见的方式之一便是通过各类思维游戏来进行不同思维形式的训练，如王哲的《创新思维训练 500 题》，其中精选了 500 个创新思维训练题，分为逻辑思维、形象思维、发散思维、联想思维、逆向思维、辩证思维和应变思维7种类型。这种创新思维的训练方式普遍且大量存在，尤其在西方国家，比如雅瑟和凡禹编译的《哈佛给学生做的800个思维游戏大全集》，包括数字类、几何类、概率类、逻辑类、心理类、解决问题类、观察类、创意类、文字类、脑筋急转弯类和综合类11辑内容，共800道思维游戏题目。这些思维游戏从缜密思维、发散思维、创新思维、逻辑思维、综合思维等方面出发，目的是令使用者在解题的过程中，灵活运用所掌握的知识有效地锻炼大脑的反应能力和思维的严密逻辑性。

哈佛大学前校长艾略特说："对于哈佛大学来说，通过思维游戏等方式全面开发学生的思维能力，其重要性远在教授具体知识技能之上。"显然，以不同游戏对应不同思维形式的训练确实能提升大脑的思维能力。但游戏是如何提升大脑特定思维形式的能力的，却难以言传。这为施教者设置了难题，使受教者难以信服。另一种方式训练则是针对创新思维力设计的，同样也存在类似的困扰。

创新思维的目的是解决某个问题。针对问题的解决一般由四个步骤构成：第一，问题的提出；第二，现象观察；第三，过程描述；第四，结论形成。此四步分别侧重人脑思维的注意力、观察力、分析力及推理力。根据美国加州理工学院罗杰·斯佩里的实验，显性思维功能集中于左脑，右脑是隐性思维的发起者，而创造性思维使用整个大脑。在人的左右脑分工上，注意力与观察力侧重右脑，分析力及推理力侧重左脑。这也说明，对于一个问题创新性解决的过程实际是左右脑协同的结果，这就构成了为四力训练而设计的创新思维培养教育模式。例如张晓芒的《创新思维训练》，将创新思维细分成四种能力如注意力、观察力、分析力和推理力，再逐一针对性选用游戏进行大脑训练。

从实践来看，运用思维游戏来进行创新思维培养是一种普遍认同的方式。目的就是让大脑"动起来"，通过思维的灵活转换，全面开发创新潜力。由于该方式通过游戏题训练，无法体验与转换到实践应用上，而且一道具体的游戏题对于一个训练者通常只具有一次使用效果，无法让创新思维训练保持在常态。

(2)运用创新技法进行创新思维培养教育的模式缺乏体系性。

被誉为"创新思维之父"的爱德华·德博诺（英国）的代表作有《水平思考法》《六顶思考帽》两本书，前者提出水平思维是创新思维的根源，后者则提供了水平思维的应用工具。这为目前比较盛行的创新思维培养的模式——创新技法（思维工具）的教导提供了理论与实践指导。创新技法模式也是一种相对具有实用性操作的教、学两便的模式，奥斯本最早提出的创新思维工具，如智力激励法、检核表法等也属于此范畴。

国内这方面的教材也很多，如周耀烈编著的《思维创新与创造力开发》中总结了各种创新技法，如头脑风暴法、组合法、列举法、设问法（包括5W1H法、奥斯本检核表法、聪明十二法）等；杜永平编著的《创新思维与创造技法》中细述了列举分析型技法、组合思考型技法、逻辑推理型技法、观察发现型技法、智力激励型技法、检核提示型技法和系统分析型技法等。

这些技法都是一种从多个角度进行思考（水平思考）从而获得创新解决问题的方式。"由各个层面，仔细思量新奇之事，不遗漏任何可产生新组合的机会，然后再加以评价，说不定会发现，这些创意中99%都没什么价值，因为创意本身不含任何价值的情形也无法找出价值的情形也不少，但是不论如何，最后一个创新说不定会是全世界最优秀的创意。"

这些技法是基于人们的生活实践总结出来的，天然具有实用性。但这些技法是总结各类创新实践而得出的方法，作为独立的课程内容则缺乏系统性，且有无源之水感，因为这些方法有效的前提是大脑具备生发思维火花的能力。

(3)应用论断或模型进行创新思维培养教育的模式存在局限性。

为了提升教与用的关联，创新思维培养教育的另一种模式是直接应用前人总结的思维论断、思维模型等来解决现实的问题。思维训练的目的是希望能创新性地解决问题，但如何将创新思维的训练状态与应用结合，确实体现出创新思维的应用成效，难以有效验证。

国内乃至世界顶尖的商学院都把《孙子兵法》的论断作为一种商战策略来学习。张成编著的《易经中的管理智慧》讲述的就是如何应用易经的思维来创新解决企业管理中的问题。论断都是源自历史故事，是一种印证式的讲授，用于解决实践问题则显机械。这种模式需要应用者能进行转换借鉴，并不能直接产生具突破性创新的应用。

策划师史宪文从《隆中对》中提炼出四面定位的OK模型，通过创新性地寻找与分析环境中的要素来解决面临的问题。阳士昆2005年出版的《世界500强12种经典管理工具》，其实就是各种思维模型，目的是开启新的管理视角，提供新的思维方式。思维模型能较好地解决特定问题，如SWOT分析法比较适合企业内外环境分析，PDCA管理循环能很好地进行回顾总结等。论断或模型都有一定的实践应用之效，但进一步创新则需要充满活力的头脑。

以上创新思维培养教育存在的三个问题源于当下三种创新思维培养教育模式，虽各有千秋但都有片面性或局限性，从而形成了当下创新思维培养教育的多样性。这三种模式其实均未形成完善的课程体系，实践证明，大学生创新思维的培养教育效果亦不明显。

三、创新思维培养教育设计路径的理论依据

1. 创新思维因子：记忆与想象

周耀烈提出的创新思维因子理论如下：创新思维的产生主要是在联想、想象基础上灵感与直觉思维发生了作用，即创新思维的因子包括了联想、想象、灵感与直觉四种思维。

基于这四种思维作用，创新中最亮的点，即创意正是源于创意者的想象链接记忆中的知识、经验、技能等。基于此，进一步抽取创新思维的因子，即“想象能力加记忆能力”。以上分析也符合“创造学之父”亚历克斯·奥斯本提出的创意的联想观念：“也就是让想象与记忆互相呼应，由某种想法而引发其他想法的心理现象。”这也符合如下实践：绝大部分的创意源于创意者对既有素材的联想取用。因此，关于创新思维培养教育的部分内容可以包括以下两方面。

(1)记忆力的训练。

“经验是供给最佳创新的燃料”，只有提升头脑的记忆力，才能将经验以更好的形态存于脑中，并且在需要时准确取用。

(2)想象力的训练。

想象力的训练可以依据注意力、观察力、分析力与推理力等或创新思维形式进行针对性训练。

2. 创新需要独特视角突破定势思维

定势思维是影响人们创新的障碍。大脑喜欢以固定的模式来认识变化的世界，喜欢忽略定势以外的事物和观念，从而影响创新思维的进行。解决这一问题的思路有两条：一是通过科学的训练削弱惯常定势思维的强度；二是尽量多地增加头脑中的思维角度。前者的解决方式是借助大量的思维训练，这与前述的思维力或思维形式训练一致；后者则可借助创新思维工具，即创新技法。据此，关于创新思维培养教育的内容应包括创新技法。此外，一些经典思维模型可以科学地引导人们事半功倍地解决问题，并可在此基础上进一步地创新。经典思维模型亦可纳入创新思维培养教育的内容之中。

3. 创新思维培养教育的内容设想

亚历克斯·奥斯本提出："从应用独创力后到应用判断力前，必须安排相当长的一段思考时间，若是性急地妄加判断，便会使创意所培植出来的幼芽夭折，因此凡事必须三思，尤其是在面对有待解决的问题时，更需赋予想象力的优先权让它在目标的周围张开想象之翅膀。"如何让这个思考的时间更有价值与更有效，或者如何训练并引导思维以更利于创新的产生，就构成了创新思维培养教育的内容。结合前述内容，这些内容主要包括以下几方面：记忆力强化训练；思维力或思维形式训练；思维技法及思维模型的训练。前者可让大脑更活跃，后两者则可产生更多思维视角。

四、创新思维培养教育的探析路径

（1）思维训练提升大脑活跃度，夯实创新思维基础。

思维训练指的是针对大脑某一机能特意制作出来的思维强化训练。因为创新思维能力强调的是大脑通过有意识的训练，培养创新意识、锻炼创新能力，从而提升解决问题能力，最终发展综合创新素质。但创新思维能力不可能一蹴而就，必须常练才能常新。如果要保证持续的锻炼，依靠游戏显然不够便利(每个思维游戏只有一次效果)。而且，游戏的解题思路也难以有效讲解。

"思维是一种技能，可以通过训练、实践以及学习而得到提高"。爱德华·德博诺博士根据这一信念，在20世纪七八十年代就提出了应用随机词组法进行大脑的思维训练。即随时将两个不相关的事物进行强制联想而产生联系。这种训练对于创新思维有效性的价值源于人们对一个问题的创新性解决通常需要应用到看似不相关的要素。而通过这种可以随时随地进行的随机词组法进行的训练，大脑将会变得更易活跃，这将为创新思维提供功能性基础。

（2）掌握创新技法以拓宽思维角度，为大量创新思维提供可能。

任何创新在事后看来都是符合逻辑的，这种符合逻辑的创意主要是找到了一个适当的角度切入，所以在解决问题前应尽量尝试多个方向。创新技法就是提供多个可能方向的一种思维工具。

创新技法指的是以思维规律为基础，通过对广泛创新活动的实践经验进行概括、总结和提炼而得出来的创新的一些技巧和方法。这些创新技法在活跃的大脑基础上，可以快速地进行大量想象，更容易产生出创新火花并与需要解决的问题进行连接。

创新常用的技法包括头脑风暴法、和田十二技法、德尔菲法等。这些方法因为好懂易

用,比较利于所学者依据自身的特长进行实践。

(3)寻找刺激线索切入并激活大脑,为创新实践提供路径。

如前所述,创意的联想法则强调通过丰富的想象连接记忆,但开启想象需要有刺激物激发来唤醒记忆。

根据斯佩里的左右脑分工理论,创新思维需要左右脑协同,即显、隐交替。人脑中各种各样的信息如果长期不使用,绝大部分就会与显意识脱钩从而进入潜意识领域,显思维只能检索、调用显意识信息库中的信息,那些退出显意识领域的信息,在正常情况下往往难以"唤醒",这就是遗忘。而在特定场合中,储存这些信息的地方会受到刺激,信息便会释放出来,这便构成想象。

唤醒记忆的刺激物的寻求其实来源于问题所处环境的要素与利益攸关者的内心需求。思考问题时应该从目的、环境、竞争对手(对象)、自我等方面多视角考虑,这是系统思考所要求的,也是全面性思考并解决问题的一种思维线索的创新切入路径。创新切入的基本原理是带着问题从环境中找机会,从人心中找缺口(或痛点)。很多问题的创新解决正是源于环境中某个要素的关注与把握,比如产品的创新创意多是源于消费者未被满足的需求。

(4)思维模型及谋略智慧的应用与创新,奠定创新实践的科学基础。

一些制式的经典思维模型是前人智慧的结晶,有利于解决很多工作中的实践问题。类似企业的环境分析工具SWOT、执行控制的管理循环PDCA、目标制订衡量工具SMART等模型都是科学有效思考解决某类问题的工具。这些模型经由实践总结而成,教与学均有较好的印证性(案例教学)与应用性(特定问题的解决)。这些常用经典工具,可遵从法约尔企业管理活动的五大管理职能来组织这些模型。学有余力者也可根据《孙子兵法》中的论断为商战及人生困局探寻更多的思维角度。

学习者通过掌握这些思维模型并在此基础上创新也会事半功倍。比如笔者在教学实践中引导学生思考PDCA循环与中国传统的五行相生循环的关系,由此总结出创新的管理循环工具MPDCA。其含义是对于任何一个管理循环的检视都必须将之置于环境中考虑,因为企业的工作最终都应回归到环境中获得市场的评判与认可,这种创新对于实践工作颇有应用价值。

(5)创新思维培养教育设计路径的关联性。

创新思维培养教育设计路径中的四部分内容存在特定逻辑性。首先锻炼大脑的思维灵活性,让大脑容易被激发;接着学习思维技法,掌握拓展多种视角的思维工具;再在实践中借助外界环境中的线索作为刺激物引发想象。前三部分构成了一个完整的创新思维培养的体系,经过这样的系统学习,既能让大脑保持活力,又能借助掌握的工具在刺激物的激发下产生大量的创意。这证实了奥斯本强调的在判断之前充分赋予想象力的优先权。第四部分的内容则侧重思维模型的创新实践:借鉴经典思维模型培养科学思维以快速解决常规工作中的问题,并可在此基础上有效创新。

综上所述,大学生创新思维培养教育的路径可以遵循这样的设计路线:训练大脑活跃性(记忆力与思维力)→掌握创新技法→利用切入线索寻找创新路径→借鉴经典思维模型(工具)及谋略经典进行创新实践。

【任务评价】

创新思维要点掌握情况评价表见表2.1。

表2.1 创新思维要点掌握情况评价表

序号	评价项目	自评			师评		
		A	B	C	A	B	C
1	能说出创新思维的定义						
2	知道创新思维的要素						
3	掌握创新思维的形成过程						
4	能说出创新思维的类型						
5	明确创新思维的方式						
综合评定							

【知识链接】

一、思维概述

1. 思维的定义

"思维"一词在英语中为thinking，在汉语中，"思维"与"思考""思索"是同义词或近义词。《词源》中说："思维就是思索、思考的意思。"

思维科学认为，思维是人接受信息、存贮信息、加工信息以及输出信息的活动过程，而且是概括地反映客观现实的过程，这就是思维本质的信息论观点。

从生理学上来讲，思维是一种高级生理现象，是脑内一种生化反应的过程，是产生第二信号系统的源泉。所谓第二信号系统，是以语言作为刺激的反应系统，与第一信号系统——以电、声、光等为感官直接接收的信号作为刺激的反应系统相区别。

从思维的本质来说，思维是具有意识的人脑对客观现实的本质属性，内部规律的自觉、间接和概括的反映。

思维是认识的理性阶段，在这个阶段，人们在感性认识的基础上形成概念，并用其构成判断（命题）、推理和论证。

2. 思维的要素

思维包含思维对象和思维主体两个要素。

思维对象就是人们的思维所指向的目标。从思维方法的角度来考察思维对象，主要特点表现在无穷多的数量、无穷多的属性和无穷多的变化三个方面。

思维主体就是从事实践活动的人或正在进行思考的人的头脑。

3. 思维的特性

（1）概括性与间接性。

概括性是思维最显著的特性，概括是思维活动的速度、灵活迁移程度、广度和深度、创造程序等智力品质的基础，概括性越高、知识性越强、迁移越灵活，一个人的智力和思维能力、创造能力就越发达。

间接性就是思维凭借知识经验对客观事物进行间接反映，由于思维的间接性，人类才可能超越感知觉提供的信息，通过“去粗取精，去伪存真，由此及彼，由表及里”的思维活动，认识事物的不直接作用于人的感官的各种属性，揭露事物的本质规律，预见事物的发展变化。

(2)逻辑性和形象性。

逻辑性反映出思维是一种抽象的理性认识，表明思维过程有一定的形式、方法和规律；形象性指思维常借助形象化的材料来进行，形象既是思维的载体，也是思维的工具。

大多数情况下，思维活动是逻辑性与形象性共同起作用。

(3)统一性和差异性。

统一性指思维的人类性和普遍性。英国思维学家德波诺对不同民族的思维进行比较后指出：在直接授业于他的思维训练的十几万人中，尽管在年龄、能力、兴趣、种族、民族和社会文化背景等方面有很大的不同，但在最基本的思维层次上，反应却惊人地一致。

人类思维能力的最基本的东西是一致的，但并不是说人与人之间在思维上就没有差别。恰恰相反，每个人深层上的思维常常有很大的不同。差异性包括民族差异性、文化差异性和个体差异性。对于个体而言，思维差异性具有更重要的意义，它有助于个体认识自己的思维，选择恰当的思维训练形式和方法。

(4)历史性与现实性。

思维的历史性表现为人类思维总体发展的历史性和某种思维发展的历史性两方面，总体来看，人类思维的发展越来越抽象化、精确化、系统化、多样化、模式化。思维的历史性提醒人们既不能固守传统思维模式，又不能割裂历史。

思维的现实性要求我们认清当代社会发展的趋势，在选择思维训练的内容与形式、类型和方法时，充分考虑现实的要求，摒弃传统的思维方式并努力培养新型的现代化的思维方式和方法。

(5)言语性。

思维的工具是语言。思维是在语言材料基础上进行的(《辞海》)，思维的每一步都离不开概念(词)，言语是思维的外壳和载体。思维不是借助于声音和写在纸上的外部语言，而是靠在心里默默进行的内部言语实现的。

4. 思维的过程

一个典型的思维过程由准备、立题、搜索、捕获和解释构成。

(1)准备。

准备即信息积累阶段。一种是学习性的，一种是搜集性的。前者没有具体目标，只为积累更多知识，以利于今后解决更多的问题；后者有明确目标，为准备解决某个具体问题而积累信息，有针对性。

(2)立题。

立题是思想上的跃升，是思维的一个新阶段。从信息的角度看，立题就是思维主体对已经接受的基本信息的一个总的反映或跃迁、繁衍和深化的表现形式。

(3)搜索。

为解决问题,需要继续在原有的思维阶段进行新的思维,这就是搜索。搜索是明确目标下的思维,是围绕目标进行的有针对性的、全方位的思维,搜索的思维过程包括问题分解和设计搜索方案两个阶段,可以运用个体思维、借助社会思维,还可借助机械仪器。

(4)捕获。

捕获即搜索的结果——获取,是解决问题的一种跃升,一次捕获就是上一个阶梯。捕获分为实事捕获和思想捕获两种形式,实事捕获常常来自资料查询和实验观察等,思想捕获更能使问题的解决跃上一个新的阶梯。

(5)解释。

解释又称接通,解决问题的过程随着搜索一捕获而逐渐升级,逐渐明朗化,经适当步骤之后,再实行一次对全过程的综合整理,称为接通。接通思维在解决问题全过程中的每一阶段都是需要的,如在立题前的信息积累过程中,没有接通也就是综合思维就不可能产生立题的飞跃。

二、思维类型

思维的产生是人脑的左脑和右脑同时作用和默契配合的结果。思维具有流畅性、灵活性、独创性、精细性、敏感性和知觉性的特征,根据思维在运作过程中的作用地位,思维主要有以下几种类型。

1. 形象思维

形象思维就是依据生活中的各种现象加以选择、分析、综合,然后加以艺术塑造的思维方式。它也可以被归纳为与传统形式逻辑有别的非逻辑思维。严格地说,联想只完成了从一类表象过渡到另一类表象,它本身并不包含对表象进行加工制作的处理过程,而只有当联想导致创新性的形象活动时,才会产生创新性的成果。形象思维又称为具体思维或具体形象的思维。它是人脑对客观事物或现象的外部特点和具体形象的反映活动。这种思维形式表现为表象、联想和想象。形象思维是人们认识世界的基础思维,也是人们经常使用的思维方式,所以它是每个人都具有的最一般思维方式。表象是指形体的形状、颜色等特征在大脑中的印记,如视觉看到的狗、猫或汽车的综合形象信息在人脑中留下的印象,它是形象思维的具体结果。训练人的观察力是加强形象思维的最佳途径。

2. 抽象思维

抽象思维是思维的高级形式,又称为抽象逻辑思维或逻辑思维。抽象思维法就是利用概念,借助言语符号而进行的反映客观现实的思维活动。其主要特点是通过分析、综合、抽象、概括等基本方法协调运用,从而揭露事物的本质和规律性联系。从具体到抽象、从感性认识到理性认识必须运用抽象思维方法,如在齿轮传动中,能保证瞬时传动比的一对互相啮合的齿廓曲线必须为共轭曲线(概念),因为渐开线满足共轭曲线的条件,所以渐开线为齿廓的齿轮必能保证其瞬时传动比为恒定值(判断),这就是一种推理的过程。概念、判断和推理构成了抽象思维的主体。

3. 发散思维

发散思维又称多向思维、辐射思维、扩散思维、求异思维和开放思维等,是指对在某一问题或事物的思考过程中,不拘泥于一点或一条线索,而是从仅有的信息中尽可能向多方

向扩展，而不受已经确定的方式、方法、规则和范围等的约束，并且从这种扩散的思考中求得常规的和非常规的多种设想的思维。它是以少求多的思维形式，其特点是从给定的信息输入中产生出众多的信息输出。其思维过程为：以要解决的问题为中心，运用横向、纵向、逆向、分合、颠倒、质疑、对称等思维方法，考虑所有因素的后果，找出尽可能多的答案，并从许多答案中寻求最佳值，以便有效地解决问题。以汽车为例，用发散思维方式进行思考，可以想到许多用途：客车、货车、救护车、消防车、洒水车、邮车，冷藏车、食品车等。另一个例子，大蓟花籽上有很多小钩能粘在衣服上，由此发明了尼龙拉链，这也可看成是辐射思维和横向思维的例子。

4. 收敛思维

收敛思维又称集中思维、求同思维等，是一种寻求某种正确答案的思维形式。它以某种研究对象为中心，将众多的思路和信息汇集于这一中心，通过比较、筛选、组合、论证，得出现存条件下解决问题的最佳方案。其着眼点是从现有信息产生直接的、独有的、为已有信息和习俗所接受的最好结果。在创造过程中，只用发散思维并不能使问题直接获得有效的解决。因为解决问题的最终选择方案只能是唯一的或是少数的，这就需要集聚，采用收敛思维能使问题的解决方案趋向于正确目标。发散思维与收敛思维是矛盾的对立与统一现象，二者的有效结合才能组成创造活动的一个循环。收敛思维是利用已有知识和经验进行思考，从尽可能多的方案中选取最佳方案。以某一机器中的动力传动为例，利用发散思维得到的可能性方案有：齿轮传动、蜗杆蜗轮传动、带传动、链传动、液力传动等。再根据具体条件分析判断，选出最佳方案，如要求体积小且较大减速比，则可以选择蜗杆蜗轮传动方案。

5. 动态思维

动态思维是一种运动的、不断调整的、不断优化的思维活动，其特点是根据不断变化的环境、条件来不断改变自己的思维秩序、思维方向，对事物进行调整、控制，从而达到优化的思维目标。它是我们在日常工作和学习中经常应用的思维形式。

6. 有序思维

有序思维是一种按一定规则和秩序进行的有目的的思维方式，它是许多创造方法的基础。在常规机械设计过程中，经常用到有序思维。例如，齿轮设计过程，按载荷大小计算齿轮的模数后，再将其标准化，按传动比选择齿数，进行几何尺寸计算、强度校核等过程，都是典型的有序思维过程。

7. 直接思维

直接思维是创造性思维的主要表现形式，它是一种非逻辑抽象思维，是人基于有限的信息，调动已有的知识积累，摆脱惯常的思维规律，对新事物、新现象、新问题进行的一种直接、迅速、敏锐的洞察和跳跃式的判断。

8. 创造性思维

创造性思维是一种最高层次的思维活动，它是建立在前述各类思维基础上的人脑机能在外界信息激励下，自觉综合主观和客观信息产生的新客观实体，如创作文学艺术新作品、工艺技术领域的新成果、自然规律与科学理论的新发现等的思维活动和思维过程。

9. 质疑思维

质疑是人类思维的精髓，善于质疑就是凡事问几个为什么，用怀疑和批判的眼光看待一切事物，即敢于否定。对每一种事物都提出疑问，是许多新事物、新观念产生的开端，也是创新思维的最基本方式之一。

10. 灵感思维

灵感思维是一种特殊的思维现象，是一个人长时间思考某个问题得不到答案，中断了对它的思考以后，却又会在某个场合突然产生对这个问题的解答的顿悟。灵感思维是潜藏于人们思维深处的活动形式，它的出现有着很多的偶然因素，并不以人的意志而转移，但是努力创造条件也就是说要有意识地让灵感随时凸显出来。灵感思维具有跳跃性、不确定性、新颖性和突发性的特征。例如，有一次肖邦养的一只小猫在他的钢琴键盘上跳来跳去，出现了一个跳跃的音程和许多轻快的碎音，这个现象点燃了肖邦灵感的火花，由此创作出了《F 大调圆舞曲》的后半部分旋律，据说这个曲子又有“猫的圆舞曲”的别称。

11. 理想思维

理想思维就是理想化思维，即思考问题时要简化、制订计划要突出、研究工作要精辟、结果要准确，这样就容易得到创造性的结果。

三、创新思维的形成

创新思维是创新活动的智能结构的关键，是创新能力的核心，在一定意义上来说，创新教育就是要把学生培养成具有创新思维的人才。那么创新思维的过程是怎样的呢？

创新思维大致可分为四个阶段。

(1)酝酿准备阶段。

酝酿准备阶段是创造性思维活动的第一阶段。这一阶段主要是收集和整理资料，储存必要的知识和经验，准备必要的技术、设备及其他有关条件等。对于任何领域的创造，都必须首先对前人在这个领域内所积累的知识和经验有比较完全的了解，必须对必要的基础和专业知识进行深入学习(例如，爱迪生为发明电灯，所收集的有关资料据说竟写了200 本笔记，总计达 4 万页之多)，因此，就创造性思维的整个过程而言，准备阶段是它起点的第一步。

(2)潜心加工阶段。

潜心加工阶段主要对前一阶段所获得的各种资料、知识进行消化和吸收，从而明确问题的关键所在，并提出解决问题的各种假设与方案。在这个阶段中，有些问题虽然经过反复思考、酝酿，但仍未获得完满解决，思维常常出现中断、想不下去的现象。这些问题仍会不时地出现在人们头脑中，甚至转化为潜意识，这样就为第三阶段(顿悟阶段)打下了基础。不少创造者在这一阶段往往表现为狂热或如痴如醉状态，处于这一思维阶段中的人，常常被认为是某种程度上的狂人。

(3)顿悟阶段。

有人曾把顿悟阶段称为狭义的创造阶段或真正的创造阶段。由于经过前一阶段的充分酝酿，在长时间的思考后，思维常常会进入豁然开朗的境地，从而使问题得到突然解决，这种现象心理学上称为顿悟或灵感。灵感的出现无疑对问题的解决十分有利，然而，灵感

是在上一阶段的长期思考或过量思考的基础上才会产生的，没有苦苦的过量思考，灵感是绝不会到来的。

笛卡儿坐标系的发明就是“顿悟”成果的具体实例。笛卡儿是法国17世纪著名的哲学家、数学家。长期以来，几何学与代数学是两股道上跑的车，互不相干。笛卡儿精心分析了几何学与代数学各自的优缺点，认为几何学虽然形象直观、推理严谨，但证明过于烦琐，往往需要高度的技巧；代数学虽然有较大的灵活性和普遍性，但演算过程缺乏条理，影响思维的发挥。由此他想建立一种能把几何学和代数学结合起来的数学体系，这需要建立一个数与形灵活转换的平台，这一平台的研究耗费了他大量的时间，没有找到理想的方法。笛卡儿生病时，遵照医生的嘱咐，他躺在床上休息，此时他仍在思索用代数方法解决几何问题的方法，显然问题的关键是如何把几何中的点与代数中的数字建立必要的联系。突然间笛卡儿眼中闪现出喜悦的光彩，原来是在天花板上一只爬来爬去忙于织网的蜘蛛引起了他的注意，这只蜘蛛忽而沿着墙面爬上爬下，忽而顺着吐出丝的方向在空中缓缓移动，这只悬在半空中，能自由自在占据其所织网结中任意位置的蜘蛛令笛卡儿豁然开朗，能否用两面墙与天花板相交的三条汇交于墙角点的直线系来确定它的位置呢？著名的笛卡儿坐标就这样在顿悟中诞生了，解析几何学也由此诞生和发展，成为数学在思想方法上一次大革命的见证。

(4)验证阶段。

验证阶段又称为表现阶段，即把前面所提出的假设、方案通过理论推导或者实际操作来检验它们的正确性、合理性和可靠、可行性，从而付诸实践。通过检验，很可能会把原来的假设方案全部否定，也有可能做部分地修改或补充。因此，创造性思维常常不可能一举就获得完满的成功。

四、创新思维的方式

创新能力的培养与提高离不开创新思维，所以很有必要了解、熟悉和掌握一些创新思维的方式。尤其是现在以创新为基本特征的知识经济时代，若能花一点时间系统地学一学创新思维方式，比自己去慢慢摸索、体会与积累经验效果会更好。

1. 用事物的形象进行创新思维

事物的形象是指一切物体在一定空间和时间内所表现出来的各个方面的具体形态。它不仅包括物体的形状、颜色、大小、质量，还包括物体的声响、气味、温度、硬度等。利用事物的形象进行创新思维就是利用头脑中的表象和意象思维。表象是储存在大脑中的客观事物的映像，意象则是思考者对头脑中的表象有目的进行处理加工的结果。

利用事物的形象进行创新思维有联想思维和想象思维两种方式。

(1)联想思维。

人们根据所面临的问题，从大脑庞大的信息库中进行检索，提取出有用的信息。此时思路由此及彼地连接，即由所感知或所思的事物、概念或现象中，联想到其他与之有关的事物，这是正常人都具有的思维本能。一个人要会联想、善于联想，必须要掌握一定的联想方式。

①相似联想。相似联想是指由一事物或现象刺激，想起与其相似的事物或现象。其

主要体现在时间、空间、功能、形态、结构、性质等方面相似。相似中很可能隐含着事物之间难以觉察的联系。例如，通过相似联想，医生由建筑上的爆破联想到人体器官内结石的爆破，从而发明了医学的微爆破技术。又例如，19 世纪 20 年代，英国想在泰晤士河修建一条下水道，由于土质条件很差，用传统的支护开挖法，松软多水的河底很容易塌方，施工极为困难，工程师布鲁尔对此感到一筹莫展。一天，他在室外散步，无意中看见一只硬壳虫借助自己的坚硬的壳体使劲往橡树皮里钻，这一极为平常的现象触动了布鲁尔的创造灵感。他想，河下施工与昆虫钻洞的行为是多么相似啊，如果把空心钢柱横着打入河底，以此构成类似昆虫硬壳的“盾构”，边掘进边建构，在延伸的盾构保护下，施工不就可以顺利进行了吗？这就是现在常用的盾构施工法。

②相关联想。相关联想是指利用事物之间存在着某种连锁关系，如互相有影响、互相有作用、互相有制约、互相有牵制等，一环紧扣一环地进行联想，使思考逐步地进行逐步地深入，从而引发出某种新的设想。例如，由火灾联想到烟雾传感器，由高层建筑联想到电梯。

③对比联想。对比联想是指在头脑中可以根据事物之间在形状、结构、性质、作用等某个方面存在着的互不相同，或彼此相反的情况进行联想，从而引发出某种新设想来。例如，由热处理想到冷处理，由吹尘想到吸尘等。21 世纪避雷的新思路就是由对比联想而产生的。国际上一直通用的避雷原理是美国富兰克林的避雷思想，这种思想是吸引闪电到避雷针，避雷针又与建筑物紧密相连，这就要求建筑物必须安装导电良好的接地网，使电传入地，确保建筑物的安全。因此也就增加了落地雷的概率，产生了由避雷针引发的雷灾。这些灾害的发生引起了研究人员对避雷思想的反思。1996 年，中国科学家庄洪春从避雷针的相反思路研究，发明了等离子避雷装置，这种装置不是吸引闪电，而是拒绝闪电，使落地雷远离被保护的建筑物，特别适合信息时代的防雷需要。

④强制联想。强制联想是指将完全无关或关系相当偏远的多个事物或想法牵强附会地联系起来，进行逻辑型的联想，以此达到创造目的的创新技法。强制联想实际上是使思维强制发散的思维方式，它有利于克服思维定式，因此往往能产生许多非常奇妙的、出人意料的创意。

(2)想象思维。

从心理学角度来看，想象是对头脑中已有的表象进行加工、排列、组合而建立起新的表象的过程。想象思维可以帮助人发现问题，依靠想象的概括作用，可帮助人们在头脑中塑造新概念、新设想。想象是理性的先驱，可以帮助人们反思过去、展望未来。爱因斯坦曾说过：“想象力比知识更重要，因为知识是有限的，而想象力概括世界上的一切，推动着进步，并且是知识进化的源泉。严格地说，想象力是科学研究中的实在因素。”想象的类型包括以下几种。

①创造想象。创造想象是指在思维者的头脑中对某些事物形象产生了特定的认识，并按照自己的认知对事物进行整个或者部分抽取，再根据某种需要将其组成一种有自身结构、性质、功能与特征的新事物形象。

例如，《国外科技动态》(2004(3))曾刊登一篇《关于新人力能源设计畅想》的文章，就是想象利用人体对路面不断施加的压力来发电。尽管电流很小，但非常频繁，若将这些电

流存储起来，就足够供街灯、交通灯、建筑物内照明等使用。这一想象如果能付诸实施，那么人们就可以充分利用过去浪费掉的人体能量，朝着一个生态友好、自足的人类社会迈进。

②充填想象。充填想象是指思维者在仅仅认识了某事物的某些组成部分或某些发展环节的情况下，头脑中通过想象，对该事物的其他组成部分或其他发展环节加以填充补实、从而构成一个完整的事物形象。

人们在实践中得到的事物表象，由于受时间或空间的限制，常常只是客观事物的一个或几个部分、片段，需要进行充填想象以推及事物的全貌。图 2.1 所示为新人力能源设想。

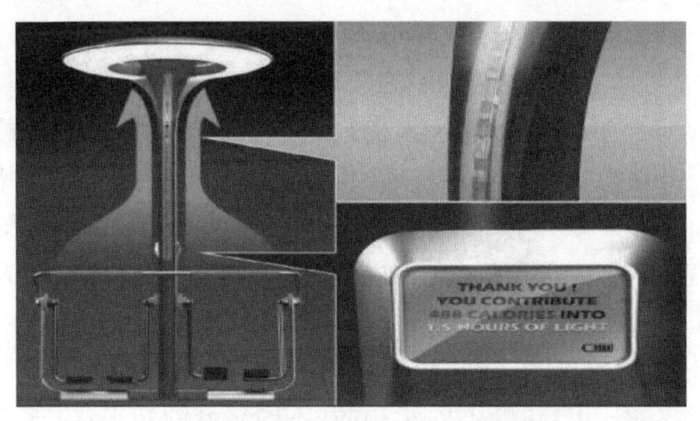

图 2.1　新人力能源设计设想

古生物学家根据一具古生物化石就能凭想象推测这个古生物的原有形态；侦查人员根据目击者提供的犯罪现场情况便能想象出罪犯的形体外貌；在科技杂志上看到某先进的设备照片可以尝试用充填想象分析出内部结构。

例如，图 2.2(a)所示是一种可能用来在玉器上刻画螺旋线的机器，是充填想象的产物。美国哈佛大学一个物理学研究生仔细研究了中国玉器上刻画的螺旋线，如图 2.2(b)所示，发现环上刻有螺旋线形花纹(有些与阿基米德螺旋线吻合到只差 200 μm)，这有力地证明了它们是由复合机器制成的，并想象出该复合机器的结构形状比西方世界出现的类似设备至少要早 3 个世纪。

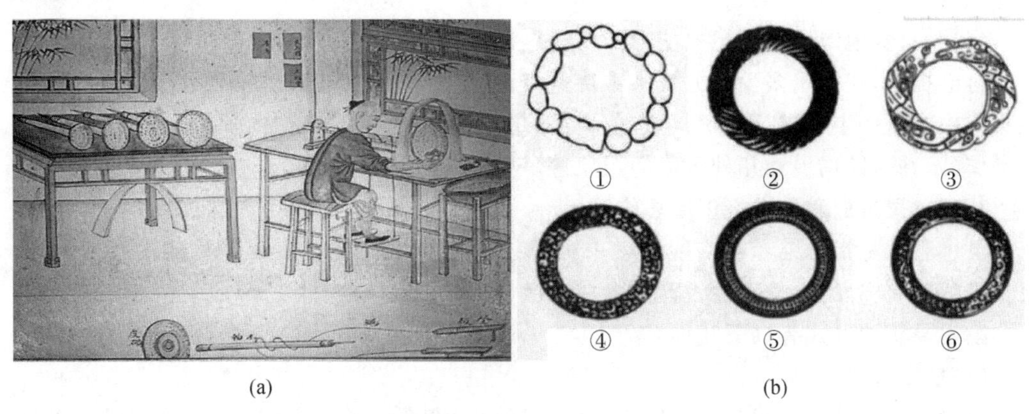

图 2.2　中国的复合机器

③预示想象。预示想象是指根据思维者已有的知识、经验和形象积累，在头脑中构成一定的设想或愿望，这些设想和愿望虽然现在还不存在，以后却有可能产生。

预示想象也称为幻想，是从现实出发而又超越现实的一种思维活动。幻想可以使人思维超前、思路开阔、思绪奔放，因此在创新活动的初期，它的作用是很明显的。19世纪法国著名科学幻想作家儒勒·凡尔纳被称为“科学幻想小说之父”，其作品《神秘岛》《地心记》《海底两万里》等中的幻想产物，如电视机、直升机、潜水艇等都已成为现实。俄国著名化学家门捷列夫对凡尔纳的评价很高，认为他的作品对自己的研究很有启发，有助于自己思考问题、解决问题。

④导引想象。导引想象是指思维者通过在头脑中具体细致地想象和体验自己正进行顽强努力，完成某一复杂艰巨任务以及完成任务后的成功情景与喜悦心情，从而高度协调发挥自身潜在的智力与体力，以促进任务的顺利完成。

导引想象应用在医学中可以减轻病人的痛苦，有利于治疗。在美国西雅图的湾景烧伤中心，烧伤病人接受虚拟现实疗法，以减轻伤口护理过程中造成的痛楚。病人带着头罩式的显示器，使用操纵杆操纵称为“冰雪世界”的程序，这一程序是专为解除烧伤病人的痛楚而设计的。研究表明，在痛苦不堪的伤口护理期间，这种导引想象的方法对减轻病人的痛苦很有效果。

关于如何提高形象思维能力，提出以下几个方面仅供参考：

(1)要深入学习各种知识，包括不同学科的、不同领域的知识；应该不断注意积累各种实践经验；还必须养成善于观察、分析各种事物以及物体的结构特征的习惯，对各类事物形象掌握得越多，越有利于形象思维。这些知识、经验以及各种事物的形象特征将为形象思维奠定坚实的基础。

(2)要自觉地锻炼思维联想能力：应注重事物之间的联系，常做一些提高联想能力的训练，可以在两个事物或两个事件之间进行联想，或按时间顺序及空间顺序进行联想等。

例如，达·芬奇把铃声和石子投入水中所发生的现象联系在一起，联想到声音是以波的形式传播的；电报发明者塞缪尔·莫尔斯为不知如何将电报信号从东海岸发送到西海岸而苦思冥想，一天，他看到疲乏的马在驿站被换掉，因此就由驿站联想到增强电报信号，使问题得以解决。

(3)要自觉地锻炼思维想象能力：常选择一些问题展开想象，如当你面对一个问题时，应向自己提出，我能用多少种方式来看待这个问题，我能用多少种方法解决这个问题；常在头脑中对一些事物进行分解、组合或增添，想象能生成一个什么样的新事物；经常欣赏艺术作品，并对结局展开几种可能的想象等。

2. 通过灵感的激发进行创新思维

灵感思维是指思维者在实践活动中因思想高度集中而突然表现出来的一种精神现象。灵感具有突发性、瞬间性、情感性(伴随激情)等特点。

激发灵感的方式有以下几种：

(1)自发灵感。

自发灵感是指在对问题进行较长时间执着地思考探索的过程中，需要随时留心或警觉所思考问题的答案或启示，有可能在某一时刻会在头脑中突然闪现。例如，英国发明家

辛克莱在谈及他发明的袖珍电视机时说道:“我多年来一直在想,怎样才能把电视机显像管的长尾巴去掉,有一天我突然灵机一动,想了个办法,将长尾巴进行 90°弯曲,使他从侧面而不是后面发射电子,结果就设计出了厚度只有 3 cm 的袖珍电视机。”

由此可以看出,先是对问题深思熟虑,然后丢开、放松,挖掘并利用潜意识,由紧张转入既轻松又警觉的状态,是产生和自发灵感最有效的方法。

(2)诱发灵感。

诱发灵感是指思维者根据自身生理、爱好、习惯等诸多方面的特点,采取某种放松或选择某种场合,如散步、沐浴、听音乐或演奏等,以及 3B 思考法,即 Bed(在床上思考)、Bath(沐浴时思考)、Bus(等或乘坐公共汽车时思考),有意识地促使所思考问题的某种答案或启示在头脑中出现。例如,法国数学家潘卡尔“不定三级二次型的算术变换和非欧几何的变换方法完全一样”的结论是在海边散步时突然领悟的。

(3)触发灵感。

触发灵感是指思维者在对问题已进行较长时间执着思考的探索过程中,需随时留心和警觉,在接触某些相关或不相关的事物时,有可能引发所思考问题的某种答案或启示在头脑中突然闪现,有些类似触景生情的感觉。另外,根据多人经验,同人交谈也经常能起到触发灵感的作用。因为每个人的年龄、身份、文化程度、知识结构、理解能力等各不相同,思考问题的特点、方式和思路也会有差异,在交谈中,不同的思路、思考方式和特点互相融汇、交叉、碰撞或冲突,就能打破或改变个人的原有思路、使思想产生某种飞跃和质变,迸发出灵感的火花。我国古语说:“石本无火,拍击而后发光。”例如,在 1875 年 6 月 2 日,贝尔和他的助手华生分别在两个房间里试验多任务电报机,一个偶然发生的事件启发了贝尔。华生房间里的电报机上有一个弹簧粘到磁铁上了,华生拉开弹簧时,弹簧发生了振动。与此同时,贝尔惊奇地发现自己房间里电报机上的弹簧也振动起来,还发出了声音,是电流的作用把振动从一个房间传到了另一个房间。贝尔的思路顿时大开,他由此想到:如果人对着一块铁片说话,声音将引起铁片振动;若在铁片后面放上一块电磁铁的话,铁片的振动势必在电磁铁线圈中产生时大时小的电流。这个波动电流沿电线传向远处,远处的类似装置上不就会发生同样的振动,发出同样的声音吗?这样声音就沿电线传到远方去了,这不就是梦寐以求的电话吗!于是贝尔和华生按新的设想制成了电话机。

(4)逼发灵感。

逼发灵感指情急能生智,在紧急情况下,不可惊慌失措,要镇静思考、谋求对策,解决某种问题的答案或启示,此时有可能在头脑中突然闪现。被西方誉为创造学之父的美国人奥斯本曾说过:“舒适的生活常使我们创造力贫乏,而苦难的磨炼却能使之丰富。在情感紧张状态下,构想的涌出多数比平时快。当一个人面临危机之时,想象力会发挥最高的效用。”日常所说的某人如何急中生智,就指的是“逼发灵感”。

灵感思维的培养:要有需要创新的课题;具备一定的经验与知识;要对问题进行较长时间的思考;要有解决问题的强烈欲望;要在一定时间的紧张思考之后转入身心放松状态;要有及时抓住灵感的精神准备和及时记录下来的物质准备。

3. 沿着事物各个方向进行创新思维

沿着事物各个方向思维是指从同一材料来源出发,产生为数众多且方向各异的输出信息的思维方式，或从不同角度进行构思、设想。其具体思维方式有如下几种。

(1)发散思维。

发散思维是创新思维的核心之一，没有思维的发散，也就没有思维的集中、求异和独创。发散思维是指思维主体在思维活动时，围绕某个中心问题向四面八方进行辐射、积极的思考和联想，广泛地搜集与这一中心问题有关的各种感情材料、相关信息和思想观点，最大限度地开拓思路，运用已有的知识、经验，通过各种思维手段，沿着各种不同方向去思考，重组信息，获得信息。然后把众多的信息逐步引导到条理化的逻辑中去，以便最终得出结论。

发散思维要求速度，即思维的数量指标；要求新意，即思维的质量指标。例如要求被测试者在一分钟内说出砖的可能用途。一个人回答有：造房、铺路、建桥、搭灶、砌墙、堵洞、垫物。按数量指标他可得 7 分，质量指标却只能得 1 分，因为缺乏新意，全部是用做建筑材料功能。而另一个人的回答是：造房、铺路、防身、敲打、量具、游戏、杂要、磨粉做颜料。对他的数量评分是 8 分，而质量评分却高达 6 分，他的回答使砖头的功能从建筑材料扩展到武器、工具、量具、玩具乃至颜料。可见后者的发散思维水平比前者高。

(2)横向思维。

横向思维是相对于纵向思维而言的一种思维形式。纵向思维是利用逻辑推理直上直下地思考，而横向思维是当纵向思维受阻时从横向寻找问题答案，即换个角度思考。正像时间是一维的、空间是多维的一样，横向思维与纵向思维则代表了一维与多维的互补。这样可以让人排除优势想法，避开经验、常识、逻辑等，能帮助思维者借鉴表面看来与问题无关的信息，从侧面迂回或横向寻觅去解决问题。例如，住在纽约郊外的扎克，是一个碌碌无为的公务员，他唯一的嗜好便是滑冰，别无其他。纽约的近郊，冬天到处会结冰，夏天就没有办法到室外冰场去滑个痛快。去室内冰场是需要钱的，一个纽约公务员收入有限，不便常去。有一天，一个灵感涌上来："冰刀可以在冰上滑行，轮子可以在地面上滚动，都是相对运动，如果鞋子下面安装轮子，不就可以代替冰鞋了吗？这样普通的路就可以当作冰场了。"几个月之后，他和人合作开了一家制造旱冰鞋的小工厂。他做梦也想不到，产品一问世，立即就成为世界性的商品。没几年工夫，他就赚进 100 多万。

(3)逆向思维。

逆向思维是相对正向思维而言的一种思维方式，正向思维是一种"合情合理"的思维方式，而逆向思维常有悖于情理，在突破传统思路的过程中力求标新立异。运用逆向思维时，首先要明确问题求解的传统思路，再以此为参照，尝试着从影响事物发展的诸要素方面(如原理、结构、性能、方位、时序等)进行思维反转或悖逆，以寻求创建。原理的逆向思维实例有：英国物理学家法拉第，由电生磁而想到磁生电，从而为发电机的制造奠定了理论基础；意大利物理学家伽利略，注意到水的温度变化引起了水的体积变化，这使他意识到，反过来，水的体积变化也能看出水的温度变化，按这一思路，他终于设计出当时的温度计。结构的逆向思维实例有：螺旋桨后置的设计方案比前置的飞机跑得快。性能的逆向实例有：由金属材料的热处理想到冷处理。方位的逆向思维实例有：朝地下发射的探矿火箭等。

逆向思维模式与单向思维、固定思维模式相比，体现了思维空间的广阔性、思维路线

的灵活性与多样性、思维频率的快捷性。这样,就容易产生新方案、新点子、新路子。

【知识拓展】

1. 改变思考顺序

一个老太太有两个儿子,大儿子靠卖雨伞为生,小儿子靠卖布鞋为生。老太太整天闷闷不乐,于是就有人问她原因。老太太说:“我是在和老天爷生气呢。晴天,我大儿子的雨伞卖不出去,就没钱生活了。雨天,我小儿子的布鞋又卖不出去。老天对我真是不公平呀!”周围的街坊邻居看到老太太因心情不好病倒了,于是请来了村里的老夫子。老夫子告诉老太太:“你这样想一想,原来你晴天想到的是大儿子,雨天想到的是小儿子,所以你天天不高兴。如今你倒过来想,晴天先想小儿子布鞋生意红火。雨天再想大儿子的雨伞卖得很多。这样你就不应该闷闷不乐,而应该天天高兴。”老夫子的这种做法里蕴含着丰富的逆向思维。为了不让老太太生病,颠倒了思考顺序,最终使老太太每一天都开开心心的。

逆向思维站在问题的对立面,使问题解决得干净利索而充满智慧。

2. 转化思维方式

哲学的基本原理告诉我们,世界万物是普遍联系的。这些相互联系的事物是可以转化的,“塞翁失马”言简意赅地说明了这一普遍原理。创新里的转化更多指的是思维方式的转化:将直接转化为间接,将复杂转化为简单,将不可能转化为可能。

【想想练练】

一、想一想

在机械设计中如何将创新思维进行有效的拓展,理论联系到实际之中,学以致用。

二、练一练

1. 简述什么是创新思维。
2. 简述创新思维的要素。
3. 简述创新思维的特性。
4. 简述创新思维的过程。
5. 简述创新思维的类型。

任务二　创新技法

【任务要求】

掌握创新技法的种类、特性及应用的环境,在课程内容中体现的规律进行总结梳理。

【任务分析】

在此项任务中要积累、总结,通过实例的分析明确技法的应用方面,开拓创新的手段,熟练掌握创新方法,在进行任务时深思熟虑,做出最佳的选择方案。以小组形式进行任务操作,总结汇报,以任务单的模式进行总结。

【任务实施】

1. 组合创新法

组合创新法指按照一定的技术原理，通过将两个或多个功能元素合并，从而形成的一种具有新功能的新产品、新工艺、新材料的创新方法。例如：

(1)成熟的蒸汽技术被衍生到蒸汽轮船、蒸汽机车等。

(2)自行车从代步功能到载货，到添加发动机衍生成三轮、四轮机车。

(3)在婴儿奶瓶的基础上增加温度显示功能。

(4)随着科技发展，数码相机不仅比照相机更便携且更智能，不仅能通过蓝牙上传照片到电脑，还能通过 WIFI 分享到社交网络。

(5)手表不仅是看时间，还可以打电话、发信息，与手机、私家车蓝牙连接。

2. 模仿创新法

模仿创新法指同一类型、同一行业内后发者对领先或创新产品的模仿式创新，这种产品创新本质上属于策略性产品创新的范畴，而不是颠覆性创新或升级性创新。如果后发产品带有颠覆性或升级性的产品属性，就不能被称为模仿式创新，模仿式创新自然与革命性创新产品更无关联。云南创可贴便是一个典型的例子。

在我国小创伤护理市场“邦迪”一度占领了大部分市场，很多用户想到创可贴的时候甚至不知道还有其他品牌存在。云南白药认为自己的市场机会在于，同为给伤口止血的创伤药，“邦迪”产品的性能只在于胶布的良好性能，而没有消毒杀菌功能，而云南白药对于小伤口的治疗效果可以让用户更快的愈合。于是邦迪成了云南白药第一个模仿、也是超越的对象。

挑战“邦迪”，云南白药缺少的是胶布材料的技术。王明辉选择的解决方案是，整合全球资源来“以强制强”，与德国拜尔斯多夫公司合作开发，这家拥有上百年历史的拜尔斯多夫在技术绷带和黏性贴等领域具有全球领先的技术。不到两年时间，双方合作的“白药创可贴”迅速推向市场。

【任务评价】

创新技法要点掌握情况评价表见表 2.2。

表 2.2 创新技法要点掌握情况评价表

序号	评价项目	自评			师评		
		A	B	C	A	B	C
1	能说出观察法的定义						
2	知道构成观察法的三个要素						
3	掌握进行观察的三个技巧						
4	能说出类比技巧的五个形式						
5	明确移植法的定义						
综合评定							

【知识链接】

一、创新技法

创新技法源于创造学的理论与规则，是创造原理具体运用的结果，是促进事物变革与技术创新的一种技巧，这些技巧提供了某些具体改革与创新的应用程序，提供了进行创新探索的一种途径，当然在运用这些技法时，还需要知识与经验的参与。

1. 观察法

观察法是指人们通过感官等器官或科学仪器，有目的、有计划地对研究对象进行反复细致的观察，再通过思维器官的综合分析，以解释研究对象的本质及其规律的一种方法。观是指用敏锐眼光去看，察是指用科学思维去想。

(1)构成观察的三个要素。

①观察者。作为观察的主体，观察者应具备与观察相关的科学知识、实践经验，另外还要掌握一定的观察技法。观察者除进行一系列有目的、有计划的观察外，还应时时做有心人，注意、留心某些意外的事物与现象，并随时记录下来，以备后用。

例如，法国科学家别奈迪克在实验室里整理仪器时，不小心将一只玻璃烧瓶摔落在地上，理应摔得粉碎，但当他拾瓶时发现烧瓶虽然遍体裂纹却没有碎，瓶内液体也没有流出来。当时他想，这一定是瓶内液体的作用。因当时很忙，就没来得及仔细研究，但他却及时在烧瓶上贴了一张纸条，上面写着：1903 年 11 月，这只烧瓶从 3 m 高处摔下来，拾起来就是这个样子。几年以后，别奈迪克在报纸上看到一条新闻，一辆汽车发生事故，车窗的碎玻璃把司机与乘客划伤了。这时，他脑子里立即浮现出几年前实验室摔裂的烧瓶，只裂不碎，若汽车窗也能这样那该多好。别奈迪克赶紧跑回实验室，找出贴纸条的烧瓶，经过研究，他终于发现了瓶子裂而不碎的原因。原来，烧瓶曾装过硝酸纤维溶液，溶液挥发后，瓶壁上留下了一层坚韧而透明的薄膜，牢牢地粘在瓶子上。所以当它被摔时，只是震出裂纹而不破碎，也就没有碎片飞散出来。由此，一种防震安全玻璃就诞生了。

②观察对象。作为客体的观察对象是各种各样的，若观察对象是实物，则应从该实物的结构、形态、位置、材料等方面进行观察；若观察对象为某一事件，则应注重观察事件的发生、发展、运动过程等；若观察的是某一事物或现象，那将观察该事物的起源、发生、结果，以及在整个时空领域出现的变化等。

③观察工具。观察工具是观察的一种辅助手段，其选择应有利于扩大观察范围，获得可靠准确的观察结果。如微小的物体可用显微镜观察、遥远的物体可用望远镜观察、有遮挡的物体可借助于能产生透视功能的射线进行观察、运动快的物体可用高速摄影机拍摄下来再慢放进行细节观察。

例如，一些科学家在观察蝴蝶飞行时，发现蝴蝶翅膀在扇动过程中，有三分之一的时间合并，这时飞行得不到空气的支持，令研究人员不可理解，直到有了高速摄影机这一谜团才揭开。根据高速摄影机拍摄黄粉蝶的飞行过程，研究人员才看到蝴蝶翅膀上下扇动时形成一个漏斗形状的喷气通道，喷气通道的长度、进气口和出气口的大小、形状都按一定的规律变化。蝴蝶飞行时，空气会沿着喷气通道从前向后喷出。原来蝴蝶是利用喷气原理进行飞行的。

(2)进行观察的三种技巧。

观察除直接观察、正面观察外,还要根据实际情况变换观察的技巧,使观察有效。

①重复观察。对相似的或重复出现的现象以及事物进行反复观察,以捕捉或解释这些重复现象中隐藏或被掩盖而没有被发现的某种规律。例如,竺可桢创造的"历史时代世界气候波动"理论,写出的"中国近五千年气候变迁的初步研究"论文,与他长期重复观察是分不开的。他从青年时期一直到逝世前一天,每天起床第一件事就是观察,并记录气温、气压、风向、温度等气象要素。

②动态观察。创造条件使观察对象处于变动状态(改变空间、时序、条件等),再对不同状态下的对象进行观察,以获取在静态条件下无法知道的情况。例如:将金属材料降低温度至绝对零度(−273℃)发现其电阻为零,出现超导现象,由此制成磁悬浮轴承或磁悬浮列车等;观察机器的振动现象,也只有让机器运转起来才会使观察结果可靠。

③间接观察。当正面观察或直接观察受阻时,可采用间接的方式,即通过各种观察工具,通过各种仪器、仪表等。例如,通过应变仪可以观察到零件受载时的应力分布,从而可以合理地设计零件的结构,使其应力分布合理,工作寿命延长;通过潜望镜可以观察到水面上的情况,用来计划潜艇的航向;通过监控摄像头进行现场观察等。

2. 类比法

类比法是指将所研究和思考的事物与人们熟悉并与之有共同点的某一事物进行对照和比较,从中找到它们的相似点或不同点,并进行逻辑推理,在同中求异或异中求同中实现创新。常用的具体类比技巧有以下几种。

(1)相似类比。

相似类比一般指形态、功能、空间、时间、结构等方面上的相似。例如,尼龙搭扣的发明就是由一位名叫乔治・特拉尔的工程师运用功能类比与结构类比的技法实现的。这位工程师在每次打猎回来时总有一种叫大蓟花的植物粘在他的裤子上,当他取下植物与解开衣扣时进行了无意的类比,感觉到它们之间功能的相似,并深入分析了这种植物的结构特点,发现这种植物遍体长满小钩,认识到具有小钩的结构特征是黏附的条件。接着运用结构相似的类比技法设计出一种带有小钩的带状织物,并进一步验证了这种连接的可靠性,进而采用这种带状织物代替普通扣子、拉链等,也就是现在衣服上、鞋上、箱包上用的尼龙搭扣。鲁班设计的锯子也是通过直接类比法而发明的。在科学领域里,惠更斯提出的光的波动说,就是与水的波动、声的波动类比而发现的;欧姆将其对电的研究和傅里叶关于热的研究加以直接类比,把电势比作温度,把电流总量比作一定的热量,建立了著名的欧姆定律;库仑定律也是通过类比发现的,劳厄谈此问题时曾说过:"库仑假设两个电荷之间的作用力与电量成正比,与它们之间的距离平方成反比,这纯粹是牛顿定律的一种类比。"

(2)拟人仿生类比。

拟人仿生类比是指从人类本身或动物、昆虫等结构及功能上进行类比、模拟,设计出诸如各类机器人、爬行器以及其他类型的拟人产品。例如,日本发明家田雄常吉在研制新型锅炉时,就将锅炉中的水和蒸汽的循环系统与人体血液循环系统进行类比。即参照人

体的动脉和静脉的不同功能以及人体心脏瓣膜阻止血液倒流的作用，进行了拟人类比，发明了高效锅炉，使其效率提高了10%。又例如，类比鲨鱼皮肤研制的泳衣提高了游泳的速度。鲨鱼皮肤的表面遍布了齿状凸出物，当鲨鱼游泳时，水主要与鲨鱼皮肤表面上齿状凸出物的端部摩擦，使摩擦力减小，游速增大。运用模仿类比技法，设计的新型泳衣由两种材料组成，在肩膀部位仿照鲨鱼皮肤，其上遍布齿状凸出物在手臂下方采用光滑的紧身材料，减小了游泳时的阻力。这种泳衣在悉尼奥运会上获得了130个国家、地区游泳运动员的认可。

(3)因果类比。

因果类比是指由某一事物的因果关系经过类比技法而推理出另一类事物的因果关系。例如，由河蚌育珠，运用类比技法推理出人工牛黄；由树脂充孔形成发泡剂推理出水泥充孔形成气泡混凝土。

(4)象征类比。

象征类比是指借助实物形象和象征符号来比喻某种抽象概念或思维情感。象征类比依靠直觉感知，并使问题关键显现、简化。文化创作与创意中经常用到这种创新技法。著名哲学家康德曾说过："每当理智缺乏可靠论证的思路时，类比这个方法往往能指引我们前进。"

(5)直接类比。

将创造对象直接与相类似的事物或现象进行比较称为直接类比。

直接类比简单、快速，可避开盲目思考。类比对象的本质特征越接近，则成功率越大。例如，由天文望远镜制成了航海、军事、观剧以及儿童望远镜，不论它们的外形及功能有何不同，其原理、结构完全一样。

瑞士著名科学家皮卡尔原是研究大气平流层的专家。在研究海洋深潜器的过程中，他分析海水和空气都是相似的流体，因此进行直接类比，借用具有浮力的平流层气球结构特点，在深潜器上加一浮筒，让其中充满轻于海水的汽油，使深潜器借助浮筒的浮力和压仓的铁砂可以在任何深度的海洋中自由行动。

3. 移植法

移植法是将某一领域的原理、结构、方法、材料等移植到新的领域中，从而创新产品。现代科学技术的飞速发展，使学科之间的概念、理论、方法等相互交叉、移植、渗透，从而产生新的学科、新的理论、新的方法、新的技术，大大推动了创新水平的发展。

移植法是一种应用非常广泛的创造技法。根据统计发现，任何一项创新成果中，90%的内容均可通过各种途径从前人或他人已有的科技成果中获取，而独创性发明只占10%。由此可见，创新既可以纵向继承前人的智慧结晶，也可以横向借鉴他人的思维成果，从而缩短自己的创新周期提高成功率。从思维类别来看，移植法是一种侧向思维的方法。通过相寻找两种事物间的联系，最终相似联想、相似类比和灵感触发，产生新的构想。

美国科学家WI贝伟里奇曾指出："移植是科学发展的一种主要方法。"大多数的发现都可应用于所在领域以外的领域。而应用于新领域时，往往有助于促成进一步的发现。重大的科学成果有时来自移植在电气科学技术尚不发达的时代，机器的许多功能都是由各种各样的机械式机构来完成的，甚至有些自动机也完全依靠非常复杂的机械式自动机构来实现,因此常常使得各种机器复杂、笨重、噪声大、操作不便。电与机械是属于两个有明显区别的不同技术领域,随着电气新技术的不断出现及电器工业的不断发展,各种电工技术不断被移植到机械工业上来,出现了各种各样的机电创新机械,促进了机械产品的大发展,使机械产品更加完善,产品品种更加繁多,直至今日,机械与电已很难分家,并形成了电子机械家族。机械加工中用金属切削机床很难实现的小孔和深孔加工采用电火花加工则很容易解决,将激光技术移植到机械加工领域,很容易解决复杂形状的切削问题;液压技术移植到机械工程领域以后,较好地解决了远距离传动、简化机构及操纵方便等问题。电子计算机领域中的问题和方法被移植到机械工程以后,使机械工程领域再次发生新的突破,未来若将遗传工程移植到机械工程领域则又将会形成一次大变革,即生物机械的诞生。

类似的例子还可以举出很多,比如:建筑工程中的钢筋混凝土结构是根据植物根系在土壤中的结构和原理创造出来的;坦克车是根据军事技术原理,由一名记者发明的;现代管理方法中的行为学派就是将心理学原理移植到企业管理方法中来形成的学派;照相技术被移植到印刷排字中后形成了先进的照相排版技术。科学研究中所使用的一些方法如观察法、归纳法、直觉法等可以移植到技术创新中,有许多重要的技术发明是由从事其他领域工作的人研究出来的,也往往是由于自觉或不自觉地采用了移植法。液压变矩器和液压联轴节是造船公司的电气工程师发明的;现代复印技术由一位专利法律师发明的;发明拉链的是一位机械技术员;发明静电吸尘器的是科学家;发明圆珠笔的是画家和化学家;莫尔顿式自行车发明者是一位航空发动机工程师,而最早的自行车是一位医生发明的,等等。

有人称这种移植创造思维法为不同领域之间的科学技术交叉。今天,这种互相交叉和渗透的趋势越来越强烈,创新者应该非常明白这种趋势的含义,它意味着创新思考时进行广泛地移植甚至大交叉将是必然的趋势。创新者在创造思考时不要局限于一个较小的科学技术领域,而应解放思想,广泛地移植各个领域的科学技术。

(1)原理移植。

原理移植是将某种科学原理向新的研究领域推广和外延以创造新的技术产品。科学技术原理往往都具有广泛的适用性,只要合理移植就可能创造出新的产品。

磁自从被发现后,科学家就巧妙地将其应用到很多领域创造了很多的发明。比如,中国四大发明之一的指南针就是典型的磁原理,指南针不仅发展和繁荣了中国的经济,而且还赢得了世界荣誉。其实在我们现实生活中,磁性能的应用也是无所不在的。像磁牙刷、磁梳子、磁佩饰、磁茶杯、磁疗器、变压器、发电机、磁播种机、磁流体发动机、磁悬浮列车、磁悬浮熔炼、核磁共振等。随着科学技术的不断进步,磁性能的应用前途是无限光明的,它将会为人类带来无尽的财富和生活便利。

红外辐射是一种很普通的物理过程,凡高于绝对温度零度的物体,都有红外辐射,只是温度低时辐射量极微罢了。可这一原理移植到其他领域,可产生新奇的成果,有红外线探测、遥感、诊断、治疗、夜视、测距等。在军事领域则有红外线自动导引的“响尾蛇”导弹,装有红外瞄准器的枪械、火炮和坦克,红外扫描及红外伪装等。

(2)方法移植。

方法移植是指操作手段与技术方案的移植。如周转轮系传动比的计算。我们希望周转轮系传动比计算能沿用定轴轮系的方法,但实际上不行。原因在于周转轮系中有转动着的系杆,使行星轮的轴线不固定,造成行星轮既有自转又有公转。如果经过某种形式的变换,把系杆固定,从而使行星轮轴线固定,那么周转轮系就变成定轴轮系,从而可以应用定轴轮系传动比的计算方法。在这样的思维方式引导下,设想给整个周转轮系加上一个与系杆转速等值反向的公共转速,这样各构件之间的相对运动关系并不改变,但此时系杆却"静止不动"了。行星轮轴线"固定",周转轮系就转化为定轴轮系——称为转化轮系,从而可以应用求定轴轮系传动比的方法,通过转化轮系的传动比来计算周转轮系中各构件间的传动比。

(3)回采移植。

历史表明,许多被弃置不用的"陈旧"事物,只要用现代技术赐予的新东西(主要为材料、技术、信息控制技术)加以改造往往会导致新的创造。如帆船是古代船舶的标志,但又出现在 20 世纪 80 年代,至今已有 20 多个海洋国家成立了"风帆研究所"。现代风帆是以计算机设计,具有最佳采风性能和推进性能。其制作材料已从尼龙发展到铝合金,帆的控制也是自动化的。所以现代帆船并非"扁舟孤帆",而是万吨巨轮,有些帆船速度可与快艇媲美,加上节能、安全、无噪声、无污染等独特优点而深受器重。又如弩是古代技术的精华,它在 17 世纪就趋于没落,今天却又重现光辉:箭——箭镞是锌铬合金制成,弩装备——具有可变焦距瞄准镜。箭镞在 50 m 内能洞穿电话簿厚的汽车外壳,在 300 m 内像步枪一样准确地射杀目标,但却保留其祖先的优点——悄然无声。

(4)功能移植。

功能移植指把诸如激光技术、超声波技术、超导技术、光纤技术、生物工程技术以及其他信息、控制、材料、动力等一系列通用技术所具有的技术功能,以某种形式应用于其他领域。如采用液压技术便可较好地解决远距离传动的问题,且简化机构并操作方便;电子计算机的应用则使机械加工程序化、自动化;若将遗传工程移植至机械工程则将形成更大的变革——出现生物机构;在自然界,河川中夹杂的有机物流入海洋并不会使其受污染,原来海洋中生长着能消化有机物的净化细菌,有机物经它消化后变成水和一氧化碳。环保专家将此功能移植于废水处理——引进净化细菌让它大量繁殖,以达到去污变清的目的。这就是目前污水处理的活性污泥处理法。

(5)结构移植。

结构移植是指结构形式或结构特征的移植。例如,将滚动轴承的结构移植到移动导轨上,产生了滚动导轨;移植到螺旋传动上,产生了滚珠丝杆。将齿轮机构的啮合原理移植到联轴器上,产生了齿轮联轴器;移植到带传动上,产生了齿形带传动。又如现在的平板电脑,就是根据手机来设计的,又轻巧又便捷,实在是精妙的发明。

4. 组合法

组合型创新技法是指利用创新思维将已知的若干事物合并成一个新的事物,使其在性能和服务功能等方面发生变化,以产生出新的价值。以产品创新为例,可根据市场需求分析比较,得到有创新性的新的技术产物的过程,包括功能组合、材料组合和原理组合等。

人类的许多创造成果来源于组合。正如哲学家所说:“组织得好的石头能成为建筑，组织得好的词汇能成为漂亮文章，组织得好的想象和激情能成为优美的诗篇。”同样，发明创造也离不开现有技术和材料的组合。

组合型创新技法常用的有主体附加法、异类组合法、同物自组法、重组组合法及信息交合法等。

(1)主体附加法。

以某事物为主体，再添加另一附属事物，以实现组合创新的技法称为主体附加法。在琳琅满目的市场上，我们可以发现大量的商品是采用这一技法创造的。如在可擦圆珠笔上安上橡皮头、在电风扇中添加香水盒、在摩托车后面的储物箱上装上电子闪烁装置，都具有美观、方便又实用特点。

主体附加法是一种创造性较弱的组合，人们只要稍加动脑和动手就能实现，但只要附加物选择得当，同样可以产生巨大的效益。

(2)异类组合法。

将两种或两种以上的不同种类的事物组合，产生新事物的技法称为异类组合法。

(3)同物自组法。

同物自组法就是将若干相同的事物进行组合，以图创新的一种创新技法。例如，在两支钢笔的笔杆上分别雕龙刻凤后，一起装入一精制考究的笔盒里，称为“情侣笔”，作为馈赠新婚朋友的好礼物；把三支风格相同颜色不同的牙刷包装在一起销售，称为“全家乐”牙刷。

同物自组法的创新目的，是在保持事物原有功能和原有意义的前提下，通过数量的增加来弥补不足或产生新的意义和新的需求，从而产生新的价值。

(4)重组组合法。

任何事物都可以看作是由若干要素构成的整体。各组成要素之间的有序结合，是确保事物整体功能和性能实现的必要条件。如果有目的地改变事物内部结构要素的次序，并按照新的方式进行重新组合，以促使事物的性能发生变化，这就是重组组合法。

在进行重组组合时，首先要分析研究对象的现有结构特点；其次要列举现有结构的缺点，考虑能否通过重组克服这些缺点；最后确定选择什么样的重组方式。

(5)信息交合法。

信息交合法是建立在信息交合论基础上的一种组合创新技法。信息交合论有两个基本原理：其一，不同信息的交合可产生新信息；其二，不同联系的交合可产生新联系。根据这些原理，人们在掌握一定信息基础上通过交合与联系可获得新的信息，实现新的创造。

5. 换元法

换元法是指在创新过程中，采用替换或代换的方法，使研究不断深入，思路获得更新。例如，卡尔森研究发明的复印机，曾采用化学方法进行多次实验，结果屡次失败后来他变换了研究方向，探索采用物理方法，即光电效应，终于发明了静电复印机，一直沿用到现在。

在许多事物中，各式各样的替代或代换内容是很多的，用成本低的代替昂贵的、用容易获得的代替不容易获得的、用性能良好的代替性能差的等。例如，用玻璃纤维制成的冲

浪板比木质的冲浪板更轻巧，也更容易制成各种形状。

6. 还原法

还原法是指返回创新原点，即在创新活动中，追根溯源找到事物的原点，再从原点出发寻找各种解决问题的途径。实际上，任何事物都有其创造的起点和原点。创造的原点是唯一的，创造的起点则有很多。创造的原点可作为创造的起点，但创造的起点却不能作为创造的原点。以研制洗衣机为例，为减轻人的劳动开始着手洗衣机的研究，首先想到的是如何代替手搓、脚踩、板揉和槌打，结果导致了研究问题的复杂性，使创新活动受阻。实际上，将问题返回到原点，则是分离问题，即将污物与衣物分离。从原点出发寻找各种解决问题的途径，广泛考虑各种各样的分离方法，如机械分离、物理分离、化学分离等，就可以创新出基于不同工作原理的各类洗衣机。另外一个例子就是清理小广告。小广告是城市的牛皮癣，人们用很多方法去清理，如用高压水枪、刷子、铲子等工具清理。若将问题返回到原点，就是小广告是贴上去的，如果让小广告贴不上或贴不住不就可以从根本上解决问题了吗？于是就有人研究了一种涂料，涂在墙上或公交牌上，当小广告贴上去等胶水干了以后，小广告自动掉下来。

7. 穷举法

穷举法又称为列举法，是一种辅助的创新技法。它并不是提供新的发明思路与创新技巧，但可帮助人们明确创新的方向和目标。

(1)属性列举法。

属性列举法是由 Crawford 于 1954 所提倡应用的思考策略。该方法偏向物性、人性的特征来思考，主要强调于创造过程中观察和分析事物的属性，然后针对每一项属性提出可能改进的方法，或改变某些特质(如大小、形状、颜色等)，使产品产生新的用途。属性列举法的步骤是条列出事物的主要想法、装置、产品、系统或问题的重要部分的属性，然后改变或修改所有的属性。其中，我们必须注意一点，不管多么不切实际，只要是能对目标的想法、装置、产品、系统或问题的重要部分提出可能的改进方案，都是可以接受的范围。

(2)希望点列举法。

希望点列举法是偏向理想型设定的思考，是通过不断地提出“希望可以”“怎样才能更好”等的理想和愿望，使原本的问题能聚合成焦点，再针对这些理想和愿望提出达成的方法。希望点列举法的步骤是先决定主题，然后列举主题的希望点，再根据选出的希望点来考虑实现方法。

(3)优点列举法。

优点列举法是一种逐一列出事物优点的方法，进而探求解决问题和改善对策。该方法的步骤如下：

①决定主题。

②列举主题的优点。

③选出所列举的优点。

④根据选出的优点来考虑如何让优点扩大。

(4)缺点列举法。

缺点列举法是偏向改善现状型的思考，通过不断检讨事物的各种缺点及缺漏，再针对这些缺点一一提出解决问题和改善对策的方法。缺点列举法的步骤是先决定主题，然后列举主题的缺点，再根据选出的缺点来考虑改善方法。

8. 集智法

集智法是指集中大家智慧并激励智慧进行创新，该种技法是一种群体操作型的创新技法。不同知识结构、不同工作经历、不同兴趣爱好的人聚集在一起分析问题、讨论方案、探索未来时一定会在感觉和认知上产生差异，而正是这种差异会形成一种智力互激、信息互补的氛围，从而可以很有效地实现创新效果。

集智法的具体做法如下。

(1)会议式。

会议式也称头脑风暴法，于 1939 年由美国 BBDO 广告公司副经理亚历克斯·奥斯本所创立。该技法的特点是召开专题会议，并对会议发言做若干规定，通过这样一个手段造成与会人员之间的智力互激和思维共振，用来获取大量而优质的创新设想。

会议的一般议程如下：

①会议准备。确定会议主持人、会议主题、会议时间、参会人(5～15 人为佳，且专业构成要合理)。

②热身运动。看一段创造录像，讲一个创造技法的故事，出几道脑筋急转弯题目，使与会者身心得到放松，思维运转灵活。

③明确问题。主持人简明介绍，提供最低数量信息，不附加任何框框。

④自由畅谈。自由畅谈无顾忌，自由思考，以量求质。有人统计，一个人在相同时间内比别人多提出两倍设想的人，最后产生有实用价值的设想的可能性比别人高 10 倍。

⑤加工整理。会议主持人组织专人对各种设想进行分类整理，去粗取精，并补充和完善设想。

(2)书面式。

书面式方法由德国创造学家鲁尔巴赫对奥斯本智力激励法加以改进而成。该方法的主要特点是采用书面畅述的方式激发人的智力，避免了在会议中部分人疏于言辞、表达能力差的弊病，也避免了在会议中部分人因相争发言，彼此干扰而影响智力激励的效果，该方法也称 635 法，即 6 人参加，每人在卡片上默写 3 个设想，每轮历时 5 min。具体程序是：会议主持人宣布创造主题—发卡片—默写 3 个设想—5 min 后传阅；在第二个 5 min 要求每人参照他人设想填上新的设想或完善他人的设想，30 min 就可以产生 108 种设想，最后经筛选，获得有价值的设想。

(3)卡片式。

卡片式是日本人所创，也是在奥斯本的头脑风暴法的基础上创立的。其特点是将人们的口头畅谈与书面叙述有机结合起来，以最大限度充分发挥群体智力互激的作用和效果，具体程序如下：召开 4～8 人参加的小组会议，每人必须根据会议主题提出 5 个以上的设想，并将设想写在卡片中，一个卡片写一个，然后在会议上轮流宣读自己的设想。如果在别人宣读设想时，自己因受到启示产生新想法时，应立即将新想法写在备用卡片上。待全体发言完毕后，集中所有卡片，按内容进行分类，加上标题，再进行更系统地讨论，以挑选出可供采纳的创新没想。

9. 设问探求法

提问能促使人们思考，提出一系列问题更能激发人们在脑海中推敲。大量的思考和系统的检核，有可能产生新的设想或创意。依据这种机制和事实，人们概括出设问探求法或检核表法。

泛泛地思考往往提不出设想，提问却能促进思考深入。有目的的诱导性提问可以使人浮想联翩，产生创意。奥斯本检核表法由很多创造原理构成的，大家公认为是“创造技法之母”，适合各种类型和场合的创造性思考。

设问探求法的特点如下：

(1)设问探求法是一种强制性思考，有利于突破不愿提问的心理障碍。提问，尤其是提出具有创见的新问题本身就是一种创造。

(2)设问探求法是一种多角度发散性思考，由于习惯心理，人们很难对同一问题从不同方向和角度去思考。

(3)设问探求法提供了创造活动最基本的思路。创造思路固然很多，但采用设问探求法这工具就可以使创造者尽快地集中精力朝提示的目标和方向思考。

设问探求法从以下九个方面进行分项检核，以促使设计者探求创意。

(1)有无其他用途？

现有事物还有没有新的用途？或稍加改进能扩大它的用途？

(2)能否借用？

能否借用别的经验、有无与过去相似的东西？能否模仿点什么？

(3)能否改变？

颜色、活动、音响、气味、样式、形状等能否做其他改变？

(4)能否扩大？

能否增加什么？时间、频率、长度、宽度、厚度、强度、附加价值、材料能否增加？能否扩张？

(5)能否缩小？

能否减少什么？再小点、浓缩、微型化、省略？能否分割化小？能否采取内装？

(6)能否代用？

能否取代？能否使用其他材料、其他制造工艺、其他动力、其他场所、其他方法？

(7)能否重新调整？

能否更换条件？能否用其他的型号、其他设计方案、其他顺序？能否调整速度？能否调整程序？

(8)能否颠倒过来？

能否变换正负、颠倒方位？反向有何作用？

(9)能否组合？

能否事物组合、原理组合、材料组合、功能组合？

奥斯本检核表法是一种具有较强启发创新思维的方法。它的作用体现在多方面，是因为它强制人去思考，有利于突破一些人不愿提问题或不善于提问题的心理障碍，还可以克服“不能利用多种观点看问题”的困难，尤其是提出有创见的新问题本身就是一种创新。

它又是一种多向发散的思考，使人的思维角度、思维目标更丰富，另外检核思考提供了创新活动最基本的思路，可以使创新者尽快集中精力，朝提示的目标方向去构想、创造、创新。该法比较适用于解决单一问题，还需要结合技术手段才能产生出解决问题的综合方案。

使用核检表法应注意几点：一是要一条一条地进行核检，不要有遗漏；二是要多核检几遍，效果会更好，或许会更准确地选择出所需创造、创新、发明的方面；三是在核检每项内容时，要尽可能地发挥自己的想象力和创新能力，产生更多的创造性设想；四是核检方式根据需要可以1人核检，也可以3～8人共同核检，也可以集体核检，可以互相激励、产生头脑风暴，更有希望创新。

下面以玻璃杯为例，来说明用奥斯本检核表法对其进行的改进创新(表2.3)。

表2.3 玻璃杯奥斯本核检表

序号	核检项目	发散性设想	初选方案
1	能否他用	作为奖杯、量具、装饰、火罐、乐器、灯罩、笔筒、蛐蛐罐、存钱罐，可盛食物、做圆规	装饰品
2	能否借用	自热杯、磁疗杯、保温杯、电热杯、防爆杯、音乐杯	自热磁疗杯
3	能否改变	夜光杯、塔形杯、动物杯、防溢杯、自洁杯、香味杯、密码杯、幻影杯	香味夜光杯
4	能否扩大	不倒杯、防碎杯、消防杯、报警杯、过滤杯、多层杯	多层杯
5	能否缩小	折叠杯、微型杯、超薄型杯、可伸缩杯、扁平杯、勺型杯	伸缩杯
6	能否代用	金属杯、纸杯、可降解杯、一次性杯、竹木制杯、塑料杯、可食制杯	可降解纸杯
7	能否调整	系列装饰杯、系列牙杯、口杯、酒杯、咖啡杯、高脚杯	系列高脚杯
8	能否颠倒	透明/不透明、雕花/非雕花、有嘴/无嘴、有盖/无盖、上小下大/上大下小	彩雕杯
9	能否组合	与温度计组合、与中草药组合、与加热器组合、与艺术绘画组合	与加热器组合

10. 逆向转换法

逆向转换法中的“逆”可以是方向、过程、功能、原因、结果、优缺点、破立矛盾的两个方面等诸方面的逆转。

逆向转换法分类如下：

(1)原理逆向。

从事物原理的相反反向进行的思考。例如,意大利物理学家伽利略曾应医生的请求设计温度计,但屡遭失败。有一次他在给学生上实验课时,由于注意到水的温度变化引起了水的体积的变化,这使他突然意识到,反过来,由水的体积变化不也能看出水的温度的变化吗?循着这一思路,他终于设计出了当时的温度计。其他的例子还有制冷与制热、电动机与发电机、压缩机与鼓风机。

(2)功能逆向。

按事物或产品现有的功能进行相反的思考。如风力灭火器。如今我们看到的扑灭火灾时消防队员使用的灭火器中有风力灭火器,风吹过去,温度降低,空气稀薄,火便被吹灭了。一般情况下,风是助火势的,特别是当火比较大的时候。但在一定情况下,风可以使小的火熄灭,而且相当有效。另外保暖瓶可以保热,反过来也可以保冷。

(3)过程逆向。

事物进行过程逆向思考。如小孩掉进水缸里,一般的过程就是把人从水中救起,使人脱离水,而司马光救人过程却相反,他采用的是打破水缸。还有一个例子就是除尘,既可以采取吹尘也可以采取吸尘的方法。

(4)因果逆向。

原因结果互相反转即由果到因,如数学运算中从结果倒推回来以检查运算过程和已知条件。

(5)结构或位置逆向。

从已有事物的结构和位置出发所进行的反向思考,如结构位置的颠倒、置换等。

(6)观念逆向。

一般情况下,观念不同、行为不同,收获就可能不同。例如,我国工业生产部门大而全的观念转变到专门化生产,大大提高了生产效率和产品质量;产品的以产定销变为以销定产,可以减少库存、提高资金利用率。

【知识拓展】

移花接木创新法指将某个学科、领域中的原理、技术、方法等,应用或渗透到其他学科、领域中为解决某一问题提供启迪、帮助的创新思维方法。

1. 方法移植(香港中旅)

香港中旅集团有限公司总经理马志民赴欧洲考察,参观了融入荷兰全国景点的“小人国”,回来后就把荷兰的“小人国”的微缩处理方法移植到深圳,融华夏的自然风光、人文景观于一炉,集千种风物、万般锦绣于一园,建成了具有中国特色和现代意味的崭新名胜“锦绣中华”,开业以来游人如织,十分红火。

2. 结构移植(缝衣服)

缝衣服的线移植到手术中,出现了专用的手术线;用在衣服鞋帽上的拉链移植到手术中完全取代用线缝合的传统技术,“手术拉链”比针线缝合快 10 倍,且不需要拆线,大大减轻了病人的痛苦。

3. 材料移植

用纸造房屋，经济耐用；用塑料和玻璃纤维取代钢来制造坦克的外壳，不但减轻了坦克的质量，而且具有避开雷达的隐形功能。

【想想练练】

一、想一想

创新技法在机械创新设计中的应用范围、应用最广泛的创新技法种类分别有哪些?

二、练一练

1. 简述观察法的定义。
2. 简述构成观察的三要素。
3. 简述进行观察的三种技巧。
4. 简述类比法的定义。
5. 简述移植法的定义。
6. 简述组合法的定义。

项目三

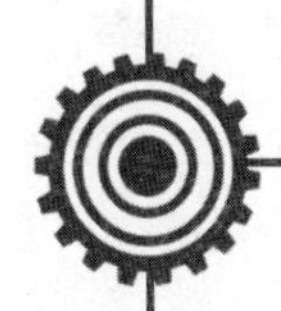

机构的组合与创新设计

【学习目标】

1. 掌握机构组合的基本概念
2. 了解机构组成原理与机构创新设计
3. 熟练运用机构组合的创新原理
4. 正确分析机构串联组合的基本概念
5. 掌握机构并联组合的基本方法

【任务引入】

为了得到能实现预期功能的串联式机构组合创新设计方案，在对预期功能进行认真分析的基础上，将总功能分解为若干个分功能，然后尽可能多地构思能实现各分功能的子机构，根据各子机构的特点，按串联方式进行机构组合从而得到多种机构创新设计方案，最后根据对机械系统以及执行机构的具体设计要求，对已得到的创新设计方案进行分析、评估并从中选出最佳的机构组合设计方案。

任务一　机构的组合

【任务要求】

能够熟练掌握最简机构的原理，正确分析基本机构在创新设计环节的应用功能。掌握Ⅱ级杆组的类型、种类的分析。

【任务分析】

在本章节的学习过程中注意知识点的梳理，明确各个知识要点的构成，能够正确分析结构图的环节设计，从最简单的机构入手，逐个完成任务要求，把重难点任务简单化、零散化，逐个攻破，总结分析，把实际问题举例共享，进行类比学习，便于掌握记忆。

【任务实施】

一、实验目的

(1)通过实际机构的应用设计和搭接加深对不同机构运动特性的理解。

(2)通过对典型机构的组装，掌握活动连接、固定连接的结构和特点；了解实际机构与机构简图的不同之处，避免设计时出现运动的干涉。

(3)通过现场操作培养实际动手和现场应变能力。

(4)通过实验的多方案设计培养发散思维和创新设计能力。

二、实验设备

实验设备：ZSB－C 机构创新设计方案试验台。

三、实验原理

ZSB－C 机构创新设计方案试验台由电动机输出动能，再由皮带带动齿轮转动，然后由一个小齿轮和一个大齿轮组合，降低输出速度。

构造一个曲柄摇杆机构，实现将电机转动转化为摇杆传动的功能。利用曲柄摇杆机构特性设计一个能实现刚体给定位置的机构，最终实现机构原理设计要求。

四、备选方案分析和最终选型方案

设计好曲柄摇杆机构，可选择设计起重机构、铸造造型机沙箱翻转机构、读数机构、轨迹生成机构及缝纫机踏板机构等。

最终选择实现起重功能的起重机构。

五、最终选型方案的分析及选择该方案的理由

最终选择此方案有 2 个原因。

(1)受实验室设备条件及设备精度限制,不能设计出比较精准的机构,此机构相比读数机构、轨迹生成机构等设计难度低、精度要求低。

(2)此机构功能容易得到实现,构造比较简单,利用实验室现有机构实验设备、实验构件,在实验室中能独立完成。

六、实际拼装机构的机构运动简图(图 3.1)

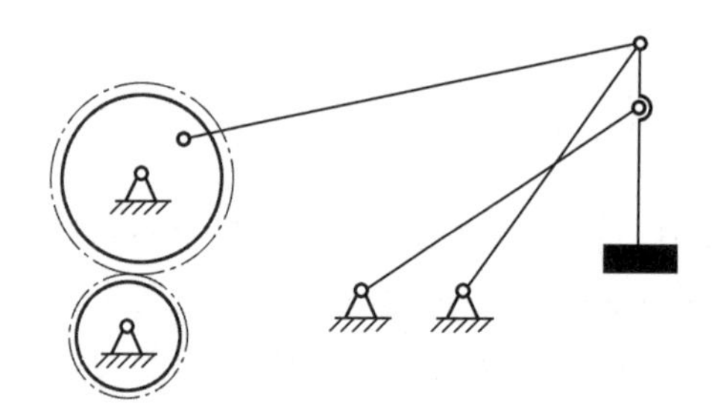

图 3.1 实际拼装机构的机构运动简图

七、实际拼装机构的杆组拆分简图(图 3.2)

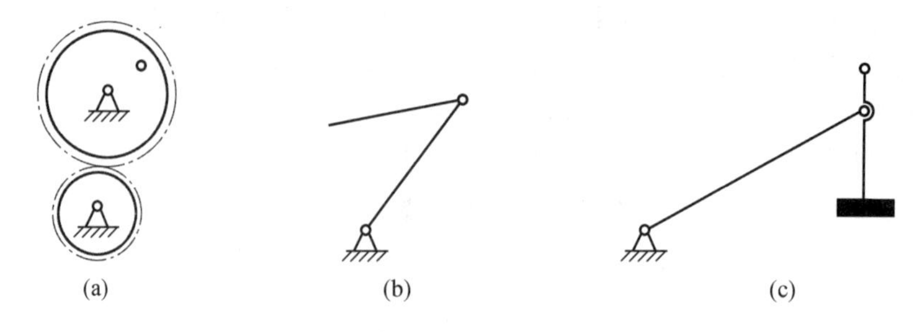

图 3.2 实际拼装机构的杆组拆分简图

八、机构功能

(1)实现起重。可以将重物提升到一个平台上,如:装卸载货物,吊重、起重小轿车等。

(2)拔起铸造模型。

(3)运送物资。

(4)升降台。

【任务评价】

机构的组合要点掌握情况评价表见表 3.1。

表 3.1 机构的组合要点掌握情况评价表

序号	内容及标准		配分	自检	师检	得分
1	机构组合的基本概念(30 分)	最简机构的定义	10			
		基本机构的概念	10			
		基本机构的应用	10			
2	机构组成原理与机构创新设计(40 分)	Ⅱ级杆组的类型	5			
		Ⅲ级杆组的类型	5			
		机构组成原理	15			
		机构创新设计的应用	15			
3	总结分析报告以及实验单的填写(30 分)	重点知识的总结	5			
		问题的分析、整理、解决方案	15			
		实验报告单的填写	10			
综合得分			100			

【知识链接】

一、机构组合的基本概念

1. 最简机构

把由 2 个构件和 1 个运动副组成的开链机构称为最简单的机构，简称最简机构，其要素是组成机构的最多构件为 2 且为开链机构(图 3.3)。

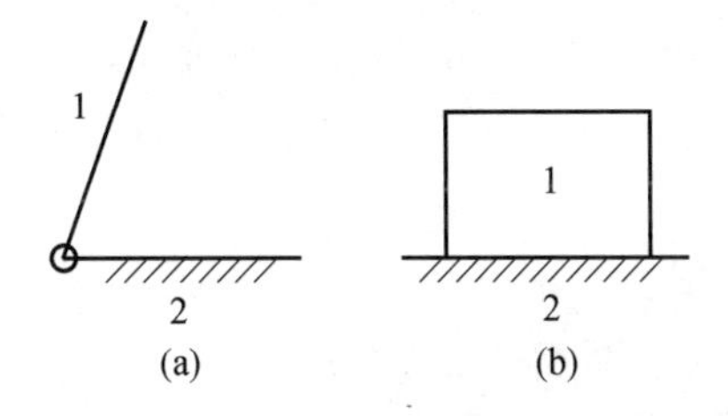

图 3.3 原动机的机构简图为最简机构

2. 基本机构

把含有 3 个构件以上、且不能再进行拆分的闭链机构称为基本机构，其要素是闭链且不可拆分性(图 3.4)。

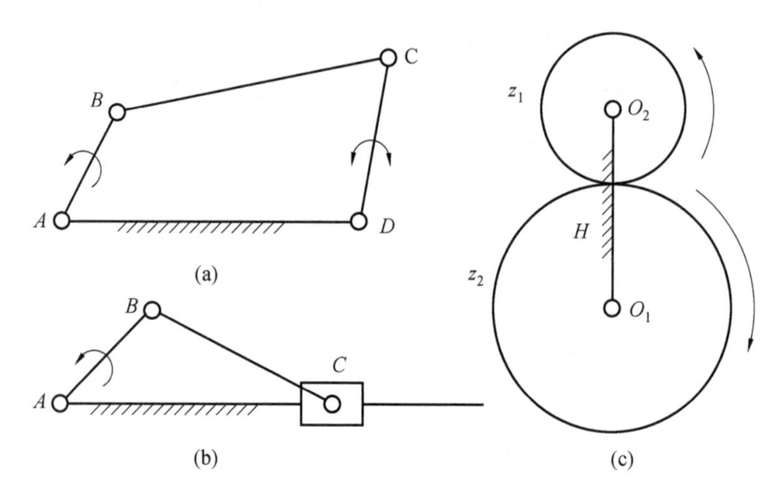

图 3.4 基本机构

3. 基本机构的应用

(1)基本机构的单独使用。

基本机构可以直接应用在机械装置中,只有一些简单机械中才包含一个基本机构,如空气压缩机中包含一个曲柄滑块机构。

(2)互不连接的基本机构的组合。

若干个互不连接、单独工作的基本机构可以组成复杂的机械系统,各基本机构之间进行运动协调设计。如图 3.5 所示,压片机由三个独立工作的机构组成,各机构之间的运动必须满足协调关系。

(3)各基本机构互相连接的组合。

各基本机构通过某种连接方法组合在一起,形成一个较复杂的机械系统,这类机械是工程中应用最广泛,也是最普遍的。

基本机构的连接组合方式主要有:串联组合、并联组合、叠加组合和封闭组合等,其中串联组合是应用最普遍的组合。

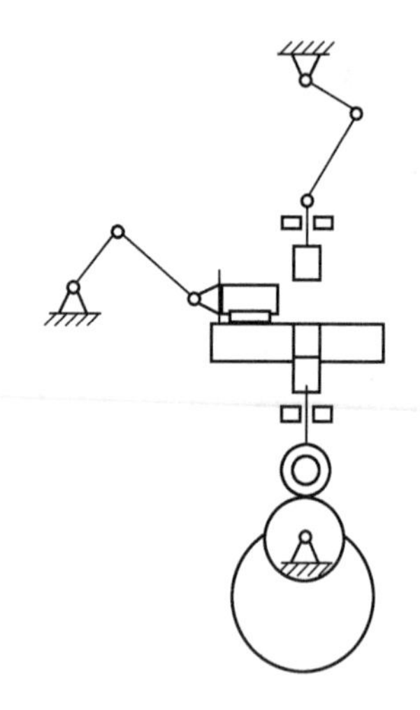

图 3.5 压片机

常用的机构组合方法如下:

①利用机构的组成原理,不断连接各类杆组。

②按照串联规则组合基本机构,如图 3.6(a)所示。

③按照并联规则组合基本机构,如图 3.6(b)所示。

④按照叠加规则组合基本机构。

⑤按照封闭规则组合基本机构。

⑥上述方法的混合连接,可得到复杂的机构系统。

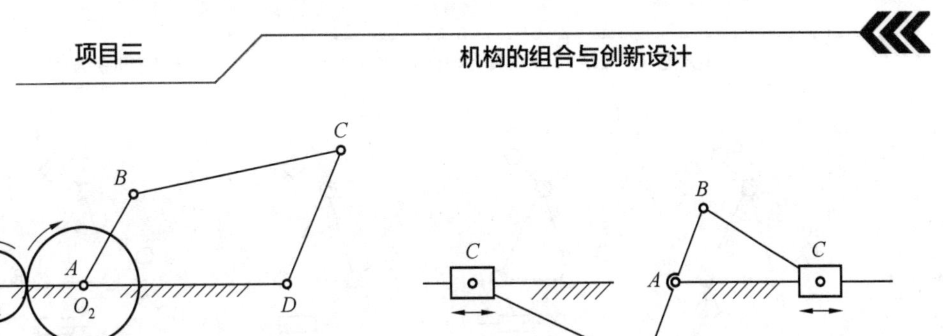

图 3.6　串、并联组合

二、机构组成原理与机构创新设计

1. Ⅱ级杆组的类型

$$3n-2P_1=0$$

式中，n 为构件数目；P 为低副数目。$n=2$、$P_1=3$ 的杆组为Ⅱ级杆组。

当内接副为转动副时，两个外接副可同时为转动副，也可以一个为转动副、另一个为移动副，或者两个外接副同时为移动副。

(1)Ⅱ级杆组分类。

①Ⅱ级杆组内接副为转动副，如图 3.7 所示。

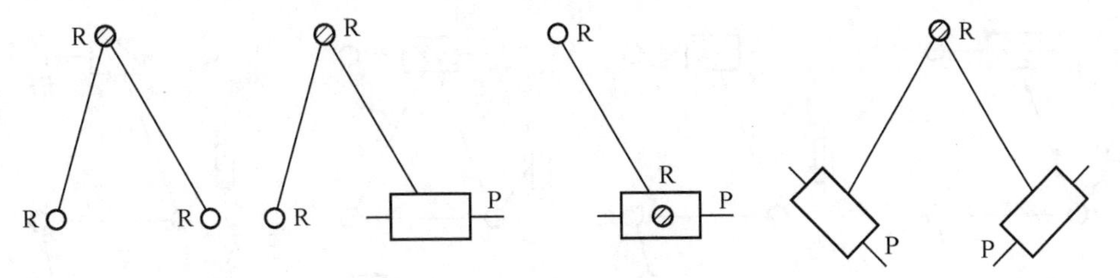

图 3.7　Ⅱ级杆组内接副为转动副

②Ⅱ级杆组内接副为移动副，如图 3.8 所示。

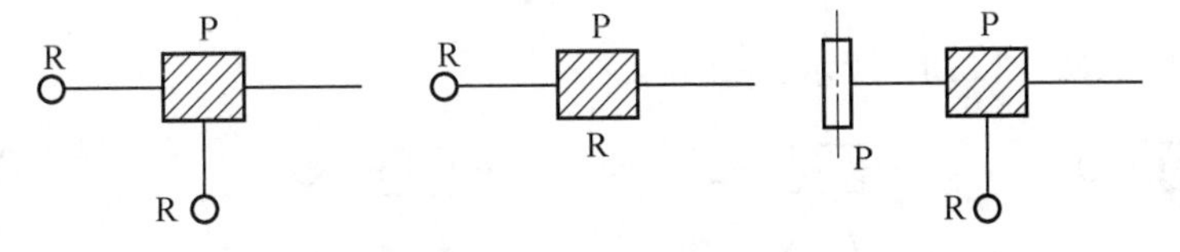

图 3.8　Ⅱ级杆组内接副为移动副

(2)Ⅲ级杆组分类。

①3R 杆组(以 3 个内接副开始)，如图 3.9 所示。

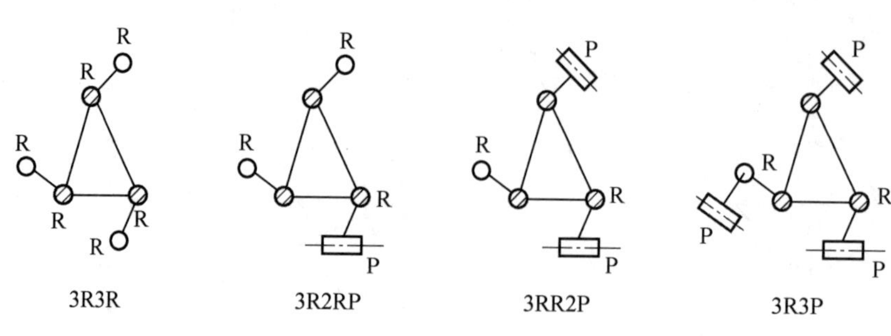

图 3.9　3R 杆组(以 3 个内接副开始)

②3P 杆组,如图 3.10 所示。

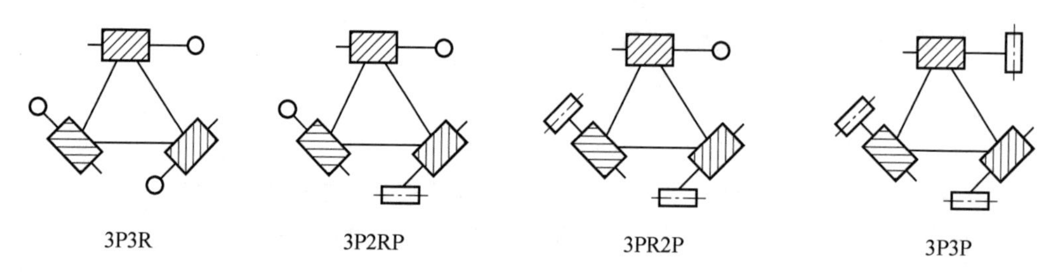

图 3.10　3P 杆组

③2RP 杆组,如图 3.11 所示。

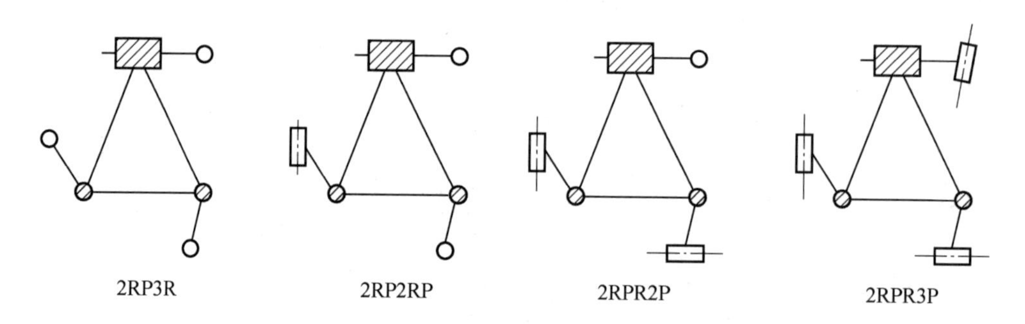

图 3.11　2RP 杆组

④R2P 杆组,如图 3.12 所示。

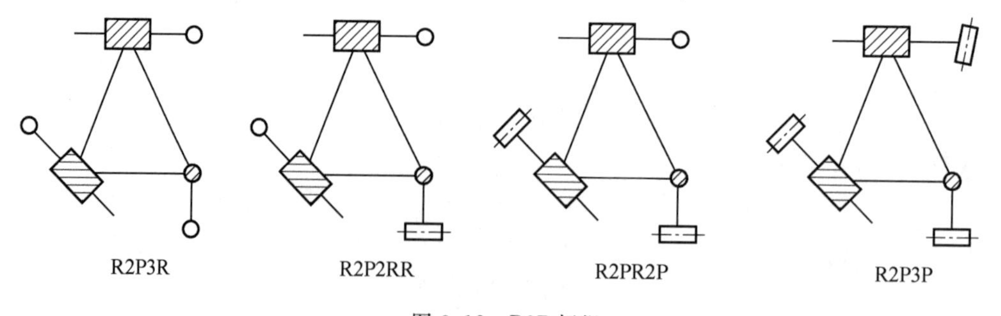

图 3.12　R2P 杆组

2. 机构组成原理

把基本杆组依次连接到原动件和机架上，可以组成新机构。机构组合原理为创新设计一系列的新机构提供了明确的途径。

3. 机构创新设计

把前述的各种Ⅱ级杆组和Ⅲ级杆组连接到原动件和机构上，可以组成基本机构；再把各种Ⅱ级杆组和Ⅲ级杆组连接到基本机构的从动件上，可以组成复杂的机构系统。

①连接Ⅱ级杆组。

a. RRP 杆组连接到原动件和机架上，如图 3.13 所示。

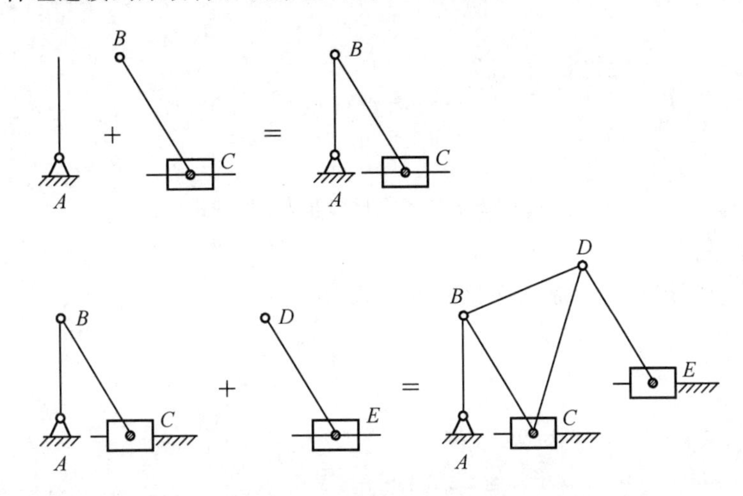

图 3.13 RRP 杆组连接到原动件和机架上

b. RRR 杆组连接到原动件和机架上，如图 3.14 所示。

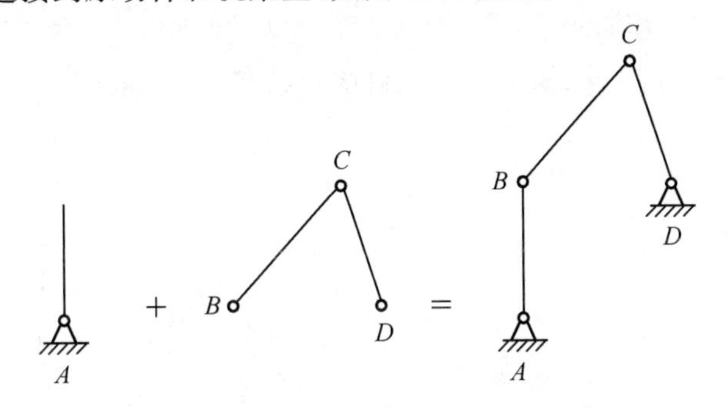

图 3.14 RRR 杆组连接到原动件和机架上

c. RRR 杆组连接机构的从动件和机架上，如图 3.15 所示。

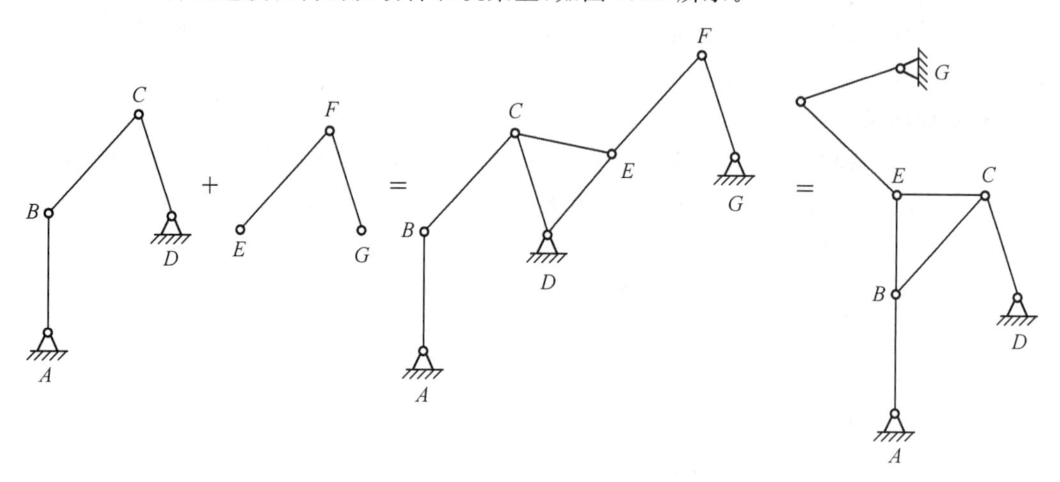

图 3.15 RRR 杆组连接机构的从动件和机架上

②连接Ⅲ级杆组。

a. 连接Ⅲ级杆组到一个原动件和机架上，如图 3.16 所示。

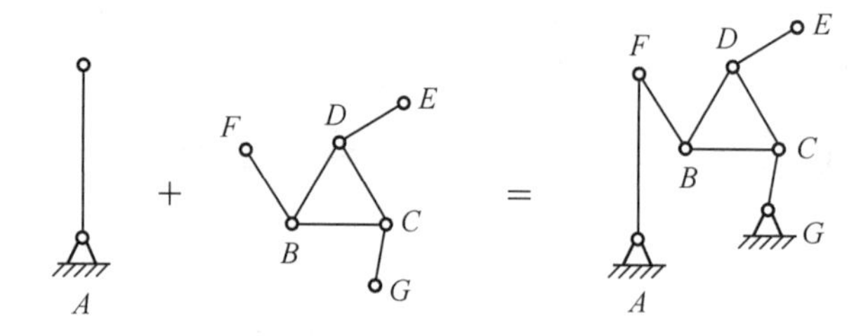

图 3.16 连接Ⅲ级杆组到一个原动件和机架上

b. 3R3R 杆组连接到三个原动件(并联机构)，如图 3.17 所示。

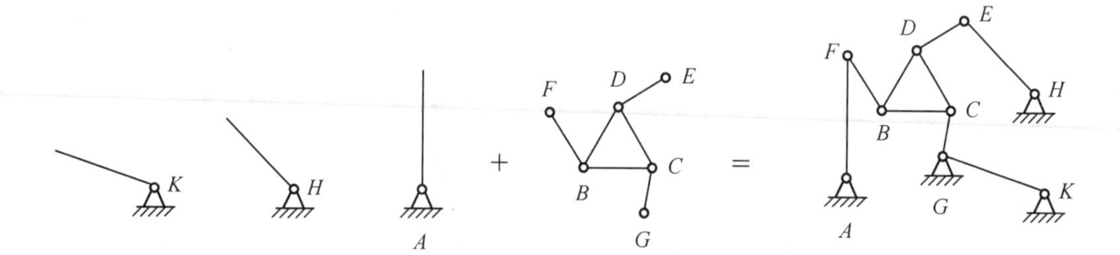

图 3.17 3R3R 杆组连接到三个原动件(并联机构)

c. 3R2RP 杆组连接到一个原动件和机架上，如图 3.18 所示。

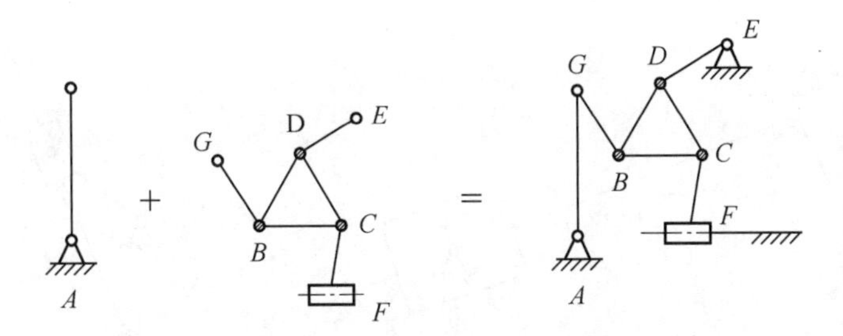

图 3.18　3R2RP 杆组连接到一个原动件和机架上

杆组类型很多，把基本杆组连接到原动件和机架上可组成新机构；把基本杆组再连接到机构的从动件和机架上可组成复杂机构。

【知识拓展】

一、基本机构的概念

连杆机构、凸轮机构、齿轮机构和间歇运动机构等结构最简单且不能再进行分割的闭链机构称为基本机构，或称为机构的基本类型。

工程中，基本机构虽然有着广泛的应用，但由基本机构组合在一起而形成的机构系统的应用更为广泛。同时，基本机构是创新设计机构系统的基础。

二、连杆机构的基本类型

连杆机构的 12 种基本类型组合示例如图 3.19 所示。

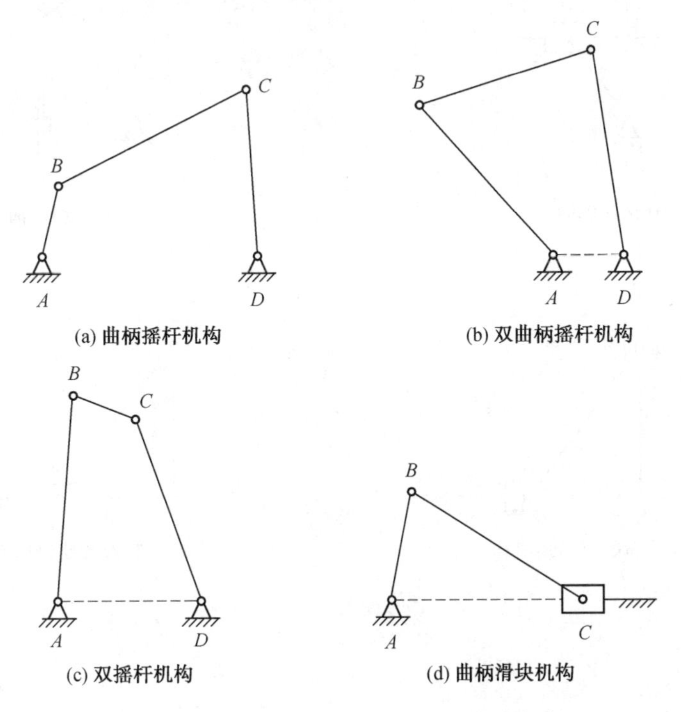

图 3.19　连杆机构的 12 种基本类型组合示例

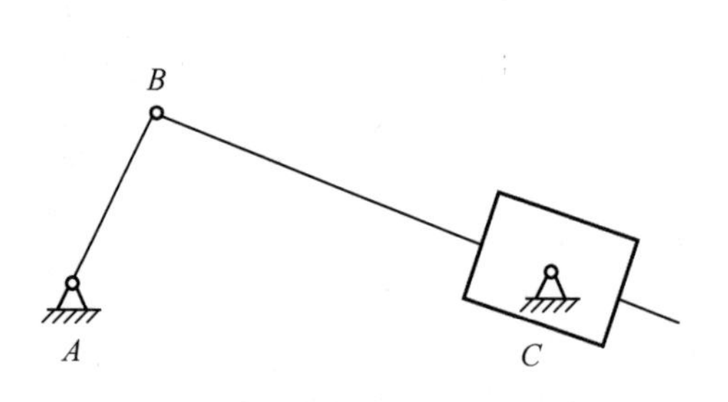

(e) 曲柄摇块机构

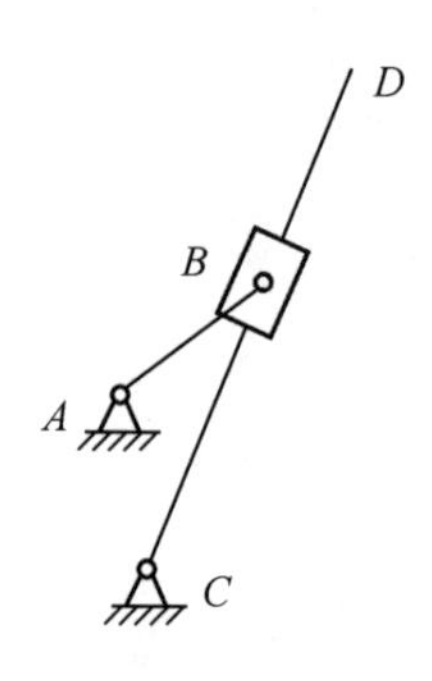

(f) 转动导杆机构

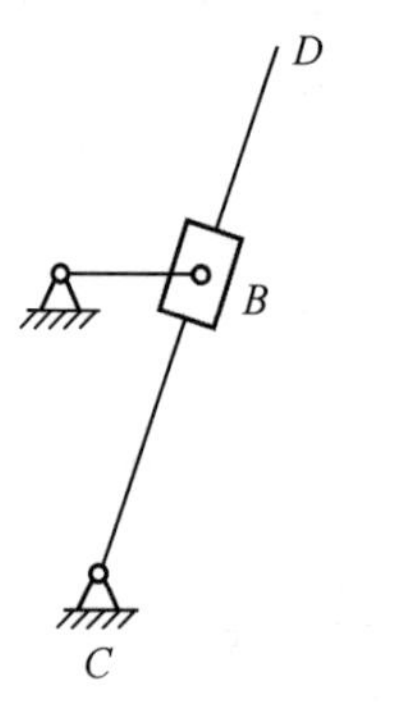

(g) 摆动导杆机构

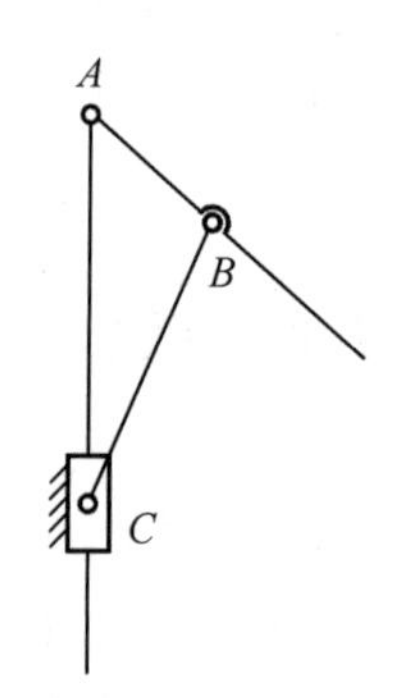

(h) 移动导杆机构

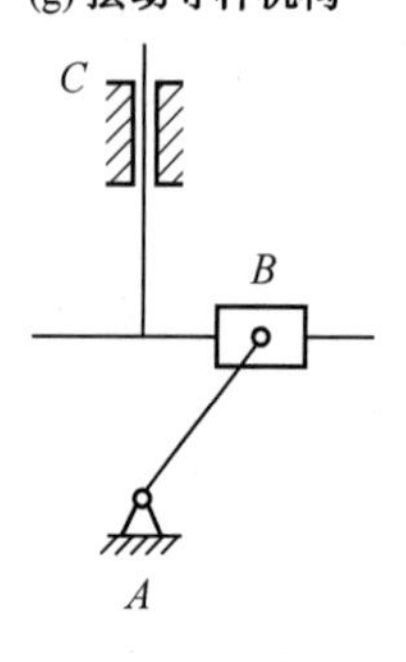

(i) 正弦机构

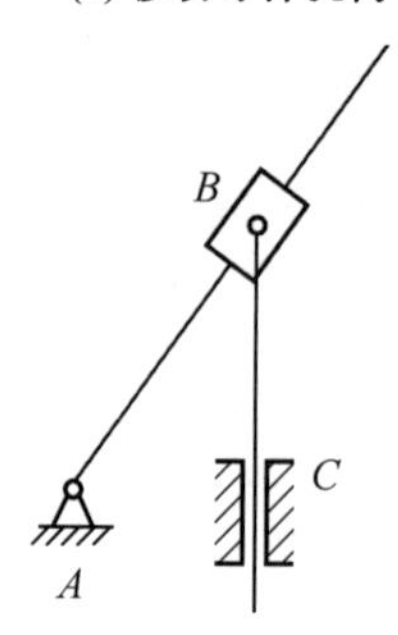

(j) 正切机构

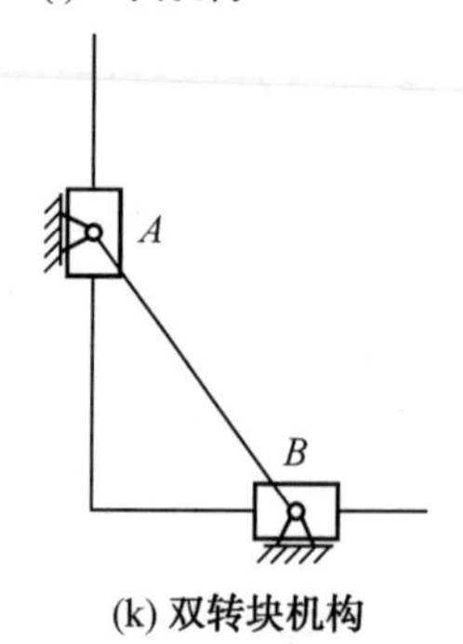

(k) 双转块机构

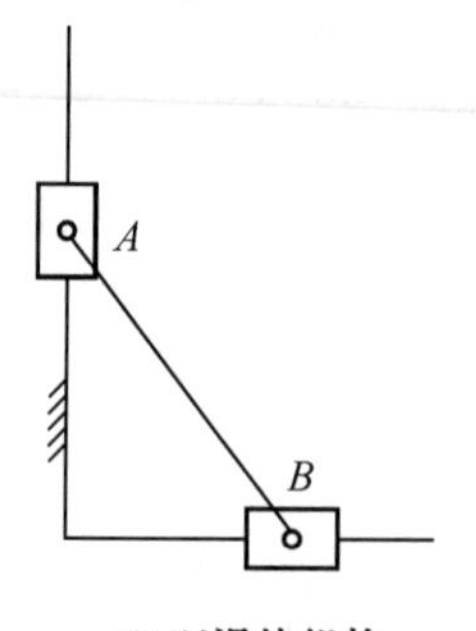

(l) 双滑块机构

续图 3.19

三、齿轮类机构的基本类型

齿轮类机构的基本类型包括圆柱齿轮机构、圆锥齿轮机构和蜗杆机构等。

1. 圆柱齿轮机构

圆柱齿轮机构如图 3.20 所示。

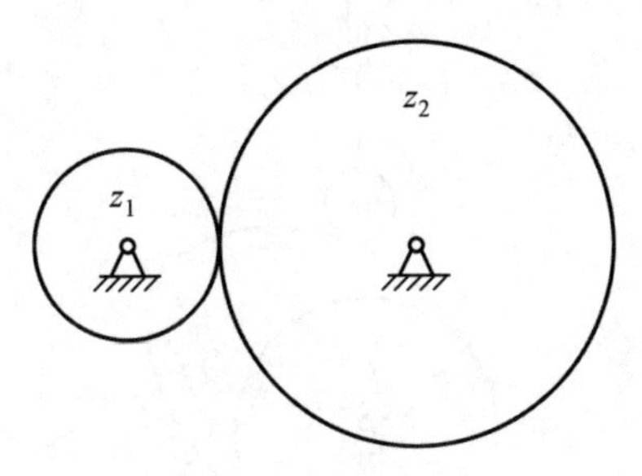

图 3.20 圆柱齿轮机构

2. 圆锥齿轮机构

圆锥齿轮机构如图 3.21 所示。

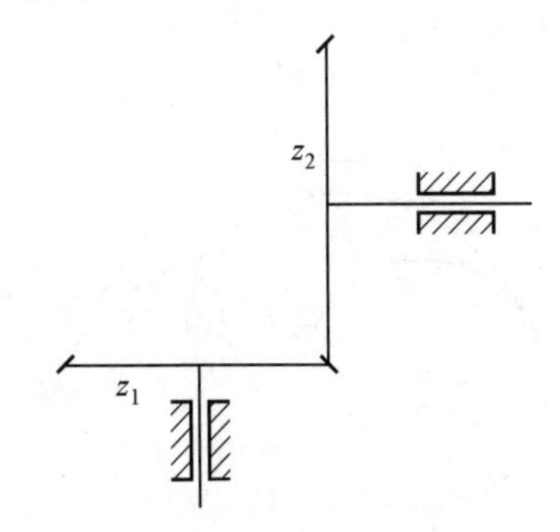

图 3.21 圆锥齿轮机构

3. 蜗轮、蜗杆机构

蜗轮蜗杆机构如图 3.22 所示。

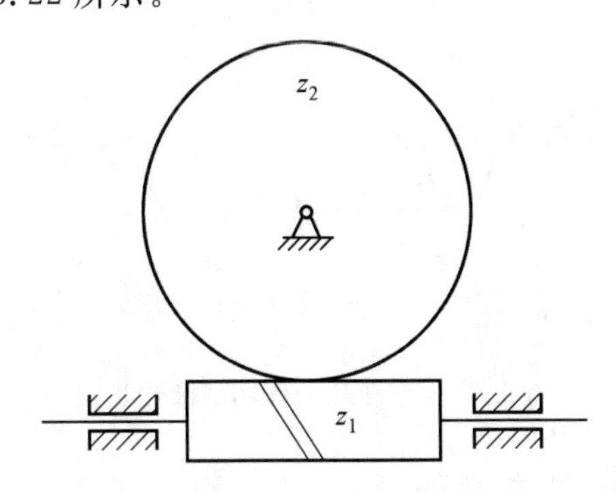

图 3.22 蜗轮蜗杆机构

蜗轮蜗杆机构用于垂直不相交轴之间的等速转动到等速转动的运动变换，实现机构的大速比减速传动。一般情况下，蜗杆传动机构具有自锁性。

四、凸轮类机构的基本类型

1. 直动从动盘形凸轮机构

直动从动盘形凸轮机构如图 3.23 所示。

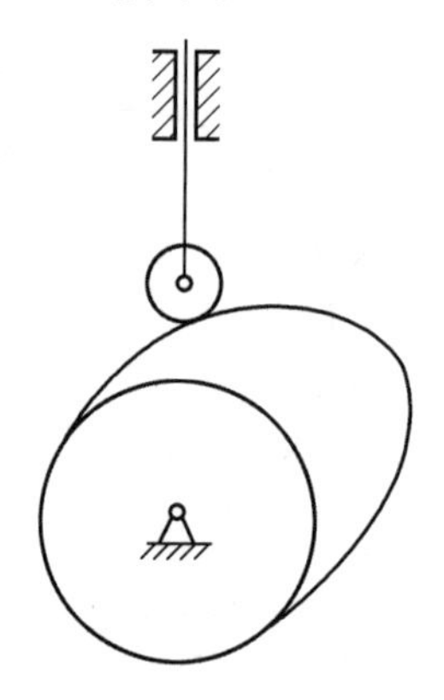

图 3.23　直动从动盘形凸轮机构

2. 摆动从动件盘形凸轮机构

摆动从动件盘形凸轮机构如图 3.24 所示。

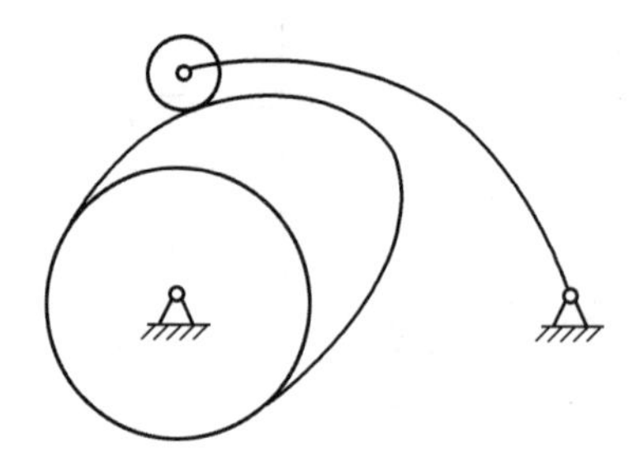

图 3.24　摆动从动件盘形凸轮机构

3. 直动从动件圆柱凸轮机构

直动从动件圆柱凸轮机构如图 3.25 所示。

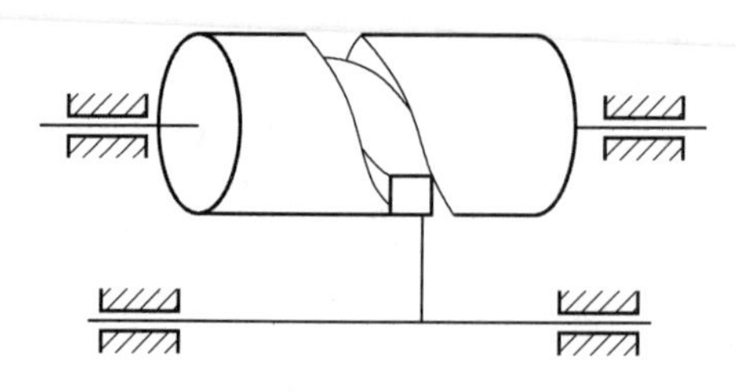

图 3.25　直动从动件圆柱凸轮机构

五、间歇运动机构的基本类型

1. 外棘轮机构

外棘轮机构如图 3.26 所示。

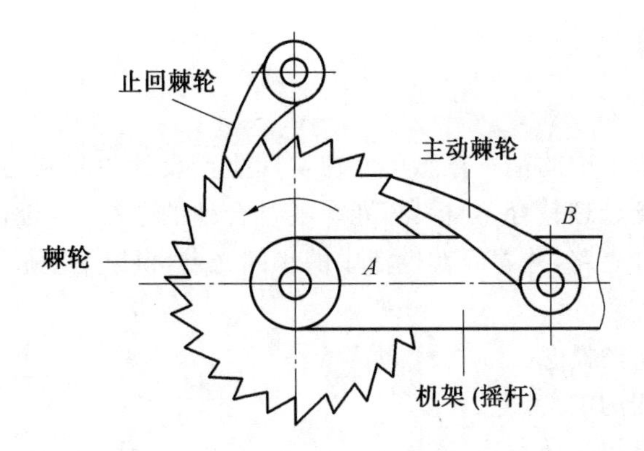

图 3.26 外棘轮机构

2. 槽轮机构

槽轮机构如图 3.27 所示。

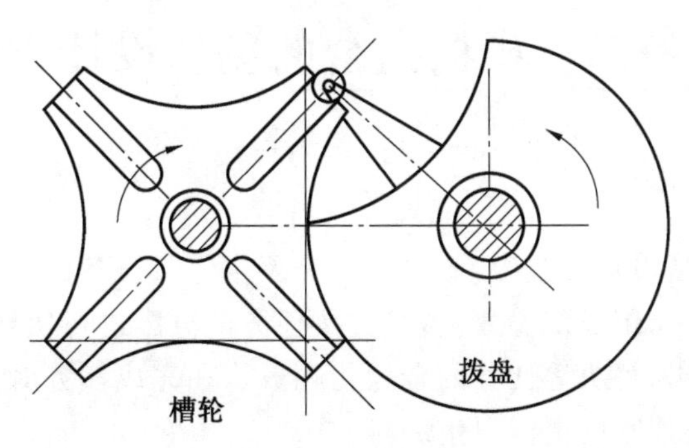

图 3.27 槽轮机构

槽轮机构是把连续等速转动转化为间歇转动的常用机构。主动转臂转动一周时从动槽轮可以转过的角度可由槽轮的结构和转臂的个数确定。

3. 内棘轮机构

内棘轮机构如图 3.28 所示。

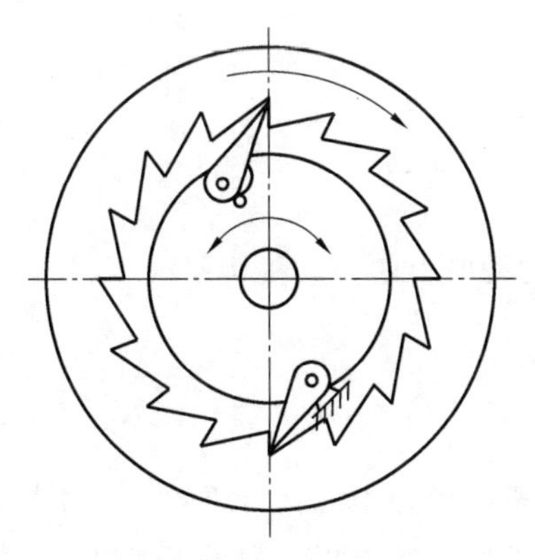

图 3.28 内棘轮机构

【想想练练】

一、想一想

回顾机构组合任务中的基本概念单元在实际生产设计中起到的作用，在知识点的整理记忆过程是否做到合理整合、分析、拓展。经过合理的总结，能否在创新设计类的比赛中有自己的创新设计思路，并着眼在生活中的小闪光点，得以无限放大。

二、练一练

1. 简述最简机构的概念。
2. 简述基本机构的定义。
3. 简述常用的机构组合方法。
4. 简述机构组成原理。
5. 简述机构组成原理与机构创新设计的方法。

任务二　机构组合的创新设计方法

【任务要求】

在机构组合的创新设计方法中，要根据任务要求进行任务的分配、整合、实验。以分组的形式进行此项任务，组长统筹分配，组员按任务的分配进行实践操作，做好任务单的书写、整理，问题的提出、解决等任务的合理化完成。在完成任务时，注意人身安全，合理使用实训设备，保持实训室的清洁卫生。

【任务分析】

在此项任务中，要根据任务的难易程度进行实践操作，再根据以往的生产实践中的实例进行分析，通过整理，做出总结。从自身出发，把总结应用到实际的生产设计中。

【任务实施】

一、实验目的

(1)认识典型机构。
(2)设计实现满足不同运动要求的传动机构系统。
(3)设计拼装机构系统。

二、实验原理

机械传动系统的设计是机械设计中极其重要的一个环节，其中了解常用传动机构、合理设计传动系统是一个认识和创新的过程。为了实现执行机构工作的需求(运动、动力)，必须利用不同机构的组合系统来完成。因此，对于常用机构，如杆机构，齿轮传动机构，间歇运动机构，带、链传动机构的结构及运动特点应有充分的了解，在此基础上，可以利用它

们所在组合成需要的传动系统。执行机构常见的运动形式有回转运动、直线运动和曲线运动，传动系统方案的设计将以此为目标。执行机构的运动不仅仅有运动形式的要求，而且有运动学和动力学的要求。因此必须对设计好的传动系统中的重要运动构件进行运动学和动力学分析（速度、加速度分析），使执行构件满足运动要求（如工作行程与回程的速度要求、惯性力要求、工作行程要求等）。任何传动机构系统都有其特点，适应于不同的工作要求和安装位置，我们应该学会在设计和拼装中进行系统分析和评估。

三、实验台的组成

1. 机械组成

实验台（安装平台）主要由机柜、固定架、活动架、横梁、传动轴、连接轴、各类传动构件、电机、传感器等组成。

可拼装平面机构包括：四杆机构、六杆机构、平面凸轮机构、间歇机构、齿轮传动、带（链）传动、组合机构等机构，其中间歇机构包含槽轮机构、不完全齿轮机构、棘轮机构等机构。

实验台由图 3.29 所示的零部件组成。

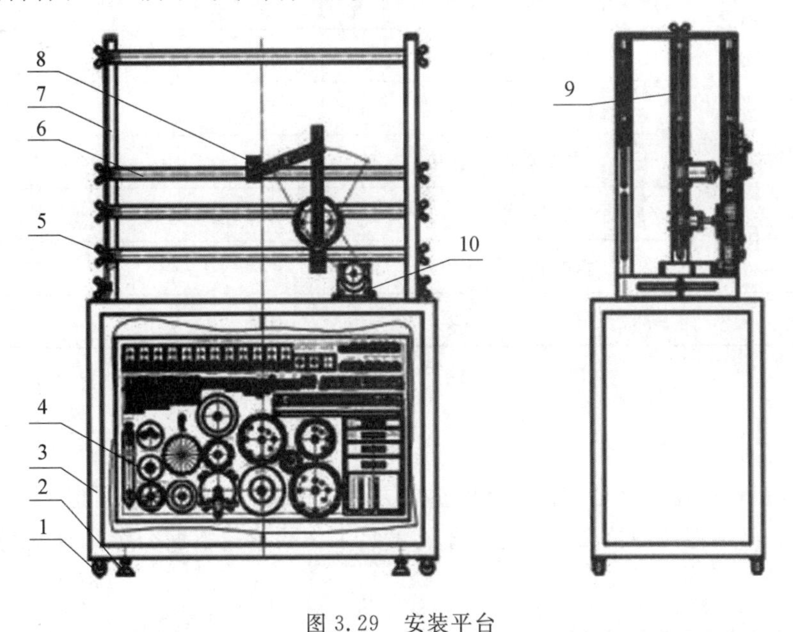

图 3.29 安装平台

1—脚轮；2—支撑脚；3—机柜；4—零件安置架；5—固定螺栓；6—横梁；7—固定架；8—滑块；9—活动架；10—减速电机

脚轮（1）用于短距离移动试验台；支撑脚（2）用于支撑试验台并调整水平；零件安置架（4）用于安放暂时不拼装的零件，并可在机柜（3）内的轨道内移动；活动架（9）可在两个固定架（7）组成的框架内沿纵向（z 向）移动，用于调整两组横梁之间的距离并通过固定螺栓（5）固定；横梁（6）可根据拼装的需要通过固定螺栓（5）固定在固定架（7）和活动架（9）的槽内适当的位置；减速电机（10）通过螺钉固定在走条上，并可根据在走条直槽长度范围内移动；滑块（8）可根据使用的需要在横梁（6）上移动或固定。

【任务评价】

机构的组合创新设计方法要点掌握情况表见表 3.2。

表 3.2 机构的组合创新设计方法要点掌握情况评价表

序号	内容及标准		配分	自检	师检	得分
1	机构串联组合法的基本概念（30 分）	基本概念	5			
		串联组合分类	5			
		串联的基本思路	5			
		实现后置机构的速度变换	5			
		实现后置机构的运动变换	10			
2	机构并联组合法的基本概念（40 分）	基本概念	5			
		并联组合分类	5			
		并联相同机构，实现机构的平衡	10			
		实现运动的分解与合成	10			
		改善机构受力状态	10			
3	总结分析报告以及实验单的填写（30 分）	重点知识的总结	5			
		问题的分析、整理、解决方案	15			
		实验报告单的填写	10			
综合得分			100			

【知识链接】

将基本机构进行组合是机构设计的重要方法。根据工作要求的不同和各种基本结构的特点，常常必须把几种机构组合起来才能满足工作要求。下面介绍几种常用的机构组合创新设计方法。

一、机构串联组合法

1. 机构串联组合法的基本概念

前一个结构的输出构件与后一个机构的输入构件刚性连接在一起，称为串联组合。前一个机构称为前置机构，后一个机构称为后置机构。

特征：前置机构和后置机构都是单自由度机构。

2. 机构串联组合分类

(1) Ⅰ型串联，串联在简单运动构件上，如图 3.30 所示。

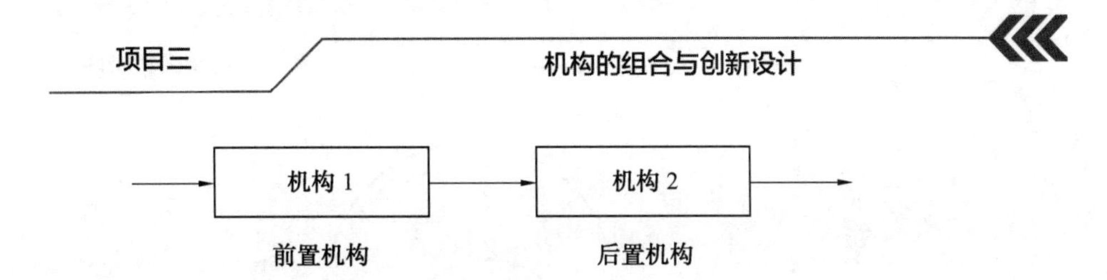

图 3.30　Ⅰ型串联

(2) Ⅱ型串联，串联在平面运动构件上，如图 3.31 所示。

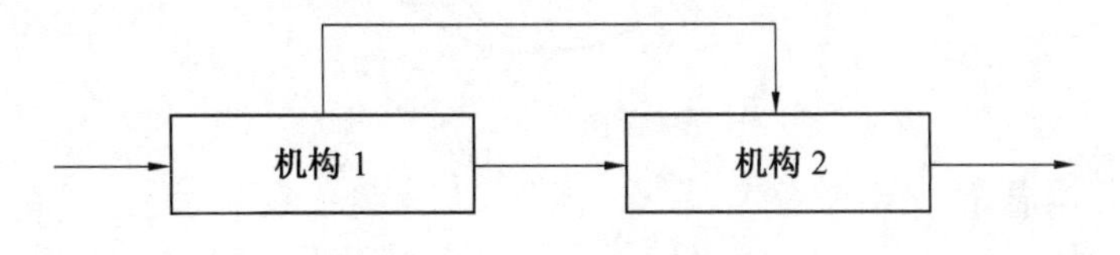

图 3.31　Ⅱ型串联

(3) 组合示例。

①Ⅰ型串联机构，如图 3.32 所示。

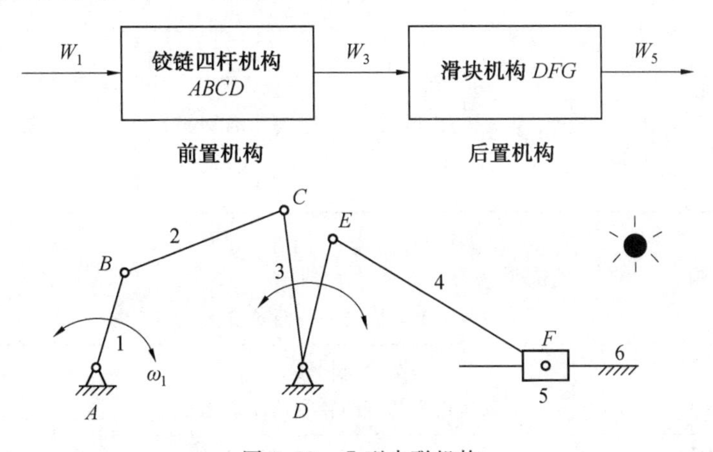

图 3.32　Ⅰ型串联机构

②Ⅱ型串联机构，如图 3.33 所示。

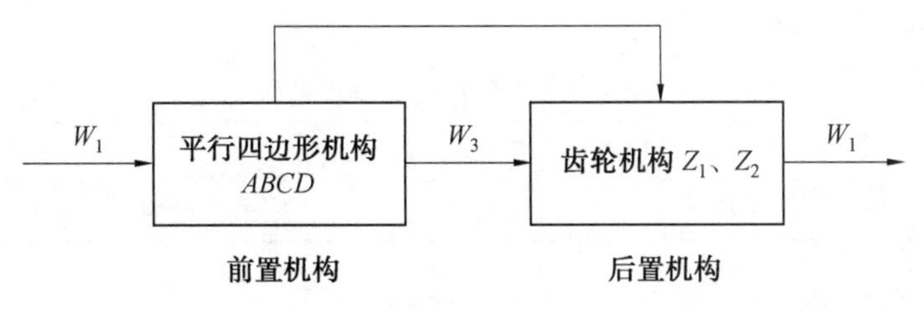

图 3.33　Ⅱ型串联机构

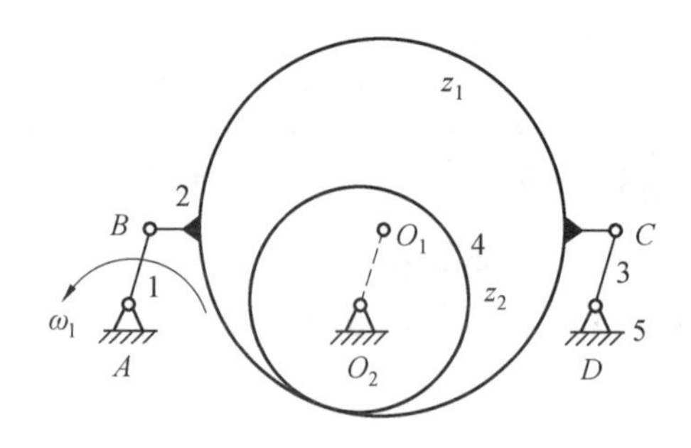

续图 3.33

3. 串联的基本思路

(1)Ⅰ型串联。

①Ⅰ型串联——连杆机构见表 3.3.

表 3.3 Ⅰ型串联——连杆机构

连杆机构				
连杆机构	凸轮机构	齿轮机构	槽轮机构	棘轮机构
不改变传动角的情况下实现增程增力	变速凸轮、移动凸轮	获得大行程摆动或移动/增减速	减小槽轮速度波动	拨动棘轮机构运动

②Ⅰ型机构——凸轮机构见表 3.4。

表 3.4 Ⅰ型机构——凸轮机构

凸轮机构 (可以演化为固定凸轮的凸轮机构)			
连杆机构	凸轮机构	齿轮机构	槽轮机构
运用前置凸轮从动件的任意运动规律,改善后置机构的任意特性或通过后置机构增大运动行程			

③Ⅰ型机构——齿轮机构见表 3.5。

表 3.5 Ⅰ型机构——齿轮机构

齿轮机构				
连杆机构	凸轮机构	齿轮机构	槽轮机构	棘轮机构

(2)Ⅱ型串联。

Ⅱ型串联机构一般利用连杆机构中的连杆或周转轮系中的行星齿轮作为前置机构的输出构件,利用连接处的特殊轨迹,使输出件实现所需要的运动规律。自动上料机如图 3.34 所示。

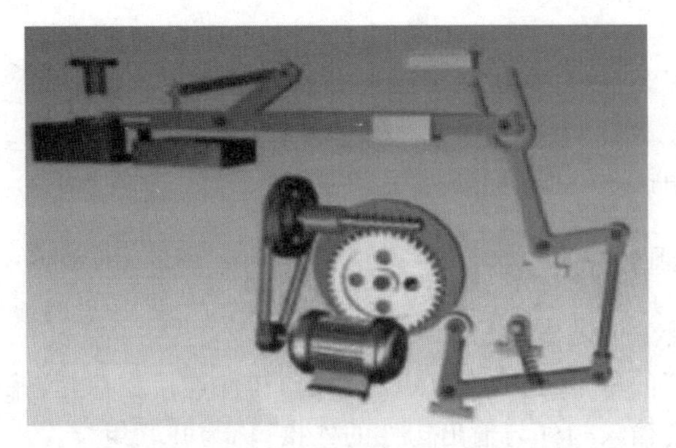

图 3.34 自动上料机

4. 实现后置机构的速度变换

工程中应用的原动机大都采用输出转速较高的电动机或内燃机。为满足后置机构低速或变速的工作要求，前置机构常采用各种齿轮机构、齿轮机构与 V 带传动或链传动机构。其中齿轮机构已经标准化、系列化，是应用最为广泛的实现速度变换的前置机构。图 3.35 所示为实现连杆机构/凸轮机构等后置机构速度变换的串联组合示意图。

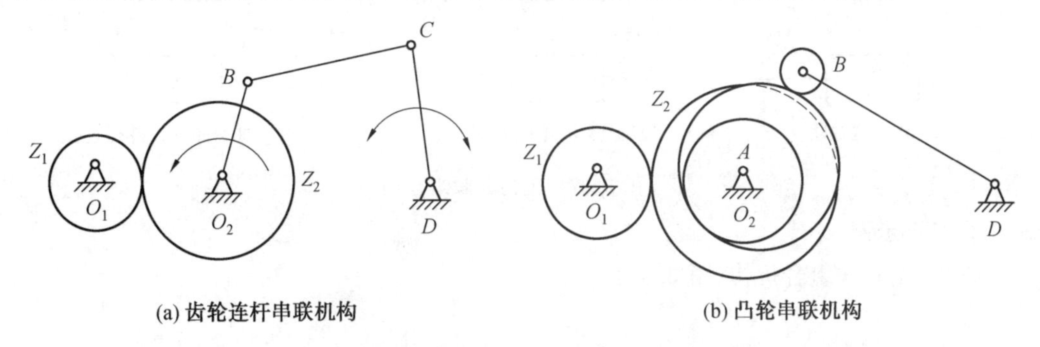

图 3.35 实现连杆机构/凸轮机构等后置机构速度变换的串联组合示意图

5. 实现后置机构的运动变换

单一机构的运动规律受到机构类型的限制，如曲柄滑块机构的滑块或曲柄摇杆机构的摇杆很难获得等速运动。串联一个前置连杆机构，并通过适当的尺度综合，可使后置连杆机构获得预期的运动规律。图 3.36 所示为改变后置机构运动规律的组合示意图。

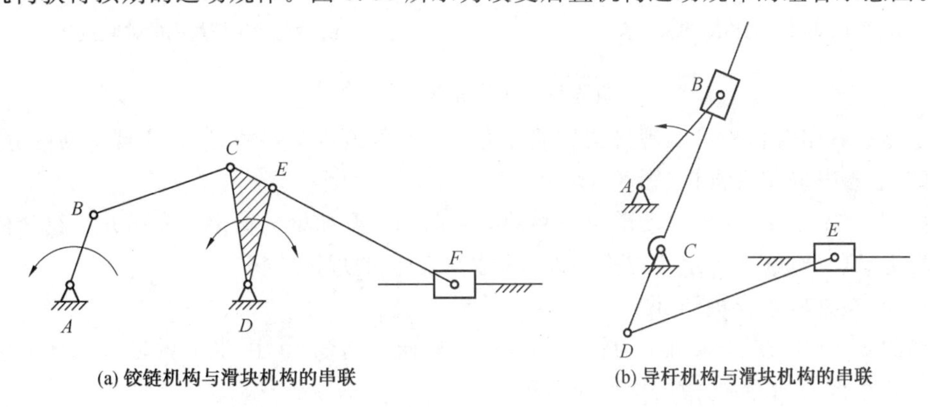

图 3.36 改变后置机构运动规律的组合示意图

6. 注意事项

在满足运动要求的前提下，运动链应尽量短。串联组合系统的总机械效率等于各机构的机械效率连乘积，运动链过长会降低系统的机械效率，同时也会导致传动误差的增大。在进行机构的串联组合时应力求运动链最短。

二、机构并联组合法

1. 机构并联组合法的基本概念

若干个单自由度的基本机构的输入(或输出)构件连接在一起，保留各自的输出(或输入)运动，或有共同的输入构件与输出构件的连接，称为并联组合。

特征：各基本机构均是单自由度机构。

2. 机构并联组合分类

机构并联组合中有两个或多个结构相同的基本机构并列布置，按输入和输出机构的不同安排有以下几种结构形式(图 3.37)。

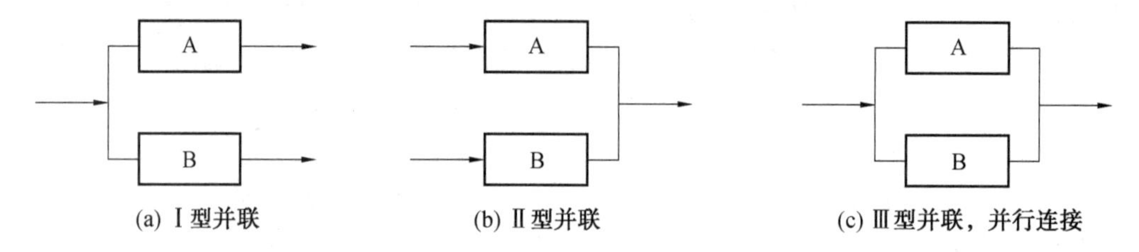

图 3.37　机构并联组合

3. 组合示例

(1) Ⅰ型并联组合机构(图 3.38)。

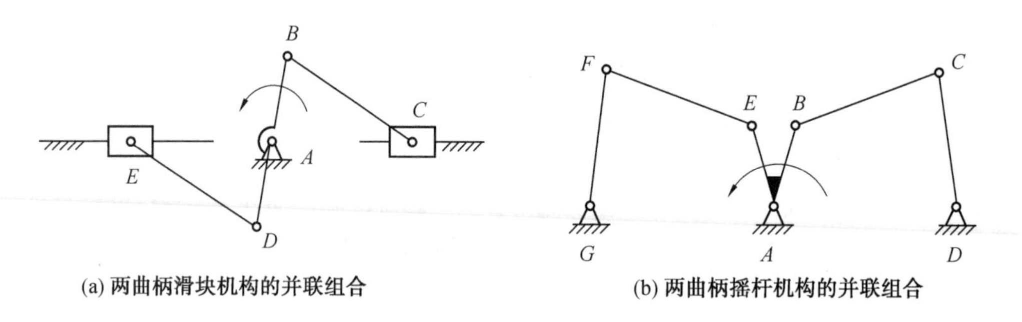

图 3.38　Ⅰ型并联组合机构

Ⅰ型并联组合机构可实现机构的惯性力完全平衡或部分平衡，还可实现运动的分流。

(2) Ⅱ型并联组合机构(图 3.39)。

如图 3.39 所示，四个主动滑块的移动共同驱动一个曲柄的输出。Ⅱ型并联组合机构可实现运动的合成，这类组合方法是设计多缸发动机的理论依据。

(3) Ⅲ型并联组合机构(图 3.40)。

如图 3.40 所示，压床机构为Ⅲ型并联组合机构。图 3.40 中，共同的输入部件为以 O 为圆心的小带轮，共同的输出构件为 KF。

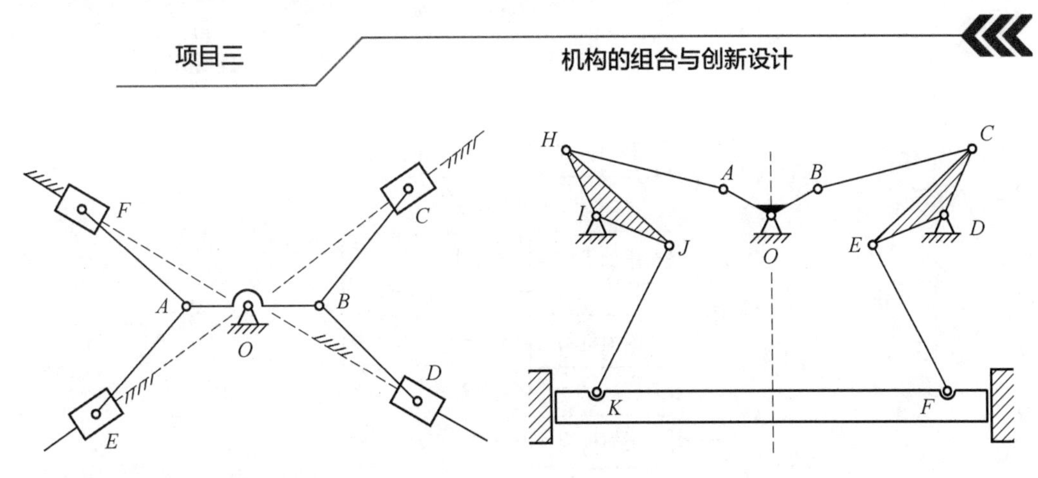

图 3.39 Ⅱ型并联组合机构

图 3.40 压床机构

4. 对称并联相同机构,实现机构的平衡

通过对称并联同类机构,可以实现机构惯性力的部分平衡与完全平衡。利用Ⅰ型并联组合实现此类目的。

5. 实现运动的分解与合成

Ⅰ型并联组合可以实现运动的分解,Ⅱ型并联组合可以实现运动的合成。

6. 改善机构受力状态

曲柄驱动两套相同的串联机构,再通过滑块输出动力,不但减小了边路机构的受力,而且使滑块受力均衡。

Ⅲ型并联组合机构可使机构的受力状况大大改善,因而在冲床、压床机构中得到广泛的应用。

7. 不同机构也可并联

这种并联机构的设计提供了广泛的前景。

三、机构封闭式组合法

1. 机构封闭式组合法的基本概念

一个两自由度机构中的两个输入构件或两个输出构件或一个输入构件和一个输出构件用单自由度的机构连接起来,形成一个单自由度的机构系统,称为封闭式组合。

特征:基础机构为二自由度机构,附加机构为单自由度机构。

2. 机构封闭式组合分类

三种封闭组合方法:

(1)1 个单自由度的附加机构封闭基础机构的 2 个输入或输出运动,称为Ⅰ型封闭机构,如图 3.41(a) 所示(运动流程也可反向)。

(2)2 个单自由度的附加机构封闭基础机构的 2 个输入或输出运动,称为Ⅱ型封闭机构,如图 3.41(b)所示 (运动流程可反向)。

(3)1 个单自由度的附加机构封闭基础机构的 1 个输入运动和输出运动,称为Ⅲ型封闭组合机构,如图 3.41(c)所示。

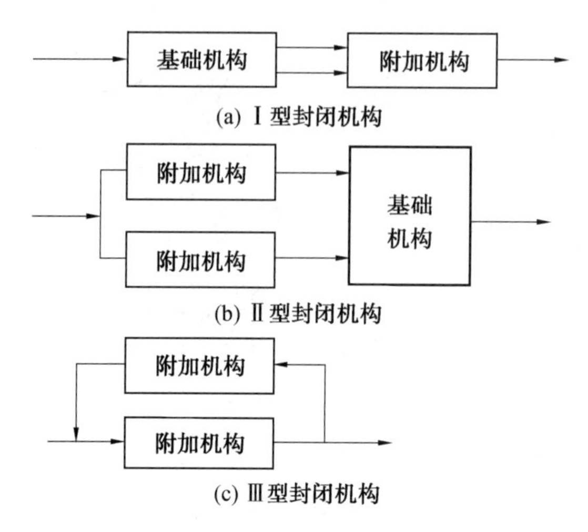

图 3.41 机构的封闭式组合示意框图

3. 组合示例

(1)以差动齿轮机构(图 3.42)为基础机构,可构成齿轮连杆机构、齿轮凸轮机构、复合轮系。

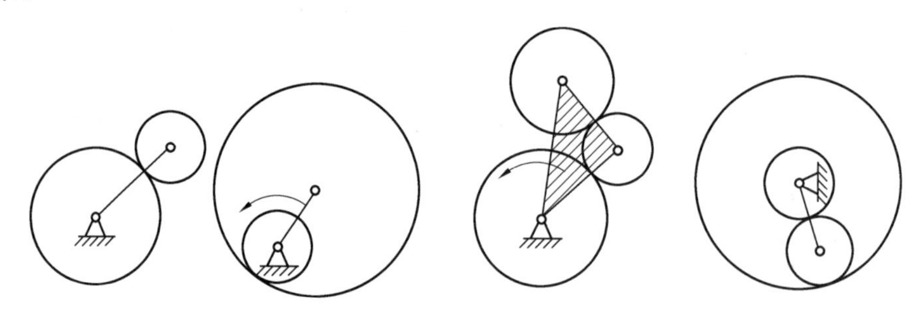

图 3.42 差动齿轮机构

(2)以差动凸轮机构(图 3.43)为基础机构,可构成凸轮连杆机构、凸轮齿轮机构,转动副可改为移动副。

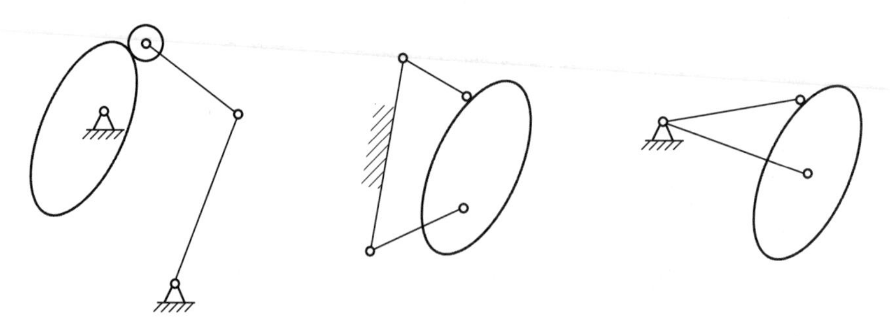

图 3.43 差动凸轮机构

(3)以差动连杆机构(图 3.44)为基础机构,可构成连杆齿轮机构、连杆凸轮机构。

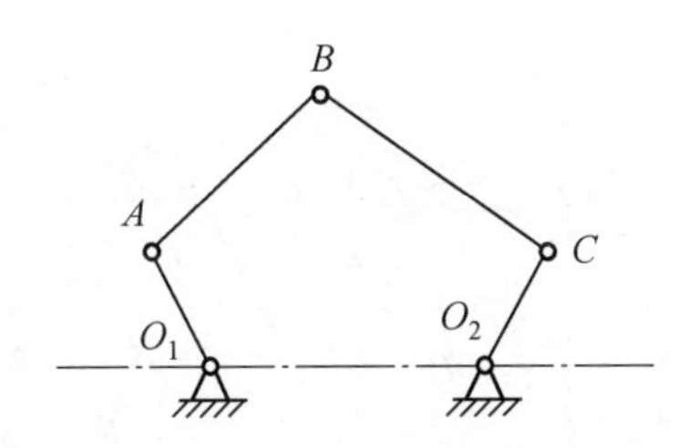

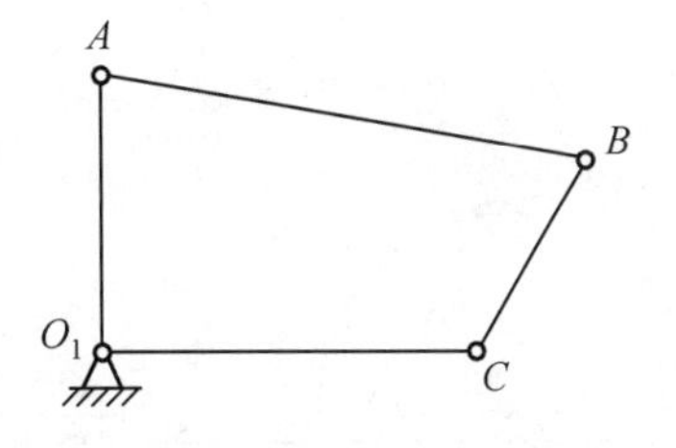

图 3.44　差动连杆机构

(4)组合示例分析。

①齿轮连杆机构的结构特点如图 3.45 所示。

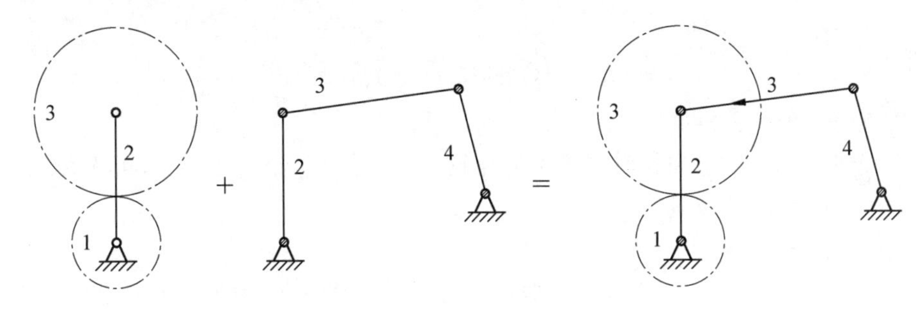

图 3.45　齿轮连杆机构的结构特点

1,3—齿轮;2,3,4—连杆

②齿轮连杆机构的运动特点如图 3.46 所示。

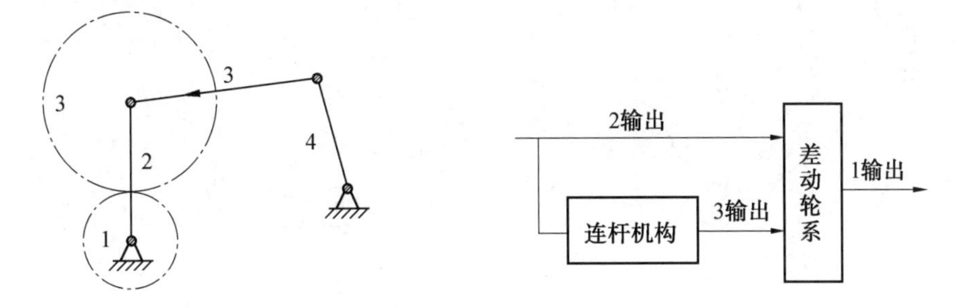

图 3.46　齿轮连杆机构的运动特点

4. 机构功能

(1)实现特定的运动规律。

图 3.47 所示为齿轮连杆机构及其运动规律,可通过选择不同的齿数比及连杆机构中不同杆长比实现不同的步进转位角。

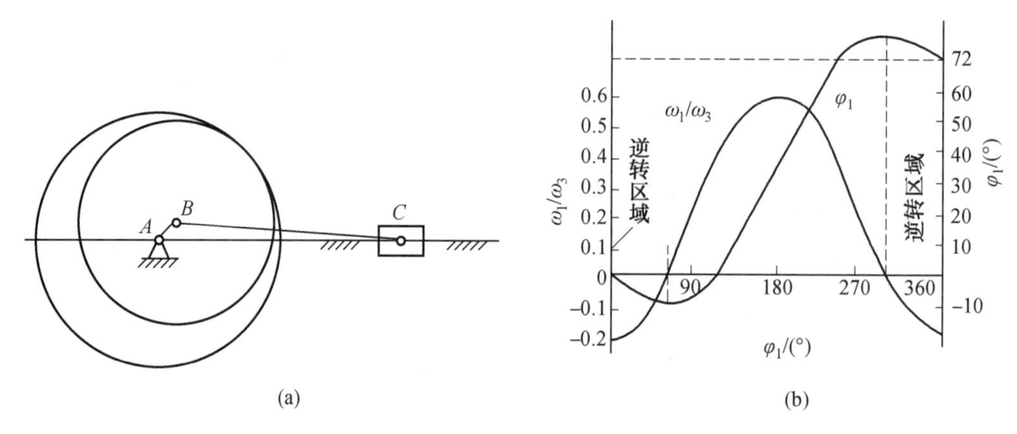

图 3.47　齿轮连杆机构及其运动规律

(2)实现长时间停歇。

图 3.48 所示为可实现长时间停歇的齿轮导杆机构,避免刚性冲击,可无级地满足运动系数的要求,但机构较复杂。

(3)齿轮凸轮机构。

图 3.49 中基础机构为 3、4、5,附加机构为 1、2、4,当 4 以等角速度转动时,5 因凸轮轮廓曲线的形状变化可获得多样化的运动规律。

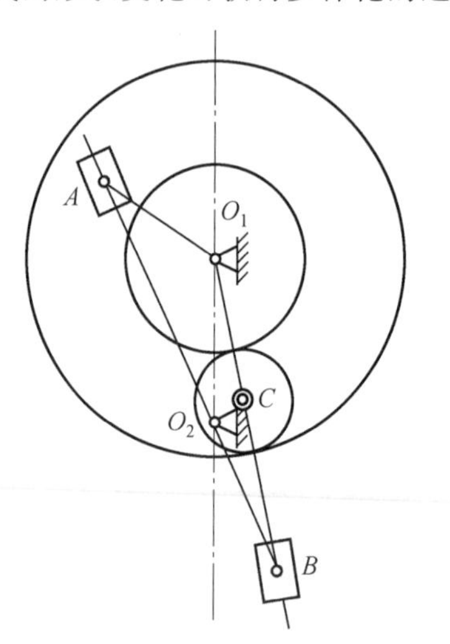

图 3.48　可实现长时间停歇的齿轮导杆机构

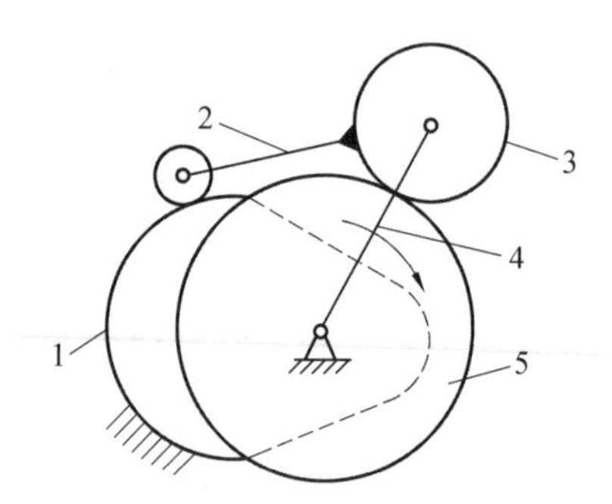

图 3.49　齿轮凸轮机构

(4)可变自由度连杆的凸轮连杆机构。

图 3.50 为构件 1、3、4、5 组成差动凸轮机构,附加机构为导杆机构 2、3、4、5,4 的摆动规律可调,还可实现浮动导杆 3 上某点的轨迹要求。

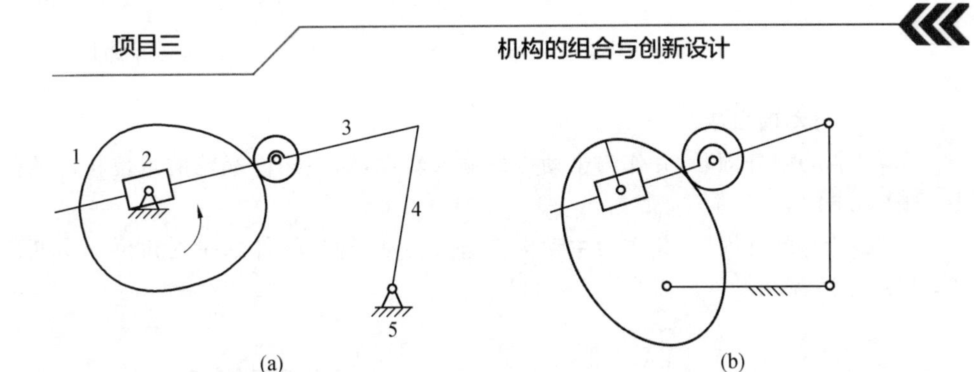

图 3.50 可变自由度连杆的凸轮连杆机构

5. 实现增程增力

(1)实现增程。

输出构件滑块 D 的行程比简单凸轮机构推杆的行程增大几倍,而凸轮机构的压力角仍可控制在许用范围内,如图 3.51 所示。

(2)实现增力。

附加机构为曲柄摇杆机构,5 的摆角将比 3 的成倍增加,如图 3.52 所示。

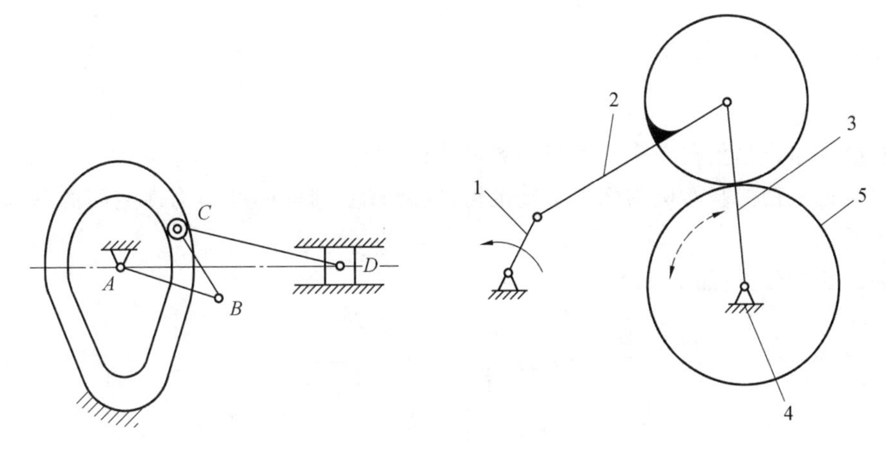

图 3.51 实现连杆机构的增程示意图　　图 3.52 实现连杆机构的增力示意图

6. 实现大速比

组合形式:基础机构为差动齿轮机构,附加机构为平行四边形机构,齿轮 Z_1 与连杆固结为一个构件,也称为齿轮连杆机构,系杆为主动件,单级传动比在 11～99 之间,双级传动比可达 9801,如图 3.53 所示。

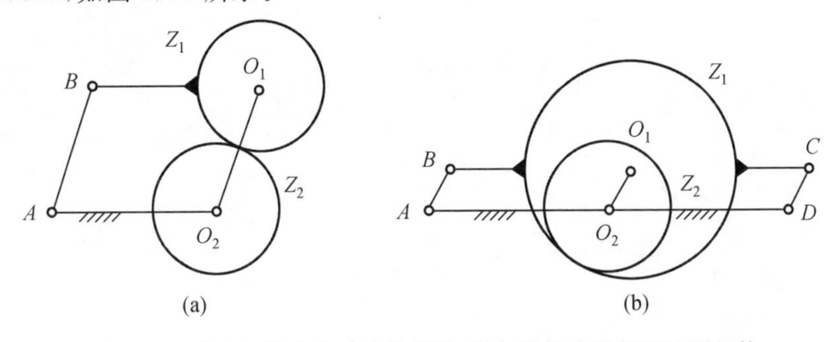

图 3.53 基础机构为差动齿轮机构,附加机构为平行四边形机构

7. 实现运动的合成

(1)凸轮与蜗杆固联,并作为主动构件输入转动,输出构件蜗轮的角位移由两部分组成,如图 3.54 所示。

(2)凸轮与蜗杆固联,并作为主动构件输入转动,输出构件蜗轮的角位移由两部分组成,如图 3.55 所示。

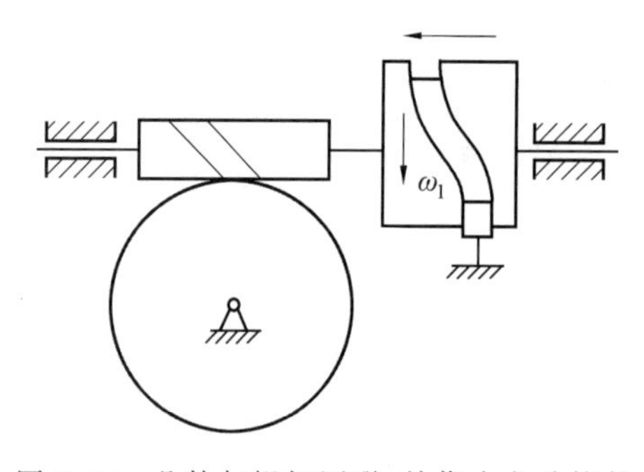

图 3.54　凸轮与蜗杆固联,并作为主动构件输入转动

图 3.55　凸轮与蜗杆固联,并作为主动构件输入转动

四、机构叠加组合法

1. 基本概念

机构叠加组合是指在一个基本机构的可动构件上再安装一个以上基本机构的组合方式。支撑其他机构的基本机构称为基础机构,安装在基础机构可动构件上面的基本机构称为附加机构件。

2. 叠加机构分类(图 3.56)

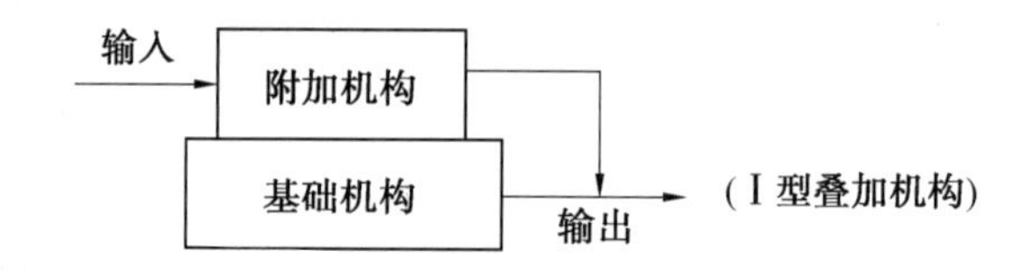

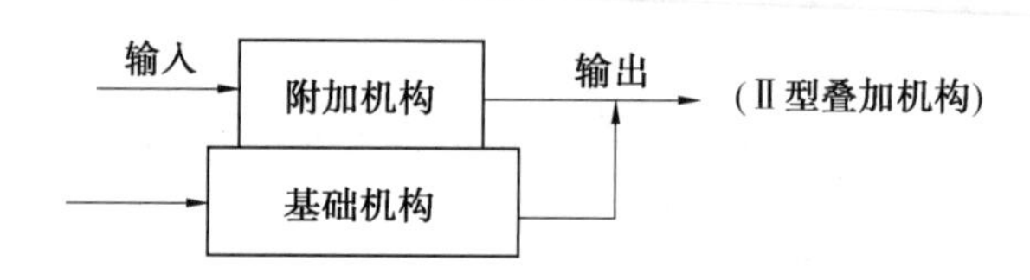

图 3.56　叠加机构分类

3. 组合示例

(1)Ⅰ型叠加机构,如图 3.57 所示。

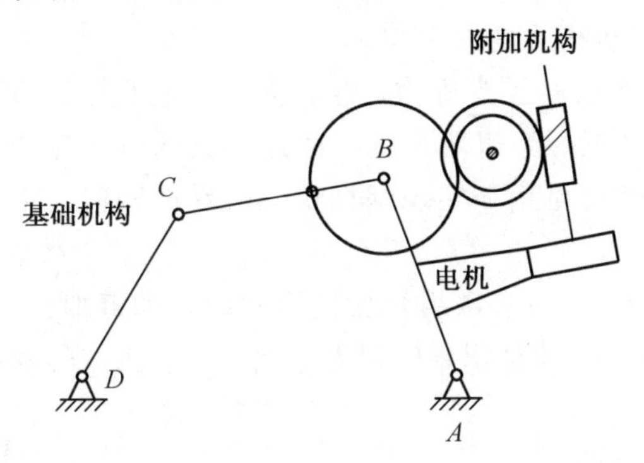

图 3.57 Ⅰ型叠加机构

(2)Ⅱ型叠加机构,如图 3.58 所示。

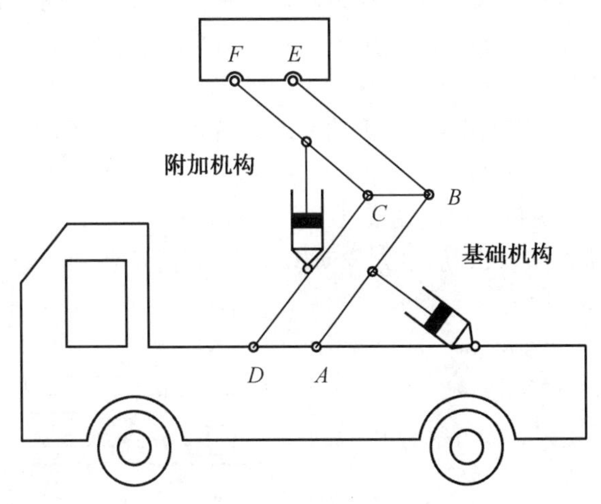

图 3.58 Ⅱ型叠加机构

4. 机构叠加组合的关键问题

(1)选定附加机构与基础机构，确定附加机构与基础机构之间的连接方法或者附加机构的输出构件与基础机构的哪一个构件连接。

(2)在Ⅱ型叠加组合机构中，动力源安装在基础机构的可动构件上，驱动附加机构的一个可动构件，按附加机构数量依次连接即可。

(3)Ⅰ 型叠加机构的连接方式较为复杂，但也有规律性。图 3.59 中，附加机构的蜗轮与基础机构的行星轮连接,构成风力发电机组。

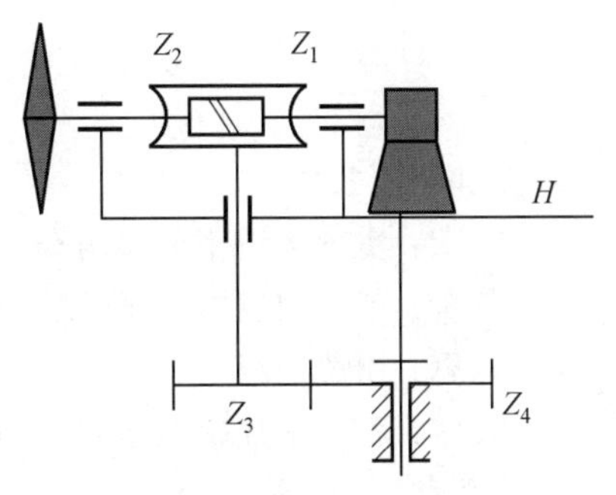

图 3.59 风力发电机组

5. 运动相关式的叠加组合方式

若由两个子机构所组成,则设定一个子机构为基础机构,另一个子机构为附加机构。进行组合时,附加机构叠加在基础机构的一个活动构件上,同时附加机构的从动件又与基础机构的另一个活动构件固接,致使输入一个独立运动,却获得输出两个运动合成的复合运动。

(1)运动相关式叠加机构示例。

如图3.60所示,一电风扇摇头机构,电动机安装在双摇杆机构的摇杆上,向蜗杆输入转动,但两个机构的运动又通过蜗轮与连杆的固接互相影响,使得电扇在实现蜗杆快速转动的同时又以较慢的速度摆动。

多次组合时需注意的问题:多次组合会使机构的运动链加长、运动副增多、设计难度加大,并且积累的误差也会增大,机械的效率也会降低。

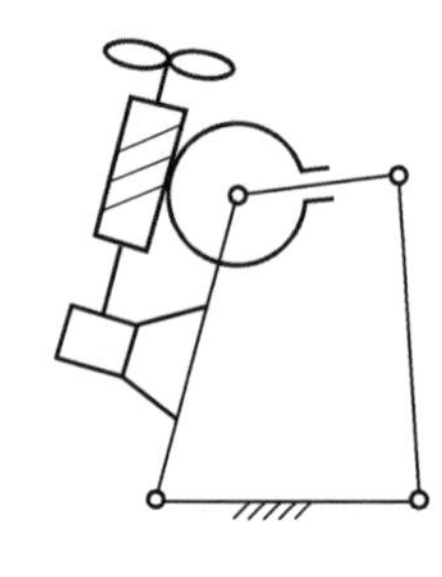

图3.60 电风扇摇头机构

(2)运动独立式叠加机构示例。

如图3.61所示,电动玩具马的传动机构由曲柄摇块机构ABC安装在两杆机构的转动构件2上组合而成的,机构工作时分别由转动构件2和曲柄1输入转动,致使马的运动轨迹是旋转运动和平面运动的叠加,产生了一种飞奔向前的动态效果。

(3)运动独立式叠加机构示例。

图3.62所示为一工业机械手,工业机械手的手指A为一开式运动链机构,安装在水平移动的气缸B上,而气缸B叠加在链传动机构的回转链轮C上,链传动机构又叠加在X形连杆机构D的连杆上,使机械手的终端实现上下移动、回转运动、水平移动以及机械手本身的手腕转动和手指抓取的多自由度、多方位动作效果,以适应各种场合的作业要求。

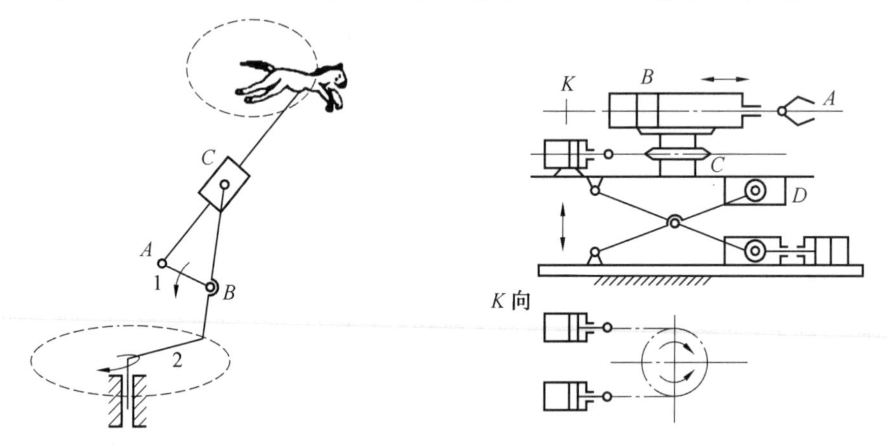

图3.61 电动玩具马　　　　图3.62 工业机械手

6.叠加创新实例

(1)需求:实现天线空间全方位转动任务。

(2)分析:单自由度的平面机构难以实现。

(3)构思:用叠加组合。

(4)具体方法:附加机构绕水平轴旋转,基础机构绕垂直轴旋转,二者合成可实现空间全方位转动。

7.叠加组合优缺点

(1)可实现复杂的运动要求。

(2)机构的传力功能较好。

(3)可减少传动功率。

(4)设计构思难度较大。

【知识拓展】

1. 串联组合示例

(1)前置机构中做简单运动的构件与后置机构的原动件连接(图 3.63)。

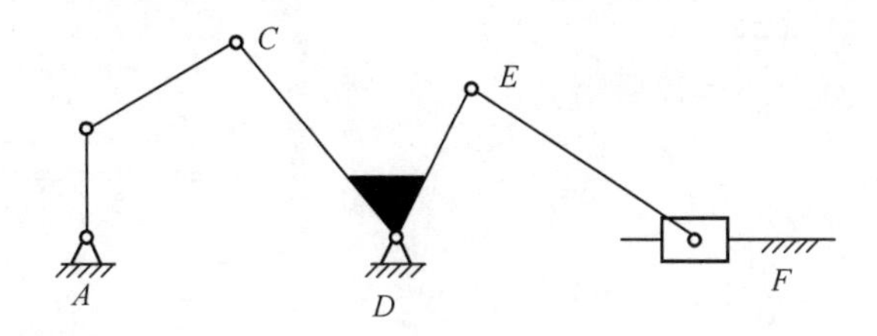

图 3.63　Ⅰ型串联组合

(2)前置机构中做复杂运动的构件与后置机构的原动件连接(图 3.64)。

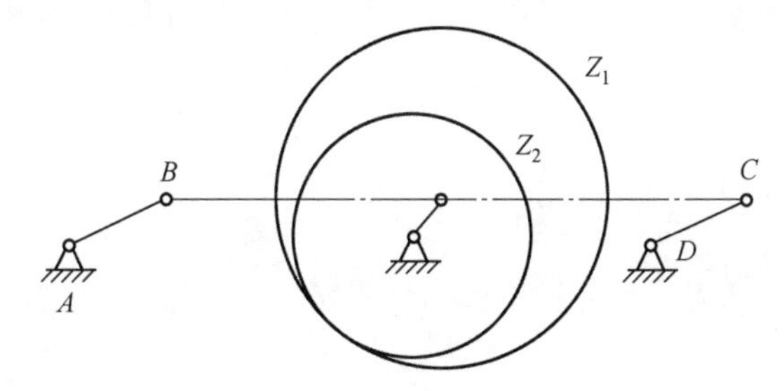

图 3.64　Ⅱ型串联组合

2. 并联组合的基本思路

(1)对称并联相同的机构,可实现机构的平衡(图 3.65)。

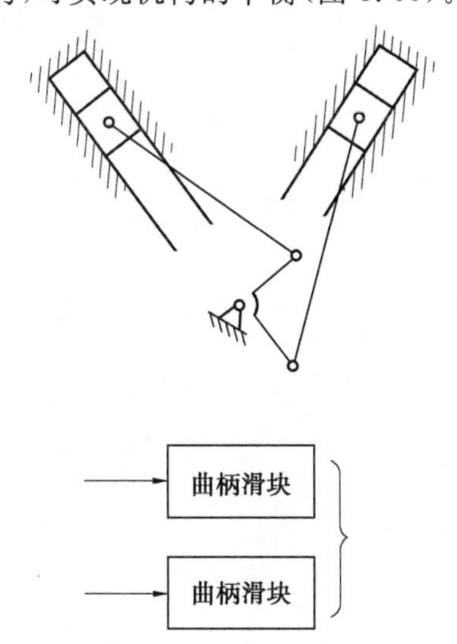

图 3.65　V 型双缸发动机(Ⅰ型并联机构)

(2)实现运动的分解与合成。

①实现运动分解(图 3.66)。

②实现运动合成(图 3.67)。

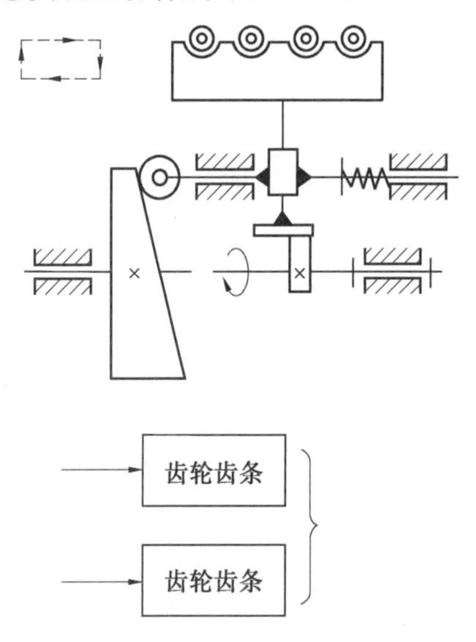

图 3.66　运动分解

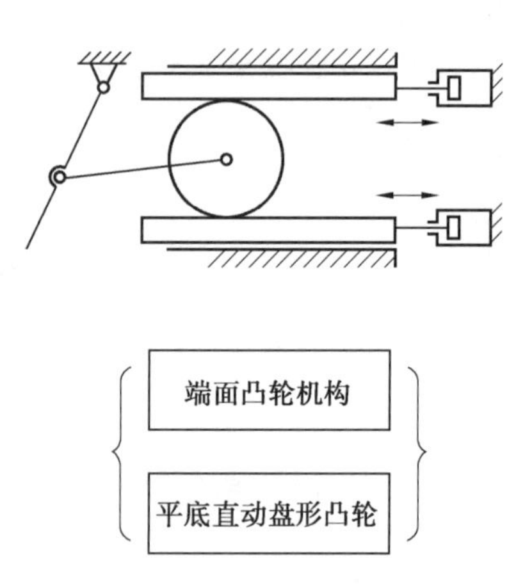

图 3.67　运动合成

(3)改善机构受力状态(图 3.68)。

(4)机构的合并。

①同类机构可以并联组合(图 3.69)。

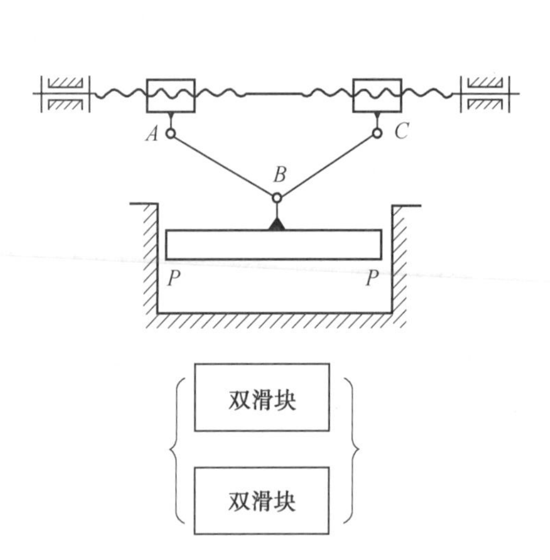

图 3.68　改善机构受力状态

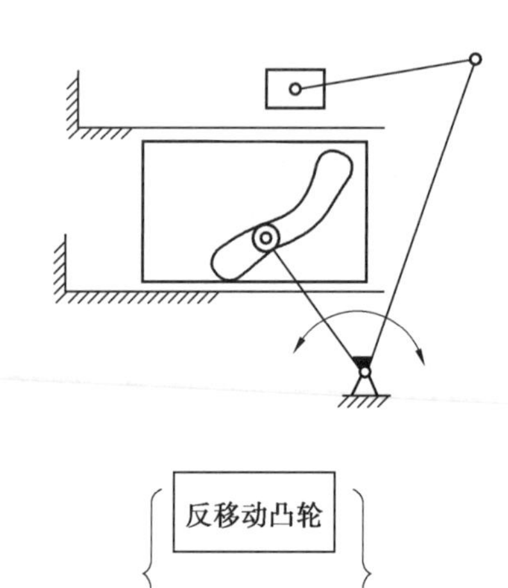

图 3.69　同类机构合并示意图

②不同类机构也可并联组合(图 3.70)。

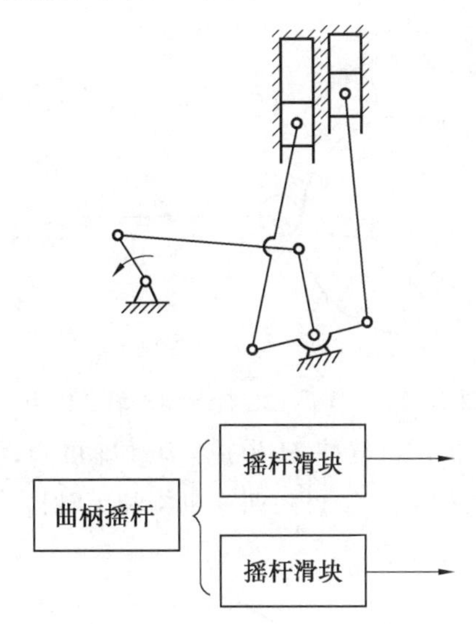

图 3.70 不同类机构合并示意图

3. 封闭式组合

(1)封闭式组合示例如图 3.71 所示。

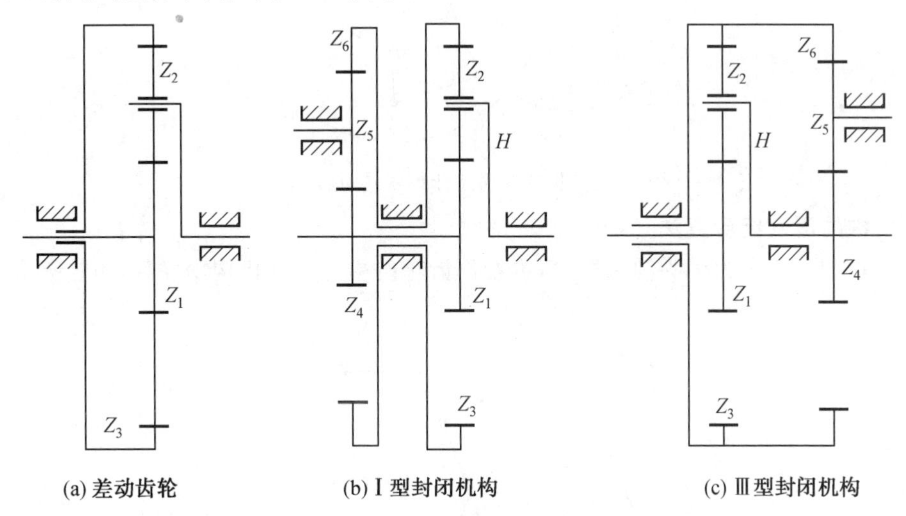

图 3.71 封闭式组合示例

①差动齿轮。二自由度差动轮系给定任何两个输入运动(如齿轮 1、3)可实现系杆的预期输出运动,如图 3.71(a)所示。

②Ⅰ型封闭式机构。在齿轮 1、3 间组合附加定轴轮系(齿轮 4、5、6 组成)后,可获得Ⅰ型封闭组合机构。调整定轴轮系传动比,可得任意预期系杆转数,如图 3.71(b)所示。

③Ⅲ型封闭式机构。把系杆 H 的输出运动通过定轴轮系(齿轮 4、5、6)反馈到输入构件(齿轮 3)后,可得到Ⅲ封闭式机构,如图 3.71(c)所示。

(2)二自由度五杆机构 $OABCD$ 为基础机构,凸轮机构为封闭机构。五杆机构的两个连架杆分别与凸轮和推杆固接，形成Ⅰ型凸轮连杆封闭组合机构(图 3.72)。

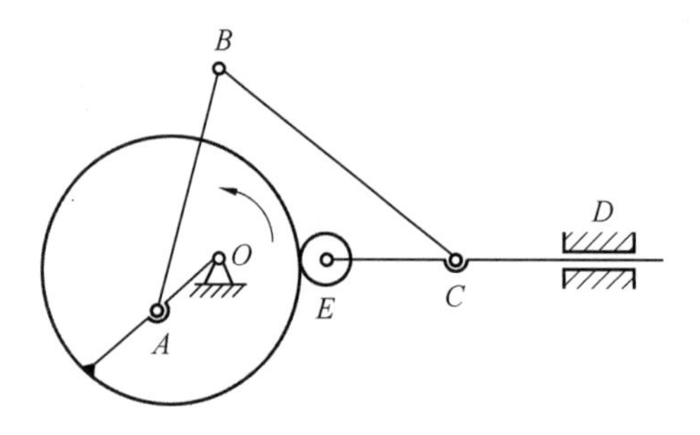

图 3.72 Ⅰ型凸轮连杆封闭式组合机构

(3)差动轮系(由齿轮 1、2、3 和系杆 H 组成)为基础机构，差动轮系的系杆和齿轮 1 经连杆机构 $ABCD$ 和齿轮机构 Z_1、Z_4 封闭四杆机构和定轴齿轮机构组成两个附加机构，形成Ⅱ型齿轮连杆封闭组合机构(图 3.73)。

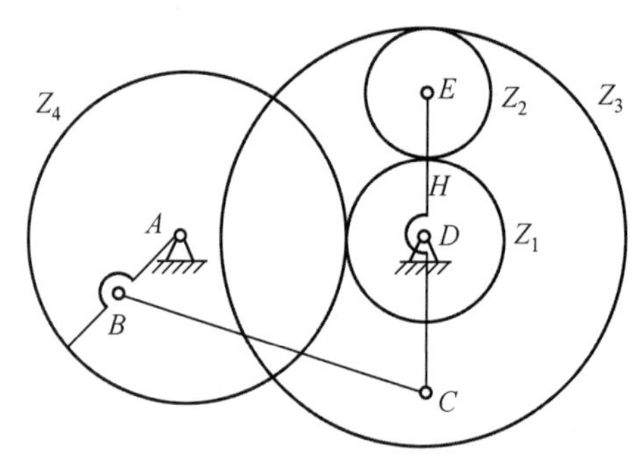

图 3.73 Ⅱ型齿轮连杆封闭式组合机构

4. 机构的混合组合方法

(1)图 3.74 所示为牛头刨床机构，可看作齿轮机构与导杆机构串联后，再连接Ⅱ级杆组 DE。

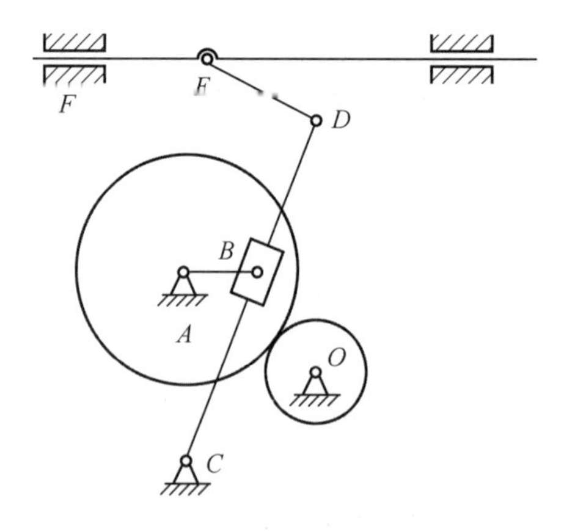

图 3.74 牛头刨床机构

(2)图 3.75 所示为冲(压)床机构，带传动机构、齿轮机构和连杆机构串联后，再连接Ⅱ级杆组 CE 组成的机构系统。

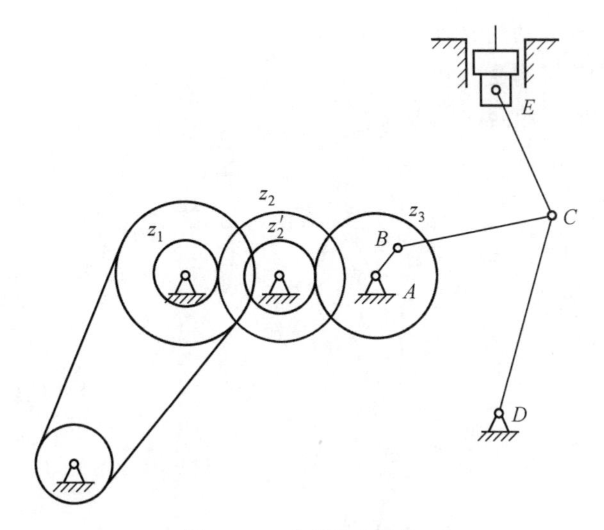

图 3.75　冲(压)床机构

5. 附加约束组合法

附加约束组合法是指在多自由度机构中,人为地增加约束条件(工程中的附加约束一般采用具有复杂曲线结构的高副),从而达到机构创新设计的目的。凸轮一连杆组合机构广泛应用于纺织和印刷机械中,如图 3.76 所示。

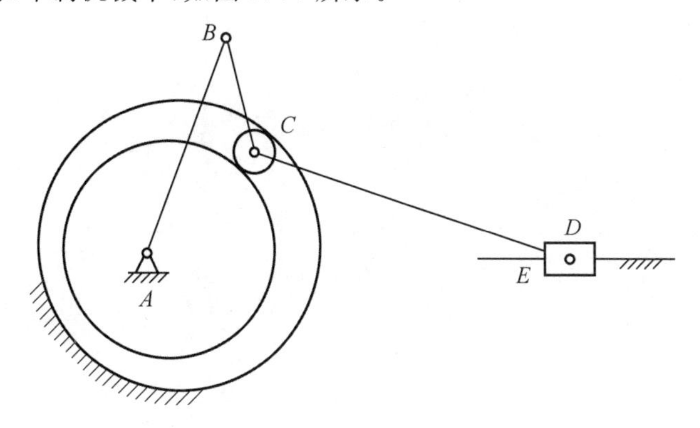

图 3.76　凸轮一连杆组合机构广泛应用于纺织和印刷机械中

【想想练练】

一、想一想

将基本机构进行组合,是机构设计的重要方法。根据工作要求的不同和各种基本结构的特点,常常必须把几种机构组合起来才能满足工作要求。常用的组合方式有哪几种?组合方式应用的特点是什么?在实际创新设计中组合的方式应用创新点有哪些?

二、练一练

1. 简述机构串联组合法的基本概念。

2. 简述机构并联组合法的基本概念。

3. 简述并联相同机构,实现机构平衡的原理。

4.简述如何实现运动的分解与合成。

5.简述如何改善机构受力状态。

6.简述机构封闭式组合法的概念。

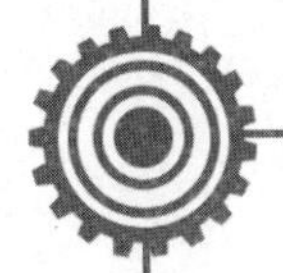

项目四

机械结构与创新设计

【学习目标】

1.掌握机械结构设计的概念与基本要求
2.了解结构设计的任务和重要性
3.掌握实现零件功能的结构设计与创新
4.熟知功能分解与功能组合的基本使用方法
5.明确机械产品的模块化与创新设计
6.掌握提高机械性能的设计

【任务引入】

机械结构是机械功能的载体,机械结构设计的任务是依据所确定的功能原理方案设计出实体结构。该结构能体现出所要求的功能,用结构设计图样表示。结构图应表示出结构件的形状、尺寸及所用的材料,同时还必须考虑加工工艺、强度、刚度、精度、寿命、可靠性及零件间的相互关系,有关造型设计及人机工程等问题也应在这一阶段解决。

结构设计包括机器的总体结构设计和零部件结构设计两方面内容,它们之间既有联系,又有区别,本章将着重讨论零件结构设计的共性问题。

如果说功能原理设计决定了产品的先进性新颖性,那么结构设计则决定了产品的质量和成本的70%~80%,因此说结构设计是机械设计中涉及问题最多,工作量最大的一个环节。本章将重点讨论结构设计的共性问题。

任务一　机械结构设计的概念与基本要求

【任务要求】

在机械结构设计中，明确设计方向，掌握设计基础理论，能够运用机械设计的基本概念与基本要求进行生产设计，做到创新突出；得出总结在并课上分享，与同学相互交流，做到问题共享、方法共享、经验共享；能够做到考虑周全，设计精细，安全性高、可靠性高。

【任务分析】

在机械结构设计的概念与基本要求中，从机械设计的基本结构、机械设计的基本要求两方面入手，逐条进行解析、学习、掌握与运用。在实施不同任务时要多做准备工作，从中得出总结。

【任务实施】

一、机械结构设计的任务

机械结构设计的任务是在总体设计的基础上，根据所确定的原理方案，确定并绘出具体的结构图，以体现所要求的功能。它是将抽象的工作原理具体化为某类构件或零部件，具体内容为在确定结构件的材料、形状、尺寸、公差、热处理方式和表面状况的同时，还需考虑其加工工艺、强度、刚度、精度以及与其他零件相互之间关系等问题。所以，结构设计的直接产物虽是技术图纸，但结构设计工作不是简单的机械制图，图纸只是表达设计方案的语言，综合技术的具体化是结构设计的基本内容。

二、机械结构设计特点

机械结构设计的主要特点如下：

(1)机械结构设计是集思考、绘图、计算(有时进行必要的实验)于一体的设计过程，是机械设计中涉及的问题最多、最具体、工作量最大的工作阶段，在整个机械设计过程中，平均约80％的时间用于结构设计，对机械设计的成败起着举足轻重的作用。

(2)机械结构设计问题具有多解性，即满足同一设计要求的机械结构并不是唯一的。

(3)机械结构设计阶段是一个很活跃的设计环节，常常需反复交叉地进行。为此，在进行机械结构设计时，必须了解从机器的整体出发对机械结构的基本要求。

三、机械结构件的结构要素和设计方法

1. 结构件的几何要素

机械结构的功能主要是靠机械零部件的几何形状及各个零部件之间的相对位置关系实现的。零部件的几何形状由它的表面所构成，一个零件通常有多个表面，在这些表面中有些表面与其他零部件表面直接接触，这一部分表面称为功能表面。在功能表面之间的

联结部分称为联结表面。零件的功能表面是决定机械功能的重要因素，功能表面的设计是零部件结构设计的核心问题。描述功能表面的主要几何参数有表面的几何形状、尺寸大小、表面数量、位置、顺序等。通过对功能表面的变异设计，可以得到为实现同一技术功能的多种结构方案。

2. 结构件之间的连接

在机器或机械中，任何零件都不是孤立存在的。因此在结构设计中，除了研究零件本身的功能和其他特征外，还必须研究零件之间的相互关系。零件的相关分为直接相关和间接相关两类：凡两零件有直接装配关系的，称为直接相关；没有直接装配关系的相关称为间接相关。间接相关又分为位置相关和运动相关两类。位置相关是指两零件在相互位置上有要求，如减速器中两相邻的传动轴，其中心距必须保证一定的精度，两轴线必须平行，以保证齿轮的正常啮合。运动相关是指一零件的运动轨迹与另一零件有关，如车床刀架的运动轨迹必须平行于主轴的中心线，这是靠床身导轨和主轴轴线相平行来保证的，所以主轴与导轨之间位置相关，而刀架与主轴之间为运动相关。多数零件都有两个或更多的直接相关零件，故每个零件大都具有两个或多个部位在结构上与其他零件有关。在进行结构设计时，两零件直接相关部位必须同时考虑，以便合理地选择材料的热处理方式、形状、尺寸、精度及表面质量等，同时还必须满足间接相关条件，如进行尺寸链和精度计算等。一般来说，某零件相关零件越多，其结构越复杂；零件的间接相关零件越多，其精度要求越高。

3. 结构设计根据结构件的材料及热处理不同应注意的问题

机械设计中可以选择的材料众多，不同的材料具有不同的性质，不同的材料对应不同的加工工艺，结构设计中既要根据功能要求合理地选择适当的材料，又要根据材料的种类确定适当的加工工艺，并根据加工工艺的要求确定适当的结构，只有通过适当的结构设计才能使所选择的材料最充分地发挥优势。

设计者要做到正确地选择材料就必须充分地了解所选材料的力学性能、加工性能、使用成本等信息。结构设计中应根据所选材料的特性及其所对应的加工工艺而遵循不同的设计原则。

例如，钢材受拉和受压时的力学特性基本相同，因此钢梁结构多为对称结构。铸铁材料的抗压强度远大于抗拉强度，因此承受弯矩的铸铁结构截面多为非对称形状，以使承载时最大压应力大于最大拉应力。钢结构设计中通常通过加大截面尺寸的方法增大结构的强度和刚度，但是铸造结构中如果壁厚很大则很难保证铸造质量，所以铸造结构通常通过加筋板和隔板的方法加强结构的刚度和强度。塑料材料由于刚度差，铸造后的冷却不均匀造成的内应力极易引起结构的翘曲，所以塑料结构的筋板与壁厚相近并均匀对称。

对于需要热处理加工的零件，在进行结构设计时的要求有如下几点：

(1)零件的几何形状应力求简单、对称，理想的形状为球形。

(2)具有不等截面的零件，其大小截面的变化必须平缓，避免突变。如果相邻部分的变化过大，大小截面冷却不均，必然形成内应力。

(3)避免锐边尖角结构。为了防止锐边尖角处熔化或过热，一般在槽或孔的边缘上切出 2～3 mm 的倒角。

(4)避免厚薄悬殊的截面。厚薄悬殊的截面在淬火冷却时易变形,开裂的倾向较大。

四、机械结构设计的基本要求

机械产品应用于各行各业,结构设计的内容和要求也是千差万别,但都有共性部分。下面就机械结构设计的三个不同层次来说明对结构设计的要求。

1. 功能设计

功能设计满足主要机械功能要求,在技术上的具体化。如工作原理的实现、工作的可靠性、工艺、材料和装配等方面。

2. 质量设计

质量设计兼顾各种要求和限制,提高产品的质量和性能价格比,是现代工程设计的特征,具体为操作、美观、成本、安全、环保等众多其他要求和限制。在现代设计中,质量设计相当重要,往往决定产品的竞争力。那种只满足主要技术功能要求的机械设计时代已经过去,统筹兼顾各种要求,提高产品的质量是现代机械设计的关键所在。与考虑工作原理相比,兼顾各种要求似乎只是设计细节上的问题,然而细节的总和是质量,产品质量问题不仅是工艺和材料的问题,提高质量应始于设计。

3. 优化设计和创新设计

优化设计和创新设计是指用结构设计变元等方法系统地构造优化设计空间,用创造性设计思维方法和其他科学方法进行优选和创新。对产品质量的提高永无止境,市场的竞争日趋激烈,需求向个性化方向发展,因此,优化设计和创新设计在现代机械设计中的作用越来越重要,它们将是未来技术产品开发的竞争焦点。结构设计中得到一个可行的结构方案一般并不难,机械设计的任务是在众多的可行性方案中寻求较好的或是最好的方案。结构优化设计的前提是要能构造出大量可供优选的可能性方案,即构造出大量的优化求解空间,这也是结构设计最具创造性的地方。结构优化设计目前基本仍局限在用数理模型描述的那类问题上,而更具有潜力、更有成效的结构优化设计应建立在由工艺、材料、连接方式、形状、顺序、方位、数量、尺寸等结构设计变元所构成的结构设计解空间的基础上。

五、机械结构基本设计准则

机械结构设计的最终结果是以一定的结构形式表现出来的,按所设计的结构进行加工、装配,制造成最终的产品。所以,机械结构设计应满足作为产品的多方面要求,基本要求有功能、可靠性、工艺性、经济性和外观造型等方面。此外,还应改善零件的受力,提高强度、刚度、精度和寿命。因此,机械结构设计是一项综合性的技术工作,结构设计错误或不合理,可能造成零部件不应有的失效,使机器达不到设计精度的要求,会给装配和维修带来极大的不便。机械结构设计过程中应考虑如下的结构设计准则:

(1)实现预期功能的设计准则。

(2)满足强度要求的设计准则。

(3)满足刚度结构的设计准则。

(4)考虑加工工艺的设计准则。

(5)考虑装配的设计准则。

(6)考虑造型设计的准则。

产品设计主要目的是实现预定的功能要求，因此实现预期功能的设计准则是结构设计首先考虑的问题。要满足功能要求，必须做到以下几点：

(1)明确功能。

结构设计是要根据其在机器中的功能和与其他零部件相互的连接关系，确定参数尺寸和结构形状。零部件主要的功能有承受载荷、传递运动和动力，以及保证或保持有关零件或部件之间的相对位置或运动轨迹等。设计的结构应能满足从机器整体考虑对它的功能要求。

(2)功能合理的分配。

产品设计时，根据具体情况，通常有必要将任务进行合理的分配，即将一个功能分解为多个分功能。每个分功能都要有确定的结构承担，各部分结构之间应具有合理、协调的联系，以达到总功能的实现。多结构零件承担同一功能可以减轻零件负担，延长使用寿命。V形带截面的结构便是任务合理分配的一个例子：纤维绳用来承受拉力；橡胶填充层承受带弯曲时的拉伸和压缩；包布层与带轮轮槽作用，产生传动所需的摩擦力。若只靠螺栓预紧产生的摩擦力来承受横向载荷时，会使螺栓的尺寸过大，可增加抗剪元件，如销、套筒和键等，以分担横向载荷来解决这一问题。

(3)功能集中。

为了简化机械产品的结构、降低加工成本、便于安装，在某些情况下，可由一个零件或部件承担多个功能。功能集中会使零件的形状更加复杂，但要有度，否则反而影响加工工艺、增加加工成本，设计时应根据具体情况而定。

【任务评价】

机械结构设计的概念与基本要求要点掌握情况评价表见表4.1。

表4.1　机械结构设计的概念与基本要求要点掌握情况评价表

序号	评价项目	自评			师评		
		A	B	C	A	B	C
1	掌握机构设计的任务和重要性						
2	知道机构设计的基本内容和步骤						
3	掌握结构设计的任务、内容和步骤						
4	明确机构设计方案的基本原则						
5	明确机械结构设计的概念与原则						
综合评定							

【知识链接】

机构设计、机构的演化与变异设计、机构的组合设计等设计成果要变成产品，还必须经过机械的结构设计，才能转换为供加工用的图样，机械结构设计的过程也充满着创新。根据机构由运动副、构件、机架组成的特点，进行结构设计时，在满足强度、刚度的基础上，各类运动副、构件和机架的形状与结构对产品的性能、成本等具有重要意义。机械零件的集成化设计、机械产品的模块化设计为机械结构的创新设计开辟了广阔的前景。

一、结构设计的任务和重要性

通过原理方案构思仅能提出实施各分功能的原理方案图，为了生产出满足要求的产品，还必须进行结构设计。产品结构设计又称为技术设计，它的任务是将原理设计方案结构化，确定机器各零部件的材料、形状、尺寸、加工和装配。因此结构设计是涉及材料、工艺、精度设计计算方法、实验和检测技术、机械制图等许多学科领域的一项复杂、综合性的工作。

机械设计的最终成果都是以一定的结构形式所表现，并且按照设计的结构进行加工、装配出产品，以满足使用要求，因此结构设计的工作质量对满足产品功能要求有十分重要的意义。在机械零件设计时，各种计算都要以确定的结构为基础，机械设计公式都只适用于某种特定的机构或结构。如果不事先选定某种结构，机械零件的设计计算是无法进行的。

结构设计关系到整机性能，零部件的强度、刚度、使用寿命及加工工艺，人机环境系统的协调性，运输安全性等。

综上所述，结构设计是保证产品质量、提高可靠性、降低产品成本的重要工作。

二、结构设计的内容和步骤

结构设计内容包括：设计零部件形状、数量、相互空间位置、选择材料、确定尺寸、进行各种计算和按比例绘制结构方案总图。若有几种方案时，需进行评价决策，最后选择最优方案。在进行计算时，常采用优化设计、计算机辅助设计、可靠性设计、有限元设计反求工程等多种现代设计方法。

在进行结构设计时，还要充分考虑现有的各种条件，如加工条件、现有材料、各种标准的零部件、相近机器的通用件等。结构设计是从定性到定量、从抽象到具体、从粗略到详细的设计过程。每个步骤的内容叙述如下：

(1)明确对结构设计的要求。

主要明确对功率、扭矩、传动比、生产率、连接尺寸、相互位置、耐腐蚀性、抗蠕变性、规定的工作材料、空间大小、安装限制、制造及运输、包装等方面的要求。

(2)主功能载体初步结构设计。

主功能载体是指承受主功能的元件(即零件或部件)，如减速箱中的齿轮和轴。在这一步骤中，主要是初步确定这些零部件的结构形状、几何尺寸和空间位置。

(3)分功能载体的初步结构设计。

分功能包括支承、润滑密封、冷却、防松等；分功能载体有轴承、密封圈、箱体和端盖等。主要凭经验或粗略估算初步确定结构形状。

(4)检查各功能载体结构的相互影响及配合性。

检查各功能载体的结构形状、几何尺寸和空间位置是否相互干涉，尽量使各部分结构之间有合理的联系。

(5)详细设计各功能载体结构。

这部分是结构设计的重点，主要确定各功能载体的几何尺寸、相互位置等。设计人员要充分运用自己所掌握的知识、现代设计方法和手段，并考虑加工。

(6)技术和经济评价。

设计中可能有多种方案，应进行技术和经济评价，选出最优方案。

(7)对设计进一步修改完善。

对确定的最优方案的设计进行修改、完善，主要是检查和分析产品将要出现的故障和主要薄弱环节，并采取有效措施进一步修改设计。

因此结构设计主要包括三个方面：一是质的设计，定性分析构件形状(各零件形状、数目、位置关系)；二是量的设计，定量计算尺寸、决定材料；三是按比例绘制结构图。

对于改进型设计，即改进现有产品，从分析现有产品的缺点或干扰因素出发，提出新的要求明细表。这时技术设计中有关初步结构设计和详细结构设计的各个步骤，可视情况灵活处理。图4.1为改进型设计时结构设计的步骤。

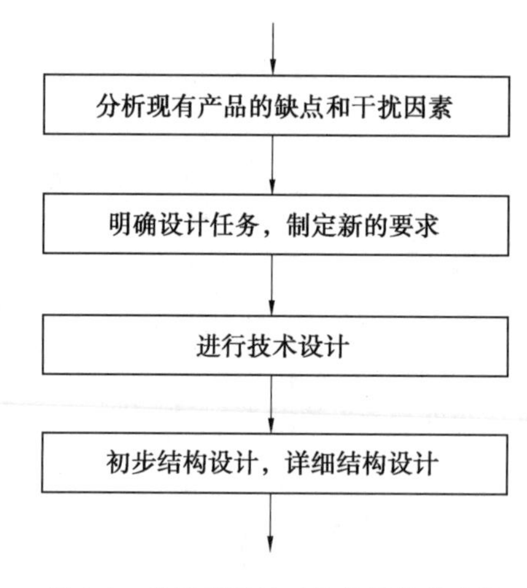

图4.1　改进型设计时结构设计的步骤

结构设计主要目标是：保证功能、提高性能、降低成本。

三、结构设计流程

机械结构是机械功能的载体,机械结构设计的任务是依据所确定的功能原理方案设计出实体结构。该结构能体现出所要求的功能,用结构设计图样表示。结构图应表示出结构件的形状、尺寸及所用的材料,同时还必须考虑加工工艺、强度、刚度、精度、寿命、可靠性及零件间的相互关系,有关造型设计及人机工程等问题也应在这一阶段解决。

结构设计的任务、内容和步骤,如图 4.2 所示。

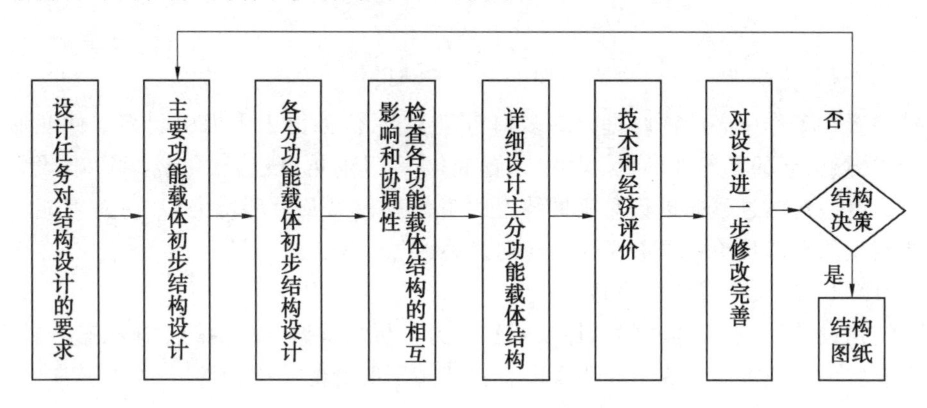

图 4.2　结构设计的任务、内容和步骤

结构设计包括机器的总体结构设计和零部件结构设计两方面内容,它们之间既有联系,又有区别,本章将着重讨论零件结构设计的共性问题。

如果说功能原理设计决定了产品的先进性、新颖性,那么结构设计则决定了产品的质量和成本的 70%～80%,因此说结构设计是机械设计中涉及问题最多、工作量最大的一个环节。本章将重点讨论结构设计的共性问题。

四、结构设计的基本原则

确定和选择结构设计方案时应遵循三项基本原则:明确、简单和安全可靠。

1. 明确

所谓明确是指对产品设计中所应考虑的问题都应在结构方案中获得明确的体现与分担。

(1)功能明确。

所选择结构要达到预期的功能,每个分功能有确定的结构来承担,各部分结构之间有合理的联系。要避免冗余结构,尽量减少不稳定结构。在图 4.3(a)中,传递转矩是键还是圆锥面、零件的轴向定位是轴的台阶面还是圆锥面,两者均不明确。这是一种功能不明确的结构。图 4.3(b)中两种功能都由圆锥面承担,是一种优秀的结构。

(2)工作原理明确。

所选结构的物理作用明确,从而可靠地实现能量流(力流)、物料流和信息流的转换或传导。

在功能原理设计中需要通过某种(或某些)物理过程实现给定的功能要求。实际使用

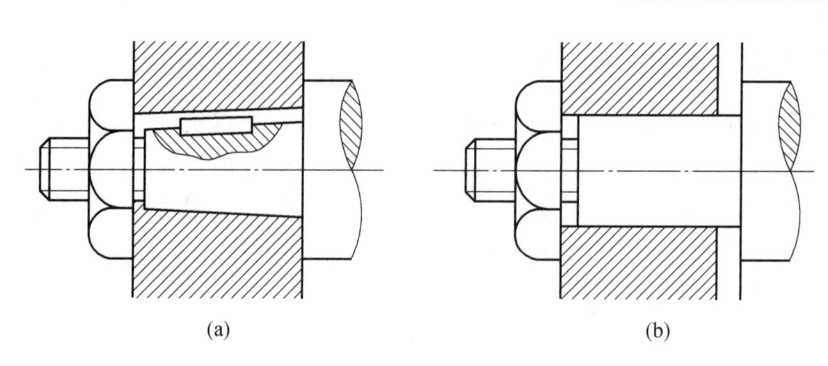

图 4.3　轮毂连接

的机械装置在工作中必然同时进行着多种物理过程，例如由于受力引起零部件变形和磨损，由于受热引起的零部件形状、尺寸、位置变化等，还有电、磁、光、化学等影响，设计中应充分考虑这些自然过程的进行对机械装置的工作过程以及对环境的影响；对可能影响主要功能实现的自然现象要采取必要的应对措施。

(3)使用工况及承载状态明确。

在结构设计中，零件的材料选择及工作能力分析均根据对结构的工作状态分析进行。设计中应避免出现可能造成某些要素的工作状态不明确的结构。

2. 简单

在结构设计中，在同样可以完成功能要求的条件下，应优先选用结构较简单的方案。

结构简单体现为结构中包含的零部件数量较少，专用零部件数量较少，零部件的种类较少，采用标准件、通用件、操作简单等；零件的形状简单，被加工面数量较少，所需加工工序较少，结构的装配关系较简单。

结构简单通常有利于加工和装配、缩短制造周期、降低制造与运行成本；简单的结构还有利于提高装置的可靠性和工作精度。

图 4.4 吊车轨道除作导轨用外，还兼具水、空气、液压管道的作用，是多功能结构件。

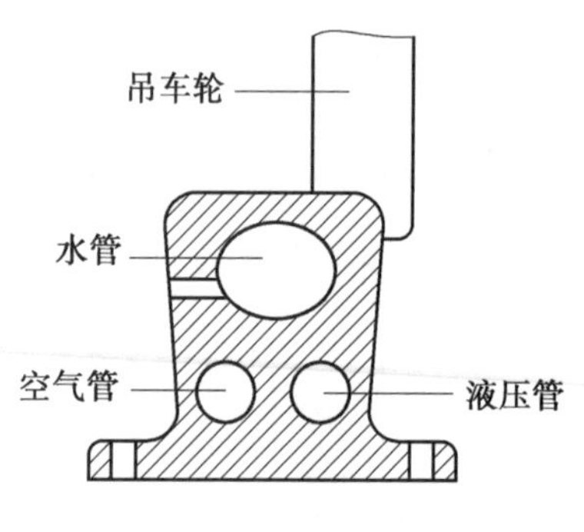

图 4.4　多功能导轨

3. 安全可靠

为了保证结构的安全可靠性，采取的技术措施为直接安全技术法，它是指在结构设计中充分满足安全可靠要求，保证在使用中不出现危险，主要遵循以下三个原理。

(1)构件可靠性原理。

组成技术系统的各零件之间和使用环境是清楚的，选择的计算理论和方法、材料是经过验证且零件之间的连接在规定载荷和时间内完全处于安全状态。这就必须做到：构件的受力、使用是可靠的；试验负荷要高于工作负荷；严格限定使用时间和范围。

(2)有限损坏原理。

在使用时，当出现功能干扰或零件出现断裂时，不会使主要部件或整机遭到破坏。这就要求失灵的零件易于查找和更换，或者能被另一零件所代替，如采用安全销、安全阀和

易损件等。对于可能松脱的零件加以限位,使其不致脱落造成机器事故。

图4.5(a)表示螺钉松脱后会落入机器内,使机器不能工作,图4.5(b)表示螺钉松脱后受到限位,不致掉入系统中。

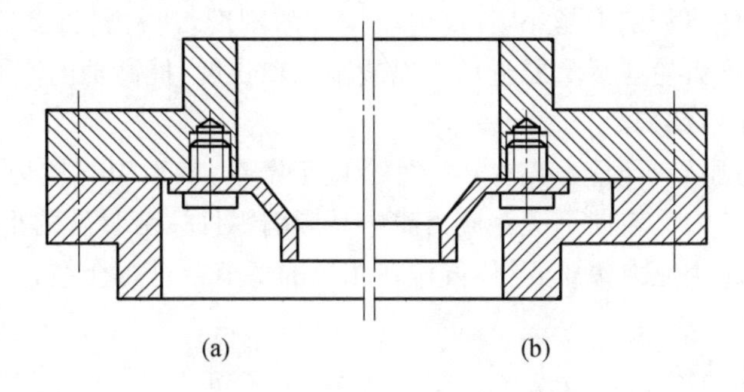

图4.5 螺钉的应用位置

(3)冗余配置原理。

当技术系统发生故障或失效时会造成人身安全或重大设备事故,为了提高可靠性,常采用重复的备用系统。如飞机发动机的双驱动、三驱动和副油箱;压力容器中设置两个安全阀;为确保煤矿井下绝对安全,对排水的水泵系统采用两套或三套配置(一套运转、一套维修、一套备用)。

【知识拓展】

一、满足强度要求的设计准则

1. 等强度准则

零件截面尺寸的变化应与其内应力变化相适应,使各截面的强度相等。按等强度原理设计的结构,材料可以得到充分的利用,从而减轻了质量、降低了成本,如悬臂支架、阶梯轴的设计等。图4.6所示为等强度原理设计的结构。

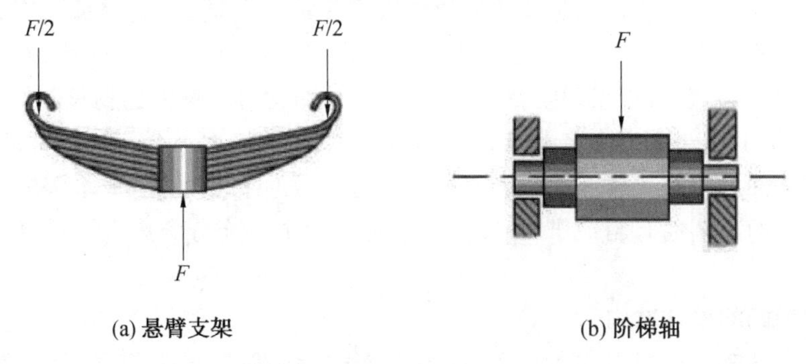

图4.6 等强度原理设计的结构

2. 合理力流结构

为了直观地表示力在机械构件中怎样传递的状态,将力看作犹如水在构件中流动,这些力线汇成力流,表示这个力的流动,在结构设计考察中起着重要的作用。

力流在构件中不会中断,任何一条力线都不会突然消失,必然是从一处传入、从另一处传出的。力流的另一个特性是倾向于沿最短的路线传递，从而在最短路线附近力流密集，形成高应力区。其他部位力流稀疏，甚至没有力流通过，从应力角度上讲，材料未能充分利用。因此，为了提高构件的刚度，应该尽可能按力流最短路线来设计零件的形状，减少承载区域，从而使累积变形越小，提高整个构件的刚度，使材料得到充分利用。如悬臂布置的小锥齿轮，锥齿轮应尽量靠近轴承以减小悬臂长度，提高轴的弯曲强度。

3. 减小应力集中结构

当力流方向急剧转折时，力流在转折处会过于密集，从而引起应力集中，设计时应在结构上采取措施，使力流转向平缓。应力集中是影响零件疲劳强度的重要因素，结构设计时，应尽量避免或减小应力集中，具体方法在相应的章节会进行介绍，如增大过渡圆角、采用卸载结构等。

4. 使载荷平衡结构

在机器工作时，常产生一些无用的力，如惯性力、斜齿轮轴向力等，这些力不但增加了轴和轴衬等零件的负荷，降低其精度和寿命，同时也降低了机器的传动效率。所谓载荷平衡就是指采取结构措施部分或全部平衡无用力，以减轻或消除其不良的影响。这些结构措施主要采用平衡元件、对称布置等，例如，同一轴上的两个斜齿圆柱齿轮所产生的轴向力，可通过合理选择轮齿的旋向及螺旋角的大小使轴向力相互抵消，使轴承负载减小。

二、机械结构基本设计准则

1. 满足结构刚度的设计准则

为保证零件在使用期限内正常地实现其功能，必须使其具有足够的刚度。

2. 考虑加工工艺的设计准则

机械零部件结构设计的主要目的是保证功能的实现，使产品达到要求的性能。但是，结构设计的结果对产品零部件的生产成本及质量有着不可低估的影响。因此，在结构设计中应力求使产品有良好的加工工艺性。

所谓良好的加工工艺指的是零部件的结构易于加工制造，任何一种加工方法都有可能无法制造某些结构的零部件，或生产成本很高，或质量受到影响。因此，对于设计者来说，认识一种加工方法的特点非常重要，以便在设计结构时尽可能的扬长避短。实际生产中，零部件结构工艺性受到诸多因素的制约，如生产批量的大小会影响坯件的生成方法；生产设备的条件可能会限制工件的尺寸；此外，造型、精度、热处理、成本等方面都有可能对零部件结构的工艺性有制约作用。因此，结构设计中应充分考虑上述因素对工艺性的影响。

3. 考虑装配的设计准则

装配是产品制造过程中的重要工序，零部件的结构对装配的质量、成本有直接的影响。有关装配的结构设计准则简述如下：

（1）合理划分装配单元。

整机应能分解成若干可单独装配的单元（部件或组件），以实现平行且专业化的装配作业，缩短装配周期，并且便于逐级技术检验和维修。

(2)使零部件得到正确安装。

保证零件准确的定位。图 4.7 所示为轴承座用两个销钉定位。图 4.7(a)中两销钉反向布置,到螺栓的距离相等,装配时很可能将支座旋转 180°安装,导致座孔中心线与轴的中心线位置偏差增大。因此,应将两定位销布置在同一侧,如图 4.7(b)所示,或使两定位销到螺栓的距离不等,如图 4.7(c)所示。

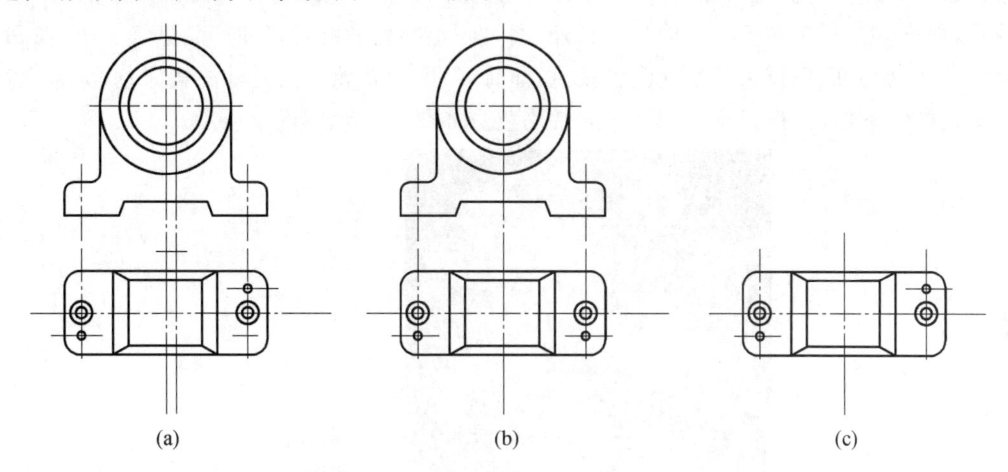

图 4.7 轴承座用两个销钉定位

(3)使零部件便于装配和拆卸。

在结构设计中,应保证有足够的装配空间,如扳手空间;应避免过长配合以免增加装配难度,使配合面擦伤,如有些阶梯轴的设计;为便于拆卸零件,应给出安放拆卸工具的位置,如轴承的拆卸。

4. 考虑造型的设计准则

产品的设计不仅要满足功能要求，而且还应考虑产品造型的美学价值,使之对人产生吸引力。从心理学角度来看,人 60%的决定取决于第一印象。技术产品的社会属性是商品,在买方市场的时代,为产品设计一个能吸引顾客的外观是一个重要的设计要求,同时造型美观的产品可使操作者减少因精力疲惫而产生的误操作。

外观设计包括三个方面:造型、颜色和表面处理。考虑造型时,应注意下述三个问题:

(1)尺寸比例协调。

在结构设计时,应注意保持外形轮廓各部分尺寸之间均匀协调的比例关系,应有意识地应用“黄金分割法”来确定尺寸，使产品造型更具美感。

(2)形状简单统一。

机械产品的外形通常由各种基本的几何形体(长方体、圆柱体、锥体等)组合而成。在结构设计时,应使这些形状配合适当,基本形状应在视觉上平衡,接近对称又不完全对称的外形易产生倾倒的感觉,尽量减少形状和位置的变化,避免过分凌乱,改善加工工艺。

(3)色彩、图案的支持和点缀。

在机械产品表面涂漆,除具有防止腐蚀的功能外,还可增强视觉效果。恰当的色彩可使操作者眼睛的疲劳程度降低,并能提高对设备显示信息的辨别能力。

单色只使用于小构件,大构件特别是运动构件如果只用一种颜色就会显得单调无层次，一个小小的附加色块会使整个色调活跃起来。在多个颜色并存的情况下，应有一个起主导作用的底色，和底色相对应的颜色称为对比色。但在一个产品上，不同色调的数量不宜太多，太多的色彩会给人一种华而不实的感觉。

舒服的色彩大约位于从浅黄、绿黄到棕的区域。这个趋势是渐暖，正黄正绿往往显得不舒服，强烈的灰色调显得压抑。对于冷环境应用暖色，如黄、橙黄和红。对于热环境用冷色，如浅蓝。所有颜色都应淡化。另外，通过一定的色彩配置可使产品显得安全、稳固。将形状变化小、面积较大的平面配置浅色，而将运动、活跃轮廓的元件配置深色；深色应安置于机械的下部，浅色置于上部。一般常用色彩如图 4.8 色彩图谱所示。

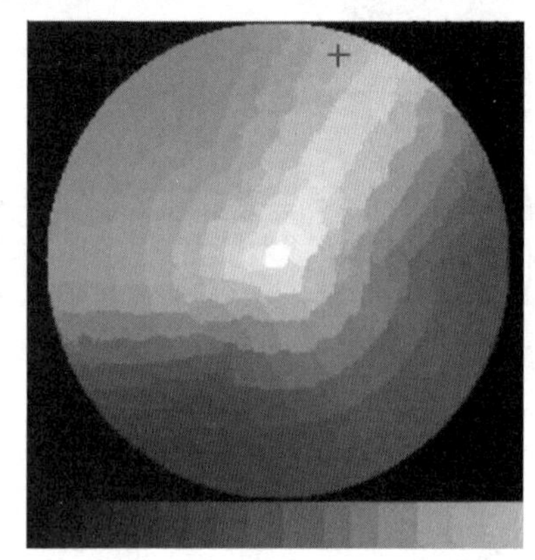

图 4.8 色彩图谱

5. 机械结构设计的工作步骤

不同类型的机械结构设计中各种具体情况的差别很大，没有必要以某种步骤按部就班地进行。通常是确定完成既定功能零部件的形状、尺寸和布局。结构设计过程是综合分析、绘图、计算三者相结合的过程，其过程大致如下：

(1)理清主次、统筹兼顾。

明确待设计结构件的主要任务和限制，将实现其目的的功能分解成几个功能。然后从实现机器主要功能(指机器中对实现能量或物料转换起关键作用的基本功能)的零部件入手，通常先从实现功能的结构表面开始，考虑与其他相关零件的相互位置、连接关系，逐渐同其他表面一起连接成一个零件，再将这个零件与其他零件连接成部件，最终组合成实现主要功能的机器。而后，再确定次要的、补充或支撑主要部件的部件，如：密封、润滑及维护保养等。

(2)绘制草图。

在分析确定结构的同时，粗略估算结构件的主要尺寸，并按一定的比例通过绘制草图初定零部件的结构。图中应表示出零部件的基本形状、主要尺寸、运动构件的极限位置、空间限制、安装尺寸等。同时结构设计中要充分注意标准件、常用件和通用件的应用，以减少设计与制造的工作量。

(3)对初定的结构进行综合分析，确定最后的结构方案。

综合过程是指找出实现功能目的的各种可供选择的结构的所有工作；分析过程则是评价、比较并最终确定结构的工作。可通过改变工作面的大小、方位、数量及构件材料、表面

特性、连接方式，系统地产生新方案。另外，综合分析的思维特点更多的是以直觉方式进行的，即不是以系统的方式进行的。人的感觉和直觉不是无道理的，多年在生活、生产中积累的经验不自觉地产生了各种各样的判断能力，这种感觉和直觉在设计中起着较大的作用。

(4)结构设计的计算与改进。

对承载零部件的结构进行载荷分析，必要时计算其承载强度、刚度、耐磨性等内容，并通过完善结构使结构更加合理地承受载荷，提高承载能力及工作精度，同时考虑零部件装拆、材料、加工工艺的要求，对结构进行改进。在实际的结构设计中，设计者应对设计内容进行想象和模拟，头脑中要从各种角度考虑问题，想象可能发生的问题，这种假想的深度和广度对结构设计的质量起着十分重要的作用。

(5)结构设计的完善。

按技术、经济和社会指标不断完善，寻找所选方案中的缺陷和薄弱环节，对照各种要求和限制，反复改进。考虑零部件的通用化、标准化，减少零部件的品种，降低生产成本。在结构草图中注出标准件和外购件。重视安全与劳保(即劳动条件：操作、观察、调整是否方便省力，发生故障时是否易于排查，噪声等)，对结构进行完善。

(6)形状的平衡与美观。

要考虑直观上看物体是否匀称、美观，外观不均匀时会造成材料或机构的浪费。出现惯性力时会失去平衡，很小的外部干扰力作用就可能失稳，抗应力集中和疲劳的性能也弱。

总之，机械结构设计的过程需要从内到外、从重要到次要、从局部到总体、从粗略到精细，权衡利弊，反复检查，逐步改进。

【想想练练】

一、想一想

机构设计、机构的演化与变异设计、机构的组合设计等设计成果要变成产品，还必须经过机械结构设计，才能转换为供加工用的图样，机械结构设计的过程也充满着创新。那么在这一系列的操作中所应用到机械结构设计的概念与基本要求有哪些？在学习过程中，总结出了哪些可以在实际生产设计中的创新方法？如何将学到的知识应用到今后的工作中？

二、练一练

1.简述结构设计的内容和步骤。

2.简述结构设计主要目标。

3.简述结构设计的基本原则。

4.简述机械结构与机械功能的关系。

5.简述工作原理明确的概念。

6.简述使用工况及载荷状态明确的概念。

任务二　实现零件功能的结构设计与创新

【任务要求】

在机械创新设计中，一个完整的机械创新设备是由若干机械零部件的组合而成的。一个生产设备的设计离不开零部件的结构创新、功能创新。在本节课的学习内容中将掌握机械结构的功能分解，了解功能分解的概念：每个零件的每个部位各承担着不同的功能，具有不同的工作原理。若将零件功能分解、细化，则会有利于提高其工作性能，有利于开发新功能，也使零件整体功能更趋于完善。有针对性地进行学习任务，在完成学习任务的同时做好学习总结，完成学习任务报告单。

【任务分析】

项目的学习在知识理论上要有新的进步与积累，在完成此项任务的过程中要注意生产实践与知识理论的结合，任务的难度适中，重点培养学习积累过程。

【任务实施】

轴系结构设计与测绘实验。

一、轴系结构设计应满足以下要求

(1)轴和轴上的零件要有确定的轴向工作位置和可靠的轴向固定。

(2)轴应便于加工，轴上的零件易于拆装；轴的受力合理，并尽量减少应力集中。

(3)轴承固定方式应符合给定的设计条件，轴承间隙调整方便。

(4)锥齿轮轴系的位置应能做轴向调整。

二、实验目的

(1)通过轴系结构的观察分析，理解轴、轴承、轴上零件的结构特点，建立对轴系结构的感性认识。

(2)熟悉和掌握轴的结构设计和轴承组合设计的基本要求和设计方法。

(3)了解并掌握轴、轴承和轴上零件的结构与功用，工艺要求，装配关系，轴与轴上零件的定位、固定及调整方法等，巩固轴系结构设计理论知识。

(4)分析并了解润滑及密封装置的类型和机构特点。

(5)了解并掌握轴承类型、布置和轴承相对机座的固定方式。

三、实验设备

(1)直齿圆柱齿轮轴系、斜齿圆柱齿轮轴系、圆锥齿轮轴系和蜗杆轴系结构模型。

(2)轴上零件：齿轮、蜗杆、带轮、联轴器、轴承、轴承座、端盖、套杯、套筒、圆螺母、止退垫圈、轴端挡板、轴用弹性垫圈、孔用弹性垫圈、螺钉、螺母等。

(3)工具包括钢板尺、游标卡尺、内外卡钳、三角板等。

四、实验内容

指导教师根据教学要求给每组指定实验内容(圆柱齿轮轴系、小圆锥齿轮轴系或蜗杆分析),学生分析并测绘轴系部件,绘制轴系结构草图,测定和标注各部分尺寸;分析轴头、轴颈等各部分结构特点,并提出自己的见解和评价;对圆柱齿轮轴系、锥齿轮轴系及蜗杆轴系进行分析。

1. 分析轴的各部分结构、尺寸与强度、刚度、加工装配的关系

(1)分析轴上零件的用途、定位及固定方式。

(2)分析轴承类型、布置和轴系相对机座的固定方式。

(3)了解润滑及密封装置的类型和结构特点。

2. 轴系测绘

(1)测绘轴各段直径、长度及主要零件尺寸(对于拆卸困难或无法测量的有关尺寸,可以根据实物相对大小和结构关系估算出结构尺寸)。

(2)在手册中查出滚动轴承、键、密封件等有关标准件的尺寸并画出轴。

3. 画出轴系结构装配图

(1)对照轴系实物按机械制图要求画出轴系结构装配图(比例取 1∶1),如图 4.9(a)所示。

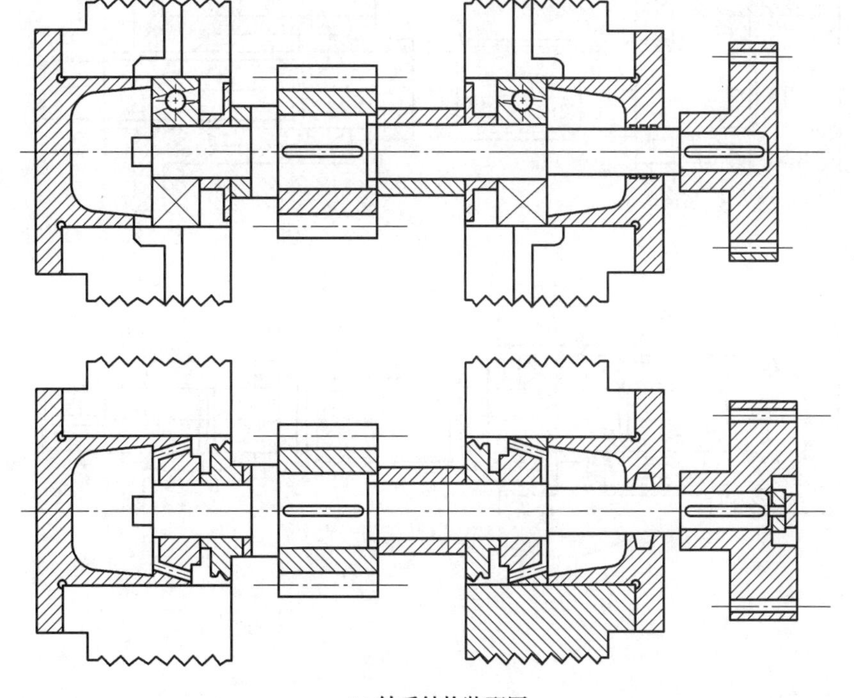

(a) 轴系结构装配图

图 4.9 轴系结构装配图

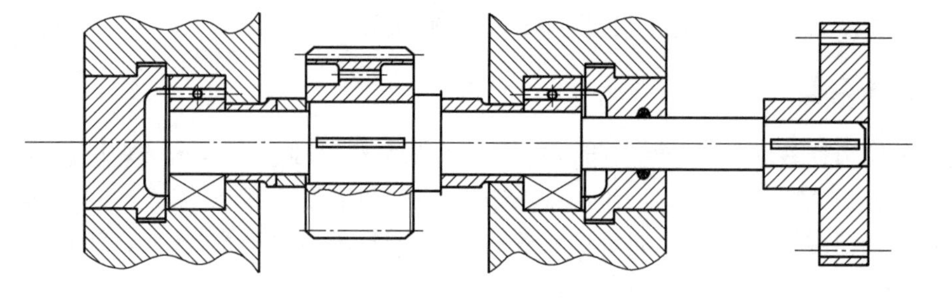

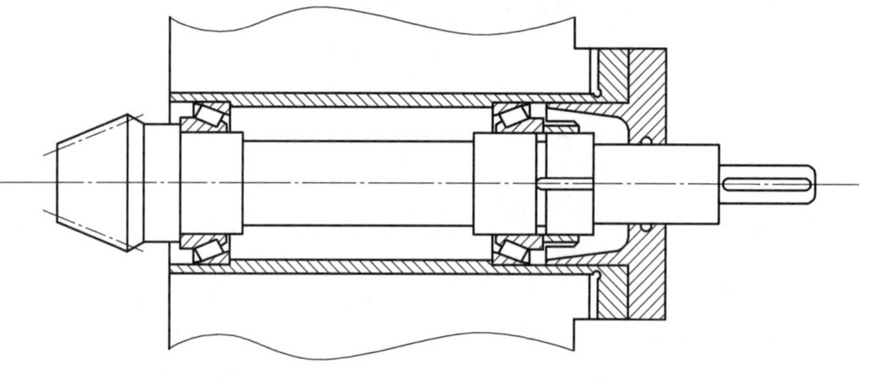

(b) 与轴承和端盖相配的局部

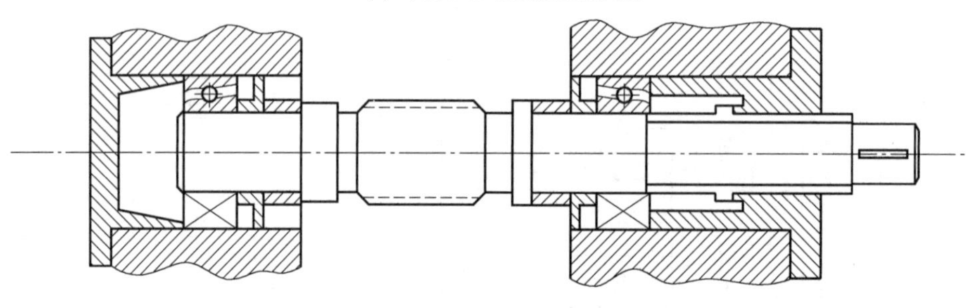

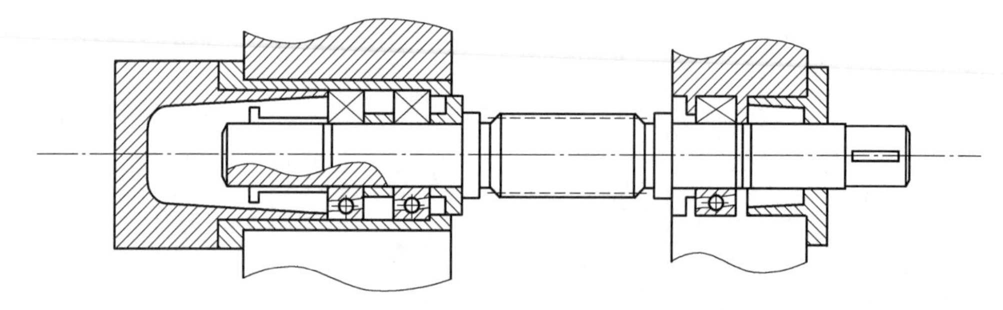

续图 4.9

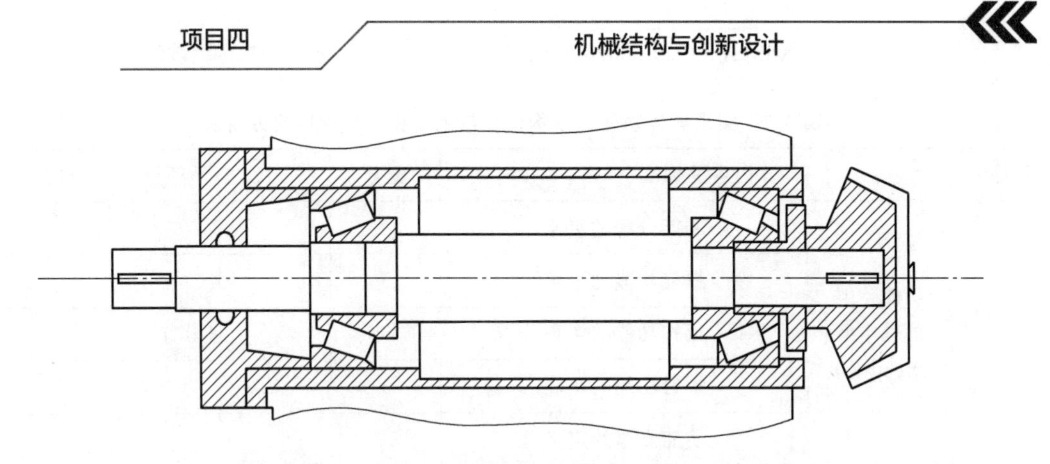

(c) 轴上零件的定位与固定、滚动轴承的安装、调整，润滑与密封

续图 4.9

(2)对轴承的箱体部分只要求画出与轴承和端盖相配的局部，如图 4.9(b)所示。

(3)在图上标注必要的尺寸、两支撑间跨距、齿轮分度圆直径及宽度、主要的轴孔配合尺寸及公差，轴系结构设计说明(说明轴上零件的定位与固定，滚动轴承的安装、调整、润滑与密封方法)，如图 4.9(c)所示。

五、实验步骤

(1)明确实验内容，复习轴的结构设计及轴承组合设计等内容。

(2)观察与分析轴承的结构特点。

(3)测量轴系主要装配尺寸(如支承跨距)和零件主要结构尺寸(支座不用测量)。

(4)绘制轴系结构装配草图。

(5)根据装配草图和测量数据，绘制辅助紧固部件装配图。

(6)完成实验报告。

六、完成实验报告

(1)完成实验报告，按适当的比例完成轴系结构设计装配图(只标出各段的直径和长度即可)。

(2)完成轴系结构设计说明(说明轴上零件的定位固定，滚动轴承的安装、调整、润滑与密封方法)。

【任务评价】

实现零件功能的结构设计与创新要点掌握情况评价表见表 4.2。

表 4.2　实现零件功能的结构设计与创新要点掌握情况评价表

序号	内容及标准		配分	自检	师检	得分
1	功能分解的基本概念(30 分)	功能分解的定义	5			
		螺钉功能的分解	5			
		扳拧功能的实现	5			
		螺钉功能的拓展	5			
		功能支撑的定义	10			
2	圆柱齿轮轴系、锥齿轮轴系及蜗杆轴系(40 分)	明确试验内容	5			
		画出轴系结构装配图	5			
		标出正确结构尺寸	10			
		零件功能的创新设计	10			
		齿轮的功能创新	10			
3	总结分析报告以及实验单的填写(30 分)	重点知识的总结	5			
		问题的分析、整理、解决方案	15			
		实验报告单的填写	10			
综合得分			100			

【知识链接】

一、功能分解

功能分解指每个零件的每个部位各承担着不同的功能，具有不同的工作原理。若将零件功能分解、细化，则会有利于提高其工作性能，有利于开发新功能，也使零件整体功能更趋于完善。

螺钉是一种最常用的连接零件，其主要功能是连接。连接可靠、防止松动、提高寿命、抵抗破坏能力是设计的主要目标。

若将螺钉各部分功能进行分解，则更容易实现整体功能目标。

螺钉功能可分解为螺钉头、螺钉体、螺钉尾三部分。

1. 螺钉头

(1)扳拧功能。

扳拧功能应与扳拧工具相结合进行结构设计与创新，已有结构如图 4.10 所示。

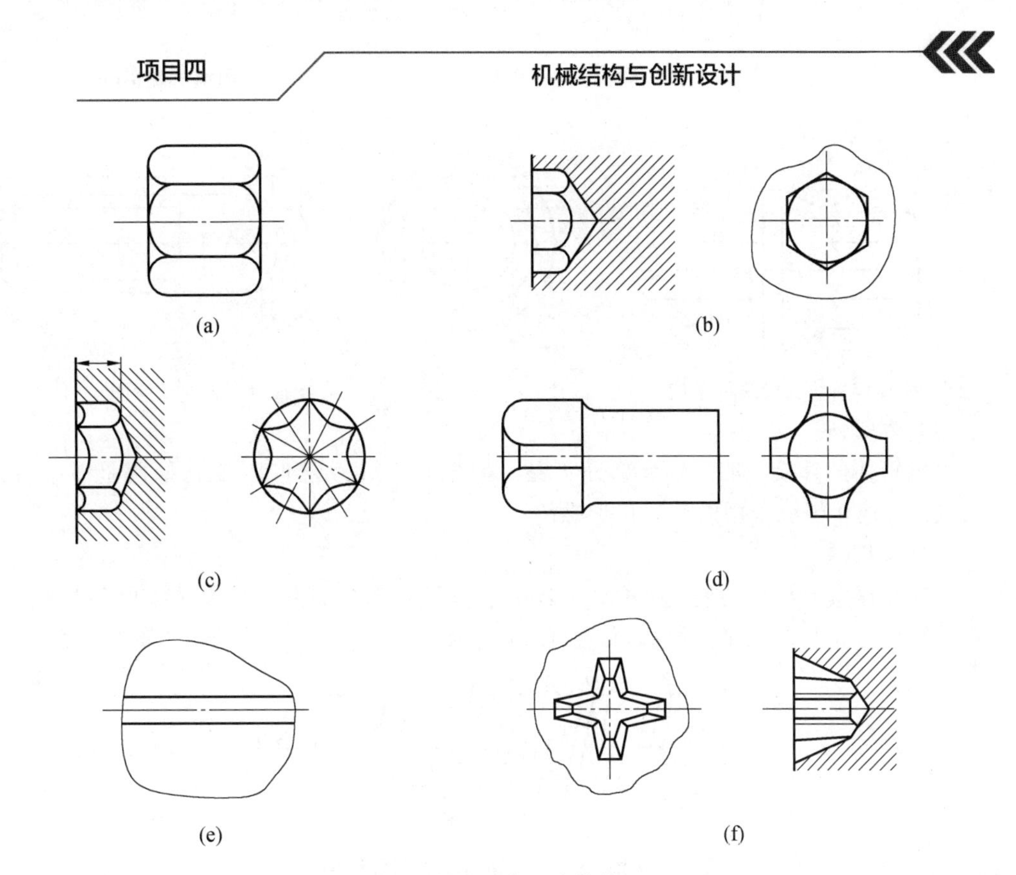

图 4.10 扳拧功能已有结构

功能扩展:为提高装配效率、简化扳拧工具，还可设计成如图 4.11 所示的外六角与十字槽组合式的螺钉头。

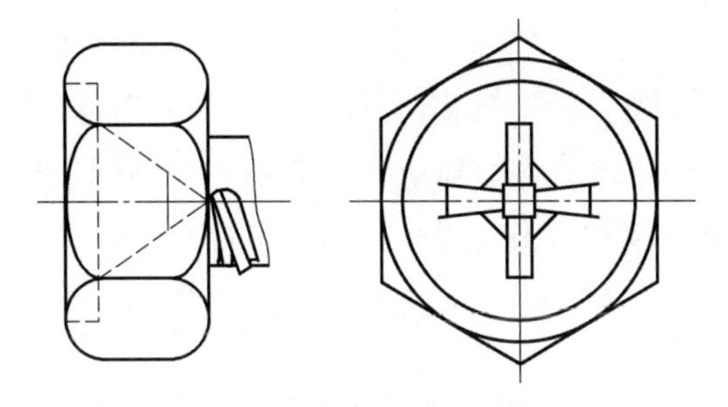

图 4.11 外六角与十字槽组合式的螺钉头

(2)支撑功能。

支撑功能由与被连接件接触部分的螺钉头部端面实现，此端面称为结合面。图 4.12 所示为法兰面螺钉头结构,不仅实现了支撑功能，还可以提高连接强度，防止松动。若扩大结合面功能，将结合面制成齿纹，防松功能将会增加,结合面制成齿纹示意图如图 4.13 所示。

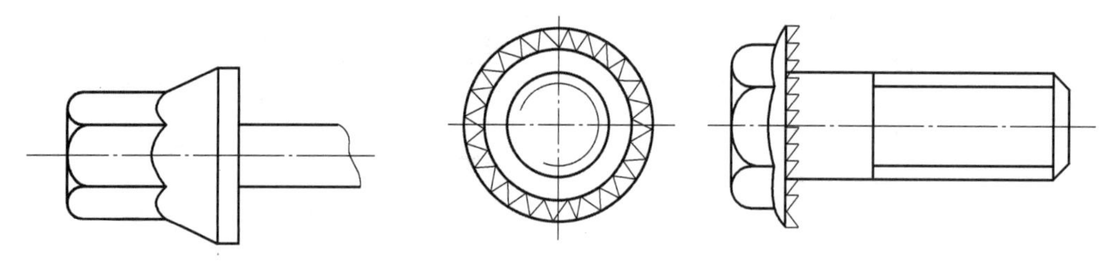

图 4.12 法兰面螺钉结构　　图 4.13 结合面制成齿纹示意图

2. 螺钉体

螺钉体的连接功能由螺牙部分实现，是螺钉的核心结构，其工作原理是靠摩擦力实现连接。连接螺纹采用的是三角形螺纹。

3. 螺钉尾

螺钉尾具有导向功能，为方便安装一般应具有倒角。为进一步扩大螺钉尾部功能，可设计成自钻自攻的尾部结构，如图 4.14 所示。

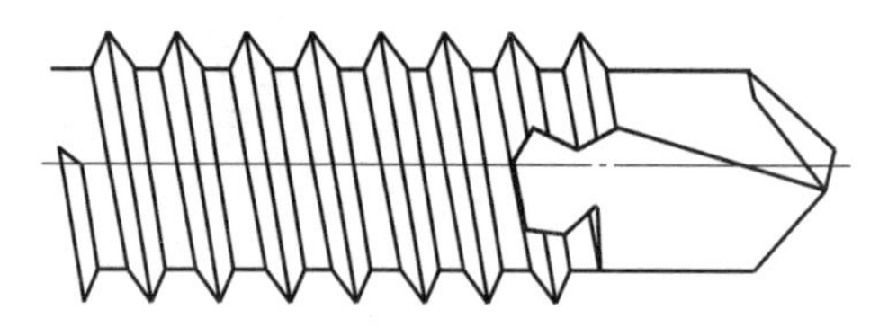

图 4.14 自钻自攻的尾部结构

为获得更完善的零件功能，在结构设计与创新中可尝试进行功能分解，再通过联想、类比与移植等创新原理进行功能的扩展或新功能的开发。

二、功能组合

1. 功能组合

功能组合指一个零件可以实现多种功能，从而使整个机械系统更趋于简单化，简化制造过程、减少材料消耗、提高工作效率，是结构创新设计的一个重要途径。

功能组合一般是在零件原有功能基础上增加新的功能。

(1)深沟球轴承。

外圈有止动槽，一个侧面带有防尘盖。这种结构不需要再设置轴向动紧固装置及密封装置，使支撑结构更加简单、紧凑(图 4.15)。

(2)带轮飞轮组合。

按带传动要求设计轮缘的带槽与直径，按飞轮转动固量要求设计轮缘的宽度及其结构形状(图 4.16)。

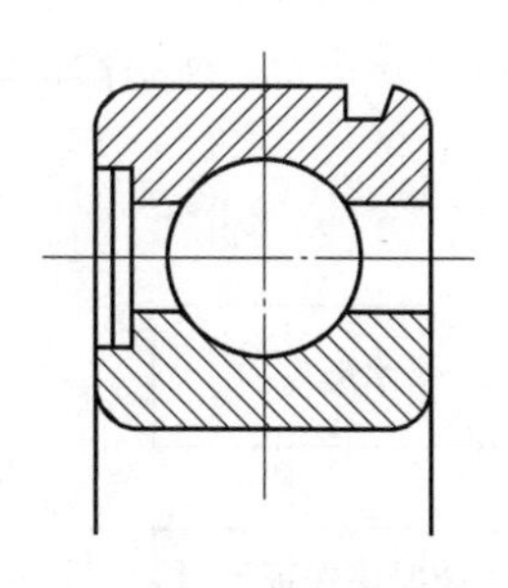
图 4.15　深沟球轴承

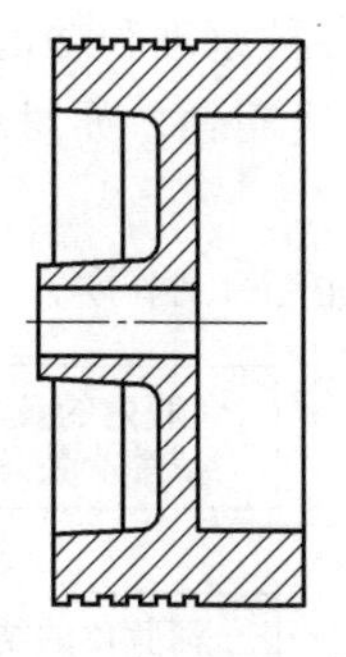
图 4.16　带轮飞轮组合

2. 功能组合的实现

功能组合可以通过以下三个方面实现：

(1)功能引申。例如收录机到随身听再发展到复读机。

(2)功能渗透。通过功能渗透使产品更加适应市场的需求。

(3)功能叠加。白加黑就是通过功能叠加造就了市场的奇迹。

3. 功能组合的缺点

一般认为，功能组合法就是将不同功能的物品组合在一起创造多功能产品的方法。这样定义的功能组合法，似乎找不出任何破绽，但具体应用起来却容易使人步入迷途。这样表述功能组合法的概念，若对其科学性进行考查，将不难发现其存在如下几个方面的不足之处：

(1)没能反映出该方法的应用条件，即什么样的产品可以组合在一起，什么样的产品不能组合在一起。

(2)没能反映出对组合方式的要求，即简单连接还是有机结合，还是通过新的结构来实现。

(3)容易诱发人们的侵权行为，即使人将两种不同功能的专利产品实施组合，导致侵犯两家权益的违法行为。

(4)这一概念的表述忽视了功能组合法作为一种创造方法的可操作性。

4. 功能组合法的操作模式

(1)确定使用范围。

(2)选择组合项。

(3)分析各组合项的结构特征。

(4)设计组合方式。

(5)提出新技术、新产品设计方案。

三、功能移植

1. 功能移植

功能移植指相同的或相似的结构可实现完全不同的功能，可以通过联想、类比、移植等创新技法获得新功能。

移植发明是科学研究最有效最简单的方法，也是应用研究最多的方法之一。移植法是研究分析已有的各种原理和功能，甚至研究大自然中植物的良好形状，把它们移植到别的产品上去，从而解决问题。如材料的移植可以起到更新产品、改变性能、节约材料、降低成本的目的。

功能移植实例如图 4.17 所示。

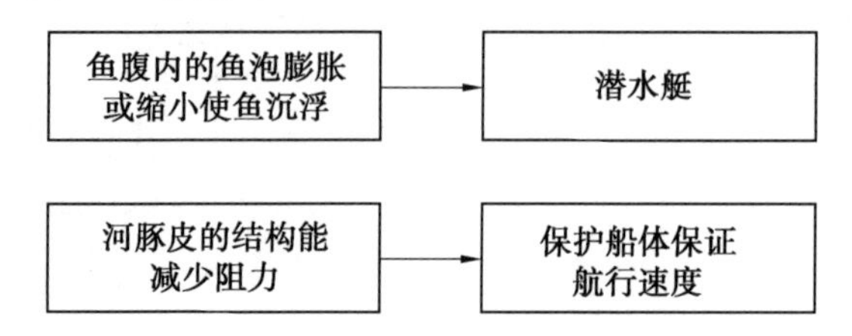

图 4.17　功能移植实例

2. 移植发明法的类型

移植发明法的类型如图 4.18 所示。

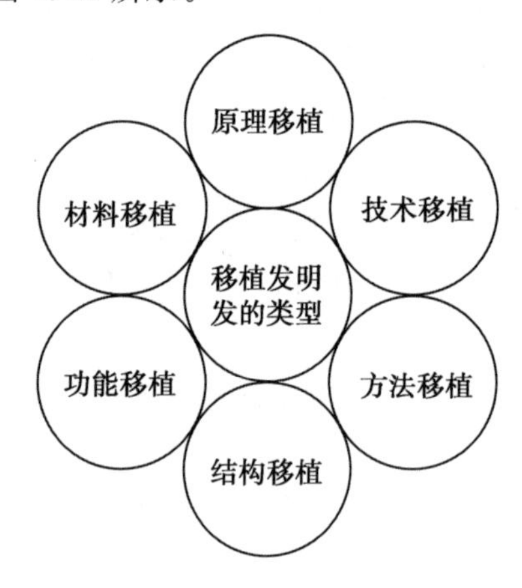

图 4.18　移植发明法的类型

(1)原理移植。

原理移植指把某一学科(领域)中的科学领域应用于解决其他学科(领域)中的问题。

实例:电子语音合成技术→新年贺卡→倒车提醒器→语音玩具。

(2)技术移植。

技术移植指把某一方面的技术应用于解决其他方面的问题。

实例:钢筋混凝土技术。

(3)方法移植。

方法移植指把某一学科(领域)中的方法应用于解决其他学科(领域)中的问题。

实例:深圳的“锦绣中华”景点。

(4)结构移植。

结构移埴指将某种事物的结构形式或结构特征部分或整个地应用于新产品的设计与制造。

实例:缝衣服的线→手术的线;衣服拉链→手术拉链。

(5)功能移植。

功能移植指设法使某一事物的某种(些)功能赋予另一事物,从而实现创新。

实例:洗衣机→洗齿机→洗地瓜机→洗碗机。

(6)材料移植。

材料移植指将某种产品使用的材料移植到别的产品的制作上,以起到更新产品、改善新能、节约材料、降低成本的目的。

材料移植方法的应用思路如图 4.19 所示。

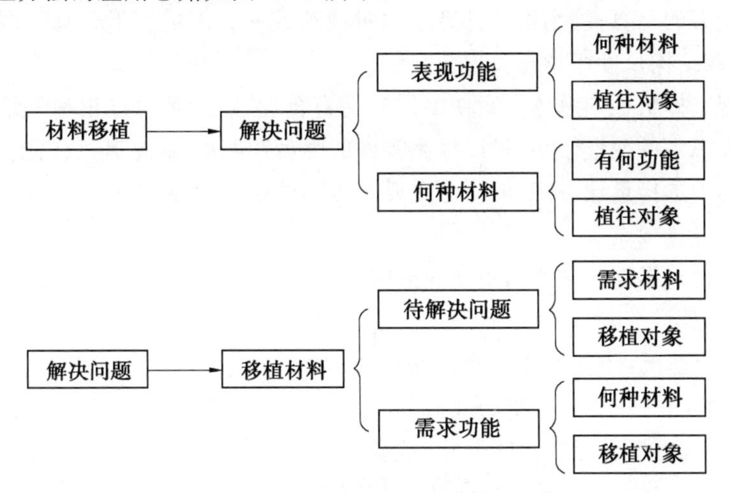

图 4.19 材料移植方法的应用思路

实例:汽车的车身等部件原来都是用铜板制作,既笨重又需要防腐,现改用工程塑料等非金属材料,不仅质量大大减轻,而且成本降低,也省去了防腐工作。

3. 液压涨套联接

液压常用于动力传递,如液压泵。若将液压产生的动力用于变形就可以移植到连接功能上,也就产生了液压涨套联接,如图 4.20 所示。

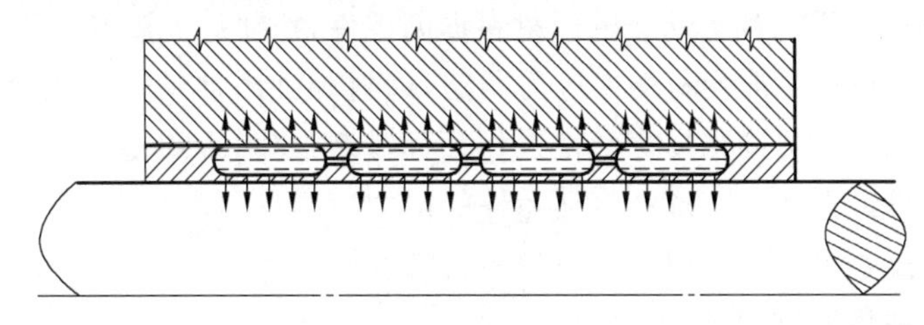

图 4.20 液压泵中的液压涨套联接

工作原理:在涨套内制作多个环形内腔,各内腔有小孔相连,若腔中充满高压液体,则套主要产生径向膨胀,对轴与毂就会形成径向压力,工作时就靠摩擦力传递转矩,实现轴毂的可靠连接。

【知识拓展】

一、功能使用要求

设计机械或零件必须首先满足其功能和使用要求。机械的功能要求,如运动范围和形式要求、速度大小和载荷传递，都是由具体的零件来实现的。除传动要求外，机械零件还需要有承载、固定、连接等功能，零件结构设计应满足强度、刚度、精度、耐磨性及防腐等使用要求。

1. 提高强度和刚度的结构设计

为了使机械零件能正常工作，在设计的整个过程中都要保证零件的强度和刚度能满足要求。对于重要的零件要进行强度和刚度计算：静强度的计算指危险截面拉压、剪切、弯曲和扭剪应力的计算；静刚度的计算指相对载荷或应力下的变形计算。两者均与零件的材料、受力和结构尺寸密切相关。

通过合理选择机械的总体方案使零件的受力合理，特别是通过正确的结构设计使其所受的应力和产生的变形较小，可以提高零件的强度和刚度，满足其工作能力的要求。合理的计算有助于选择最佳方案，但同时也要考虑零件在加工、装拆过程中保证足够的强度和刚度要求。

通过结构设计提高静强度和刚度的措施如下。

①改变受力。

a. 改变受力情况，降低零件的最大应力。

b. 载荷分担将一个零件所受的载荷分给几个零件承受，以减少每个零件的受力。

c. 载荷均布：通过改变零件的形状，改善零件的受力；采用挠性均载元件；提高加工精度。

d. 其他的载荷抵消或转化措施，采取措施使外载荷全部或部分地相互抵消，例如化外力为内力、用拉伸代替弯曲等。

②改变截面。

a. 采用合理的断面形状。在零件材料和受力一定的条件下，只能通过结构设计，如增大截面积、增大抗弯抗扭截面系数来提高其强度。

b. 用肋或隔板。采用加强肋或隔板材料提高零件，特别是机架零件的刚度。

c. 利用附加结构措施改变材料内应力状态，通过加强附加结构措施使受力零件产生弹性强化或塑性强化来提高强度。塑性强化又称过载强化，采用塑性强化的结构都是受不均匀应力的零件。其塑性变形产生在零件受最大应力的区域内，并与工作应力方向相反，因此具有降低最大应力、使应力分布均匀化的效果。

2. 提高疲劳强度的结构设计

机械零件多在应变力的状态下工作，因此机械零件的疲劳强度要比静强度重要得多。零件结构设计特别要注意减少零件的应力集中，同时承受变应力零件应避免表面过于粗糙或有划痕。另外，为了提高高副接触疲劳强度，在零件结构设计方面应考虑如何增大接触处的综合曲率半径，以减少接触应力的大小。

3. 提高耐磨性的结构设计

合理设计机械零件的结构形状和尺寸，以减少相对运动表面之间的压力和相对运动速度；选择适当的材料和热处理；采用合适的润滑剂、添加剂及其供给方法；在污染、多尘的条件下工作时，加必要的密封或防护装置；提高加工及装配精度以避免局部磨损等。

4. 提高精度的结构设计

(1)提高精度的根本在于减少误差源或误差值,具体包括:

①减少或消除原理误差,避免采用原理近似的机构代替精确的机构。

②减少误差源,精良采用简单的机构。

③减少变形,包括载荷、残余应力、热应力等因素引起的零件变形。

(2)采用误差补偿的方法来减少或消除误差。

①使机构中零件的磨损量相互补偿。

②利用零件的线膨胀系数不同补偿温度误差或热应力。

③利用附加运动补偿误差,当精密传递系统的定位精度不能满足要求时,可在系统中另加一套校正装置,将主传动的运动进行微调,以提高主传动的运动精度。

(3)工艺补偿,指在结构中设计出一些补偿机构,在加工或装配时,通过修配、分组选配、调整等方法来提高精度,其关键在于误差的测量。

(4)利用误差均化原理。

5. 考虑发热、噪声、腐蚀等问题的结构设计

(1)第一类措施是减轻损害的根源。

(2)第二类措施是隔离。

(3)第三类措施是提高抗损坏能力。

(4)第四类措施是更换易损件。

二、零件结构设计工艺性要求

零件结构设计工艺性指在机械结构设计中要综合考虑制造、装配、维修和热处理等各种工艺、技术问题,使之体现于结构设计中。结构设计工艺性问题存在于零部件生产过程的各个阶段,要结合生产批量、制造条件和新的工艺技术的发展来进行设计,目标是在保证功能使用要求的前提下,采用较经济的工艺方法,保质保量地制造出零件。

一般来说,机械零件结构的工艺性要求包括:

①加工工艺性要求。

②装配工艺性要求。

③维修工艺性要求。

④热处理工艺性要求。

三、其他要求

机械零件结构设计的其他要求还包括运输要求、人机工程学要求、环保要求与经济性要求。运输要求指零件结构便于吊装和利于普通交通工具运输;人机工程学要求指零件结构美观,符合宜人性要求,操作舒适安全;环保要求指减少对环境危害,零件可回收再利用。

经济性要求主要取决于选材和零件结构设计工艺性环节。设计时要合理选择零件材料,要考虑材料的力学性能是否适应零件的工作条件和加工工艺,合理地确定零件尺寸和满足工艺要求的结构,尽量简化结构形状,增加相同形状和元素的数量并注意减少零件的机械加工量，合理地规定制造精度等级和技术条件，尽可能采用标准件和通用件。

【想想练练】

一、想一想

在任务操作中，能否掌握操作设计的创新点，在校赛中应用创新原理，做到积极自主、独立创新，在省赛、国赛中掌握创新要点、亮点。在知识积累的过程中，是否做到融会贯通，培养出举一反三的能力。

二、练一练

1. 简述功能分解的概念。
2. 简述螺钉功能分解的三部分。
3. 简述功能组合的原理。
4. 简述功能移植的基本原理。
5. 简述移植发明法的类型。
6. 简述液压涨套连接的基本工作原理。

任务三　机械产品的模块化与创新设计

【任务要求】

在实施本任务时，要注意对模块化的理解，将机械产品模块化分解、重组。在从事这项任务时注意组员间的配合，资源共享，将有用信息实时记录下来，最后在任务总结时用作分析数据，得出自己的结果。

【任务分析】

当今制造业企业一方面必须利用产品的批量化、标准化和通用化来缩短上市周期、降低产品成本、提高产品质量，另一方面还要不断地进行产品创新使产品越来越个性化，满足客户的定制需求。因此，如何平衡产品的标准化、通用化与定制化、柔性化之间的矛盾，已成为赢得竞争的关键问题。平台化、模块化的产品设计和生产可以在保持产品较高通用性的同时提供产品的多样化配置，因此平台化、模块化的产品是解决定制化生产和批量化生产这对矛盾的一条出路。下面总结了推行模块设计过程需要关注的要点。

1. 产品模块化设计各个部门的远景目标

(1)产品开发。

产品开发过程分解为平台开发和产品开发过程，专门的团队进行平台的设计和优化，新产品的开发由平台通过变量配置实现。

(2)产品制造。

产品制造部门按照产品平台分配产线和装配资源。

(3)供应链管理。

根据模块的要求选择能够承接模块设计和开发的供应商，实现零库存。

(4)市场部门。

实现按订单制订产品开发和制造计划。

2. 模块化实施过程

(1)产品系列平台划分。

采用“产品型号组方法”是对整个目标市场划分所进行的全部变形型号的规划和开发。新产品规划要定义一组变形型号,配置应当与市场定位关联,其实际定义应当与产品性能的部分关联,并体现出不同变形型号之间的差异。

(2)产品模块划分。

产品可以采用模块化功能展开(Modular Function Deployment, MFD)方法进行模块划分,步骤包括:

①定义客户需求,利用卡诺模型区分客户需求与满意度关系,使用决策技术(Quality Function Deployment, QFD)方法定义客户需求与产品性能的对应关系。

②选择技术方法,定义产品功能树,使用波氏方法选择技术方法,使用动态运动矩阵(Dynamic Movement Primitives,DPM)矩阵描述技术方法与产品性能的对应关系。

③产生模块概念,定义模块驱动与技术解决方案的对应关系,最理想的模块技术解决方法是可以自己组合成一个模块,至少可以作为一个模块的基础;不够优化的技术解决方法应该和其他技术解决方法整合在一起组成模块。

④评估模块概念,定义模块接口,优化模块接口。

⑤模块优化,创建模块规格说明,进行模块优化,进行经济和技术上的评价。

(3)选项变量定义。

在一个平台上定义许可的选项/选项集,定义选项之间的关系和约束。

3. 模块化设计考核指标

(1)部署通用产品结构的型号组/全部型号组。

(2)通用模块实例/全部的模块实例。

(3)CAD/PDM 系统中零部件族的利用率。

4. 模块化设计风险

(1)组织结构和流程变革。

产品开发由以前的型号之间的简单复制转变为由一个基本型号产生多个变形型号的模式;企业需要设置专门的平台设计组进行平台和选项变量的设计;如何在企业资源、产品开发进度都异常紧张的情况下完成这样的转变是对企业管理的巨大考验。

(2)供应商的变化。

以前的零部件供应商需要转变为模块供应商,按照统一的接口进行模块的设计与生产,对于供应商产品研发和制造过程多需要大规模的调整;整机厂在减少零部件的同时,更需要定义准确的模块之间的接口与功能,才可以适应模块化设计和装配的需要。

5. 模块化对于 IT 系统的要求

模块设计需要产品生命周期管理(Product Lifecycle Management,PLM)系统的支持,它很难使用手工设计方式完成,需要依赖于 PLM 系统的产品结构管理等功能实现。模块化对于 IT 系统的要求包括:

(1)三维 CAD 的深度集成。

三维模型设计过程中采用参数设计的方式定义模块变形主参数，进行深度集成后有利于 CAD 模型无缝传输到 PLM 系统。

(2)产品平台和选项管理。

能够支持通用的产品平台定义，通关选项配置生成变形型号。

(3)物料清单(Bill of Material, BOM)管理。

BOM 管理是模块化设计的基础，不进行 BOM 管理，模块设计便无从谈起；PLM 需要实现 D－BOM，E－BOM，M－BOM 的转化。

(4)与企业资源计划(Enterprise Resource Planning, ERP)集成。

M－BOM 在 PLM 产生后，传输到 ERP 系统，为制造部门提供准确的 BOM 数据。

总之，模块化设计是一个复杂的系统工程，对企划、开发、采购、制造、市场等各个部门的工作和管理模式都将带来很大的变化，实现模块化设计将给企业产品开发的效率、产品质量的提高、产品成本的控制带来巨大效益。

【任务评价】

机械产品的模块化设计与创新要点掌握情况表见表 4.3。

表 4.3　机械产品的模块化设计与创新要点掌握情况评价表

序号	内容及标准		配分	自检	师检	得分
1	产品模块化设计各个部门远景目标(30 分)	产品开发	5			
		产品制造	5			
		供应链管理	5			
		市场部门	5			
		任务总结	10			
2	模块化实施过程(40 分)	产品系列平台划分	5			
		产品模块划分	5			
		选项变量定义	10			
		模块化设计考核指标	10			
		模块化设计风险	10			
3	总结分析报告以及实验单的填写(30 分)	重点知识的总结	5			
		问题的分析、整理、解决方案	15			
		实验报告单的填写	10			
综合得分			100			

【知识链接】

一、模块和模块化

模块(Module)是指可组合成系统的、具有某种确定功能和接口的通用独立单元。模块具有以下与一般组件相区别的特征：

(1)模块是由一些零件(或元器件)共同组成、能独立存在的功能单元，它是系统的组成部分。

(2)模块是包含一定系统功能的功能单元，特定模块所具有的功能与组成系统的其他模块的功能是相对独立的，其功能的实现不依赖其他模块，也不受其他模块的干扰。

(3)模块是一种标准单元，模块化结构具有典型性、通用性和兼容性，这是模块与一般部件的主要区别。

(4)模块具有构成系统的接口，接口具有传递功能。

(5)模块在其功能和结构上具有相似性。

模块是一组同时具有相同功能和相同结构要素，而具有不同功能和用途甚至不同结构特征，但能互换的单元。

二、模块的特征

1. 相对独立性

(1)相对独立的功能。

(2)相对独立的结构。

2. 标准性

模块是一种标准单元，具有互换性和兼容性。

3. 层次性

一级模块、二级模块、…、n 级模块；组件；零件。

4. 通用性、互换性

模块能适应市场需求变化，具有对产品快速应变能力。因此模块应具有通用性、互换性，能满足产品系列化的要求。

三、模块的标准化原理

(1)典型化。

典型化是标准化前提，确定产品系统典型模式(功能、结构)。

(2)通用化。

通用化是模块化的基本特性，通过接口的输入和输出实现。

(3)系列化。

系列化是形成模块化系统的必要条件。

(4)模数化。

模数化是模块尺寸互换和布局的基础(要符合标准化中的参数系列优先数系和模数

数系)。

(5)组合化。

组合化是模块化产品的构成特性。

四、模块接口

1. 模块接口

模块接口是具有相互结合关系的模块在结合部位存在的具有一定几何形状、尺寸和精度的边界结合表面。

结构模块组合时描述相互间几何、物理关系的结合面为模块接口。模块接口是模块可组合的依据,其标准化决定着模块的通用程度。

在模块化设计中,接口技术主要包括两个方面(图 4.21)。

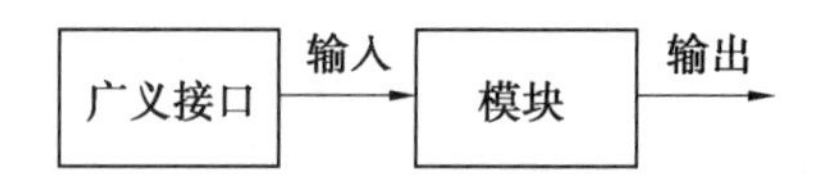

图 4.21　接口技术

(1)接口本身的设计/加工技术,包括接口的可靠性、可装配性、加工工艺等。

(2)模块化设计中接口的管理技术,包括标准化、编码、接口数据库管理、模块组合可靠性测试等。

五、接口的功能与方式

1. 接口由两部分组成

(1)物质、能量、信息的输入/输出部分。

(2)转换、调整部分。

2. 接口按照其转换、调整的功能,可分为四种

(1)零接口。

零接口不进行任何转换、调整,照原祥把输入连接到输出。

(2)被动接口。

被动接口只用接受部分进行转换、调整。

(3)能动接口。

能动接口含有能动部分的接口。

(4)智能接口。

智能接口能适应变化情况改变接口条件。

3. 接口的方式

(1)机械接口。

(2)电气接口。

(3)机电接口。

(4)其他物理量与电量接口。

模块接口方式组合示例如图 4.22 所示。

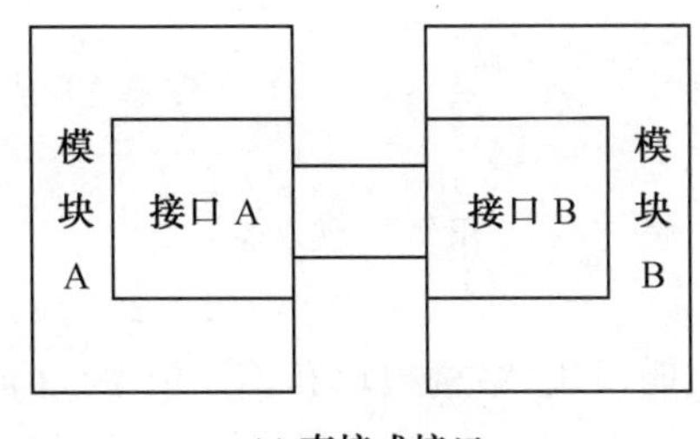

(a) 直接式接口

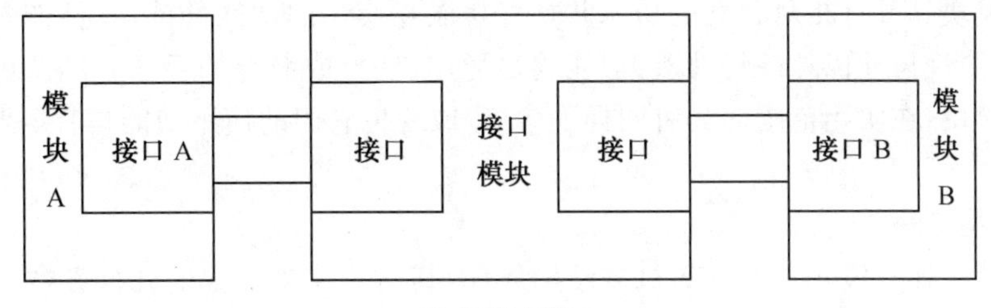

(b) 间接式接口

图 4.22 模块接口方式组合示例

4. 模块接口的几何平面图

机床类产品模块的接口面几何图谱如图 4.23 所示。

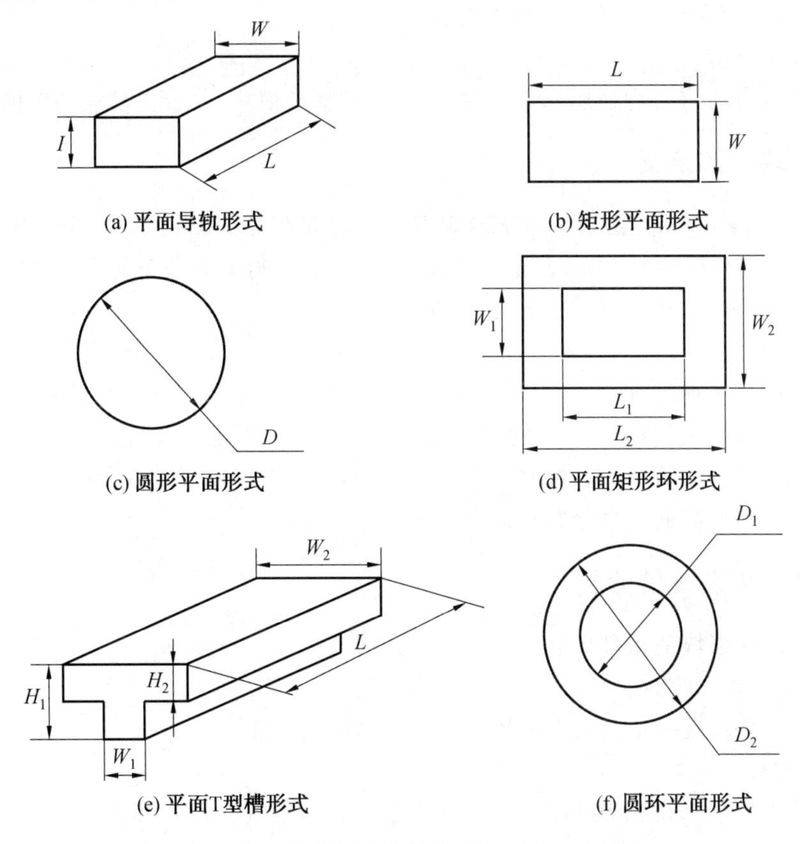

(a) 平面导轨形式 (b) 矩形平面形式

(c) 圆形平面形式 (d) 平面矩形环形式

(e) 平面T型槽形式 (f) 圆环平面形式

图 4.23 机床类产品模块的接口面几何图谱

六、模块的分类

1. 按表现形式分

模块按表现形式可分为硬件模块和软件模块。

2. 按互换性分

模块按互换性可分为功能模块、结构模块和单元模块(功能、尺寸均互换)。

(1)功能模块。

功能模块是具有相对独立的功能并具有功能互换性的功能部件,其性能参数和质量指标(常指线性尺寸以外的特性参数)能满足通用、互换或兼容的要求。即两种或两种以上的不同模块,在实用范围内具有同样的效能,或者说它们的使用功能具有等效性和可置换性。

(2)结构模块。

结构模块具有尺寸互换性的机械结构部件,其安装连接部分的几何参数满足某种规定的要求,从而能保证通用互换或兼容。

(3)单元模块。

单元模块是具有功能完全互换性的独立模块相结合形成的单元子设备。

3. 按层次分

模块按层次可分为分级模块和集成模块。

4. 按二分法分

模块按二分法可分为通用和专用模块、基型和变形模块,以及主模块和辅模块。

七、模块化的定义

模块化(Modularity)是指从系统的观点出发研究产品的结构形式,用分解和组合法建立模块体系,运用模块组合或产品平台派生成产品,获得最佳效益的全过程。

(1)宗旨。效益(社会、经济)方法:系统分解和组合。

(2)目标。建立模块和对象系统,在 CAD 环境下建立 CAMD 系统。

模块化既是一种思维方式,也是一种产品开发方法。在产品开发过程中,模块化是通过对某一类产品系统的分析研究,把其中具有相同或相似功能的单元分离出来,用标准化原理进行统一、归并、简化,以通用单元(模块)的形式独立存在,然后用不同组合规则将模块组合成多种新产品的一个分解和组合的过程。

八、模块化系统的分类

1. 按产品中模块使用多少分

(1)纯模块化系统。

纯模块化系统是一个完全由模块组合成的模块化系统。

(2)混合系统。

混合系统是一个由模块和非模块组成的模块化系统。机械模块化系统多是这种类型。

2. 按模块组合可能性的多少分

(1)闭式系统。

有限种模块组合成有限种结构形式。设计这种系统时主要考虑到所有可能的方案。

(2)开式系统。

有限种模块能组合成相当多种结构形式。设计这种系统时主要考虑模块组合变化规则。

3. 按模块实现一定功能分

(1)基本功能(相应模块称为基本模块)。

基本功能是系统中基本的、经常重复的、不可缺少的功能，在系统中基本不变。例如：车床中主轴的旋转功能、石油平台中生活模块的居住功能等。

(2)辅助功能(相应模块称为辅助模块)。

辅助功能主要指实现安装和连接所需的功能。例如，一些用于连接的压板、特制连接件。

(3)特殊功能(相应模块称为特殊模块)。

特殊功能主要是表征系统中某种或某几种产品特殊功能，例如，仪表车床中的球面切削装置模块、储油船中增加的石油加工设备等。

(4)适应功能(相应模块称为适应模块)。

适应功能是为了和其他系统或边界条件相适应所需要的可临时改变的功能，它的尺寸基本确定，只是由于上述未能预知的条件，某个(些)尺寸需根据当时情况予以改变以满足预定要求。一些厚度尺寸可变的垫块即可构成这种性质的模块。

(5)用户专用功能。

用户专用功能指某些不能预知的，由用户特别指定的功能。该功能由于其不确定性和极少重复，专用模块结合由非模块化单元实现。

九、模块化设计的定义

模块化设计有各种定义，具有代表性的定义如下：模块化设计是一种对一定范围内不同功能或相同功能不同性能、不同规格的产品在功能分析的基础上，划分并设计出一系列功能和结构模块，使这些模块系列化和通用化，并具有标准的模块接口，用户需求通过模块的选择、组合构成不同产品，以满足市场的不同需求的设计方法。模块化设计包括：

(1)对产品系统进行模块化分析，划分模块。

(2)对模块的功能和结构设计，使模块系列化、通用化，并设计标准的模块接口。

(3)根据用户需求拼合模块构成不同的产品。

十、模块化设计的步骤

模块化设计分为两个不同过程。

(1)系列模块化产品研制过程。

系列模块化产品研制过程需要根据市场调研结果对整个系列进行模块化设计，是系列产品研制过程。

(2)单个产品的模块化设计过程。

单个产品的模块化设计过程需要根据用户的具体要求对模块进行选择和组合,并加以必要的设计计算和校核计算,本质上是选择及组合过程。

十一、模块化设计流程

系列模块化产品研制过程的具体的步骤如下:

(1)市场调查与分析。

(2)进行产品功能分析,拟定产品系列型谱。

(3)确定参数范围和主参数。

(4)确定模块化设计类型,划分模块。

(5)模块结构设计,形成模块库。

(6)编写技术文件。

模块化设计流程如图 4.24 所示。

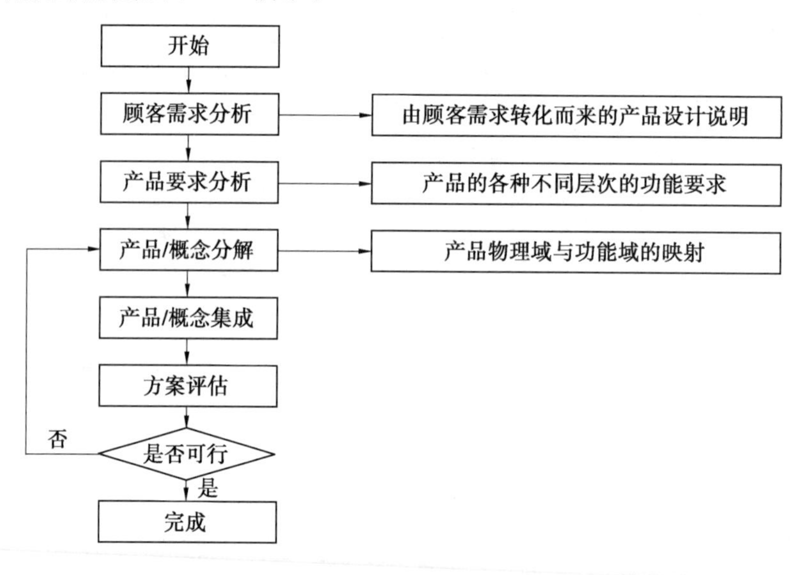

图 4.24 模块化设计流程

【知识拓展】

一、模块化设计概述

1. 模块化的发展

北宋时代的毕昇早在公元 1041—1048 年间发明的活字印刷术,成功地运用了标准件、互换性、通用件、分解与组合、重复利用等方法和原则,来解决雕版印刷所遇到的复杂性难题,可以说是人类社会较早出现的模块化杰作。

(1)经典模块化。

经典模块化是系统分解和组合理论指导下的模块化设计。

20 世纪初,建筑业出现可以自由组合的建筑单元。1920 年,德国等设计出模块化的

铣床和车床；随后，机床设计普遍采用了模块化模式。1923年，为解决成套电子设备结构的通用互换问题，美国制定了机箱面板和机架尺寸系列标准，后升级IEC标准，沿用至今。

（2）现代模块化。

现代模块化＝传统模块化＋设计规则

2. 模块

模块是模块化的基础。模块通常是由原件和零部件组合而成的、具有独立功能的、可成系列单独制造的标准化元件，通过不同形式的接口与其他单元组成产品，且可分、可合、可互换。模块是构成系统的、具有特定功能、可兼容、可互换的独立单元。

3. 模块的基本特征

（1）模块是系统的构成要素。

（2）模块具有特定的、相对独立的功能。

（3）模块的互换性和可兼容性是模块化操作或模块运筹组合的条件。

4. 模块的种类

（1）功能模块。

功能模块是依据价值工程的功能分析方法，对模块化产品的功能进行分析的基础上确立的模块类型。每种模块都成为相应功能的载体，所有模块的集合便是能够满足全部功能要求的产品。按照这样的原则建立的功能模块，不仅具有相对独立的功能，并且具有功能互换性。功能模块是该类型模块的总称，通常包括基本模块、辅助模块、专用模块、附加模块和扩充模块。

（2）结构模块。

①由于产品或系统的结构和功能具有层次性，与其相对应的模块也有层次性，即高层模块由低一层次的模块组合而成，最底层的模块则是由零件或元件组成。

②按模块的通用化程度还可将模块分为通用模块和非通用模块（专用模块、特别模块）。

③按模块在系列化过程中所处的地位和所起的作用，可将某些模块分为基础模块和派生、变形模块。

④按模块在产品中的重要程度，可把构成产品的模块分为主体模块和非主体模块（辅助模块、附加模块）等。

5. 模块化思维

模块化是人们所熟悉的、与工作生活密不可分的，并且每天必用的一种思维模式。

（1）汉语汉字：有独立含义的语音或字（模块），用语法（接口）组合成语言或文件（产品）。

（2）活字印刷：活字（模块），排版（接口），出印刷品（产品）。

模块化思维的特点和规律：产品＝模块＋接口。

6. 模块化的基本模式

（1）模块化思维的基本模式：系统＝模块＋接口。

（2）模块化哲理：以不变或少变（模块体系）应万变（多变化需求）。

(3)模块化思想:通用化(模块)+组合化(装配)。

(4)模块化的方法论基础:系统工程法(系统的分解和组合)+标准化方法(规范化、系列化、通用化)。

(5)模块化产品构成模式:由(通用+改型+专用)模块的组合构成产品。

(6)模块化效益原理:创新(市场占有率)+继承性(生产率)。

(7)模块化产品生产模式:大规模生产(模块)+个性化定则组装(产品)。

7. 模块化过程

机械产品模块化设计的一般步骤如下:

(1)需求分析。

(2)模块化策划。

(3)模块划分。

①功能单元分解化原则。

②功能单元独立化原则。

③部件模块化原则。

④组件模块化原则。

⑤基础件模块化原则。

(4)模块的创建。模块的创建指设计一组能满足产品基型设计和变形设计的模块系列,又称作模块系列设计。

(5)模块的组合。模块的组合指利用创建的模块组合产品的过程。

(6)模块化产品的制造与装配。

8. 模块化概述及其价值

(1)模块化的目的任务、对象。

①目的。满足多样化的需求和适应激烈的市场竞争,在多品种、小批量的生产方式下实现最佳效益和质量。

②任务。优化产品族(系统)的构成模式,以最少的要素组合构成最多的产品品种。

③对象。构成系统或产品族的典型的、成熟的、可通用(重用、复用)的要数,包括:子系统、组件、部件、器件、典型电路、逻辑组件、软件程序、计算方法、文件格式(模板)、接口等。

(2)模块化设计方法。

①系统分解组合法。通过对产品族的分析,把其中相同或相似的功能单元或要素分离出来,经归并、集成,统一为一系列的标准单元(模块),并用不同模块的组合构成多样化的产品。

②基本型派生发展法。将产品系统分解成通用部分、准通用部分和专用部分,集中力量设计一种基本型,以其为基础,修改准通用部分,设计专用部分派生出满足多种需要的产品。

以上两种方法的实质是一样的。

【想想练练】

一、想一想

在机械产品模块化的设计与创新中，应用到的模块化概念、实际的设计理念是否得到掌握并融入自己的想法；在模块化的设计中，能否做到学以致用；在信息资料的掌握情况中，知识要素是否得到整理；在组内信息交流时，各成员是否完成各自的任务量。

二、练一练

1. 简述模块的标准化原理。
2. 简述模块化的基本模式。
3. 简述系列模块化产品研制过程的具体步骤。
4. 简述模块化的目的。
5. 简述模块化设计分成的两个不同过程。
6. 简述结构模块的种类。

任务四 提高性能的设计

【任务要求】

机械设计创新环节，不仅仅局限于的功能创新、外观创新，更多的是性能的提升，减少投入，创造出更大的产值。在本任务中，将学习提高机械性能的知识理论，在完成任务的同时，还要开拓进取、总结整理。性能设计的突破点、如何正确有效地提高机械性能，以及不同时期机械性能的改变，都将进入学习过程。自主学习，发现新的知识是储值自身的一个过程。按任务形式，在有限的时间内完成任务单下发的任务流程，做好记录、整理汇报。

【任务分析】

旋转机械面临着对寿命、转速、温度及压力比以往更苛刻的要求，因此给用传统材料制造的标准密封件提出了难题。具有潜在破坏性的工艺液体或气体会对密封产生更多的挑战，其结果是造成密封件的早期失效频率大大增加，从而导致停机，并加大维护的成本。

设计工程师正逐渐把注意力转移到先进的密封技术和设计器封解决方案，尤其是在恶劣的环境中应用。这些技术包括聚四氟乙烯(PTFE)密封件，它具有卓越的转速、温度及压力能力。PTFE 密封运用不同的材料配方铸造进行定制化设计，以满足特殊应用需求。

【任务实施】

一、现代密封的挑战

传统密封件主要用弹性橡胶材料制成，主要用于汽车，也包括泵、齿轮箱、液压马达等旋转机械和其他设备中。

尽管在大多数应用场合中，橡胶密封件可靠性高，但在恶劣条件下却遇到了麻烦。例如，运行温度高于104 ℃(220 ℉)将导致橡胶提前老化，造成密封件发硬，进而出现开裂，最终失效，其后果是润滑油或工艺介质的泄漏或杂质的侵入。表面速度高、压力脉动、喘振，以及污染严重的环境更使橡胶密封难以应对。

橡胶密封件对膨胀也很敏感，这是由于暴露在介质中的密封橡胶材料吸收液体引起的。在所有的应用场合中，必须认真分析密封材料和介质的兼容性。介质的兼容性对制冷剂和密封尤其重要。在制冷压缩机中，一旦与制冷剂缺乏兼容性，会导致密封总体效果遭到突发或灾难性的破坏。当压力减少到低于制冷剂的沸点时，被吸入密封材料的制冷剂瞬间变成气态，结果导致密封即刻失效。解决这个难题的最好办法是采用只吸收微量制冷剂的PTPE复合材料。

二、PTFE复合材料

与橡胶不同，PTFE复合材料事实上具有惰性化学物的特点，与各种不同的工艺介质接触，显现出几乎完全的兼容性。PTFE密封具有温度范围广的特点，即使暴露在污染严重的介质中，也能体现出卓越的耐磨性和超长的寿命。PTFE母材复合碳、石墨、聚酰亚胺以及其他添加物或者玻璃纤维可以加强耐磨性和抗蠕动性。添加物的选择一般基于应用环境的要求。

PTFE主要应用于空气压缩机的轴封、空调系统压缩机的内效率密封，以及制冷压缩机的挡油密封，用以保证机械密封的有效润滑。

在压缩机滑阀中，PTFE导向环能对内部活塞进行精确的定位，从而更好地控制压缩机的流量和压力，螺杆压缩机剖面图如图4.25所示。

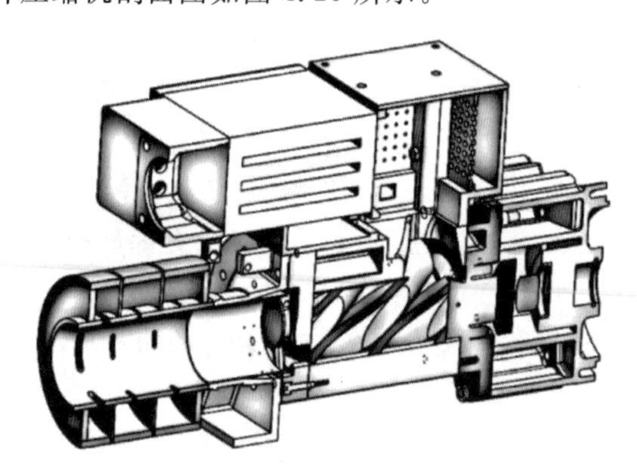

图4.25　螺杆压缩机剖面图

三、替代标准密封

一个多级螺杆压缩机制造厂研发了一种新型的嵌入式改进型PTFE密封，用于高压级螺杆压缩机，要求该密封能连续运行在超过0.4 MPa(60 psi)的压力工况中，在停机的瞬间压力超过3.4 MPa(500 psi)。同时，这类螺杆压缩机一般用于矿山，密封要连续暴露在煤粉及其他污染中，PTFE双唇密封在空气压缩机停机时能有效地防止泄漏，如图4.26

所示。

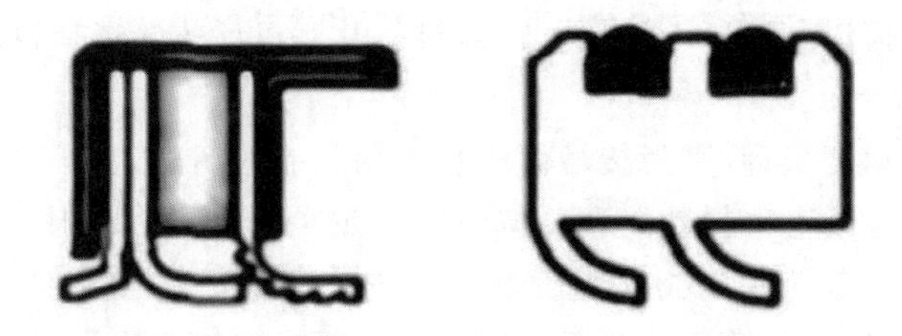

图 4.26　PTFE 双唇密封

联合设计的结果是一种具有卓越耐磨特点的 PTFE 密封，并设计成一个一体式的防尘圈，防止杂质的侵入。装有新型 PTFE 密封的螺杆压缩机已经开始高效运行至今，没有任何密封失效问题。

四、优化密封唇性能

压力和污染促使重工业链锯机械的制造厂也想寻求新的密封解决方案。链锯运行转速为 6 000 r/min，用于切割混凝土墙。传统的橡胶密封无法有效地防止水泥粉尘和其他杂质的侵入。解决方案是用一个定制设计的 PTFE 唇口密封筑起一道防尘屏障，如图4.27所示。

配套厂家又发现在同类的产品中发现第二个问题：在链锯的液压马达中一个内部的橡胶密封无法承受瞬间高压。于是，一个特殊的带弹簧支撑 PTFE 旋转密封(图4.28)被研发出来并解决了这个难题。

图 4.27　PTFE 唇式密封

图 4.28　带弹簧支撑的 PTFE 密封

五、密封问题的提出

通常密封的选型是出现在设计阶段的后期，即在轴承和其他转动部件设计工作完成后。假设有现成的标准密封可供选择，就可以满足客户的需求。然而，假设往往不再有效。如前文所提到的，现代应用的苛刻要求将颠覆标准密封适用性，由于这个原因，设计工程师在设计阶段初期就应该提出密封问题，并仔细考虑运行参数及其对密封选型的影响。这些参数主要包括：动态应用、允许的摩擦/扭矩、所密封的介质性能(气体、液体或润滑剂的特点，磨蚀性能及黏度等)、运行温度、运行压力(包括压力峰值)、最大允许的泄漏量、安装表面的硬度及表面粗糙度、潜在的偏心度、密封及应用的预期寿命。

这些应用参数很大程度上确定了密封的特点和要求，并对是否应该在给定的应用场合中考虑采用高级密封技术产生影响。这些参数影响着所期望的密封唇接触压力，合适的弹簧或者橡胶载荷以及唇口干涉量。密封材料及唇口形式的选择也对应用参数起着重要作用。

从工程技术的角度来看，密封接触面积和弹簧力在设计时是要重点考虑的。弹簧力大、接触面积狭小，会改善密封性能和总体的密封效果，但也会增加配合运动表面的磨损率。应用压力增加了载荷和密封接触面积。在 PTFE 唇式的密封件上，唇口内径、唇口厚度、密封内骨架直径以及轴径的关系决定了密封唇对轴的载荷分布。

在早期完全提出密封问题可以减少涉及密封的故障，避免了昂贵的重新设计，同时也减少了密封不当的机器投入生产的风险。

六、活塞及活塞杆的密封应用

先进的 PTFE 密封技术也被证实了在包括活塞及活塞杆密封的液压应用中非常有效。例如，有一家伐木设备制造厂改进了在液压系统分路上的密封性能。虽然在运行时旋转速度小于 10 r/min，但该设备的液压分路在运行时会受到超过 20.67 MPa(3 000 psi)的压力。带有橡胶 O 形圈的 PTFE 活塞密封是一款定制设计的产品，用来承受高压。该密封采用了比常用的标准多层密封更有效的密封型线，这种特殊的型线改进了密封性能，且能在 20.67 MPa(3 000 psi)压力时减少 40%的扭矩。

【任务评价】

提高性能的设计要点掌握情况表见表 4.4。

表 4.4 提高性能的设计要点掌握情况评价表

序号	评价项目	自评			师评		
		A	B	C	A	B	C
1	现代密封的挑战						
2	优化密封唇性能						
3	活塞及活塞杆的密封应用						
4	替代标准密封						
5	PTFE 复合材料						
综合评定							

【知识链接】

机械产品的性能不但与原理设计有关，结构设计的质量也直接影响产品的性能，甚至影响产品功能的实现。下面分别分析为提高结构的强度、刚度、耐磨性、工艺性等方面性能常采用的设计方法和设计原则，通过这些分析可以对结构的创新设计提供可供借鉴的思路。

一、提高强度和刚度的结构设计

机械结构设计包括两种:一是应用新技术、新方法开发创造新机械;二是在原有机械的基础上重新设计或进行局部改进,从而改变或提高原有机械的性能。因此掌握丰富的工程知识是机械专业的学生应具备的素质之一,它是连接基础理论与实践经验的桥梁,是正确进行机械结构设计的前提,同时也是从事科研活动,将力学、材料、工艺、制图等多学科知识综合运用的过程。机械结构形式虽然千差万别,但其功能的实现几乎都与力(力矩)的产生、转换、传递有关,机械零件具有足够的承载能力是保障机械结构实现预定功能的先决条件。所以在机械结构设计中,根据力学理论对零件的强度、刚度和稳定性进行分析是必不可少的,并在此基础上进行结构设计。在机械结构设计中合理地运用力学知识改善力学性能,需要遵循以下几个原则。

(1)载荷分担原则。

作用在零件上的外力、弯矩、扭矩等统称为载荷。这些载荷中不随时间变化或随时间变化缓慢的称为静载荷;随时间做周期性变化或非周期性变化的称为变载荷。它们在零件中引起拉、压 、弯、剪、扭等各种应力,并产生相应的变形。如果同一零件同时承担了多种载荷的作用,则可考虑让这些载荷分别由不同的零件来承担。设计时采取一定的结构形式,将载荷分给两个或多个零件来承担,从而减轻单个零件的载荷,称为载荷分担原则,这样有利于提高机械结构的承载能力。

①改变结构,减小轴的受力。如图 4.29(a)所示,轴已经承受了弯矩的作用,如果齿轮再经过轴将转矩传递给卷筒,则轴为转轴(工作时既承受弯矩又承受转矩),受力较大。如果将齿轮和卷筒改用螺栓直接连接,则轴不受转矩作用,轴为转动心轴(用来支承转动件,只承受弯矩而不传递转矩),轴的受力情况得到改善,结构较合理,如图 4.29(b)所示。

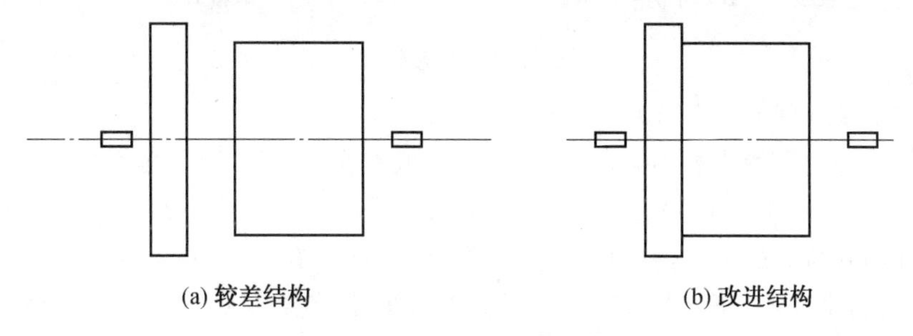

(a) 较差结构　　(b) 改进结构

图 4.29　主轴改进为心轴

②采用减载装置,提高螺纹联接的可靠性。图 4.30 所示为螺栓连接中的减载元件,靠摩擦力传递横向载荷的紧螺栓联接要求保持较大的预紧力,结果会使螺栓的结构尺寸增大。此外,在振动冲击或变载荷下,摩擦系数的变动将使联接的可靠性降低,有可能出现松脱现象。为了避免上述缺点,常用销、套筒、键等减载元件来承担部分横向载荷,提高螺纹联接的可靠性。

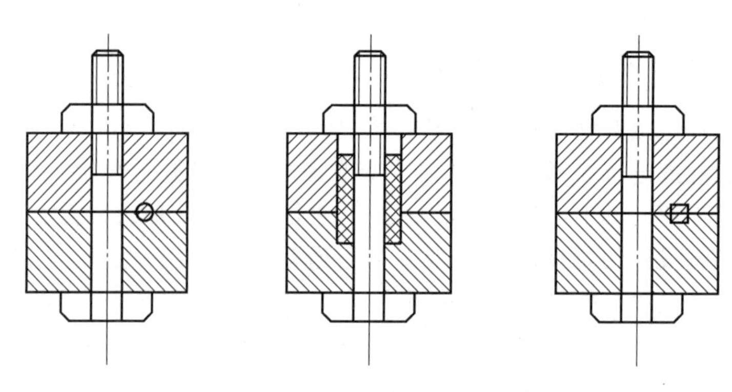

图 4.30 螺栓连接中的减载元件

(2)载荷均布原则。

在工作载荷大小确定的情况下,可以通过在结构上均匀分布载荷的方法,来提高结构承载能力。设计时尽量避免集中载荷,尽可能地将载荷分散在结构上,称为载荷均布原则。

①将集中力改为均布力。如图 4.31 所示,经过简单的受力分析可知,受集中力的简支梁在 C 点所受弯矩(图 4.31(a))比受均布力的简支梁在 C 点所受弯矩(图 4.31(b))大了一倍,所以图 4.31(b)简支梁的强度要好于图 4.31(a)。

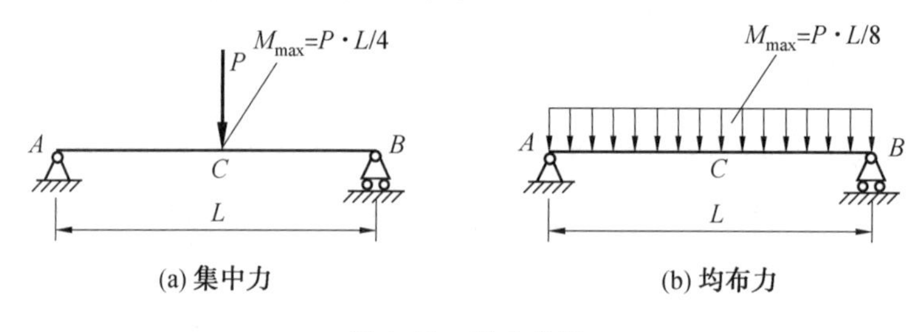

图 4.31 受力分析

②改善螺纹牙间的载荷分布。

普通螺栓和螺母的刚度不同、变形不同。一般螺栓联接受载后,各圈螺纹牙间的载荷分布是不均匀的(图 4.32(a)),螺母支承面上第一圈所受的力为总载荷的 1/3 以上。为改善螺纹牙间载荷分配不均匀的现象,可采用悬置螺母(图 4.32(b)),使螺母与螺栓均受拉,减小两者的刚度差,使其变形趋于协调。内斜螺母(图 4.32(c))的螺母内斜 10°~15°,可减小原受力大的螺纹牙的刚度,从而把力分流到原受力小的螺纹牙上,使其螺纹牙间的载荷分配趋于合理。环槽螺母(图 4.32(d))与悬置螺母类似。

(3)载荷平衡原则。

在力的传递过程中,一些机械结构常常不可避免地出现不做功的附加力。例如,斜齿轮啮合的轴向力、产生摩擦力的正压力、往复和旋转运动的惯性力等,这些对结构功能毫无作用的附加力加大了结构的负载,降低了机械结构的承载能力。如果在设计时使其在同一件内与其他同类载荷构成平衡力系,则其他零件不受这些载荷的影响,有利于提高结构的承载能力,这就是载荷平衡原则。主要措施为:引入平衡件和对称安装。在高速回转机械中必须靠结构的措施及动平衡的方法使旋转惯性力降低到允许的大小,这就要求回

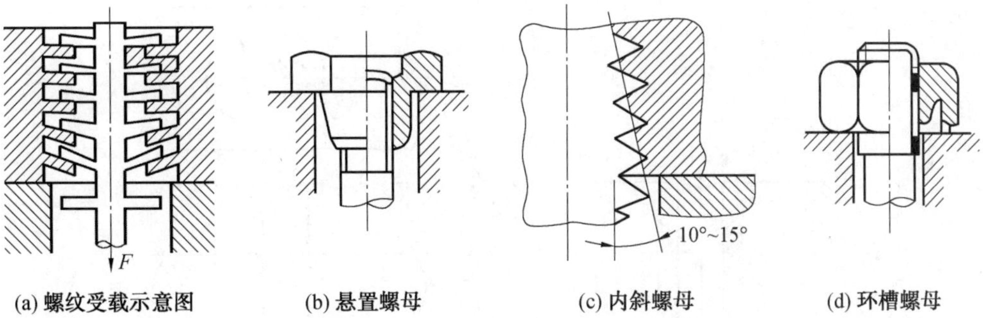

(a) 螺纹受载示意图　(b) 悬置螺母　(c) 内斜螺母　(d) 环槽螺母

图 4.32　改善螺纹牙间的载荷分布组合图

转件的质量相对于回转中心尽量对称分布。通过对回转件在动平衡机做动平衡实验，测出并消除超出允许值的不平衡质量。做往复运动的机械，如连杆机构，可在设计中采取结构措施和动平衡的方法，使其在运转时产生尽可能小的惯性力。

(4)减小应力集中原则。

对承受交变应力的结构，应力集中是影响承载能力的重要因素，结构设计应设法缓解应力集中程度。在应力集中的部位，零件的疲劳强度将显著降低。最大应力可比该截面上的平均应力大 2～5 倍。应力集中程度与零件的局部变化形式(图 4.33)有关，零件截面突变的地方(尖角处)应力集中较严重，因此在结构设计时将突变的截面改为平缓过渡形式(采用过渡圆角结构)可减缓应力集中的程度，从而提高零件的疲劳强度。

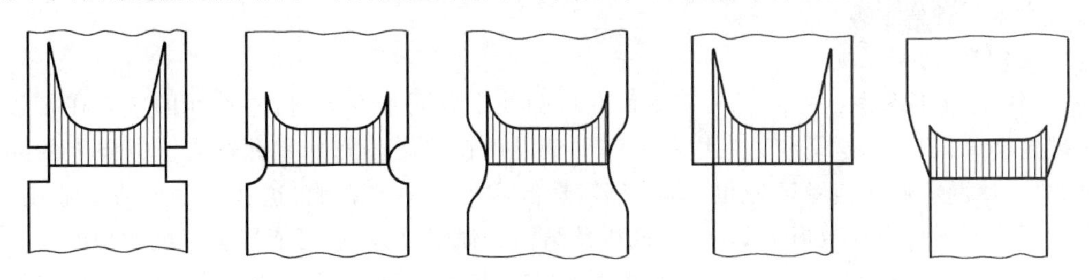

图 4.33　局部形状与应力集中

另外，降低截面尺寸变化处附近的刚度可以降低应力集中的影响程度，设计时还要注意避免多个应力集中源叠加(图 4.34)。如图 4.35 所示，轴结构中台阶和键槽端部都会引起轴在弯矩作用下的应力集中，图 4.35(a)结构的应力集中状况比图 4.35(b)结构的应力集中状况要严重得多。

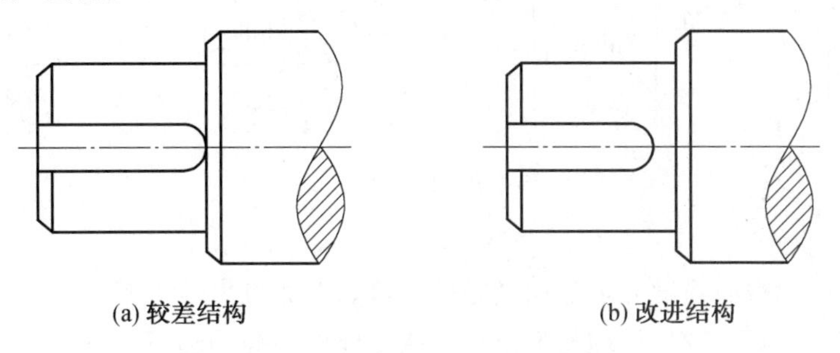

(a) 较差结构　(b) 改进结构

图 4.34　避免多个应力集中源叠加

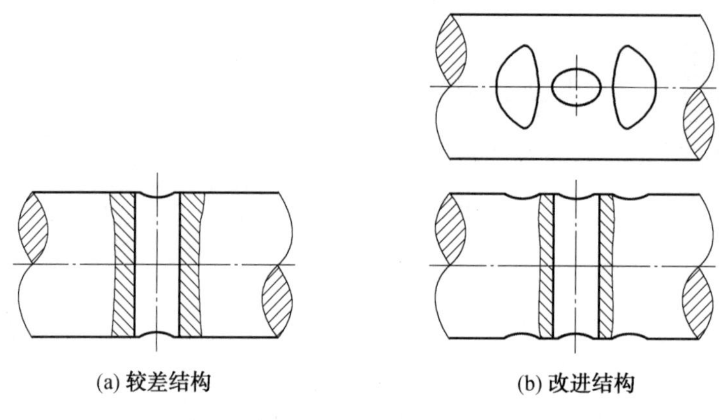

图 4.35　降低截面尺寸变化处附近的刚度

(5)提高刚度原则。

在进行结构设计时，在不增加零件质量的前提下，要尽量提高零件结构的刚度。对于不同类型的零件，应根据其结构特点采用相应的措施，但总体来说要注意以下几点：

①用受压、拉零件替代受弯曲零件。

②合理布置受弯曲零件支承。

③合理设计受弯曲零件的截面形状。

④合理采用筋板，尽可能使筋板受压。

⑤采用预变形方法。

(6)变形协调原则。

当一个零件和另一个零件相接触而在接触处难以同步变形时，零件间的应力在接触区域内会急剧上升，这是应力集中的另一种情况。在接触处降低零件在力流方向上的刚度，尽量使两零件在接触区域里同步变形，降低应力集中的影响，这就是变形协调原则。变形不协调不仅会导致应力集中，降低机械结构的强度，而且还可能损害机械的功能。如图 4.36 所示，过盈配合连接结构在轮毂端部应力集中严重，可通过降低轴或轮毂相应部位的局部刚度使应力集中得到有效缓解。

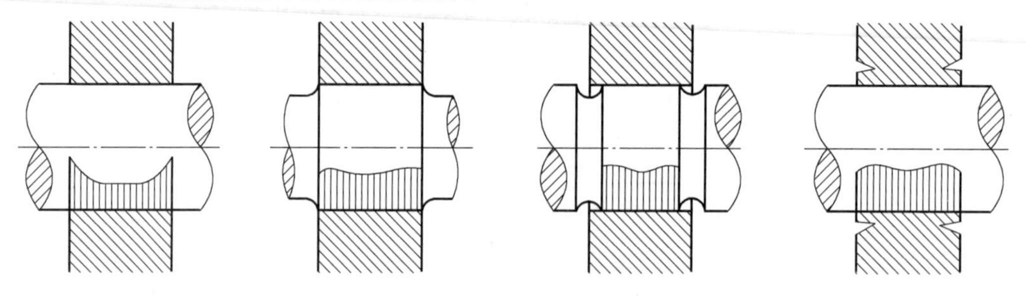

图 4.36　过盈配合的连接结构

(7)等强度原则。

一般机械设计中的强度要求是通过零件中最大工作应力等于或小于材料许用应力来满足的，为了充分利用材料，最理想的设计是应力处处相等，同时达到材料的许用应力值，这就是等强度原则。工程中大量出现的变截面梁就是按照等强度原则来设计的，比如摇

臂钻的横臂 AB、汽车用的弹簧板和阶梯轴等(图 4.37)。

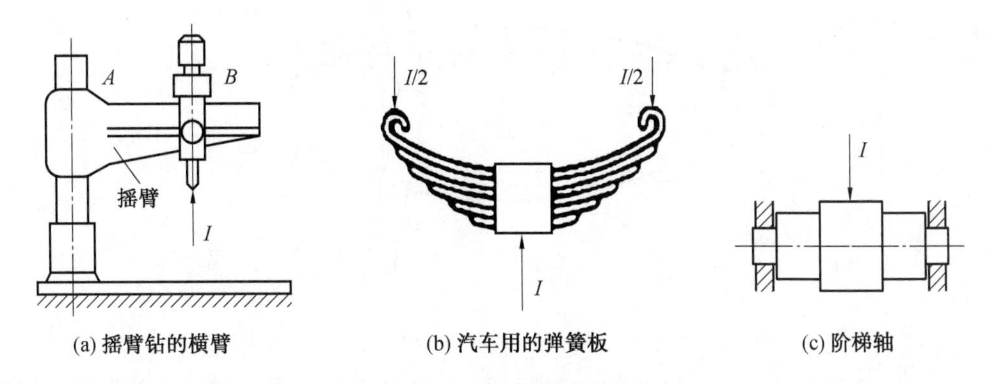

图 4.37　满足等强度原则的结构

(8)其他设计原则。

①空心截面原则。弯曲应力或扭转应力在横截面上都是越远离越大,而在中心处却很小。为了充分利用材料,应尽量将材料放在远离截面中心处,使其成为空心结构从而提高零件的强度和刚度,此为空心截面原则。

②受扭截面封闭原则。受扭转作用的薄壁零件的截面应尽量制造成为封闭形状,因为封闭形状比开口形状抗剪切能力强、抗扭刚度大,此为受扭截面封闭原则。

③最佳着力点原则。着力点的位置要尽量通过中心的、结点等位置,避免产生附加弯矩,这样有助于提高零件的承载能力。

④受冲击载荷结构柔性原则。为了提高零件的抗冲击的能力,应减小结构的刚度、加大柔性,这样有助于改善结构的性能。

2. 提高刚度的结构设计准则

(1)刚度的作用。

结构(或系统)的刚度是指在外载荷作用下,结构(或系统)抵抗其自身变形的能力。在相同的外载荷作用下,刚度愈大则变形愈小。

(2)刚度也表明结构(或系统)的工作能力。

①过大的变形会破坏结构或系统的正常工作,从而可能导致产生过大的应力。

②过大的变形也可能破坏载荷的均衡分布,产生大大超过正常数值的局部应力,如图 4.38 所示。

(3)壳体的刚度不够大,影响安装在里面的零件的相互作用,增加运动副的摩擦与磨损。

(4)受动载荷作用的固定连接的刚度不够,会导致表面的摩擦腐蚀、硬化和焊连。

(5)金属切削机床的床身及工作机构的刚度影响机床的加工精度,在运输机械、飞机、火箭等需要严格限制自身质量的机械装置中,刚度更具有重要意义。

(6)刚度的类型。

①一个零件、一个结构本身的整体刚度。

②两个相互接触表面间的接触刚度(如机床的滑台与床身导轨、滚动支撑中的滚动体与其支撑零件之间)。

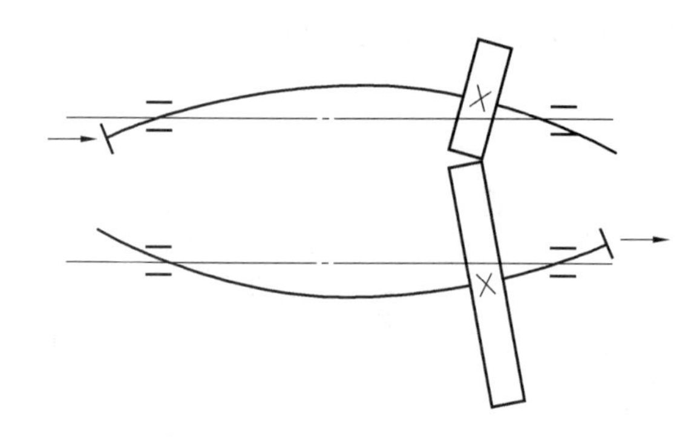

图 4.38 局部应力

③动压或静压滑动轴承的油膜(或气膜)刚度,这些都影响结构或系统的性能和工作能力。

3. 决定结构刚度的基本因素

(1)材料的弹性模量。

拉、压和弯曲条件下的弹性模量 E,扭转条件下的剪切弹性模量 G。弹性模量是材料的固有特性数,工业用金属中仅仅 W、Mo 等有较高的弹性模量。

(2)变形体断面的几何特征数。

拉、压时为断面积 A,弯曲时是断面的惯性矩 J,扭转时是断面的极惯性矩 J_P,断面的尺寸和形状对刚度的影响最大。

(3) 变形体的线性尺寸长度 L。

(4)载荷及支承形式。

①载荷:集中载荷或分布载荷。

②支承:铰支或插入端等。

材料的选用取决于零件的工作条件。因此,提高刚度最常用的措施是合理地配置系统的几何参数。

4. 提高刚度的结构设计准则

(1)用构件受拉、压代替受弯曲准则。

(2)合理布置受弯曲零件的支承,避免对刚度不利的受载形式准则。

(3)合理设计受弯曲零件的断面形状,尽可能大的断面惯性矩准则。

(4)正确采用肋板以加强刚度,尽可能使肋板受压准则。

(5)用预变形(由预应力产生的)抵消工作时的受载变形准则。

二、提高耐磨性的结构设计

机械中的可动零、部件在压力下接触而做相对运动时,其接触表面间就会产生摩擦,造成能量损耗和机械磨损,影响机械运动精度和使用寿命。因此,在机械设计中,考虑降低摩擦、减轻磨损是非常重要的问题,其措施之一就是采用润滑。

1. 润滑的主要作用

(1)减少摩擦。

加入润滑剂后,会在摩擦表面形成一层油膜,可防止金属直接接触,从而大大减少摩擦磨损和机械功率的损耗。

(2)降温冷却。

摩擦表面经润滑后摩擦因数大为降低,使摩擦发热量减少;当采用液体润滑剂循环润滑时,润滑油流过摩擦表面带走部分摩擦热量,起散热降温作用,保证运动副的温度不会升得过高。

(3)清洗作用。

润滑油流过摩擦表面时,能够带走磨损落下的金属磨屑和污物。

(4)防止腐蚀。

润滑剂中都含有防腐、防锈添加剂,吸附于零件表面的油膜可避免或减少由腐蚀引起的损坏。

(5)缓冲减振作用。

润滑剂都有在金属表面附着的能力,且本身的剪切阻力小,所以在运动副表面受到冲击载荷时,具有减震的能力。

(6)密封作用。

润滑脂具有自封作用,一方面可以防止润滑剂流失,另一方面可以防止水分和杂质的侵入。

润滑技术包括正确地选用润滑剂、采用合理的润滑方式并保持润滑剂的质量等。

2. 润滑剂及其选用

生产中常用的润滑剂包括润滑油、润滑脂、固体润滑剂、气体润滑剂及添加剂等几大类。其中矿物油和皂基润滑脂性能稳定、成本低,因此应用最广。固体润滑剂如石墨、二硫化钼等耐高温、高压能力强,常用在高压、低速、高温处或不允许有油、脂污染的场合,也可以作为润滑油或润滑脂的添加剂使用。气体润滑剂包括空气、氢气及一些惰性气体,其摩擦因数很小,在轻载高速时有良好的润滑性能。当一般润滑剂不能满足某些特殊要求时,往往有针对性地加入适量的添加剂来改善润滑剂的黏度、油性、抗氧化、抗锈、抗泡沫等性能。

(1)润滑油。

润滑油的特点是流动性好、内摩擦因数小、冷却作用较好,可用于高速机械,更换润滑油时可不拆开机器。但它容易从箱体内流出,故常需采用结构比较复杂的密封装置,且需经常加油。

常用润滑油主要分为矿物润滑油、合成润滑油和动植物润滑油三类。矿物润滑油主要是石油制品,具有规格品种多、稳定性好、防腐蚀性强、来源充足且价格较低等特点,因而应用广泛,主要有机械油、齿轮油、汽轮机油、机床专用油等;合成润滑油具有独特的使用性能,主要用于特殊条件下,如高温、低温、防燃以及需要与橡胶、塑料接触的场合;动植物润滑油产量有限且易变质,故只用于有特殊要求的设备或用作添加剂。

润滑油的性能指标有:黏度、油性、闪点、凝点和倾点。

①黏度是润滑油最重要的物理性能指标,它反映了液体内部产生相对运动时分子间

内摩擦阻力的大小。润滑油黏度越大，承载能力也越大。润滑油的黏度并不是固定不变的，而是随着温度和压强而变化的。当温度升高时，黏度降低；压力增大时，黏度升高。润滑油的黏度分为动力黏度、运动黏度和相对黏度，各黏度的具体含义及换算关系可参看有关标准。

②油性又称润滑性，是指润滑油润湿或吸附于摩擦表面构成边界油膜的能力。这层油膜如果对摩擦表面的吸附力大、不易破裂，则润滑油的油性就好。油性受温度的影响较大，温度越高，油的吸附能力越低，油性越差。

③润滑油在火焰下闪烁时的最低温度称为闪点，它是衡量润滑油易燃性的一项指标，也是表示润滑油蒸发性的指标。油蒸发性越大，其闪点越低。润滑油的使用温度应低于闪点 20～30 ℃。

④凝点是指在规定的冷却条件下，润滑油冷却到不能流动时的最高温度，润滑油的使用温度应比凝点高 5～7 ℃。

⑤倾点是润滑油在规定的条件下，冷却到能继续流动的最低温度，润滑油的使用温度应高于倾点 3 ℃以上。

润滑油的选用原则是：载荷大、变载、冲击载荷、加工粗糙的表面，选黏度较高的润滑油；转速高时，为减少润滑油内部的摩擦功耗，或采用循环润滑、芯捻润滑等的场合，宜选用黏度低的润滑油；工作温度高时，宜选用黏度高的润滑油。

(2)润滑脂。

润滑脂习惯上称为黄油或干油，是一种稠化的润滑油。其油膜强度高，黏附性好，不易流失，密封简单，使用时间长，受温度的影响小，对载荷性质、运动速度的变化等有较大的适应范围，因此常应用于不允许润滑油滴落或漏出引起污染(如纺织机械、食品机械等)，加、换油不方便，不清洁而又不易密封的场合(润滑脂本身就是密封介质)，特别是低速、重载或间歇、摇摆运动的机械等。润滑脂的缺点是内摩擦大，起动阻力大，流动性和散热性差，更换、清洗时需停机拆开机器。

润滑脂的主要性能指标有滴点和锥入度。

①滴点是指在规定的条件下，将润滑脂加热至从标准的测量杯孔滴下第一滴时的温度，它反映了润滑脂的耐高温能力。选择润滑脂时，工作温度应低于滴点 15～20 ℃。

②锥入度是衡量润滑脂黏稠程度的指标。它是指将一个标准的锥形体置于 25 ℃的润滑脂表面，在其自重作用下，经 25 ℃加温后，该锥形体沉入脂内的深度(以 0.1 为单位)。国产润滑脂都是按锥入度的大小编号的，一般使用 2、3、4 号。锥入度越大的润滑脂，其稠度越小，编号的顺序数字也越小。

根据稠化剂皂基的不同，润滑脂主要分为钙基润滑脂、钠基润滑脂、锂基润滑脂、铝基润滑脂等类型。选用润滑脂类型的主要根据是润滑零件的工作温度、工作速度和工作环境条件。

常用机械零部件的润滑方法有分散润滑和集中润滑两大类。分散润滑是各个润滑点用独立的分散的润滑装置来润滑，这种润滑可以是连续的或间断的，有压的或无压的；集中润滑则是一台机器或一个车间的许多润滑点由一个润滑系统来同时润滑。选择润滑方法主要考虑机器零部件的工作状况、采用的润滑剂及供油量要求。低速、轻载或不连续运转的机械需要油量少，一般采用简单的手工定期加油、加脂、滴油或油绳、油垫润滑；中速、

中载较重要的机械，要求连续供油并起一定的冷却作用，常用油浴（浸油）、油环、溅油润滑或压力供油润滑；高速、轻载齿轮及轴承发热大，用喷雾润滑效果较好；高速、重载、供油量要求大的重要部件应采用循环压力供油润滑。当机械设备中有大量润滑点或建立车间自动化润滑系统时可使用集中润滑装置。

【知识拓展】

19 世纪初，随着蒸汽机车的发明和铁路建设的迅速发展，机车车辆的疲劳破坏现象时有发生，使工程技术人员认识到交变应力对金属强度的不良影响。很多结构物都承受交变应力的作用，例如飞机、火车、船舶等交通运输工具由于大气紊流，波浪及道路不平引起的颠簸都承受交变应力，即使是房屋，桥梁等看来似乎完全不动的结构物也同样承受变应力作用，因为桥梁上驶过车辆时、房屋中的机器设备运转和振动时，甚至刮风等均会引起交变应力，所以交变应力对于结构物来说是经常遇到的。

绝大多数的机械零件是在循环变应力作用下工作的，如弹簧、齿轮、轴等都是在循环载荷下工作的，承受交变应力或重复应力，如在工作过程中工作应力低于屈服强度时就会发生疲劳破坏，造成重大的经济损失。为避免这些现象的发生、提高零件的疲劳强度，在设计阶段应考虑它的使用环境和受力状态、材料性能、加工工艺等因素。下面将基于材料的疲劳特性，对提高零件疲劳强度的方法及措施进行简要的叙述。

一、零件的疲劳特性

材料的疲劳特性可用最大应力、应力循环次数和应力比（循环特性）来表述，在一定的应力比下，当循环次数低于 10^3 时，属静应力强度；当循环次数在 $10^3 \sim 10^n (n=4)$ 时属于低周疲劳；然而一般零件承受变应力时，其应力循环次数通常大于 $10^n (n=4)$，属高周疲劳，在此阶段，如果作用的变应力小于持久疲劳极限，无论应力变化多少次，材料都不会破坏。由于零件受加工质量及强化因素等影响，零件的疲劳极限小于材料的疲劳极限，通常等于材料疲劳极限与其疲劳极限的综合影响系数的比值。故可通过改善零件受力状况，将作用在零件上的变应力降低到持久疲劳极限以下，对延长材料的使用寿命具有重要的意义。

二、提高零件疲劳强度的方法

影响零件的疲劳强度的因素很多，比如材料的最大应力、工作环境、应力状态、加工质量与加工工艺等。为提高零件的疲劳强度，经查阅资料得出以下方法。

1. 材料的选择

材料的选择原则：在满足静强度要求的同时，还应具备良好的抗疲劳性能。过去静强度选材的一个基本原则是要求强度高，但在疲劳设计中，需从疲劳强度的观点出发选材。

（1）在达到使用期限的应力值时，材料的疲劳极限必须满足要求。

（2）材料的切口敏感性和擦伤疲劳敏感性小，在交变载荷作用处要特别注意。

（3）裂纹扩展速率慢、许用临界裂纹、零件的断裂韧性值大，零件或结构在使用中出现裂纹后，不会很快导致灾难性的破坏。

（4）轧材和锻材等的纤维方向和主要受力方向应一致，因为在垂直纤维方向的承载强度会下降 20%左右。

(5)注意材料的抗腐蚀性能,同时尽量减小材料的内部缺陷,重要零件应经探伤检验。

(6)合理选择材料的热处理状态,不能小看其对疲劳特性的影响。

2. 降荷、降温设计

在实践应用中,人们发现,在较低的交变应力作用下,零件不易发生疲劳裂纹,即使产生裂纹,其扩展速率也较慢。但究竟把应力水平控制在怎样的范围内比较合适,尤其对确定初步设计中的应力水平非常重要。实践证实:组装成型后的构件在低应力下运转一定周次后,再逐步提高到设计应力水平,也可提高抗疲劳强度;对于发热摩擦零件采用降温设计,这些方法都能提高构件疲劳强度及寿命。电子行业采取降荷降温设计后,会使某种电子产品的寿命由原来的平均不足 300 h 提高到 3 000 h 左右。

3. 避免和减缓应力集中

零件的疲劳破坏一般是从最大应力处开始的,而应力集中通常是产生疲劳裂纹的最主要原因,在设计时应尽量避免,可是在实际结构中要完全避免应力集中问题几乎是不可能的。因此,在设计中应尽量减缓应力集中现象。结构件的设计原则如下:

(1)在零件中应避免横截面上出现急剧变化,当横截面形状或尺寸改变时,尽量用大圆角来过渡,同时在设计时应避免传力路线的中断。

(2)尽可能采用对称结构,避免带有偏心的结构,在不对称处应注意局部弯曲引起的应力。

(3)结构件应尽可能减少开口,特别在受拉表面尽量不开口,如需开口应考虑其形状,以减小应力集中,同时开口的位置应设计在低应力区。

(4)铆钉、螺纹孔及焊缝等是产生应力的集中源,在其连接处适当加厚以降低局部应力,对焊缝处磨平,采用去毛刺、边缘倒角等工艺是减小应力集中的有效方法。

(5)在主要零件存在应力集中的地方不应再连接次要零件,避免增大局部应力。

降低应力集中的几个案例见表 4.6。

表 4.6 降低应力集中的几个案例

应力集中源	原设计	改进后的设计
轴肩过渡	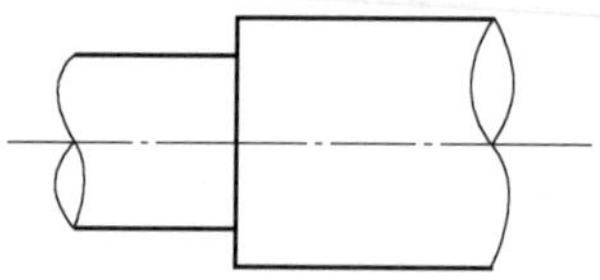 过渡处夹角	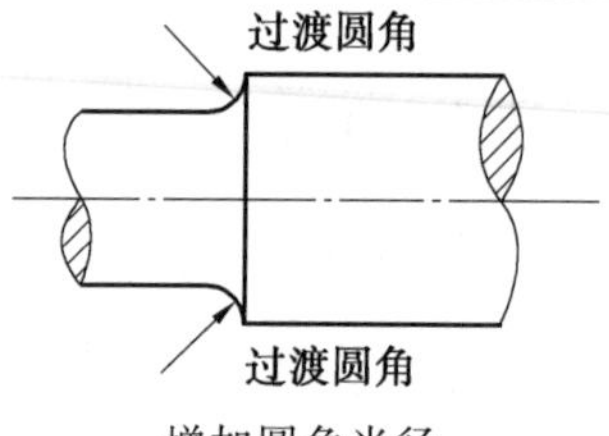 过渡圆角 过渡圆角 增加圆角半径
	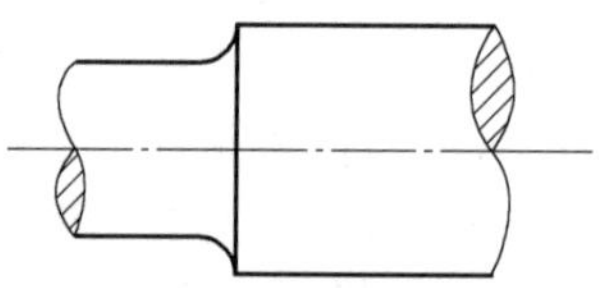 直径变化较大	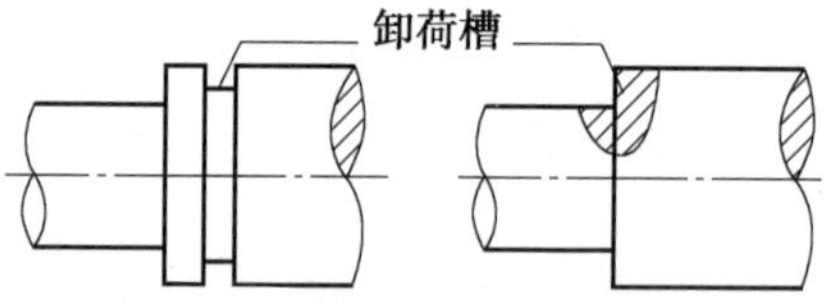 卸荷槽 在刚度大的截面处开卸荷槽

续表 4.6

应力集中源	原设计	改进后的设计
横孔处	横孔未打穿	将横孔打穿
过盈配合处	配合轴毂边缘有应力集中	毂上设置卸荷槽,加大配合直径
键槽尖角处	指状铣刀加工	圆盘铣刀加工,有过渡圆角

4. 降表面粗糙度和改善表面质量

疲劳破坏通常从表面开始,疲劳裂纹一般在表面质量差的地方产生。因此,在设计时需考虑如下内容。

(1)降低表面粗糙度,使表面状态系数增大,提高疲劳强度。

(2)采用表面强化工艺,使表层金属强度提高,使疲劳发生源从表面移至表层以下区域,达到提高零件的疲劳强度。如表面淬火等热处理、渗碳渗氮等化学热处理以及滚压、喷丸等机械的硬化处理等方法,使材料表层的抗疲劳强度增加。

近年来,表面强化方法趋于完善,除了传统的零件硬化方法以外,液压机械处理、振动滚压、金刚石熨平等新方法也得到了广泛应用。其中振动滚压法可使中等硬度结构钢的冷作深度达 30～50 mm,大大提高零件的疲劳极限。

还有各种复合强化方法,如表面塑性变形与表面淬火联合法、表面塑性变形与热处理联合法、表面塑性变形与电镀联合法、表面塑性变形与对焊缝进行预氩弧处理的复合强化等也得到了广泛应用。

(3)采用表面防腐措施,同时要注意防腐是否对疲劳性能产生不利影响,例如对电镀零件应注意避免应力腐蚀现象。

(4)相对静止的两表面间应减小滑动,避免腐蚀擦伤,无法避免时应采用涂层或填料来减小相互擦伤,如螺栓孔内加入紧配合的衬套。

(5)采用预变形工艺,即对零件在工作前使其产生部分塑性变形,造成有利的残余压应力以提高零件的疲劳寿命,但同时要注意,引入残余拉应力会使材料的疲劳强度下降。

(6)尽可能减小或消除零件表面可能发生的初始裂纹的尺寸,疲劳破坏通常是从初始裂纹开始扩展的。止裂措施如下:

①采用多重受力件。一个构件由几个元件组成,如果其中一个元件出现裂纹,不致扩展到其他元件上。

②设置止裂孔和止裂缝,当裂纹扩展到小孔或裂缝时,尖端变钝,使扩展减缓。

③设置止裂件,在裂纹的扩展途径上设置加强件。

④采用断裂前自动报警的安全措施,例如压力容器断裂前的渗漏报警等。

5. 合理的振动设计

对于高速运行或做往复振动的零件,在设计阶段应注意考虑其布局的合理性以及运动状态的情况。

(1)设计时应通过与类似产品对比和计算,装配完成后经实测运动的自振频率,以避免各个频率在适用范围内发生共振,造成零部件疲劳破坏。

(2)对于类似拉杆等运动机构上的操作系统,管路系统在设计时应考虑共振对其的影响,设计时在振动大的地方加设支撑架、改变管路安装位置或将振动构件隔离开等方法都可降低系统的振动。

(3)对振动系统中的板件,如翼板、振动机械支撑板等在设计时应考虑设置加强肋以提高其整体刚度,避免因高频振动而使板件出现疲劳破坏。噪声源附近的结构板件应增加刚度与阻尼,例如喷气发动机的喷管后面就是一个噪声源。夹层是较为常用的有效结构措施。

(4)可靠性设计。

①冗余设计法。对薄弱零部件在设计阶段应考虑备份有能完全相同功能的结构,如在飞机设计中采用平常不参与受力的辅助机构,当主要受力构件疲劳破坏后,辅助构件参与承载主要受力构件的任务,保证其安全工作。

②安全使用期限设计法。对于容易损坏的构件采用有限寿命设计,这就要用可靠性理论准确估计其疲劳寿命期限,当易损件达到使用寿命时及时更换,设计时采用可开启式结构,易于维修、检查和更换。

③减荷设计法。设计时尽量减小结构件的内应力和应力集中,采用物理方法消除或降低其内的应力。

④安全装置与安全检测设计法。采用信号监控装置进行实时监控,如采用自行监控与自行矫正的闭式反馈控制系统,这是当前安全设计的发展方向。

⑤采用多路传力结构或多重受力结构件设计方法。当其中一个结构件损坏后,其他元件仍能继续受力,保证构件具有继续承载能力。此外,结构的连接处和连接接头疲劳设计也不容轻视,任何结构件均由构件组合而成。实践证明,疲劳破坏常常在连接部位出现,例如飞行器设计中的连接件设计就是抗疲劳设计的重要内容。

总之，在抗疲劳设计中，凡是有利于提高疲劳强度的方法及相应措施在设计阶段就应考虑及应用，凡可能会降低疲劳强度的因素应在设计中尽量避免。

【想想练练】

一、想一想

在提高机械性能的环节中，关于应力、强度、刚度等影响机械使用寿命的问题中，如何把影响因素降到最小？机械产品的性能不但与原理设计有关，结构设计的质量也直接影响产品的性能，甚至影响产品功能的实现。下面分别分析为提高结构的强度、刚度、耐磨性、工艺性等方面性能常采用的设计方法和设计原则，通过这些分析可以对结构的创新设计提供可供借鉴的思路。

二、练一练

1.简述改善力学性能在机械结构设计中遵循的原则。

2.简述刚度在结构中的作用。

3.简述决定结构刚度的基本因素。

4.简述提高刚度设计的结构设计准则。

5.简述提高耐磨性的设计中采用润滑的原因。

6.简述润滑的主要作用。

项目五

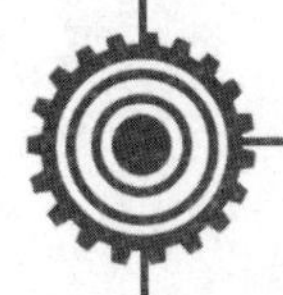

机构变异与创新设计

【学习目标】

1. 能够熟练掌握机构的倒置(机架变换)的知识点
2. 能够区分、使用连杆知识理论并进行有效的学习拓展
3. 对凸轮机构的知识分析能够做到清晰明了,独立进行整理
4. 明确运动副的变化与转化的历时演变过程
5. 掌握构件的变异与演化过程
6. 对机构的扩展知识整理汇报,做到熟知熟用

【任务引入】

机构类型变异创新设计的方法基于机构组成原理,对各类连杆组合及其异构体进行变换分析,以满足新的设计要求,这种方法的基本思想是:将原始机构用机构运动简图表示,通过释放原动件机架,将机构运动简图转化为一般运动链,然后按该机构的功能所赋予的设计约束,演化出众多的再生运动链与相应的新机构。

这种机构创新设计方法应明确设计机器的使用要求或该机器应该完成的工艺动作等技术要求,设计流程如图 5.1 所示。

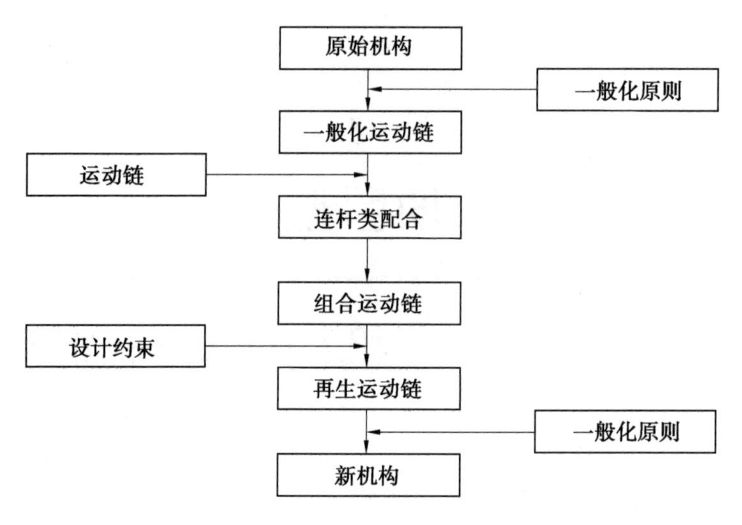

图 5.1　设计流程

任务　机构的倒置(机架变换)

【任务要求】

在机构的倒置任务中，掌握连杆机构、凸轮机构、齿轮机构的基本概念，能够独立分析全转动副四杆机构、含一个移动副的四杆机构及含两个移动副的四杆机构，在实施任务时要注意掌握结构件与机构间的位置关系，能够与组内成员相互配合、明确分工，按各自不同任务，独立完成，然后相互整合讨论、分析、总结。注意创新细节的掌握，运用发散性思维进行任务实施时，要注意在不同条件下的相同结构是否会发生改变，掌握创新的特征，实施机构的倒置。

【任务分析】

在实施任务时，任务的难度并不大，注意细节的分析与掌握，通过实施任务、任务单的整理，记录任务的结果与存在的问题，能够明确任务的构建结构，每根杆、每个齿轮间的相互关系，曲柄摇杆、双曲柄、双摇杆连杆机构的每个节点间的关系，注意突破局限性，考虑到每一部分对另一部分是否发生影响，能够准确理解并掌握各个机构间的相互关系。

【任务实施】

以某一基本机构为原始机构，对其运动副性质、形状或尺寸进行变换，在不改变机构类型的前提下达到改善或提高机构传力性能的机构设计过程，称为机构的变异。

一、连杆机构

1. 全转动副四杆机构(图 5.2)

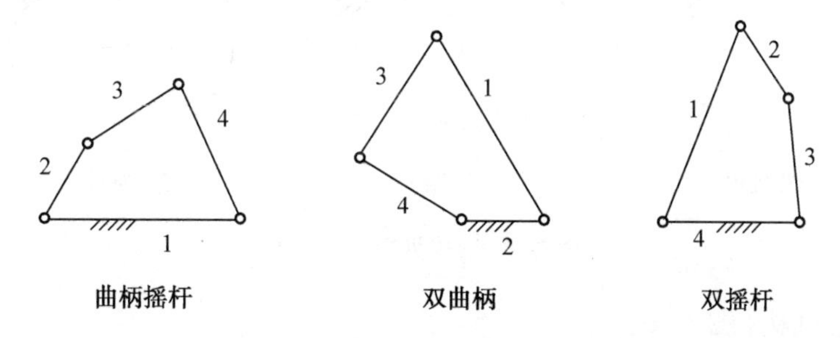

图 5.2　全转动副四杆机构组合示例

2. 含一个移动副的四杆机构(图 5.3)

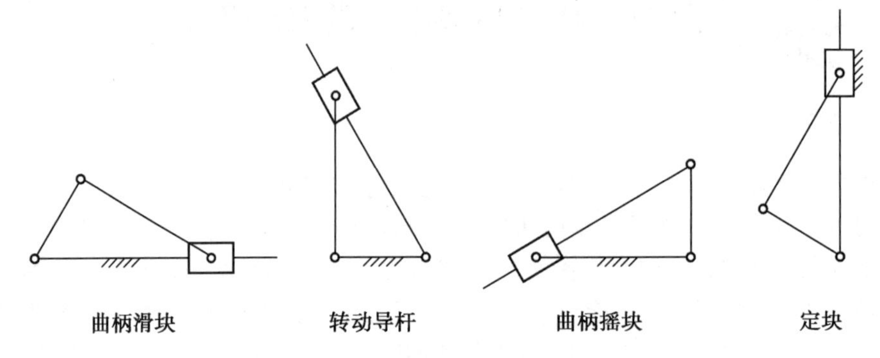

图 5.3 含一个移动副的四杆机构组合示例

3. 含两个移动副的四杆机构(图 5.4)

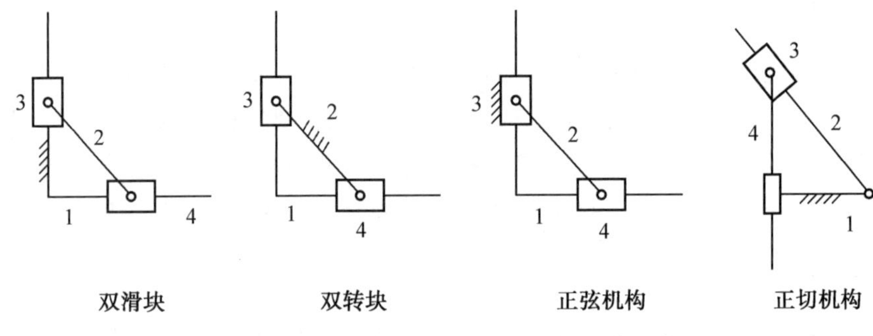

图 5.4 含两个移动副的副四杆机构组合示例

二、凸轮机构(图 5.5)

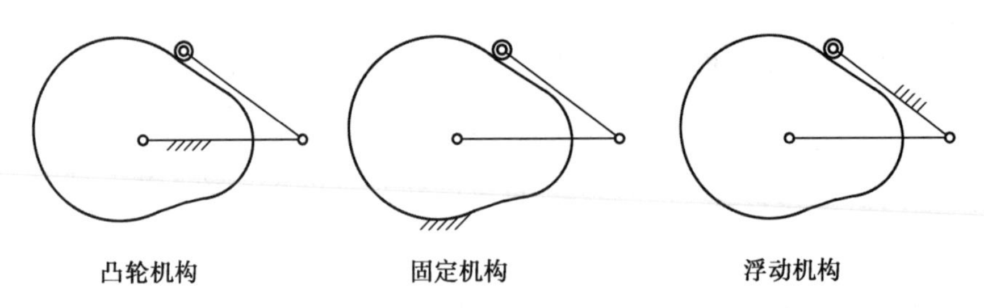

图 5.5 凸轮机构组合示例

三、齿轮机构(图 5.6)

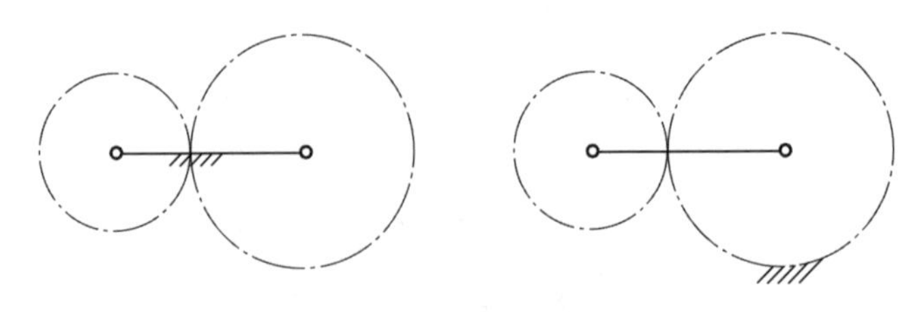

图 5.6 齿轮机构组合示例

四、挠性件传动机构(图 5.7)

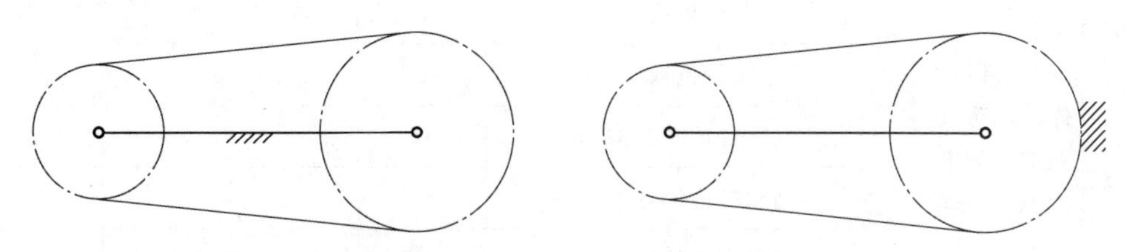

图 5.7 挠性件传动机构组合示例

图 5.8 所示为用于清洗汽车玻璃窗的挠性件行星传动机构，其中挠性件 1 连接固定带轮 4 和行星带轮 3，转臂 2 的运动由连杆 5 传入。当转臂 2 摆动时，与行星轮 3 固结的杆 a 及其上的刷子做复杂平面运动，实现清洗工作。

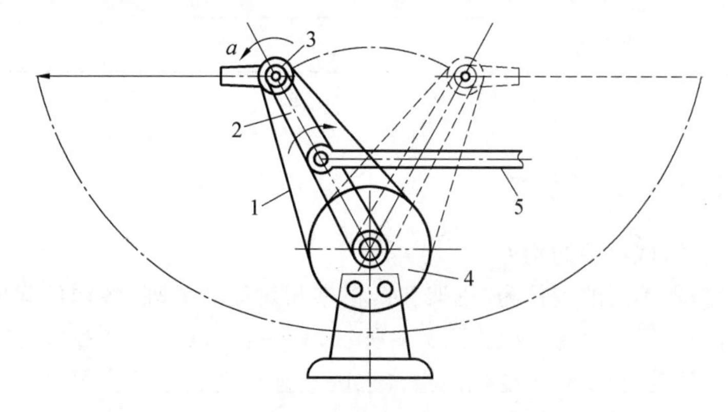

图 5.8 用于清洗汽车玻璃窗的挠性件行星传动机构

1—挠性件；2—转臂；3—行星带轮；4—固定带轮；5—连杆

【任务评价】

机构的倒置(机架变换)要点掌握情况表见表 5.1

表 5.1 机构的倒置(机架变换)要点掌握情况评价表

序号	内容及标准		配分	自检	师检	得分
1	连杆机构(30 分)	全转动副四杆机构	5			
		含一个移动副的四杆机构	5			
		含两个移动副的四杆机构	5			
		四杆机构的总结	5			
		四杆机构存在的问题	10			

续表 5.1

序号	内容及标准		配分	自检	师检	得分
2	凸轮机构、齿轮机构，挠性件传动机构(40 分)	凸轮机构	5			
		齿轮机构	5			
		挠性件传动机构	10			
		凸轮机构的分类	10			
		存在的问题	10			
3	总结分析报告以及实验单的填写(30 分)	重点知识的总结	5			
		问题的分析、整理、解决方案	15			
		实验报告单的填写	10			
综合得分			100			

【知识链接】

一、机构设计的倒置原理

1. 同一运动链，取不同的构件

同一运动链，取不同的构件为“机架”时，根据相对运动原理，各构件间的相对运动关系并未改变(机构位置图全等)。如图 5.9 所示，只是各构件的“绝对运动”(在变换后的“机架”上观察到的运动)发生了变化。当待求因素是活动铰链的位置时，需要利用“倒置原理”求解，该方法称为“机构倒置法”。

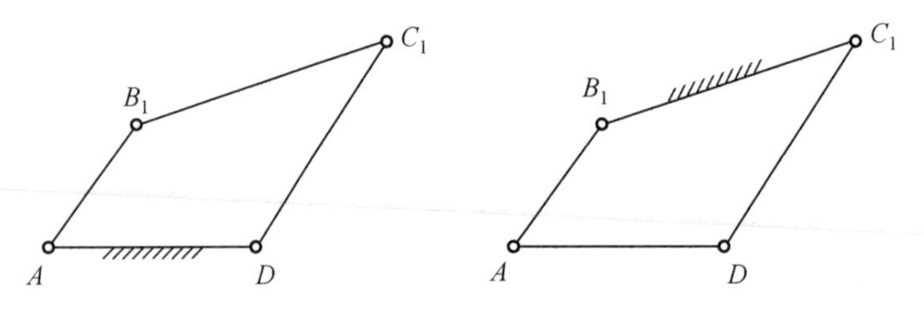

图 5.9　机构倒置组合示例

2. 刚体引导——倒置原理

(1)如图 5.10 所示，铰链四杆机构在运动过程中引导连杆 B_1C_1 上一标线 B_1E_1 一次通过预定位置。杆 B_1C_1 与 B_1E_1 固连在一起为同一构件，标线 —— 构件上标志其位置的线段，如线段 B_1E_1。

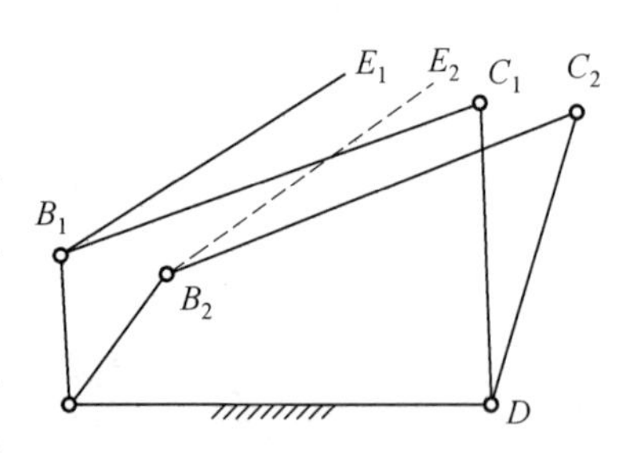

图 5.10　铰链四杆机构示意图

(2)取原机构图 5.11(a)中待求动铰链 C 所在连杆 B_1C_1 为“新机架”，取其标线 BE 的位置 B_1E_1 代表“新机架”的位置。在所得“倒置机构”图 5.11(b)中，原机

构中的活动铰链 B_1C_1 变为“固定铰链”，构件 AD 变为“新连杆”。倒置机构的演变过程如图 5.11 所示。

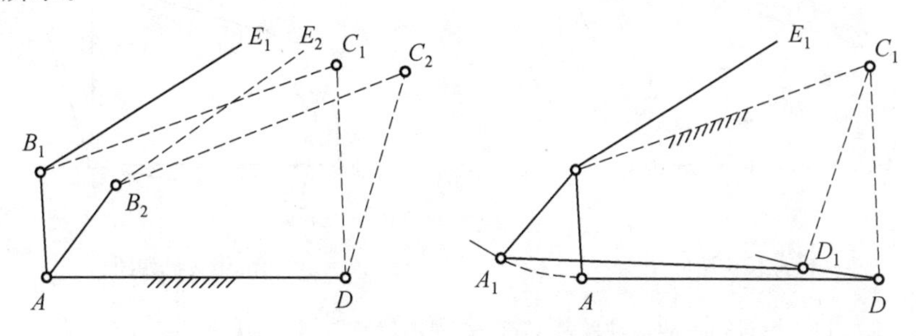

图 5.11　倒置机构的演变过程

(3)将求活动铰链 C 的位置问题转化为求“固定铰链 C_1”的问题。在“倒置机构”中，铰链中心 D 的“运动轨迹”是以 C_1 为圆心的圆弧。活动铰链 C 的位置问题转化为求“固定铰链 C_1”的问题，如图 5.12 所示。

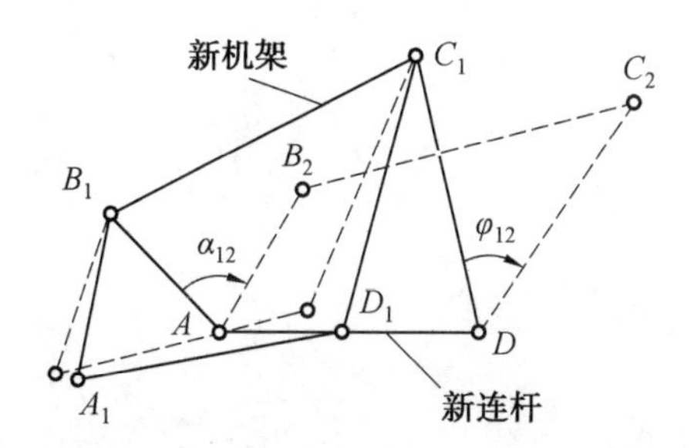

图 5.12　活动铰链 C 的位置问题转化为求“固定铰链 C_1”的问题

3. 实现两连架杆对应位置——倒置原理

(1)铰链四杆机构在运动过程中，连架杆在 AB_1 的位置和连架杆 C_1D 上标线 DE_1 的位置相对应。如图 5.13 所示，杆 C_1D 与 DE_1 固接在一起，为同一构件。标线——构件上标志其位置的线段，如线段 DE_1。

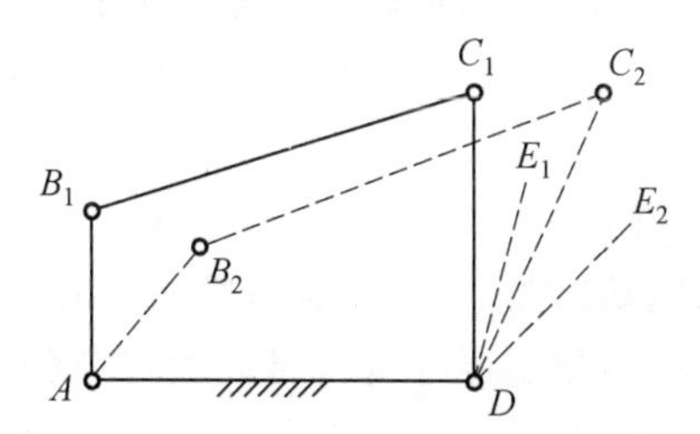

图 5.13　杆 C_1D 与 DE_1 固接在一起，为同一构件

(2)在原机构图 3.14(a)中，取待求的活动铰链 C 所在连架杆 CD 为“新机架”，标线 DE 的位置 DE_1 代表“新机架”的位置。在所得“倒置机构”图 3.14(b)中，原机构中的活动铰链 C 变为“固定铰链”，构件 AB 变为“新连杆”。如图 5.14 所示，原机构中的活动铰链 C 变为“固定铰链”，构件 AB 变为“新连杆”。

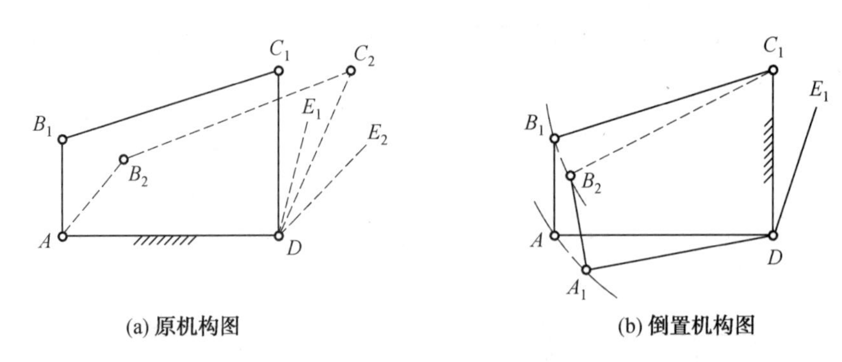

图 5.14　原机构中的活动铰链 C 变为“固定铰链”，构件 AB 变为“新连杆”

(3)将求活动铰链 C 的位置问题转化为求“固定铰链 C_1”的问题，在“倒置机构”中，铰链中心 D 的“运动轨迹”是以 C_1 为圆心的圆弧。如图 5.15 所示，活动铰链 D 的位置问题转化为求“固定铰链 C_1”的问题。

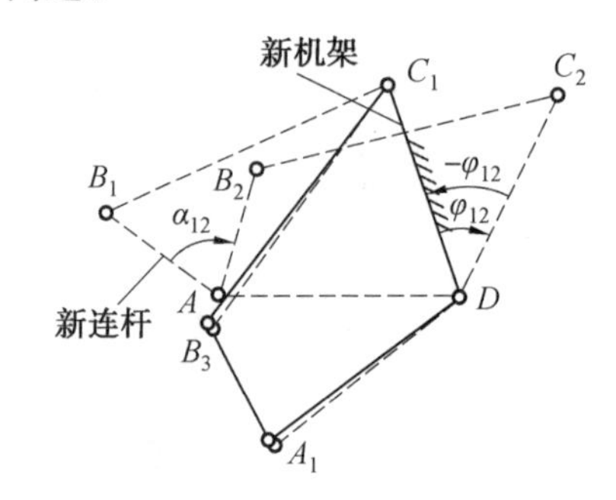

图 5.15　活动铰链 D 的位置问题转化为求“固定铰链 C_1”的问题

二、平面连杆机构的特点

平面连杆机构的优点：

(1)连杆机构中构件间以低副相连，低副两元素为面接触，在承受同样载荷的条件下压强较低，因而可用来传递较大的动力。又由于低副元素的几何形状比较简单(如平面、圆柱面)，故容易加工。

(2)构件运动形式具有多样性。

连杆机构中既有绕定轴转动的曲柄、绕定轴往复摆动的摇杆，又有做平面一般运动的连杆、做往复直线运动的滑块等，利用连杆机构可以获得各种形式的运动，这在工程实际中具有重要价值。

(3)在主动件运动规律不变的情况下，只要改变连杆机构各构件的相对尺寸，就可以使从动件实现不同的运动规律和运动要求。

(4)连杆曲线具有多样性。

连杆机构中的连杆，可以看作是在所有方向上无限扩展的一个平面，该平面称为连杆平面。在机构的运动过程中，固接在连杆平面上的各点，将描绘出各种不同形状的曲线，这些曲线称为连杆曲线。

平面连杆机构的缺点：

(1)不能满足高精度运动要求(累积误差大)。

(2)不适合高速场合(运动复杂,惯性力难以平衡)。

三、平面连杆机构的作用

(1)实现有轨迹位置或运动规律要求的运动。

图 5.16 所示为四杆机构为圆轨迹复制机构,利用该机构能实现预定的圆形轨迹。

(2)实现从动件运动形式及运动特性的改变。

图 5.17 所示为单侧停歇曲线槽导杆机构,当原动件曲柄 1 连续转动至左侧时,将带动滚子 2 进入曲线槽的圆弧部分,此时从动导杆 3 将处于停歇状态,从而实现了从动件的间歇摆动。

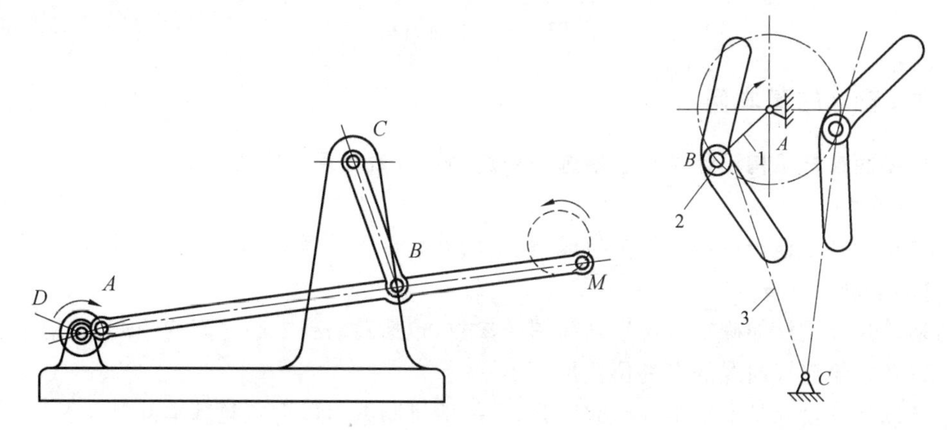

图 5.16　四杆机构为圆轨迹复制机构

图 5.17　单侧停歇曲线槽导杆机构
1—曲柄;2—滚子;3—导杆

(3)实现较远距离的传动,如自行车的手闸、锻压机械中的离合器控制。

(4)调节、扩大从动件行程。

图 5.18 所示为可变行程滑块机构,通过调节导槽与水平线的倾角,可方便地改变滑块的行程。

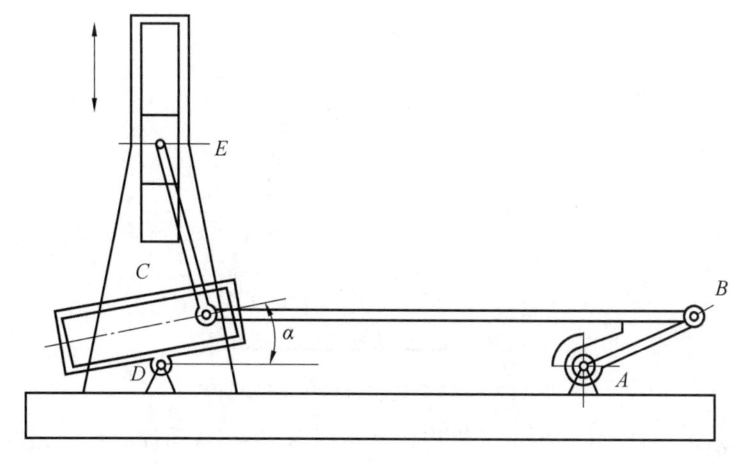

图 5.18　可变行程滑块机构

(5)获得较大的机械增益目的达到增力。

图 5.19 所示为杠杆机构,利用该机构可以获得较大的机构增益。

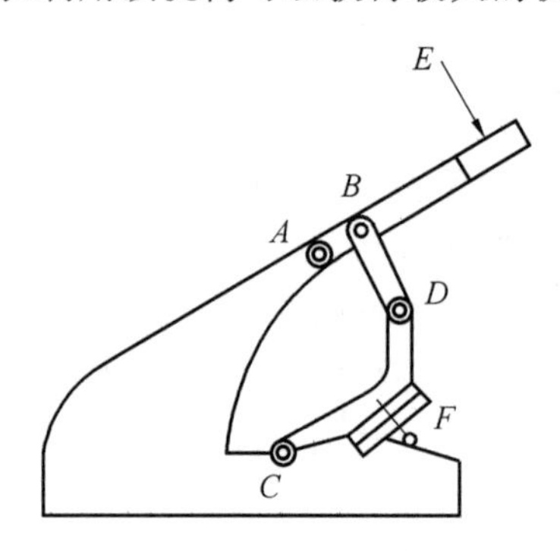

图 5.19 杠杆机构

四、设计的基本问题

1. 平面连杆机构设计通常包括选型和运动尺寸设计两个方面

(1)选型。

选型即确定连杆机构的结构组成,包括构件数目以及运动副的类型和数目。

(2)运动尺寸设计。

运动尺寸设计即确定机构运动简图的参数,包括转动副中心之间的距离、移动副位置尺寸以及描绘连杆曲线的点的位置尺寸等。

运动尺寸设计是本章主要研究内容,它一般可归纳为以下三类基本问题。

①实现构件给定位置(刚体引导机构设计),要求所设计的机构能引导一个刚体顺序通过一系列给定位置。该刚体一般是机构的连杆,图 5.20 所示的铸造造型机砂箱翻转机构的砂箱固结在连杆 BC 上,要求所设计的机构中的连杆能依次通过位置Ⅰ、Ⅱ,以便引导砂箱实现造型振实和拔模两个动作。

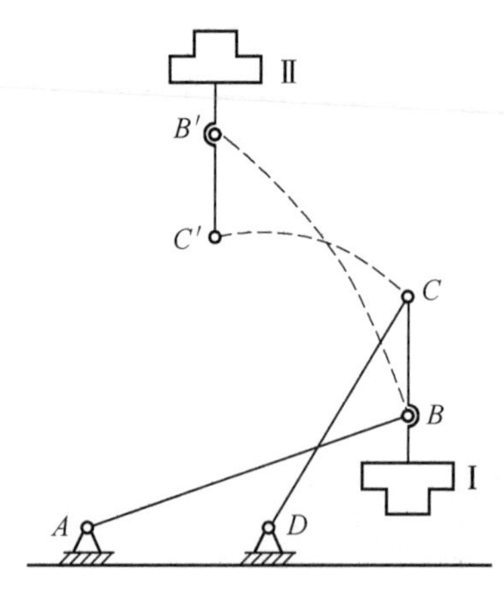

图 5.20 铸造造型机砂箱翻转机构

②实现已知运动规律(函数生成机构设计),即要求主、从动件满足已知的若干组对应位置关系,包括满足一定的急回特性要素,或者在主动件运动规律一定时,从动件能精确

或近似地按给定规律运动(如车门开闭机构)。

③实现已知运动轨迹(轨迹生成机构设计),即要求连杆机构中做平面运动的构件上某一点精确或近似地沿着给定的轨迹运动。例如鹤式起重机,工作要求连杆上吊钩滑轮中心点的轨迹为一直线,以避免被吊运的物体作上下起伏。这类设计问题通常称为轨迹生成机构的设计。

(3)设计方法。

设计方法大致可分为图解法、解析法、实验法三类,表 5.2 所示为图解法、解析法、实验法三类的内容解析。

表 5.2 图解法、解析法、实验法三类的内容解析

图解法	解析法	实验法
直观性强、简单易行,对于某些设计往往比解析法方便有效,是连杆机构设计的一种基本方法。设计精度低,不同的设计要求图解的方法各异,对于较复杂的设计要求,图解法很难解决	解析法精度较高,但计算量大,目前由于计算机及数值计算方法的迅速发展,解析法已得到广泛应用	实验法通常用于设计运动要求比较复杂的连杆机构,或者用于对机构进行初步设计

设计时选用哪种方法,应视具体情况来定。

五、平面四杆机构的基本形式

1. 铰链四杆机构

在平面连杆机构中,结构最简单的且应用最广泛的是由 4 个构件所组成的平面四杆机构,其他多杆机构可看成在此基础上依次增加杆组而组成的。在平面四杆机构中,所有运动副均为转动副的四杆机构称为铰链四杆机构,它是最基本的四杆机构,可以演化成其他形式的四杆机构。

(1)铰链四杆机构的组成如图 5.21 所示。

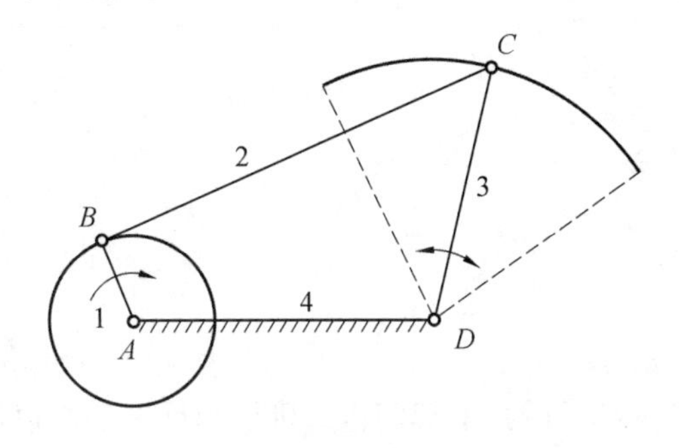

图 5.21 铰链四杆机构的组成

其中,机架——构件 4;连架杆——直接与机架相连的构件 1,3;连杆——不直接与机架相连的构件 2;曲柄——连架杆 1(能做整周回转的连架杆);摇杆——连架杆 3(仅能在某一角度范围内往复摆动的连架杆)。

A、*B* 为整转副,转动副 *C*、*D* 为摆动副。

整转副:以转动副相连的两构件能做整周相对转动的转动副。

摆动副:以转动副相连的两构件不能做整周相对转动的转动副。

(2)铰链四杆机构类型。

在铰链四杆机构中,若两连架杆中有一个为曲柄,另一个为摇杆,则称为曲柄摇杆机构。

实例:缝纫机踏板机构(图 5.22);搅拌器机构(图 5.23)。

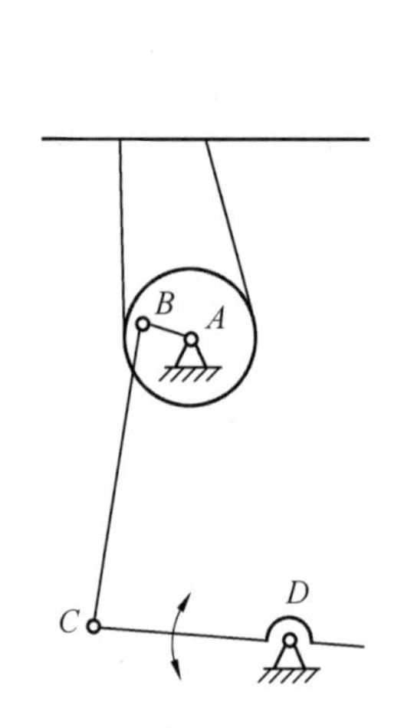

图 5.22　缝纫机踏板机构

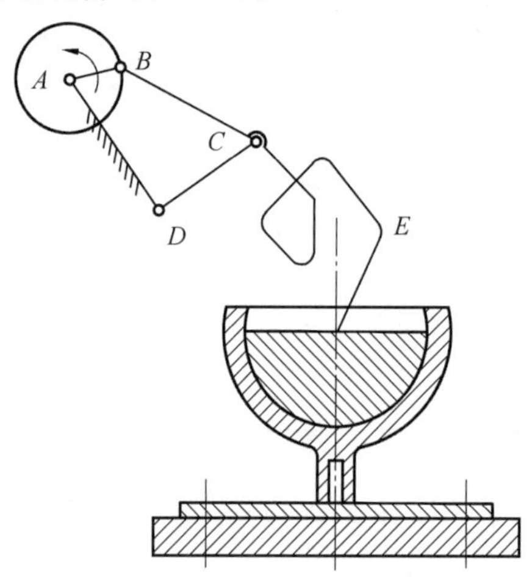

图 5.23　搅拌器机构

2. 双曲柄机构

双曲柄机构定义:在铰链四杆机构中,若两连架杆均为曲柄,称为双曲柄机构,如图 5.24 所示。

双曲柄机构传动特点:当主动曲柄连续等速转动时,从动曲柄一般不等速转动。

实例:惯性筛机构,如图 5.25 所示。

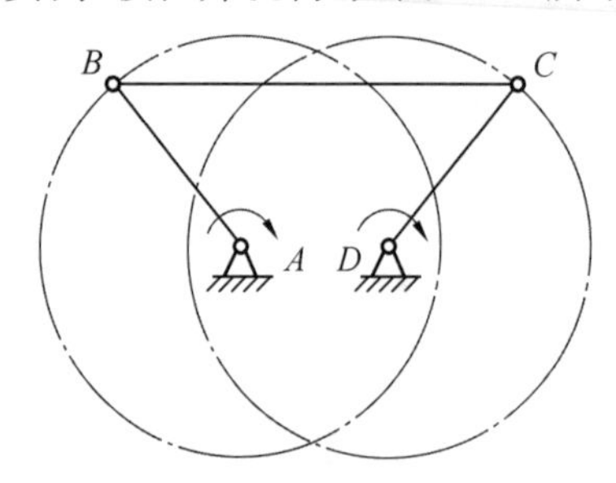

图 5.24　双曲柄机构

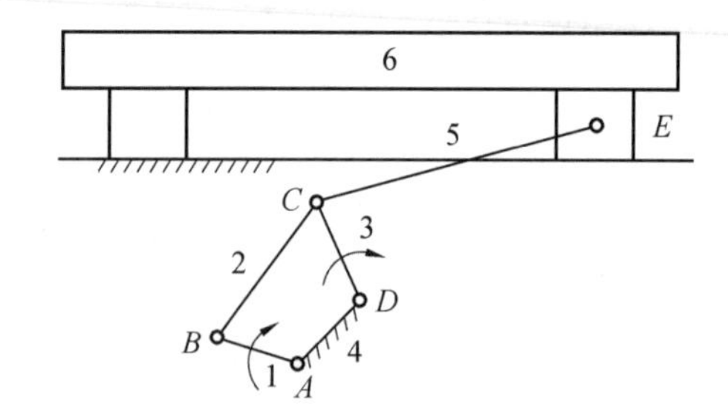

图 5.25　惯性筛机构

双曲柄机构中有两种特殊机构:平行四边形机构和反平行四边形机构。

(1)平行四边形机构。

平行四边形机构定义:在双曲柄机构中,若两对边构件长度相等且平行,则称为平行四边形机构,如图 5.26 所示。

平行四边形机构传动特点：主动曲柄和从动曲柄均以相同角速度转动，位置不确定问题，如图 5.27 所示。

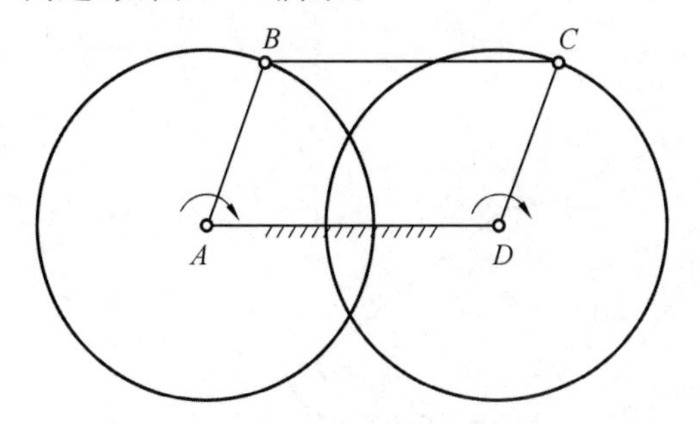

图 5.26 平行四边形机构

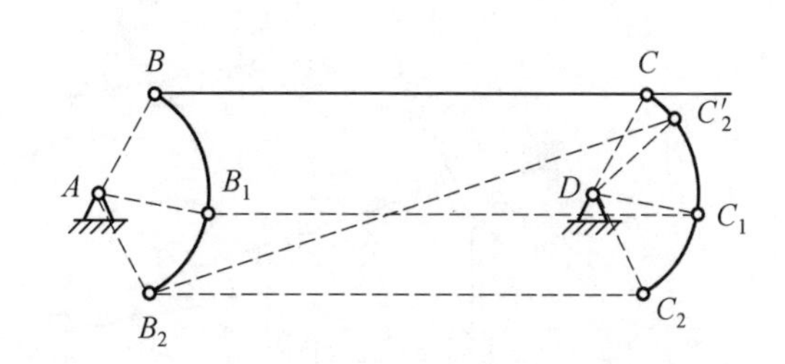

图 5.27 主动曲柄和从动曲柄均以相同角速度转动，位置不确定

解决方法：

①加惯性轮利用惯性维持从动曲柄转向不变。

②加虚约束通过虚约束保持平行四边形，图 5.28 所示为机车车轮联动的平行四边形机构。

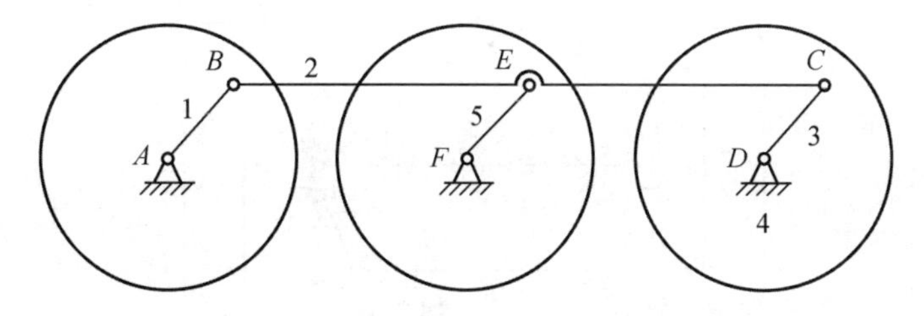

图 5.28 机车车轮联动的平行四边形机构

(2)反四边形机构

反四边形机构定义：两曲柄长度相同，而连杆与机架不平行的铰链四杆机构称为反平行四边形机构(图 5.29)。

应用实例：汽车车门开关机构，如图 5.30 所示。

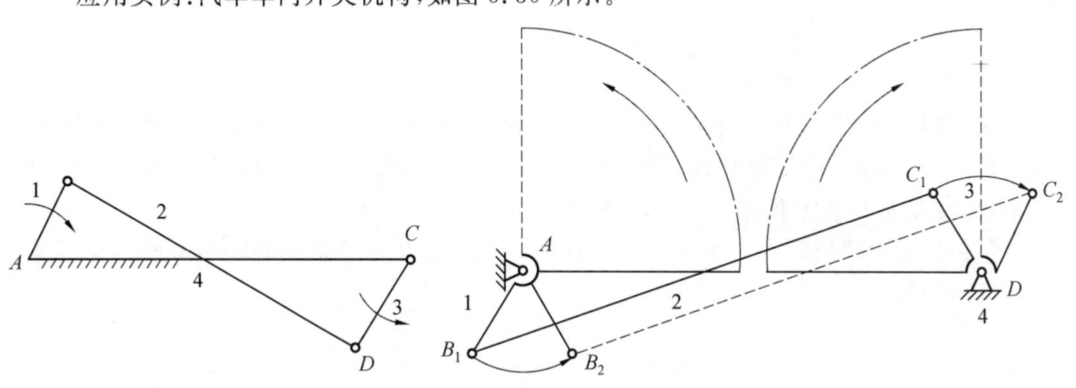

图 5.29 反平行四边形机构

图 5.30 汽车车门开关机构

3. 双摇杆机构

双摇杆机构定义：在铰链四杆机构中，若两连架杆均为摇杆，则称为双摇杆机构，如图

5.31 所示。

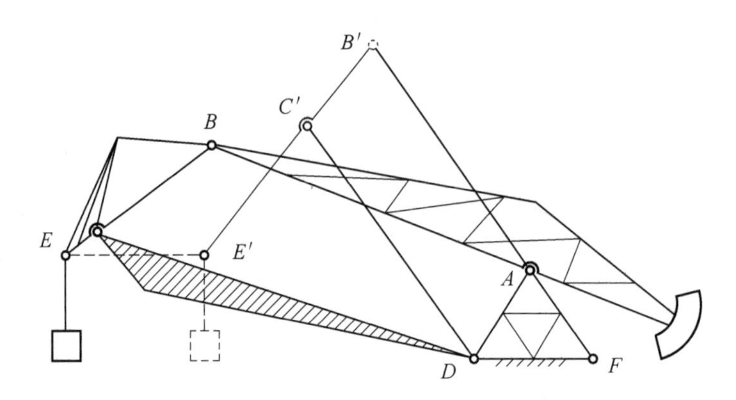

图 5.31 双摇杆机构

实例:鹤式起重机中的四杆机构。

当主动摇杆摆动时,从动摇杆也随之摆动,位于连杆延长线上的重物悬挂点将沿近似水平直线移动。摇杆机构中有一种特殊机构,等腰梯形机构,即在双摇杆机构,如果两摇杆长度相等,则称为等腰梯形机构(图 5.32)。

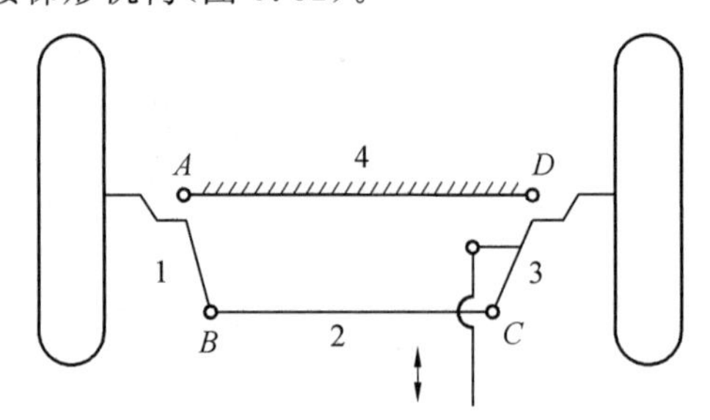

图 5.32 等腰梯形机构

实例:汽车前轮转向机构中的四杆机构。

六、平面连杆机构的演化

铰链四杆机构演化为其他形式平面四杆机构。

(1)将转动副变为移动副。

在如图 5.33 所示的曲柄摇杆机构中,当曲柄 1 转动时,摇杆 3 上 C 点的轨迹是圆弧且当摇杆长度愈长,曲线愈平直。当摇杆为无限长时,将成为一条直线,这时可把摇杆做成滑块,转动副 D 将演化成移动副,这种机构称为曲柄滑块机构。

①偏置曲柄滑块机构,e 不等于 0(偏距 e:滑块导路中心到曲柄转动中心的距离),如图 5.34 所示。

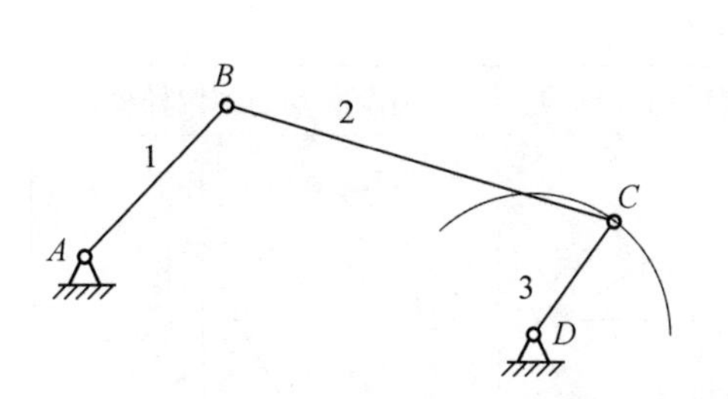

图 5.33　曲柄摇杆机构

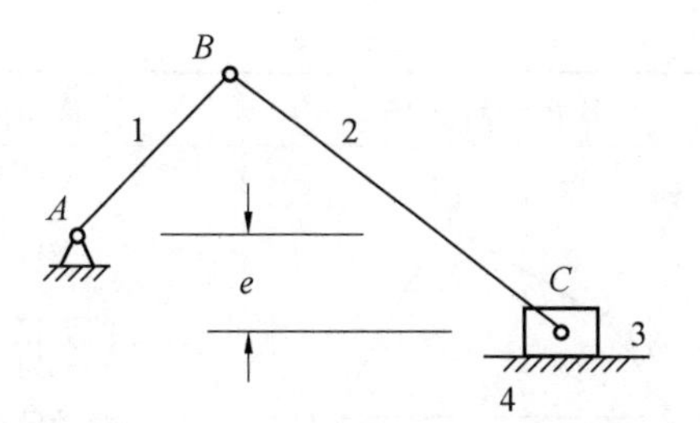

图 5.34　偏置曲柄滑块机构

②对心曲轴滑块机构,*e* 等于 0(偏距 *e*:滑块导路中心到曲柄转动中心的距离),如图 5.35 所示。

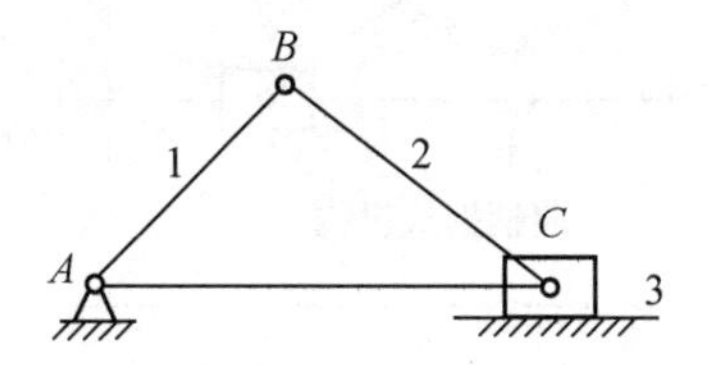

图 5.35　对心曲柄滑块机构

实例:内燃机、往复式抽水机及冲床等。

(2)选取不同构件为机架。

首先了解一个概念:低副相连接的两构件之间的相对运动关系,不会因取其中哪一个构件为机架而改变,这一性质称低副运动的可逆性。当取不同的构件为机架时,会得到不同的四杆机构,如表 5.3 所示。

表 5.3　四杆机构的几种形式

铰链四杆机构	含一个移动副的四杆机构	含两个移动副的四杆机构	机架
C 2 B 3 1 4 A D **曲柄摇杆机构**	B 1 2 C 3 A 4 曲柄滑块机构	B 4 3 2 A **正切机构**	4
C 2 B 3 1 A D 4 **双曲柄机构**	B 2 1 C 3 A 4 转动导杆机构	2 B 1 3 A 4 **双转块机构**	1

续表 5.3

铰链四杆机构	含一个移动副的四杆机构	含两个移动副的四杆机构	机架
曲柄摇杆机构	摆动导杆机构 曲柄摇块机构	正弦机构	2

七、平面四杆机构的主要工作特征

转动副为整转副的充分必要条件,铰链四杆运动链中有整转副的条件。

机构中具有整转副的构件是关键构件,因为只有这种构件才有可能用电机等连续转动的装置来驱动。若具有整转副的构件是与机架铰接的连架杆,则该构件即为曲柄。以图 5.36 所示的四杆机构为例,说明转动副为整转副的条件。

在图 5.36 中,设 $d > a$,在杆 1 绕转动副 A 转动过程中,铰链点 B 与 D 之间的距离 g 是不断变化的,当 B 点到达图示点 B_1 和 B_2 两位置时,γ 值分别达到最大值 $g_{\max} = d + a$ 和最小值 $g_{\min} = d - a$。如要求杆 1 能绕转动副 A 相对杆 4 做整周转动,则杆 1 应通过 AB_1 和 AB_2 这两个关键位置,即可以构成三角形 B_1C_1D 和三角形 B_2C_2D。

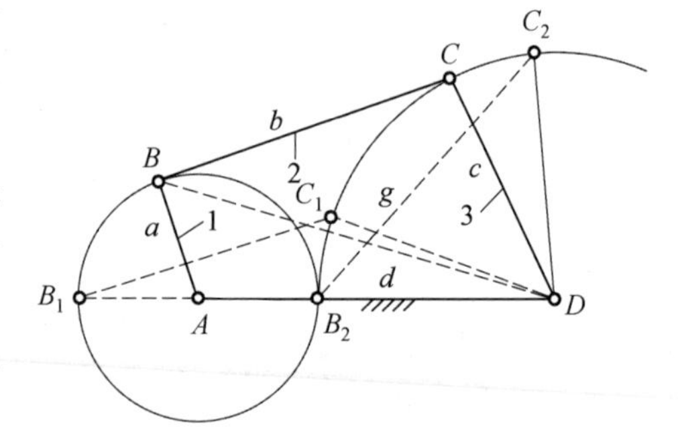

图 5.36　四杆机构

根据三角形构成原理有如下的推导过程:

综合归纳以上两种情况(即 $a > d$ 和 $a < d$)可得出如下重要结论:

在铰链四杆机构中,如果某个转动副能成为整转副,则它所连接的两个构件中,必有一个为最短杆,并且四个构件的长度关系满足杆长之和条件。

注:在有整转副存在的铰链四杆机构中,最短杆两端的转动副均为整转副。

①若耿最短杆为机架——得双曲柄机构。

②若取最短杆的任一相邻的构件为机架——得曲柄摇杆机构。

③若取最短杆对面的构件为机架——得双摇杆机构。

④如果四杆机构不满足杆长之和条件,则不论选取哪个构件为机架,所得机构均为双

摇杆机构。需要指出的是:在这种情况下所形成的双摇杆机构与上述双摇杆机构不同,它不存在整转副。

含有一个移动副运动链中有整转副的条件,由于曲柄滑块机构和导杆机构均是由铰链四杆机构演化而来,故按照同样的思路和方法,可得出这两种机构具有整转副的条件。

八、凸轮机构

1. 凸轮机构的分类(图 5.37)

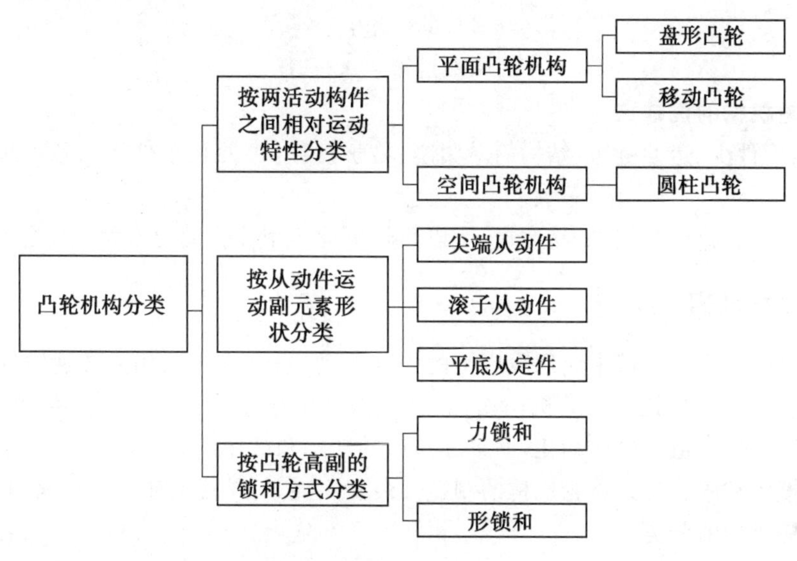

图 5.37　凸轮机构的分类

2. 凸轮的工作原理

空间凸轮是由凸轮的回转运动或往复运动推动从动件做规定往复移动或摆动的机构。凸轮具有曲线轮廓或凹槽,有盘形凸轮、圆柱凸轮和移动凸轮等,其中圆柱凸轮的凹槽曲线是空间曲线,因此属于空间凸轮。

从动件与凸轮做点接触或线接触,有滚子从动件、平底从动件和尖端从动件等。尖端从动件能与任意复杂的凸轮轮廓保持接触,可实现任意运动,但尖端容易磨损,适用于传力较小的低速机构中。为了使从动件与凸轮始终保持接触,可采用弹簧或施加重力。具有凹槽的凸轮可使从动件传递确定的运动,为确动凸轮的一种。

一股情况下凸轮是主动的,但也有从动或固定的凸轮。多数凸轮是单自由度的,但也有双自由度的劈锥凸轮。凸轮机构结构紧凑,最适用于要求从动件作间歇运动的通合。它比液压和气动的类似机构运动更可靠,因此在自动机床、内燃机、印刷机和纺品机构中应用较广。凸轮易磨损、有噪声,高速凸轮的设计比较复杂,制造要求较高。

3. 凸轮的应用

凸轮机构是指由凸轮、推杆和机架三个主要构件所组成的高副机构。

如图 5.38 所示,当圆柱凸轮 1 匀速转动时,通过凹槽中的滚子驱使从动件 2 往复移动。凸轮每回转一周,从动件即从储料器中推出一个毛坯,送到加工位置。

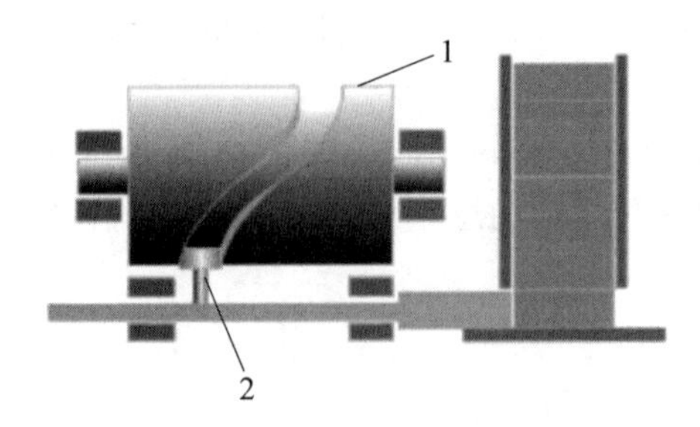

图 5.38 送料机构

1—圆柱凸轮;2—从动件

4. 凸轮机构的优缺点

优点:构件少、运动链短、结构简单紧凑、易于设计,可使从动件得到各种预期的运动规律。

缺点:高副为点、线接触,易磨损,所以凸轮机构多用传递动力不大的场合。

九、齿轮机构

齿轮机构是现代机械中应用最广泛的一种传动机构,它可以用来传递空间任意两轴间的运动和动力。与其他传动机构相比,其优点是结构紧凑、工作可靠、传动平稳、效率高、寿命长、能保证恒定的传动比,而且其传递的功率和适用的速度范围大,故齿轮机构广泛用于机械传动中。但是齿轮机构的制造安装费用高,低精度齿轮传动的噪声大。

1. 齿轮机构的分类

按照一对齿轮传动的传动比是否恒定,齿轮机构可以分为两大类:一类是定传动比齿轮机构,齿轮是圆形的,又称为圆形齿轮机构,是目前应用最广泛的一种;另一类是变传动比齿轮机构,齿轮一般是非圆形的,又称为非圆形齿轮机构,仅在某些特殊机械中适用。

按照一对齿轮在传动时的相对运动是平面运动还是空间运动,圆形齿轮机构又可以分为平面齿轮机构和空间齿轮机构两类,平面齿轮机构和空间齿轮机构见表 5.4。

表 5.4 平面齿轮机构和空间齿轮机构

<table>
<tr><td rowspan="8">圆形齿轮机构</td><td rowspan="5">平面齿轮机构</td><td rowspan="3">直齿轮</td><td>外啮合齿轮传动</td></tr>
<tr><td>内啮合齿轮传动</td></tr>
<tr><td>齿轮齿条传动</td></tr>
<tr><td colspan="2">平行轴斜齿圆柱齿轮传动</td></tr>
<tr><td colspan="2">人字齿轮传动</td></tr>
<tr><td rowspan="3">空间齿轮机构</td><td colspan="2">(圆)锥齿轮传动</td></tr>
<tr><td colspan="2">交错轴与斜齿轮传动</td></tr>
<tr><td colspan="2">蜗杆传动</td></tr>
</table>

(1)平面——直齿轮。

①外啮合齿轮传动两齿轮的转动方向相反,如图 5.39 所示

②内啮合齿轮传动两齿轮的转动方向相同,如图 5.40 所示。

图 5.39 外内啮合齿轮传动

图 5.40 内啮合齿轮传动

③齿轮齿条传动,如图 5.41 所示。

(2)平面——平行轴斜齿圆柱齿轮。

平行轴斜齿圆柱齿轮传动,齿轮与其轴线倾斜一个角度,如图 5.42 所。

图 5.41 齿轮齿条传动

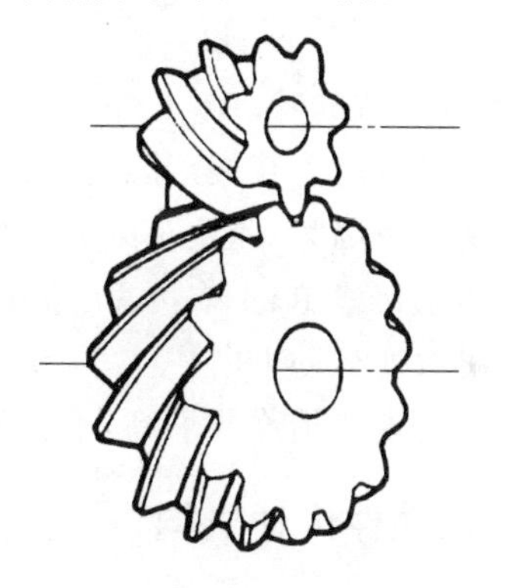

图 5.42 平行轴斜齿圆柱齿轮传动

(3)平面——人字齿轮。

人字齿轮传动,由两个螺旋桨方向相反的斜齿轮组成,如图 5.43 所示。

(4)空间——(圆)锥齿轮。

(圆)锥齿轮传动,用于两相交轴之间的传动,如图 5.44 所示。

图 5.43 人字齿轮传动

图 5.44 (圆)锥齿轮传动

(5)空间——交错轴与斜齿轮。

交错轴与斜齿轮传动,用于传递两交错轴之间的运动,如图 5.45 所示。

(6)空间——蜗杆传动。

蜗杆传动,用于传递两交错轴之间的运动,其两轴的交错角一般为 90°,如图 5.46 所示。

图 5.45 交错轴与斜齿轮传动

图 5.46 蜗杆传动

2. 齿轮机构的特点

(1)传动方式为直接接触的啮合传动,可传递空间任意两轴之间的运动和动力。

(2)功率范围大、速比范围大、效率高、精度高。

(3)传动比稳定、工作可靠、结构紧凑。

(4)可改变运动方向。

(5)制造安装精度要求高,不适于大中心距,成本较高,且高速运转时噪声较大。

十、挠性件传动机构

1. 带传动

带传动是利用张紧在带轮上的带,在两轴(或多轴)间传递运动或动力,如图 5.47 所示。环形传动带采用易弯曲的挠性材料制成。带传动按工作原理可分为摩擦传动和啮合传动两大类,其常见的是摩擦带传动。

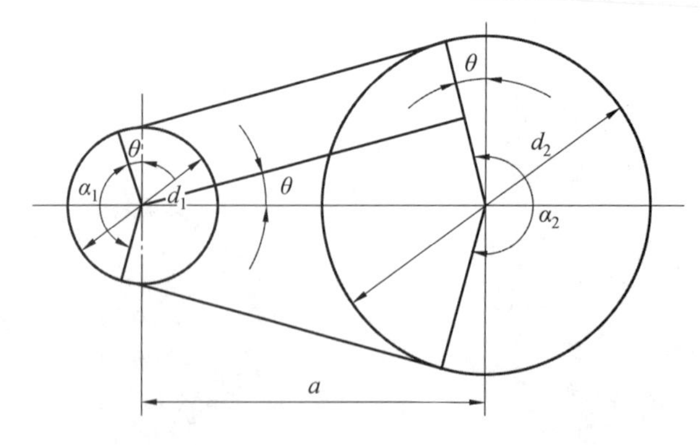

图 5.47 带传动的工作原理

2. 带传动的组成及应用

本节介绍带传动的组成和类型，重点介绍普通V带传动。

(1)带传动的组成。

带传动由主动轮、从动轮和中间挠性元件带组成，如图5.47所示。由于带的初拉力，在带轮上产生一定的正压力，工作时主动轮依靠摩擦力带动带，带又靠摩擦力带动从动轮，从而实现主、从动轴之间的运动和动力的传递。工程上一般需要的是做减速运动，因此，通常小带轮为主动轮，而大带轮为从动轮。

(2)带传动的类型。

根据带的截面形状不同，带传动可分为平带、V带、多楔带和圆带等(图5.48)。

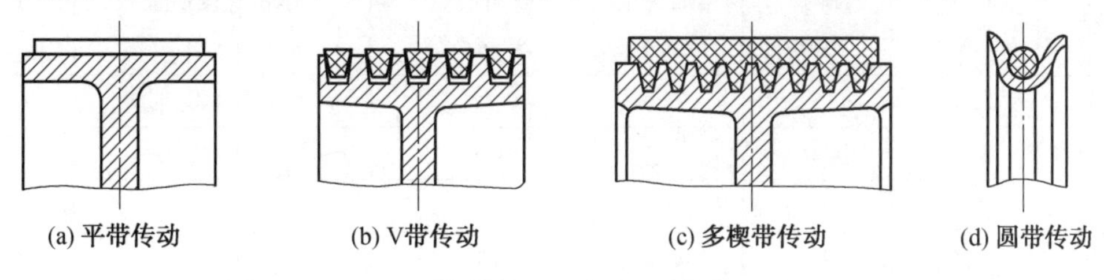

图5.48　不同截面形状的摩擦带传动

①平带的传动靠带的环形内表面与带轮内表面压紧产生摩擦力。平带传动结构简单、带的挠性好、带轮容易制造，大多应用于传动中心距较大的场合。

②V带传动靠带的两侧面与轮槽侧面压紧产生摩擦力。与平带传动相比，当带与带轮的压力相同时，V带传动的摩擦力较大，故能传递较大功率，结构也较紧凑，且V带无接头，传动较平稳，因此，V带传动应用最广。

③多楔带(又称复合V带)传动靠带和带轮间的楔面之间产生的摩擦力工作。它兼有平带和V带的优点，适宜于要求结构紧凑且传递功率较大的场合，特别适用要求V带根数较多或带轮轴线垂直于地面的传动。

④圆带传动靠带与轮槽压紧产生摩擦力。它用于低速小功率传动，如缝纫机、磁带盘的传动等。

(3)普通V带的结构和标准。

普通V带分为图5.49所示的帘布结构和线绳结构两种类型。

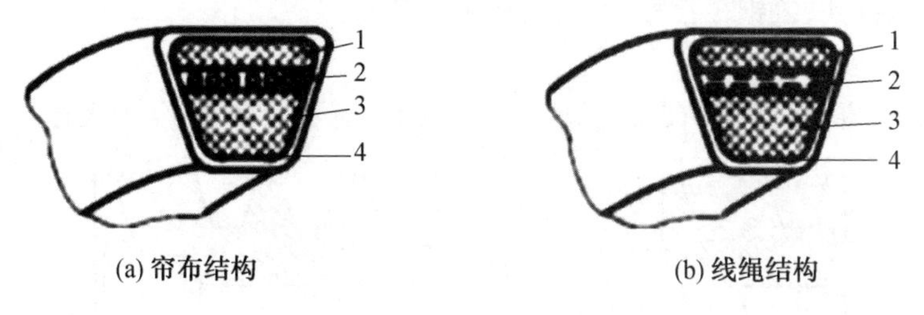

图5.49　普通V带分类

1—顶胶；2—抗拉体；3—底胶；4—包布层

普通V带为梯形截面无端头橡胶带，由四部分组成：顶胶1，当V带弯曲在带轮上时，顶胶被伸长，是由胶料制成；抗拉体2，承受载荷的主体，材料为化学纤维织物；底胶3，当 V 带弯曲在带轮上时，底胶被缩短，是由胶料制成；包布层 4，由胶帆布制成。帘布结构与线绳结构区别在于抗拉体窗帘布结构由胶帘布制造，便于制造；线绳结构由胶线绳制造，柔韧性好、抗弯强度高、寿命长。V 带的横截面为梯形，当带弯曲时，带中长度和宽度均不变的一层称为中性层，其宽度 b_p 称为节宽。V 带截面高度 h 和节宽 b_p 的比值称为相对高度。楔角为 40°、相对高度高约为 0.7 的 V 带称为普通 V 带。普通 V 带有 Y、Z、A、B、C、D、E 七种型号，最常用的是 A、B 型。

普通 V 带是标准件，截面尺寸和长度已标准化，各型号的截面尺寸见表 5.5。

表 5.5　V 带的截面尺寸

截型	节宽 b_p/mm	顶宽 b/mm	截面高度 h/mm	截面面积 A/mm^2	单位长度质量 $q/(kg \cdot m^{-1})$	楔角 φ
Y	5.3	6	4	18	0.02	40°
Z	8.5	10	6	47	0.02	
A	11.0	13	8	81	0.10	
B	14.0	17	10.5	138	0.17	
C	19.0	22	13.5	230	0.30	
D	27.0	32	19	476	0.62	
E	32.0	38	23.5	692	0.90	

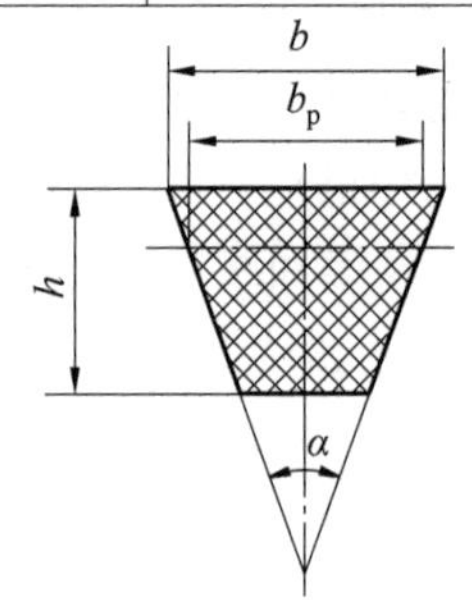

(4)V 带轮的材料和结构。

带轮材料：铸铁、铸钢一钢板冲压件、铸铝或塑料。

结构尺寸：

①实心式 V 带轮，$D \leqslant (2.5-3)d$，如图 5.50 所示。其中，D 为大径，d 为中径。

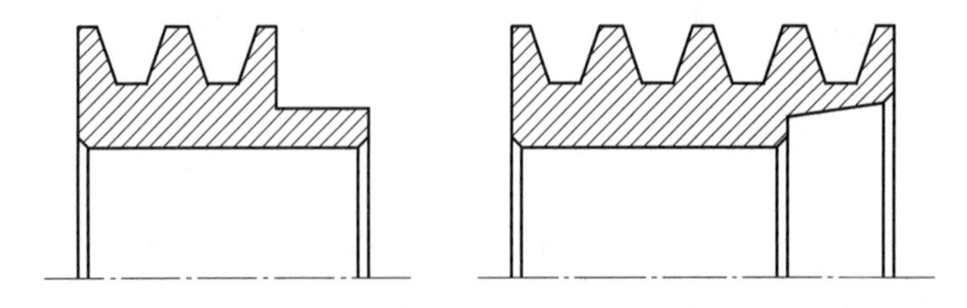

图 5.50　实心式 V 带轮

② 胶板式 V 带轮，$D \leqslant 300$ mm，如图 5.51 所示。

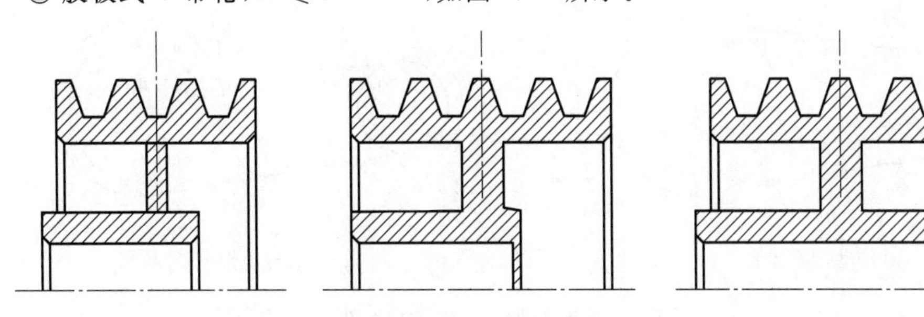

图 5.51　胶板式 V 带轮

③ 孔板式 V 带轮，$D \leqslant 300$ mm（$D_0 - D_1 \geqslant 100$ mm），如图 5.52 所示。其中，D_0 为顶圆直径，D_1 为基准直径。

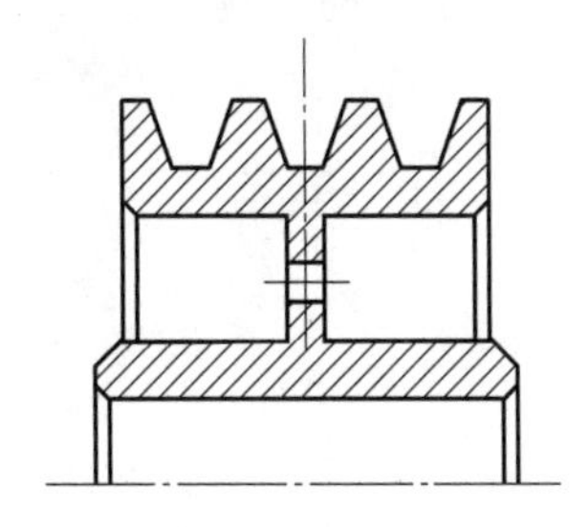

图 5.52　孔板式 V 带轮

④ 轮辐式 V 带轮，$D > 300$ mm，如图 5.53 所示。

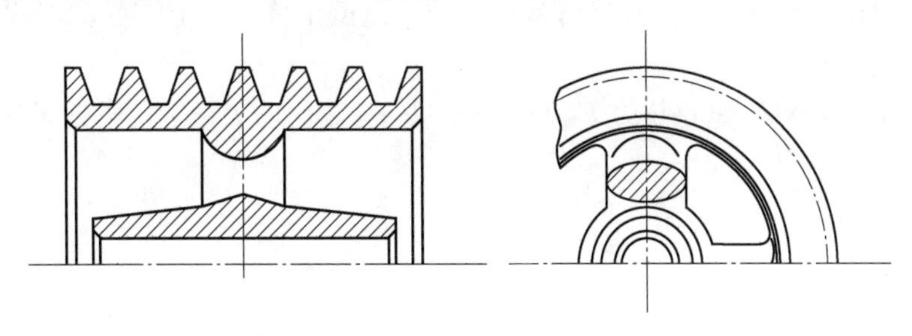

图 5.53　轮辐式 V 带轮

注：$\varphi_{槽} < 40°$（34°，36°，38°），D 越大，$\varphi_{槽}$ 越大（$\varphi_{槽}$ 为孔槽的角度）

（5）带传动的受力分析和打滑。

为保证带传动正常工作，传动带必须以一定的张紧力套在带轮上。当传动带静止时，带两边承受相等的拉力，称为初拉力 F_0，如图 5.54(a) 所示。当传动带传动时，由于带与带轮接触面之间摩擦力的作用，带两边的拉力不再相等，如图 5.54(b) 所示。一边被拉紧，拉力由 F_0 增大到 F_1，称为紧边；一边被放松，拉力由 F_0 减少到 F_2，称为松边。设环形带的总长度不变，则紧边拉力的增加量 $F_1 - F_0$ 应等于松边拉力的减少量 $F_0 - F_2$，即

$$F_1 - F_0 = F_0 - F_2 \rightarrow F_0 = \frac{F_1 + F_2}{2}$$

两边的拉力之差 F 称为带传动的有效拉力，实际上 F 是带与带轮之间摩擦力的总和，

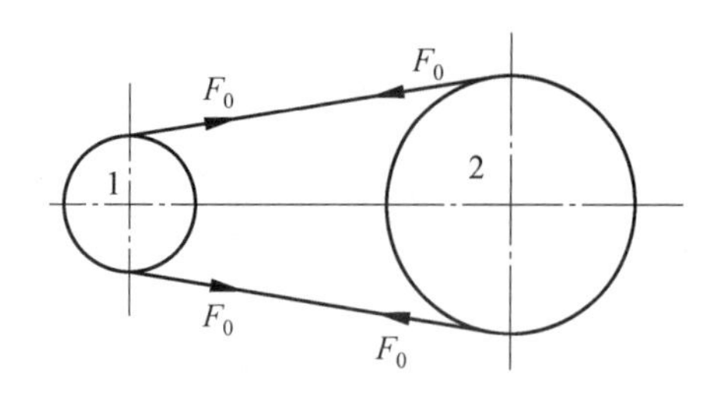

(a) 传动带静止时

(b) 传动带运动时

图 5.54　带传动的受力分析意图

在最大静摩擦力范围内，带传动的有效拉力 F 与总摩擦力相等，F 同时也是带传动所传递的圆周力，即

$$F = F_1 - F_2$$

带传动所传递的功率为

$$P = \frac{Fv}{1\ 000}$$

式中　P—— 传递功率(kW)；

F—— 有效圆周力(N)；

v—— 带的速度(m/s)。

在一定的初拉力 F_0 作用下，带与带轮接触面间摩擦力的总和有一极限值。当带所传递的圆周力超过带与带轮接触面间摩擦力的总和的极限值时，带与带轮将发生明显的相对滑动，这种现象称为打滑。带打滑时从动轮转速急剧下降，传动失效，同时也加剧了带的磨损，应避免打滑。

当 V 带即将打滑时，紧边拉力 F_1 与松边拉力 F_2 之间的关系可用柔韧体摩擦的欧拉公式表示，即

$$\frac{F_1}{F_2} = e^{f\alpha} \rightarrow F_1 = F_2 e^{f\alpha}$$

式中　f—— 摩擦系数；

α—— 包角(rad)，一般为主动轮，小轮包角 $\alpha_1 = 180° - \frac{D_2 - D_1}{a} \cdot 60°$，大轮包角 $\alpha_2 = 180° + \frac{D_2 - D_1}{\alpha} \cdot 60°$；

e—— 自然对数的底(e＝2.718……)

在工作中，紧边伸长，松边缩短，但总带长不变(代数之和为 0，伸长量＝缩短量) 这个关系反应在力关系上即拉力差相等，即

$$F_1 - F_0 = F_0 - F_2 \rightarrow F_0 = \frac{F_1 + F_2}{2}$$

$$F_{ec} = 2F_0\left(\frac{e^{f\alpha} - 1}{e^{f\alpha} + 1}\right) = 2F_0\left(\frac{1 - \frac{1}{e^{f\alpha}}}{1 + \frac{1}{e^{f\alpha}}}\right)$$

在不打滑的条件下所能传递的最大圆周力为：

①F_0：$F_{ec} \propto F_0$，F_0大，N大，F_f大→F_{ec}大。但F_0过大。磨损重，易松弛，寿命短。F_0过小，工作潜力不能充分发挥，易于跳动与打滑。结论：适当F_0（经验）。

②α：α大接触弧长，F_{ec}大，传递F_{ec}大→传递扭矩T越大。

③f：相同条件下，f大F_f，F_e大，传动承载能力高。三角带$f_1 > f$，所以三角带承载能力大。最大拉力与F_1的关系为

$$F_{fc} = F_{ec} = F_1\left(1 - \frac{1}{e^{fa}}\right)$$

(6) 带传动的应力分析。

带传动工作时，带上应力有以下三种：

① 拉应力δ。紧边拉应力$\delta_1 = \dfrac{F_1}{A}$，松边紧力$\delta_2 = \dfrac{F_2}{A}$，且$\delta_1 > \delta_2$，$A$为带的横截面积。

② 离心应力δ_C。由于带有厚度，绕轮做圆周运动，必有离心惯性力C（分布力学）在带中引起离心拉力F_C，从而产生离心应力δ_C。离心应力为

$$\delta_C = F_C = \frac{qV^2}{gA}$$

式中 q—— 单位带比质量(N)；

g—— 重力加速度，$g = 9.8\ \mathrm{m/s^2}$；

V—— 带的线速度(m/s)；

③ 弯曲应力δ_b。弯曲应力作用在带轮段，其大小为

$$\delta_b = \frac{M}{V} = E \cdot \frac{h}{D}$$

式中 E—— 带的弹性模量(MPa)；

h—— 带的高度(mm)；

D—— 带轮的基准直径(mm)。

(7) 带中应力分布情况。

带中应力分布情况如图5.55所示。

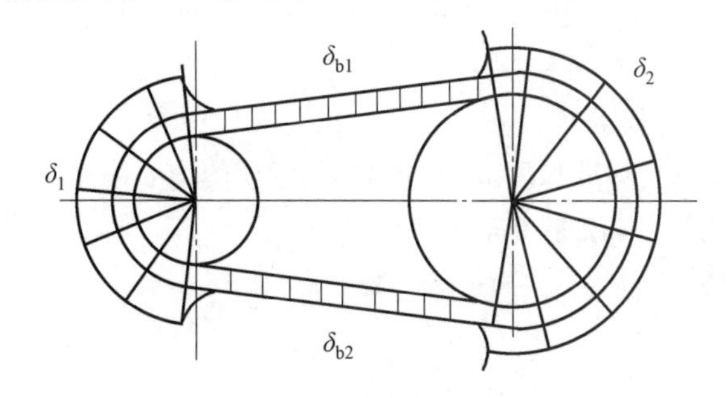

图5.55 带中应力的分布情况

因为$\delta_1 > \delta_2$，从紧边δ_1→松边δ_2；$\delta_{b1} > \delta_{b2}$只在弯曲部分有；$\Delta c$带全长存在；所以在$A_1$点最大应力为$\delta_{max} = \delta_1 + \delta_b + \delta_C$，$\delta_{max}$位置产生在紧边与小轮带相切处。工作时带中的应力是周期变化的，随着位置的不同，应力大小在不断变化，所以带容易产生疲劳破坏。

由疲劳强度条件：$\delta_{max}=\delta_1+\delta_b+\delta_C\leqslant[\delta]$，$[\delta]$为带的许用拉应力。

传动带是弹性体，受到拉开后会产生弹性伸长，伸长量随拉力大小变化而变化。带由紧边绕过主动轮进入松边时，带的拉力由F_1减小为F_2，其弹性伸长量也由δ_1减小为δ_2。这说明带在绕过带轮的过程中，相对于轮面后收缩了$(\delta_1-\delta_2)$，带与带轮轮面间局部相对滑动，导致带的速度逐步小于主动轮的圆周速度。与之对应，当带由松边绕过从动轮进入紧边时，拉力增加，带逐渐被拉长，沿轮面产生向前的弹性滑动，使带的速度逐渐大于从动轮的圆周速度，这种由于带的弹性变形而产生的带与带轮间的滑动称为弹性滑动。

弹性滑动和打滑是两个截然不同的概念。打滑是指过载引起的全面滑动，是可以避免的。而弹性滑动是由于拉力差引起的，只要传递圆周力，就必然会发生弹性滑动，所以弹性滑动是不可以避免的。弹性滑动的影响，使从动轮的圆周速度V_2低于主动轮的圆周速度V_1，其圆周速度的相对降低程度可用滑差率ξ来表示。

滑动率：

$$\xi_1:\xi_2=\frac{V_1-V_2}{V_1}$$

带传动的理论传动比：

$$i=\frac{n_1}{n_2}=\frac{d_2}{d_1}$$

带传动的实际传动比：

$$i=\frac{n_1}{n_2}=\frac{d_2}{d_1(1-\xi)}$$

在一般传动中，$\xi=0.01\sim0.02$，其值不大，可不予考虑。

【知识拓展】

普通V带传动的设计

1. 普通V带传动的已知条件

一般为原动机的性能，传动用途，传递的功率，两轮的转速n_1、n_2（或传动比i_{12}）工作条件及外廓尺寸要求等。

2. 普通V带传动设计任务

确定普通V带的型号、基准长度L_d和根数Z、传动的中心距a、作用在轴上的压力F，选择带轮的材料和结构尺寸，绘制带轮零件图等。

3. 设计步骤和方法

(1) 确定计算功率。

$$P_d=K_AP$$

式中 P_d—— 计算功率(kW)；

K_A—— 工作情况系数，考虑载荷性质、工作时间的长短等因素的影响引起载荷的变化；

P—— 传递的额定功率(kW)。

(2) 选择V带的型号。

根据计算功率P_C和小带轮转速n,按图5.56选择普通V带的型号。若处于两种型号的交界处应分别计算并进行优选。

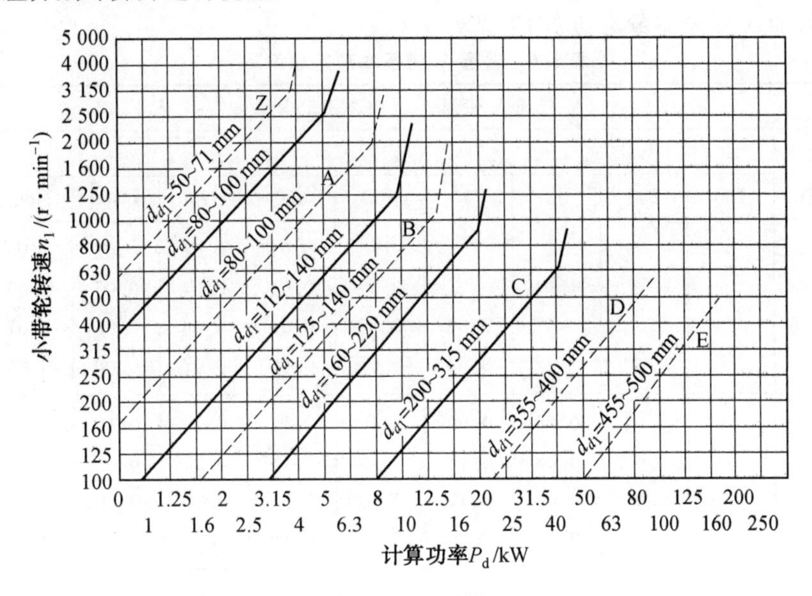

图5.56 选择普通V带的型号的图表

(3) 确定带轮的基准直径d_1、d_2。

① 初选小带轮的基准直径d_{d_1}。由带型号推算出带轮的最小基准直径,$d_{d_1} \geqslant d_{d\min}$。

② 验算带速V,$V=\dfrac{\pi d_{d_1} n_1}{60 \times 1\ 000}$(m/s)。带轮直径直接影响带速。带速太高使离心力增大,最大静摩擦力减小,传动容易打滑,单位时间内绕过带轮的次数增多、寿命降低。当功率一定时,带速太低,使传递的圆周力增大,带的根数增多。带速一般限制在5~25 m/s之间。若带速超出上述范围,应重选小带轮直径。

③ 大带轮的基准直径,$d_{d_2}=i_{12} d_{d_1}(1-\xi)$。带轮的基准直径应符合带轮基准直径尺寸系列。由于取标准,使i变化,应保证传动比相对误差$\dfrac{i_{原}-i_{实}}{i_{原}} \times 100\% \leqslant \pm 5\%$。

(4) 确定中心距离a和带的基准长度L_d。

① 初步确定中心距a_0。中心距小则结构紧凑,但包角较小,降低了摩擦力和传载能力;传动带较短,绕转次数较多,疲劳强度及寿命降低。中心距过大,结构庞大,引起带的颤动。

如无特殊要求,可按下式选取:

$$0.7(d_1+d_2) \leqslant a_0 \leqslant 2(d_{d_1}+d_{d_2})$$

② 基准长度计算。

$$L_{d_0}=2a_0+\frac{\pi(d_{d_1}+d_{d_2})}{2}+\frac{(d_{d_2}-d_{d_1})^2}{4a_0}$$

式中 L_{d_0}—— 带的基准长度计算值。

③ 实际中心距 a 为

$$a \approx a_0 + \frac{L_d - L_{d_0}}{2}$$

(5) 普通 V 带基本额定功率 P_C 见表 5.6。

表 5.6 普通 V 带基本额定功率 P_C

普通 V 带基本定功率 P_C /kW											
型号	d_{d_1} /mm	$n_1/(\mathrm{r \cdot min^{-1}})$									
		100	200	400	700	800	950	1 200	1 450	1 600	2 000
Y	20						0.01	0.02	0.02	0.03	0.03
	28					0.03	0.04	0.04	0.05	0.05	0.06
	35.5				0.04	0.05	0.05	0.06	0.06	0.07	0.08
	40				0.04	0.05	0.06	0.07	0.08	0.09	0.11
Z	50		0.04	0.06	0.09	0.10	0.12	0.14	0.16	0.17	0.20
	63		0.05	0.08	0.13	0.15	0.18	0.22	0.25	0.27	0.32
	71		0.06	0.09	0.17	0.20	0.23	0.27	0.30	0.33	0.39
	80		0.10	0.14	0.20	0.22	0.26	0.30	0.35	0.39	0.44
A	75		0.15	0.26	0.40	0.45	0.51	0.60	0.68	0.73	0.84
	90		0.22	0.39	0.61	0.68	0.77	0.93	1.07	1.15	1.34
	100		0.26	0.47	0.74	0.83	0.95	1.14	1.32	1.42	1.68
	125		0.37	0.67	1.07	1.19	1.37	1.66	1.92	2.07	2.44
B	125		0.48	0.84	1.30	1.44	1.64	1.93	2.19	2.33	2.64
	140		0.59	1.05	1.64	1.82	2.80	2.47	2.82	3.00	3.42
	160		0.74	1.32	2.09	2.32	2.66	3.17	3.62	3.86	4.40
	180		0.88	1.59	2.53	2.81	3.22	3.85	4.39	4.68	5.30
C	200		1.39	2.41	3.69	4.07	4.58	5.29	5.84	6.07	6.34
	250		2.03	3.62	5.64	6.23	7.04	8.21	9.04	9.38	9.62
	315		2.84	5.14	8.09	8.92	10.05	11.53	12.46	12.72	12.14
	400		3.91	7.06	11.02	12.10	13.48	15.04	15.53	15.24	11.95
D	355	3.01	5.31	9.24	13.70	14.83	16.15	17.25	16.77	15.63	
	400	3.66	6.52	11.45	17.07	18.46	20.06	21.20	20.15	18.31	
	450	4.37	7.90	13.85	20.63	22.25	24.01	24.84	22.02	19.59	
	500	5.08	9.21	16.20	23.99	25.76	27.50	26.71	26.54	18.83	
E	500	6.21	10.86	18.55	26.21	27.57	28.32	25.53	16.82		
	560	7.32	13.09	22.49	31.59	33.03	33.40	28.49	5.35		
	630	8.75	15.65	26.95	37.26	38.52	37.92	29.17	8.85		
	710	10.31	18.52	31.83	42.87	43.52	41.02	25.91			

续表 5.6

普通 V 带基本定功率 P_C /kW											
型号	d_{d_1} /mm	n_1 (r·min^{-1})									
		2 400	2 800	3 200	3 600	4 000	4 500	5 000	5 500	6 000	
Y	20	0.04	0.04	0.05	0.06	0.06	0.07	0.08	0.09	0.10	
	28	0.07	0.08	0.09	0.10	0.11	0.12	0.13	0.14	0.15	
	35.5	0.09	0.11	0.12	0.13	0.14	0.16	0.18	0.19	0.20	
	40	0.12	0.14	0.15	0.16	0.18	0.19	0.20	0.22	0.24	
Z	50	0.22	0.26	0.28	0.30	0.32	0.33	0.34	0.33	0.31	
	63	0.37	0.41	0.45	0.47	0.49	0.50	0.50	0.49	0.48	
	71	0.46	0.50	0.54	0.58	0.61	0.62	0.62	0.61	0.56	
	80	0.50	0.56	0.61	0.64	0.67	0.67	0.66	0.64	0.61	
A	75	0.92	1.00	1.04	1.08	1.09	1.07	1.02	0.96	0.80	
	90	1.50	1.64	1.73	1.83	1.87	1.88	1.82	1.70	1.50	
	100	.87	2.05	2.19	2.28	2.34	2.33	2.25	2.07	1.80	
	125	2.74	2.98	3.16	3.26	3.28	3.17	2.91	2.48	1.37	
B	125	2.85	2.96	2.94	280	2.51	1.93	1.09			
	140	3.70	3.85	3.83	3.63	3.24	2.45	1.29			
	160	4.75	4.89	4.48	4.46	3.82	2.59	0.81			
	180	5.67	5.76	5.52	4.92	3.92	2.04				
C	200	6.02	5.01								
	250	8.75	6.56								
	315	9.43	4.16								
	400	4.34									
D	355										
	400										
	450										
	500										
E	500										
	560										
	630										
	710										

4. 带的张紧

传动带不是完全的弹性体，经过一段时间运转后，会因伸长而松弛，从而初拉力 F_0 降低，传动能力下降甚至丧失。为保证必需的初拉力，须对带进行张紧。张紧装置可分为定期张紧装置和自动张紧装置两大类，如图 5.57 所示。前者简单，但考虑工作中张紧力的降低，故需要的初拉力要大。而后者在工作中能自动调节和保持所需的张紧力，故所需初拉力小。自动张紧又分为保持固定不变张紧力的和随外载荷变化而自动调节张紧力的两种。

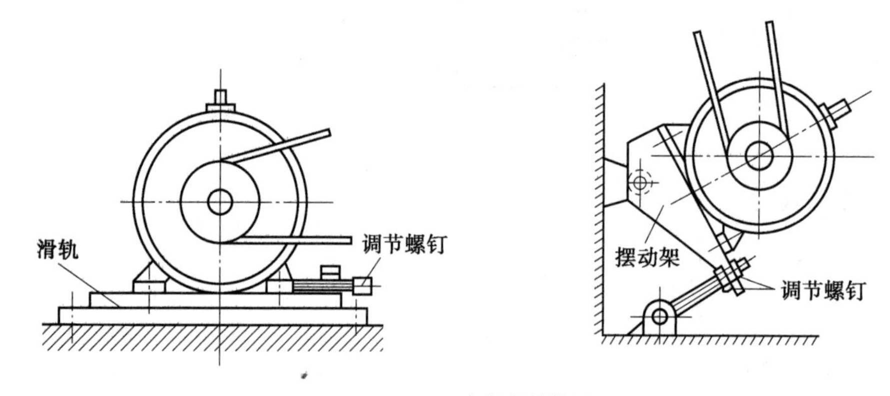

(a) 定期张紧装置

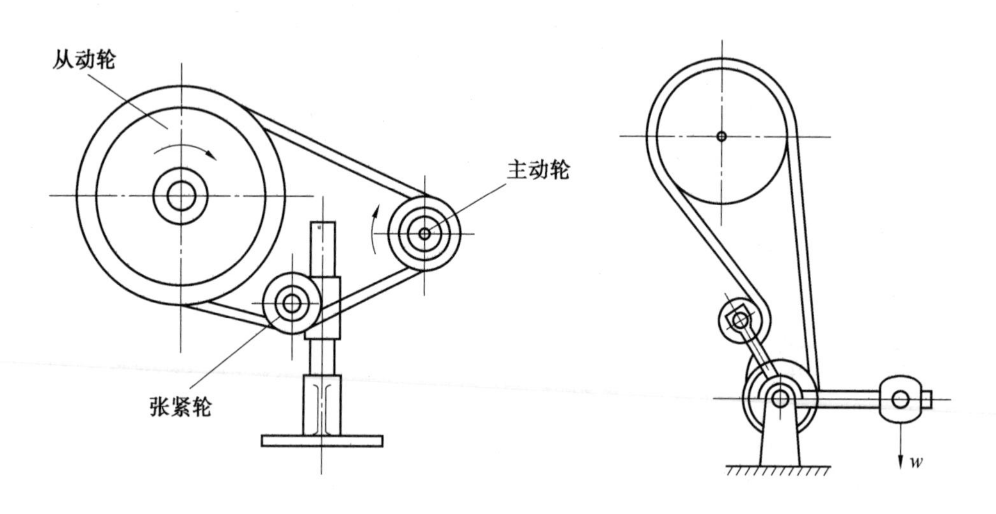

(b) 自动张紧装置

图 5.57　张紧装置组合图示图

图 5.58 所示是一种能随外载荷变化而自动调节张紧力大小的装置。它将装有带轮的电机放在摆动架上，当带轮传递载荷转矩 T_1 时，在电机座上产生反力矩 T_R，使电机轴 O 绕摇摆架轴 O_1，向外摆动。工作中传递的圆周力愈大，反力矩 T_R 愈大，电机轴向外摆动角度愈大，张紧力愈大。

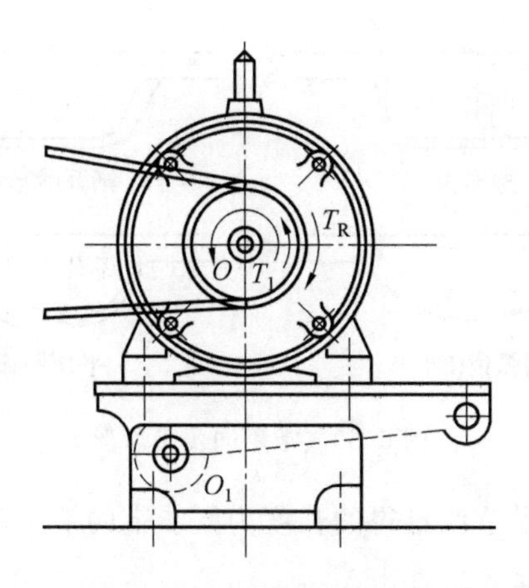

图 5.58 自动张紧装置

5. 同步带传动简介

(1)同步带的特点。

传动比准确效率高(可达 0.98～0.99)传动平稳、噪声低、使用寿命长、中心距允许范围大、轴上压力小、能承受一定冲击、不需要润滑、较其他类型带传动结构凑。同步带传动如图 5.59 所示。

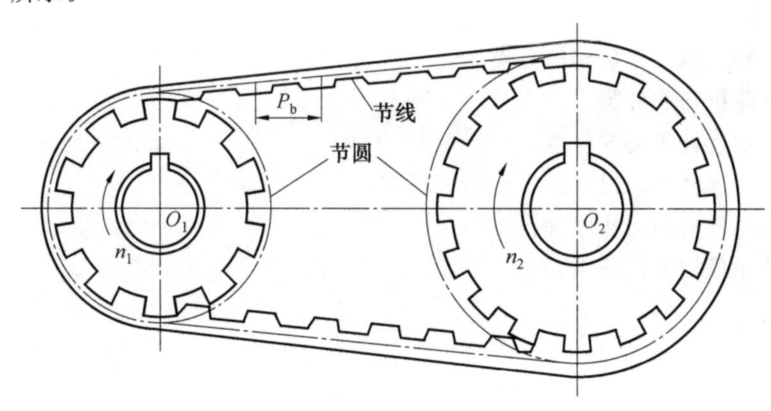

图 5.59 同步带传动

(2)同步带的应用。

同步带常应用于仪器、仪表、计算机行业、汽车行业、纺织机械、粮食机械、石油机械等。

(3)同步带齿形分类。

同步带齿形有梯形齿和圆弧齿轮两大类,如图 5.60 所示。梯形齿同步带齿廓为直线,它有周节制和模数制两种,而周节制有国际标准和国家标准。圆弧齿同步带齿廓由一段或几段圆弧组成,它齿根应力集中小、载荷分布合理,故传递的载荷大、寿命长。

①同步带的主要参数是节距 p 和模数 m 。

②由于抗拉层强度高,工作中长度不变,故将抗拉层中心线定为节线,节线周长定为公称长度。

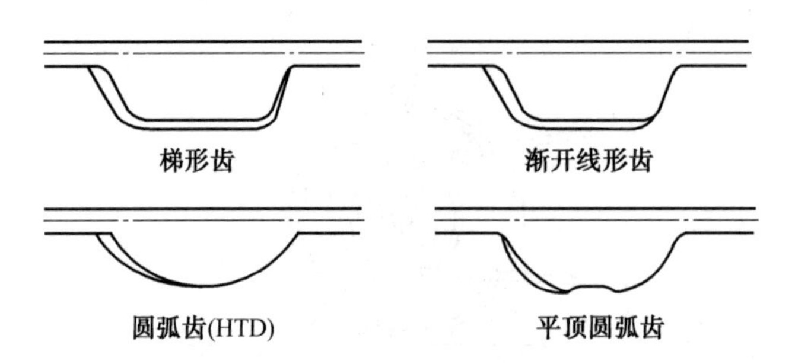

图 5.60 常用同步带齿形

③相邻两齿对应点间沿节线量得的长度为同步带的节距，用 p_b 表示，模数 $m=\frac{p_b}{r}$ 。

各种型号同步带的规格及设计方法可查阅有关手册。

【想想练练】

一、想一想

在机构的倒置任务中，能否掌握连杆机构、凸轮机构、齿轮机构的基本概念与实际机械设计中相关的应用。

二、练一练

1. 简述全转动副四杆机构的分类。
2. 简述凸轮机构的分类。
3. 简述平面连杆机构的特点。
4. 简述平面连杆机构设计通常包括哪两方面。
5. 简述凸轮机构的工作原理。
6. 简述凸轮机构的优缺点。

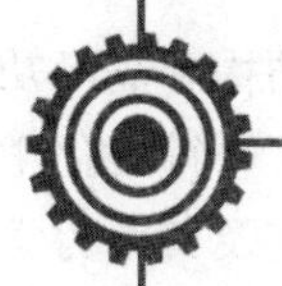

项目六

反求设计与创新

反求设计是以先进技术或产品的实物、软件(图纸、程序、技术文件等)、影像(照片、广告图片等)作为研究对象,应用现代设计理论方法学、生产工程学、材料学、设计经验、创新思维等和有关专业知识进行系统深入地分析探索,并掌握其关键技术,进而开发出先进品。运用反求技术,可以缩短新产品开发的时间,提高新产品开发的成功率,是创新设计的一种有效方法。

【学习目标】

1. 掌握反求设计的概念
2. 明确反求问题的提出
3. 熟知反求设计的含义
4. 熟练掌握反求设计的内容与过程
5. 能够列举反求设计的实例

【任务引入】

在炎热的夏天,每个人都想拥有一个舒适凉爽的环境,对于学生来说拥有一台风扇是一件令人欣喜的事情。现在在市场上常见到电风扇有吊扇、台扇、落地扇、壁扇、空调扇等。近年来,吊扇、台式转页扇在市场中所占比重都有不同程度的降低,而一些落地扇、高端空调扇、无叶风扇等日渐被人们接受。从这几年的发展变化可以看出,一些款式新颖、设计更加人性化、带有健康环保的电风扇更受人们的青睐,像无叶电风扇就是在电风扇的基础上进行再设计所得到的新型产品。

1. 无叶电风扇设计指导思想

无叶电风扇的设计思想源于空气能产生自然持续的凉风,和大多数风扇一样,无叶电风扇也能旋转 90°,还可以自由调整俯仰角、遥控控制、液晶显示室内温度和日期时间。无叶电风扇没有扇叶,可以避免伤到儿童的手指,设计更人性化。

2. 无叶电风扇原理分析

无叶电风扇集合了涡轮增压器和喷气引擎的混流叶轮技术，空气从电风扇的底部吸入，然后进入环形扩大器经环孔制造出强大的喷射气流，气流经过一个螺旋翼形状的空气导向坡吹出空气。同时，风扇后面的空气和周围的空气以被卷入气流，使得吹出的风速更大。

无叶电风扇的结构和材料分析：零部件是实现功能的物质载体，因此其结构要满足功能的需求。材料的选择可以采用表面观测、化学分析及金相分析等方法确定材料的化学成分、结构和表面处理情况，并通过物理性能测试的方法检测材料的表面硬度及其他力学参数，确定材料。

3. 外观造型分析

无叶电风扇外形像一只巨大的指环，在发挥它的基本功能的同时还可以起到装饰作用。

4. 无叶电风扇性能分析

无叶电风扇能产生凉爽的空气，而且安静无声，也比传统电扇安全。由于没有扇叶，其阻力更小、没有噪声和污染排放，更加节能、环保、安全。

任务一　反求设计概述

【任务要求】

1. 掌握反求工程的关键技术
2. 熟练运用反求工程中常用的测量方法
3. 理解公差的反求设计
4. 明确零件材料的反求设计
5. 掌握反求设计中的计算机辅助技术

【任务分析】

反求设计是现代反求工程的重要组成部分，通过反求设计，可以达到吸收先进技术、促进科技成果进步、实现技术创新的目的。反求设计重在分析与吸收，贵在继承与创新，好在能够洋为中用。反求分析是技术创新的基础与源泉。在反求的基础上进行工程设计，起点高、效果快、成本低，可以移植，可以组合，可以改造，可以创新，是发展高新技术、提升经济技术、赶超发达国家的一条有效途径。

在反求设计中，最重要的是创新，没有创新就不会发展。通过反求设计，企业可以节省大量资金，同时也可以提高自身科研水平，特别是对机器中关键零件的反求，这是反求的重点，也是难点。对机器中关键零件的反求成功，技术上就会有突破，就会有创新。我国作为一个发展中国家，从技术和资金方面考虑，引进发达国家先进的技术或产品，然后进行反求设计，仿造或创新设计更新的产品，对发展国民经济大有益处。

【任务实施】

1. 反求工程的概念

反求工程（Reverse Engineering）这一术语起源于 20 世纪 60 年代，但对它从工程的广泛性去研究，从反求的科学性进行深化还是从 20 世纪 90 年代初刚刚开始。反求工程类似于反向推理，属于逆向思维体系。它以社会方法学为指导，以现代设计理论、方法、技术为基础，运用各种专业人员的工程设计经验、知识和创新思维，对已有的产品进行解剖、分析、重构和再创造。在工程设计领域，它具有独特的内涵，可以说它是对设计的设计。

反求工程技术是测量技术、数据处理技术、图形处理技术和加工技术相结合的一门结合性技术，随着计算机技术的飞速发展和上述单元技术是逐渐成熟，近年来在新产品设计开发中愈来愈多地得到应用，因为在产品开发过程中需要以实物（样件）作为设计依据参考模型或作为最终验证依据时尤其需要应用该项技术，所以在汽车、摩托车的外形覆盖件和内装饰件的设计，家电产品外形设计，艺术品复制中对反求工程技术的应用需求尤为迫切。传统的产品设计过程是一个从无到有的过程，即设计人员首先在大脑中形成对该产品的总体构思，然后综合各方面的要素和因素，对产品的功能、性能、结构、尺寸、形状和技术参数等借助计算机建立其三维数字化信息模型，最终有可能将这个模型转入到制造流程中,指导生产过程,这样的产品设计过程称为正向设计过程。而在整个产品的设计过程中,所建立的三维数字化信息模型在后续的设计及制造环节中几乎没发挥作用,后期模型的制作还是依靠传统的手工方法制作,造成前后工作脱节。基于反求工程的产品设计从物质形态上来讲可以认为是一个从有到无再到有的过程。简单来说,反求工程产品设计就是根据已经存在的产品模型,反向推出产品设计数据(包括设计图纸和数字模型)的过程。从这个意义上说,反求工程在工业设计中的应用已经很久了,早期的船舶工业中常用的船体放样设计就是反求工程的很好实例。

在工业设计的领域内,反求工程主要应用于新产品的造型设计以及产品的改型及更新换代的设计过程中,结合快速成型技术,快速地制造出产品样品的实物模型或模具,供设计者进行性能测试、直观评估和验证分析,完成产品的设计及制造。

2. 反求工程的关键技术

(1)表面数字化技术。

表面数字化就是通过特定的测量设备和测量方法获得零件表面离散点的几何坐标数据。只有获得了样件的表面三维信息,才能实现复杂曲面的建模、评价、改进、制造。因此,高效、高精度地实现样件表面的数据采集,是反求工程的主要研究内容之一。

在反求工程中,传统的数字化方法是采用接触式测量,其典型代表是三坐标测量机。随着快速测量的需求及光电技术的发展,以计算机图像处理为主要手段的非接触式测量技术得到飞速发展。常用的非接触式测量方法一般可分为被动视觉和主动视觉两大类。被动式方法中无特殊光源,只能接收物体表面的反射信息,因此设备简单、操作方便、成本低,但算法较复杂。被动式方法使用一个专门的光源装置来提供目标周用的照明,通过发光装置的控制,能使系统获得更多的信息,降低问题难度。

(2)数据点云的预处理技术。

获得的数据一般不能直接用于曲面重构,因为对于接触式测量,由于测头半径的影响,必须对数据点云进行半径补偿;在测量过程中,不可避免会带进噪声、误差等,必须去除这些点;对于海量点云数据,对其进行精简也是必要的,包括:半径补偿、数据插补、数据平滑、点云数据精简、不同坐标点云的归一化等。

(3)表面重建技术。

复杂曲反求工程的目标是根据离散的数据点集构造出分段、光滑的 CAD 模型,因此重建技术成为反求工程的关键技术。

面的 CAD 重构是逆向工程研究的重点。对于复杂曲面产品来说,其实体模型可由曲面模型经过一定的计算演变而来,因此曲面重构是复杂产品逆向工程的关键。具体方法包括:多项式插值法、双三次 Bsp1ine 法、Coons 法、三边 Bezier 曲面法、BP 神经网络法等。

(4)曲线曲面光顺技术。

在基于实物数字化的逆向工程中,由于缺乏必要的特征信息,以及存在数字化误差,光顺操作在产品外形设计中尤为重要。根据每次调整的型值点的数值不同,曲线/曲面的光顺方法和手段主要分为整体修改和局部修改,光顺效果取决于所使用方法的原理准则。其方法有最小二乘法、能量法、回弹法、基于小波的光顺技术等。

3. 反求工程中常用的测量方法

(1)接触式测量方法。

①坐标测量机。坐标测量机是一种大型精密的三坐标测量仪器,可以对具有复杂形状的工件的空间尺寸进行逆向工程测量。坐标测量机一般采用触发式接触测量头,一次采样只能获取一个点的三维坐标值。20 世纪 90 年代初,英国 Renishaw 公司研制出一种三维力－位移传感的扫描测量头,该测头可以在工件上滑动测量,连续获取表面的坐标信息,扫描速度可达 8 m/s,数字化速度最高可达 500 点/秒,精度约为 0.03 mm。这种测头价格昂贵,目前尚未在坐标测量机上广泛采用。坐标测量机主要优点是测量精度高、适应性强,但接触式测头测量效率低,而且对一些软质表面无法进行逆向工程测量。

②层析法。层析法是近年来发展的一种反求工程逆向工程技术,将研究的零件原形填充后,采用逐层铣削和逐层光扫描相结合的方法获取零件原形、不同位置截面的内外轮廓数据,并将其组合起来获得零件的三维数据。层析法的优点在于能对任意形状、任意结构零件的内外轮廓进行测量,但测量方式是破坏性的。

(2)非接触式逆向工程测量方法。

非接触式测量根据测量原理的不同,大致有光学测量、超声波测量、电磁测量等方式。以下仅对在反求工程中最为常用与较为成熟的光学测量方法(含数字图像处理方法)作一简要说明。

①基于光学三角形原理的逆向工程扫描法。这种测量方法根据光学三角形测量原理,以光作为光源,其结构模式可以分为光点单线条、多光条等,将其投射到被测物体表面,并采用光电敏感元件在另一位置接收激光的反射能量,根据光点或光条在物体上成像的偏移,通过被测物体基平面、像点、像距等之间的关系计算物体的深度信息。

②基于机位偏移测景原理的莫尔条纹法。这种测量方法将光栅条纹投射到被测物物体表面,光栅条纹受物体表面形状的调制,其条纹间的相位关系会发生变化,通过数字图像处理方法解析出光栅条纹图像的相位变化量来获取被测物体表面的三维信息。

③基于工业 CT 断层扫描图像逆向工程法。这种测量方法对被测物体进行断层截面扫描,以 X 射线的衰减系数为依据,经处理重建断层截面图像,根据不同位置的断层图像可建立物体的三维信息。该方法可以对被测物体内部的结构和形状进行无损测量。该方法造价高,测量系统的空间分辨率低,获取数据时间长,设备体积大。美国 LLNL 实验室研制的高分辨率 ICT 系统测量精度为 0.01 mm。

④立体视觉测量方法。立体视觉测量是根据同一个三维空间点在不同空间位置的两个(多个)摄像机拍摄的图像中的视差,以及摄像机之间位置的空间几何关系来获取该点的三维坐标值。立体视觉测量方法可以对处于两个(多个)摄像机共同视野内的目标特征点进行测量,而无须伺服机构等扫描装置。

4. 公差的反求设计

机械零件尺寸公差确定的优劣,直接影响部件装配和整机的工作性能。零件的公差一般是不能测量的,只能通过反求设计来解决。

(1)配合公差的反求。

根据基本尺寸,选择配合精度,按两者差值小于或等于所对应公差一半的原则,最后决定出公差的精度等级和对应的公差值。

(2)形位公差的反求。

根据对零件的实测结果选择形位公差时,要注意以下原则:

①确定同一要素上的形位公差时,形状公差值要小于位置公差值。要分清两者的关系,如要求两平面平行时,其平面度公差值要小于平行度公差值。

②圆柱类零件的形状公差值在一般情况下应小于其尺寸公差值。

③形位公差值与尺寸公差值相适应。

④形位公差值与表面粗糙度相适应。粗糙度很大,一般无形位公差要求。

⑤选择形位公差时,要考虑到加工方法。

依据上述几个原则,最后根据零件的功能、实测尺寸、加工方法,参照国家标准,选择出合理的形位公差。

(3)表面粗糙度的反求。

机械零件的表面粗糙度可用粗糙度仪较准确地测量,测量出来后,再根据零件的功能、实测值、加工方法,参照国家标准,选择出合理的表面粗糙度。

5. 零件材料的反求设计

零件材料的选择与热处理直接影响到零件的强度、刚度、寿命、可靠性等指标,是机械设计中的重要问题。

材料的成分分析是指确定材料中的化学成分。对材料的整体、局部、表面进行定性分析或定量分析时,可通过以下手段:

①火花鉴别法。根据材料与砂轮磨削后产生的火花定性判别材料的成分。

②音质判别法。根据敲击材料声音的清脆程度不同判别材料的成分,如铸铁音质哑、钢材的音质脆、余音长。

6. 反求设计中的计算机辅助技术

在反求设计中应用计算机辅助技术,可以大大减少人工劳动,有效缩短设计、制造周期。尤其是将自动测量、重构模型、自动成型、数控加工结合起来,用于三维实体造型的设计与反求,更能体现现代设计、加工技术的优越性。三维实体的数据测取与处理为反求三维实体的物理模型,经常采用的仪器设备是三坐标测量仪、坐标扫描仪、激光扫描仪或数字仪等。通过测取实物表面的形状、尺寸数据,将实体的物理模型转化为数字数据,再将这些数据交由数字处理系统,利用计算机辅助技术,通过对数据的编辑、处理、修补,就能方便地在计算机中建立三维实体的几何模型,并允许对所获得的几何模型进行适当的修改。三维实体的再造计算机辅助技术允许利用已获得的三维实体几何模型,通过对数据进行刀具轨迹编辑,自动生成轨迹,交由机床进行数控机械加工。若发的是文件,则可将信号输入快速自动成型机,进行原型制造。事实上,在计算机、三坐标测量仪、数控加工及成型设备之间建立起网络连接,数据与信号的传输更快捷、迅速。

【任务评价】

反求设计概述要点掌握情况评价表见表 6.1。

表 6.1 反求设计概述要点掌握情况评价表

序号	内容及标准		配分	自检	师检	得分
1	反求工程关键技术（30 分）	表面数字化技术	5			
		数据点云的预处理技术	5			
		表面重建技术	5			
		曲线曲面光顺技术	5			
		总结梳理	10			
2	反求工程中常用的测量方法（40 分）	坐标测量机	5			
		层析法	5			
		基于光学三角形原理的逆向工程扫描法	10			
		基于机位偏移测景原理的莫尔条纹法	10			
		基于工业 CT 断层扫描图像逆向工程法	10			
3	总结分析报告以及实验单的填写（30 分）	重点知识的总结	5			
		问题的分析、整理、解决方案	15			
		实验报告单的填写	10			
综合得分			100			

【知识链接】

1. 反求问题的提出

实际上，任何新产品的问世都蕴涵着对已有科学、技术的继承和借鉴，反求思维的方法在工程上的应用已经源远流长。只是作为反求设计或反求工程的术语提出来，以及作为一门学问进行专门研究，则是出现于 20 世纪中期，三洋电机开发洗衣机的过程就是一个很好的实例。1952 年夏天，三洋电机当时的社长井植岁男看到了洗衣机市场存在巨大的潜力，决定开始研制洗衣机。它们购买了各种不同品牌的洗衣机，并将其送至干部的家中，公司也放满了各式各样的洗衣机，让员工们反复研究琢磨、试验、比较和分析，充分总结和剖析各类洗衣机的优缺点、安全性能、方便程度以及价格水平等，找出了一种比较满意的方案，试制了一台样机。正准备投入市场时，它们又发现了英国胡佛公司最新推出的涡轮喷流式洗衣机，这种涡轮喷流式洗衣机的性能相比原先的搅拌式洗衣机有了很大的提高。三洋公司的管理者深深懂得，后开发的产品，如果在性能上没有明显优于已经上市的同类产品，那么不仅应当预计到在今后的竞争中必然遭受失败的后果，甚至一开始就应当考虑是否投产的问题。于是三洋公司果断地放弃了已投入几千万元研制出的即将成批生产的洗衣机，开始对胡佛公司的涡轮喷流式洗衣机进行全面解剖和改进，并于1953年春研制出日本第一台喷流式洗衣机。这种性能优异、价格只及传统搅拌式洗衣机一半的新产品，一上市便引起轰动，不仅带来巨大的经济效益，而且使三洋在洗衣机行业站稳了脚跟。

为实现国产化的改进，为了要最终占领国际市场，就要迫切需要对别国的产品进行消化、吸收、改进和挖潜，这也就形成了反求设计或反求工程的发展机制。成功地运用反求工程使日本节约了65%的研究时间、90%的研究经费，到20世纪70年代，日本的工业已经达到欧美发达国家水平。中国也不乏反求的例子，最典型、最成功的反求工程就算是海尔了，它开始借鉴德国的海尔技术与管理模式，又在其基础上进行继承与创新，现在已经成为世界知名品牌。大部分人都把反求工程和盗版(copy)混为一谈，认为反求实质上就是窃取，这样理解大错特错，反求之所以会上升到工程的概念，就是因为它“以设计方法学为指导，以现代设计理论、方法、技术为基础，运用各种专业人员的工程设计经验、知识和创新思维，对已有新产品进行解剖、深化和再创造，是已有设计的设计”，它含有改进人员的再创造，在法律和道德的角度上讲都是无可厚非的。当然，反求工程一定要在科技道德和法律制约下进行，遵守有关法律(如专利法、知识产权法、商标法等)。应该强调，作为一个国家、民族，为发展科技和振兴经济，不能全靠反求来生存，鼓励独立的创造性永远是主旋律或主题。

2. 反求设计的含义

人们通常所指的设计是正设计，是由未知到已知的过程、由想象到现实的过程，这一过程可用图6.1来描述。当然这一过程也需要运用类比、移植等创新技法，但产品的概念是新颖的、独创的。

图6.1 正设计示意图

反求设计则不然，虽然为反设计，但绝不是正设计的简单逆过程。因为针对的是别人的已知和现实的产品，而不是自己的，所以也不是全知的，是一个虽然知其然，但不知其所以然的问题，因为一个先进的成熟的产品凝聚着原创者长时间的思考与实践、研究与探索，要理解、吃透原创者的技术与思想，在某种程度上比自己创造难度还要大。因此反求设计绝不是简单仿造的意思，是需要进行专门分析与研究的问题，其含义可用图6.2所示框图描述。

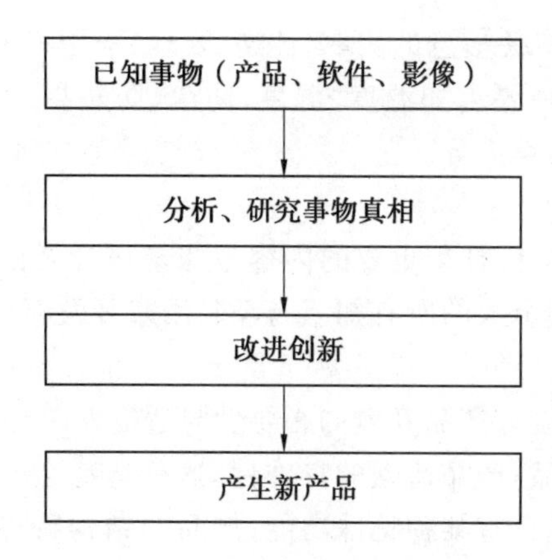

图 6.2　反求设计示意图

3. 反求设计的过程

反求设计分为两个阶段：反求分析阶段与反求设计阶段。

(1)反求分析阶段。

反求分析阶段是通过对原产品的功能、原理方案、零部件结构尺寸、材料性能、加工装配工艺等进行全面深入的了解，明确其关键功能和关键技术，对设计特点和不足之处做出必要的评估。

从概念上来讲，反求分析可以分为下面几个方面，如图 6.3 所示。

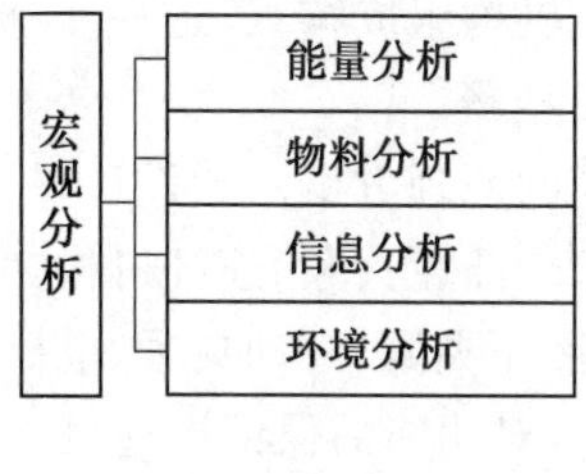

图 6.3　反求分析阶段

①宏观分析。

a. 能量分析。主要了解原产品采用的能源方式、动力源、能否用其他能源代替。

b. 物料分析。零、部件的形状、材料、性态以及特殊要求，如助燃、隔热、防水等。

c. 信息分析。系统中有关信息的测取、传递、处理、采用和控制等。

d. 环境分析。工作环境要求如温度、湿度、防尘、防辐射，产品系统对环境的影响包括粉尘、污物、污水、振动和噪声等。

②详细分析。

a. 反求设计思想。反求设计最重要的内容是探求设计者的设计思想，设计思想是设计者的灵魂，设计者会挖掘个人的所有知识与经验用来开发新产品，是设计者本人或设计小组全体成员智慧的结晶。

设计思想主要应包括设计产品开发的必要性与适应性，产品是在何种条件下产生的，为什么要研制开发这种产品；产品造型的特殊性，这种造型会产生何种效应与影响，是单纯为操作者提供方便，还是具有某种特殊功能；产品的结构特点，有些什么与众不同的特点，进而分析这些特殊结构的特殊原因，以及会造成的结果等。设计思想的反求是贯穿反求全过程的工作，在反求设计中的每一步骤都不要忘记揣摩设计者的意图，例如，为降低产品的成本以及方便使用与携带，产品的小型化成为设计者的指导思想；为满足不同用户要求各异的特点，推出衍生性产品也成为设计者的指导思想，如日本索尼公司创造的随身听系列产品，在不改变主要技术原理和产品元件的条件下，只是通过改变局部辅助功能，而推出儿童用的小巧型、运动使用的防振型、海滩娱乐使用的防水型等。从 20 世纪 80 年代初到 90 年代初，索尼公司仅在美国市场就推出了 572 种随身听产品。

b. 原理方案分析。产品是针对功能要求进行设计的，功能的实现依赖于原理方案的保证。探索原设计的功能原理和机构组成特点，进一步研究实现同样功能新的原理解法是实现反求设计技术创新的重要步骤。

不同的功能目标可引出不同的原理方案。如设计一个夹紧装置时把功能目标定在机械手段上，则可能设计出螺旋夹紧、凸轮夹紧、连杆机构夹紧、斜面夹紧等原理方案。如把功能目标确定扩大，则可能出现液压夹紧、气动夹紧、电磁夹紧等原理方案。

c. 结构分析。结构方式不同，对功能的保证措施也不同，随之带来的是产品特点也不同。例如，冷冲压模具设计中的弹性装置，可采用弹簧与橡胶两种不同的弹性元件。另外，满足同一动作，可以有不同的结构形式，如齿轮传动、液压传动。

d. 材料分析。通过零件的外观比较、质量测量、硬度测量、化学分析、光谱分析金相分析等手段，对材料的物理、化学成分、热处理进行鉴定。参照同类产品的材料牌号，选择满足力学性能和化学性能要求的国产材料代用。

e. 形体尺寸分析。实物反求可通过常用的测量设备，如万能量具、投影仪、坐标机等对产品直接进行测量，以确定形体尺寸；软件反求和影像反求则可采用参照物对比法，利用透视法求得尺寸之间的比例，并结合人机工程学和相关的专业知识，通过分析计算来确定形体尺寸。

f. 外观造型分析。产品外观造型是产品的视觉语言，最能突出产品的个性，在商品竞争中起着重要的作用。对产品的造型及色彩进行分析，从美学原则、顾客需求心理、商品价值等角度进行构型设计和色彩设计。

g. 工艺和精度分析。许多设备之所以先进，关键是工艺先进。分析产品的加工工艺过程和关键工艺十分重要，在此基础上选择合计工艺参数，确定新设计产品的制造工艺方

法。构件表面形状、尺寸、元素的相对位置要求是保证零件功能的基础条件，在反求过程中，必须对尺寸精度、配合精度、形位精度、表面粗糙度等进行深入分析。

(2)功能原理的反求。

功能原理的反求也是一个分析过程，对于一个已知产品，其总功能是已知的，但深入分析其组成结构时，会发现产品的各组成部分的分功能，乃至功能元并非完全了解，因此有必要首先分析组成产品各部分存在的意义。其次应深入分析实现这一功能的工作原理，是简单的机械效应，或是气动与液压的效应，还是电磁等效应；是采用了分割，还是合并原理等。掌握了功能原理，就可以变被动为主动，开发出实现同样功能的不同原理，也就实现了从反求到创新的过程，如在设计一个夹紧装置时，若把功能原理限定在纯机械机构范围内，则可能设计出螺旋夹紧、凸轮夹紧、连杆机构夹紧、斜面夹紧等方案：如果把功能原理不限定在纯机械机构范围内，则可能出现液压、气动、电磁夹紧等原理方案。

(3)结构形状与尺寸参数的反求。

结构形状与尺寸参数的反求既是一个分析过程，也是一个实际测绘过程。

4. 反求设计的分类

从工程技术角度来看，根据反求对象的不同，反求设计可分为实物反求、软件反求和影响反求三类。

(1)实物反求。

顾名思义，实物反求是在已有实物条件下，通过试验、测绘和详细分析，再创造出新产品的过程。实物反求包括功能、性能、方案、结构、材质、精度、使用规范等众多方面的反求。实物反求的对象可以是整机、部件、组件和零件，通常实物反求的对象大多是比较先进的设备、产品。实物反求应用于技术引进的硬件模式中，是以扩大生产能力为主要目的，在此基础之上，开发创新的新产品。

实物反求设计有如下特点：

①具有形象直观的实物。

②可对产品的性能、功能、材料等直接进行测试分析，获得详细的产品技术资料。

③可对产品各组成部分的尺寸直接进行测试分析，获得产品的尺寸参数。

④起点高，缩短了产品的开发周期。

⑤实物样品与新产品之间有可比性，有利于提高新产品开发的质量。

实物反求设计一般要经历如图 6.4 所示的过程。

①分析。分析原始产品的功能特点、原理方案、结构性能、工艺过程、产品的造型特色等宏观内容。

a. 功能分析。分析产品的主要功能、分功能、辅助功能，并按照体现机电产品功能的能量物料、信息，以及与超系统的关系进行分析。物料包括产品本身的实物组合形式以及制品的形式，分别分析它们对产品功能的影响情况，哪些有利于产品功能的发挥，产生有利因素的原因是什么。信息主要指传感与控制系统，分析它们对功能发挥所起的作用。超系统主要指产品存在的环境、使用者或操作者分析产品对环境的影响以及环境对产品的影响，分析产品的可操作性以及适应性原理方案分析。例如，分析产品共有几个动力源，为何种动力，这些动力源的技术参数分别是多少(功率多大、转矩多大)，又是如何将动

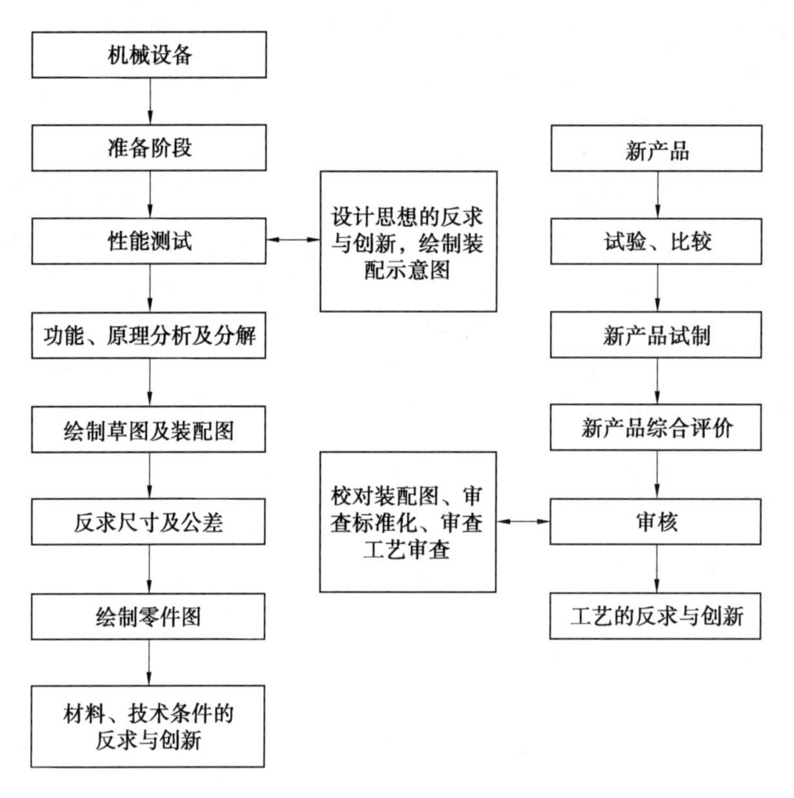

图 6.4 实物反求设计一般要经历的过程图

力分配给各子系统的。

b.功能原理分析。主要分析总功能及每项分功能各自采用什么样的工作原理，实现同样的功能还可能有的工作原理是什么，比较其的优越性和特色。

c.结构构型分析。主要分析外观构造与形状、色彩，外形构造和谐、配色恰当的产品会具有大的吸引力。

d.工艺过程分析。主要分析产品的工作流程，并与同类产品进行比较，比较其复杂性的长短、资源的利用等。

②测试与分解。测试是指开始运行，并在运行中进行有关性能的测试，即测试对产品质量有影响的。例如：功能测试，即测试是否能完成应具备的各种功能；原理方案的测试，即判断分析反求的原理是否正确；振动测试，即测试机器运行时的振动情况；还有诸如启动时间、运行速度，对试验的数据进行科学处理，记录试验的故障现象，为进一步反求分解。

分解是指对原始产品的解体、拆卸，在有条件的情况下最好能对反求的原始产品进行分解，其主要目的是进一步探索产品的工作原理、结构特性、零部件的特殊结构等。分解时要遵循一定的原则，应在能恢复原机的原则下进行分解，分解的零部件要按机器的组成进行编号记录，拆后不易复位的(如过盈配合的零部件)以及特殊组件等不可分解。

③测绘。

测绘主要是对零部件的测量与绘制，测绘前首先要分清标准件与非标准件，分清规则

形状零件与不规则形状零件，分清重要零件与一般零件，对于重要的、形状又不规则的零件应米用三坐标仪等高精度仪器进行测量，并借助计算机进行曲线拟合与数据整理并输出。对有配合的零件要注意，公差的反求与表面精度的反求测量后的绘制需要对零件的工作特性与技术要求进行标注，特殊的情况还应进行优化设计，或采用有限元等分析方法反求零件的强度与刚度等。

④改进与创新。在反求已知产品的基础上进行设计的形式有三种，它们是：模仿设计、改进设计和创新设计。模仿设计没有太大的实际意义，在此就不多加讨论；改进设计是在分析原有产品的基础上对原产品的某些结构、参数、材料等进行部分的改进型设计：创新设计就是在分析原产品的基础上，抓住功能的本质，从原理方案开始进行创新设计。在进行改进与创新时必须注意新产品与原产品的功能与成本的关系比较，应该使新产品相对于原产品保持：功能不变，降低成本；增加功能，降低成本；增加功能，成本不变。

(2)软件反求。

软件反求是以与产品有关的技术图样、产品样本、专利文献影视图片、设计说明书、操作说明、维修手册等技术文件为依据进行新产品设计的过程。

①技术资料反求设计的特点。

a. 抽象性。技术软件不是实物，可见性差，不如实物形象直观，因此，技术资料反求设计的过程是一个处理抽象信息的过程，需要发挥人们的想象力。

b. 科学性。软件反求要求从技术资料的各种信息载体中提取信号，经过科学的分析和反求，去伪存真，由低级到高级，逐步破译出反求对象的技术秘密，从而得到接近客观的真值，因此，软件反求具有高度的科学性。

c. 综合性。软件反求要综合运用相似理论、优化理论、模糊理论、决策理论、预测理论、计算机技术等多学科的知识，因此，软件反求是一门综合性很强的技术。

d. 创造性。软件反求是一种创造、创新的过程，软件反求设计应充分发挥设计者的创造性及集体智慧，大胆开发、大胆创新。

②软件反求设计的常用方法。图片资料的反求设计对图片等资料进行分析是最主要的，关键技术主要有透视变换原理与技术、透视投影原理与技术、阴影、色彩与三维信息等技术。随着计算机技术的飞速发展，图像扫描技术与扫描结果的信息处理技术已逐渐完善，现代的高新技术正在使这个难度大的反求设计变得比较容易。

产品样本、技术文件、设计书、使用说明、图纸、有关规范和标准、安装说明、管理规范等均为技术软件。软件反求有两种情况：一种是既有技术软件，又有产品实物；另一种没有产品实物，只有技术软件。对于后一种，由于没有实物，所以对产品的功能实现、原理方案实施过程中可能存在的问题都是未知的，反求时首先应论证必要性与可行性，然后通过软件资料进行功能、原理、结构尺寸的分析，搞清楚产品的功能目标、工作原理、结构特性，对国外资料还要进行某些标准的转换、材料牌号的代换等，为了使反求设计顺利进行，一般先从样机开始设计，或利用计算机进行虚拟设计，以免造成不必要的浪费与失败。

(3)影像反求。

根据照片、图片、影视画面、宣传广告等资料进行反求设计为影像反求。这种反求的特点是信息量少，反求难度大，要求设计者具有较丰富的设计与实践经验，这种反求设计的基本过程是：首先要收集相关资料、同类产品的资料，用于设计时进行对比与参照；其次是利用产品的外形结构特点、透视变换原理、三维信息技术、图像扫描技术、色彩判断等手段反求产品的结构形状、尺寸大小、工作原理以及材料等，例如，观察是否具备管道供气或供油系统来判断是否为气液传动；通过观察机器外形分析其传动系统是齿轮传动还是蜗杆传动；根据图片的色彩以及结构的细节分析其材料是金属材料还是非金属材料等。

另外，专利是一种比较特殊的影像材料，专利一般包括说明书（发明背景、内容、实施、附图）、权利要求、说明书摘要等。对专利的反求，要注意判断内容的实用性、新颖性、经济性要分析专利持有者的设计思想，研究专利中的关键技术。从分析、研究中获得启发，再从产品的功能入手，进行原理方案、结构构型的创新设计。

(4)计算机辅助反求设计。

随着现代计算机技术及测量技术的发展，利用 CAD/CAM 技术、先进制造技术实现产品实物的反求工程已成研究热点。从反求工程的基本概念可以看出，反求工程的基本目的主要是复制原型和进行与原型有关的制造，包括“三维重构”和“反求制造”两个阶段。在这两个阶段应用计算机辅助技术，可以大大减少人工劳动，有效缩短设计、制造周期，尤其对于有很多复杂曲线、曲面的零件，很难靠人工绘图的方法去拟合和拼接出原来的曲面，例如离心泵叶轮、涡轮增压器叶轮的三维曲面，汽车车身外形曲面等，如果利用计算机技术和现代测量技术就可以精确测出其特征点，从而实现精确反求。计算机辅助反求设计可以分为以下几个步骤：数据的采集（也可以称为对象的数字化）；数据的处理；CAD 模型的建立；产品功能模拟及再设计、后处理等。

【知识拓展】

随着科学技术快速发展，新的科技成果层见叠出，不断推动着生产力的发展和社会的进步，反求设计的应用对于我国科技进步和发展有着重要的现实意义。

1. 现代设计方法的特点

现代设计方法是随着当代科学技术的飞速发展和计算机技术的广泛应用而在设计领域发展起来的一门新兴的多元交叉学科，以满足市场产品的质量、性能、时间、成本、价格综合效益最优为目的，以计算机辅助设计技术为主体，以多种科学方法及技术为手段，研究、改进、创造产品和工艺等活动过程所用到的技术和知识群体的总称。在相关的科学技术基础之上，结合运用计算机技术，进行综合系统的集成设计计算，使机械产品的设计工作跨越了一个新的台阶。

2. 反求设计在三维建模中的应用

(1)反求设计的内涵。

反求设计是指先对产品实物样件进行数字化处理，然后利用工程软件生成 CAD 数据，进一步用 CAD/CAE/CAM 软件实现再设计，并进行自动编程，最后实现数控加工的过程。整个过程缩短设计和制造周期，更能够体现现代化设计和加工技术的优越。其中通过数据的采集和处理重构实物的三维原型是其关键步骤。

(2)反求设计的步骤。

曲线、面的构建是模型重构的基础。其常用的模型重构方法为数据点通过插值或逼

近拟合成样条由线，再利用软件完成曲面造型，最后对曲面进行剪切、过渡和拼合等曲面编辑，进而得到的CAD三维模型。以现今较为流行的逆向工程软件Imageware和建模软件UG的三维模型重构方法为例，反求设计流程图如图6.5所示。

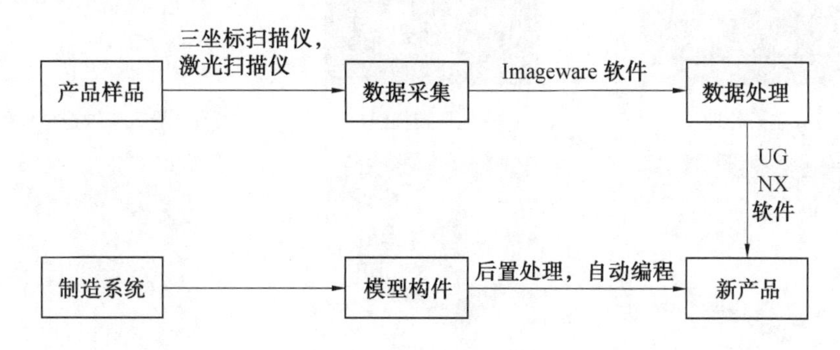

图6.5　反求设计流程图

①数据的采集。前物体表面几何数据获取方法多种多样，可通过传感技术、控制技术、图像处理和计算机视觉等相关技术。按其工作原理和结构分类，可分为接触式和非接触式。接触式是指测头与被测物体直接接触获取数据信息，比如三坐标测量机。非接触式测量可分为光学测量法、超声波法和磁共振等。在逆向工程中，通常采用三维光学扫描仪或激光扫描仪等测量装置来进行产品表面点数据的采集。

②数据的处理。通过激光三维扫描仪进行数据采集，可以方便地获取物体表面信息，这些信息通过大量点来表达，通常称为点云(Point Cloud)。采集得到的点数据，我们要用逆向设计软件对点数据进行处理，这里我们采用Imagewarc，包括噪声过滤、排序、删减、拼合、分割及特征点的提取等。

a. 去除杂点。受设备和环境因素的影响，扫描会有大量无用点的存在，为方便后续工作的展开，可以进行去除。

b. 数据拼合。受设备的限制，有些产品需多方位扫描进行数据的采集，多次扫描后，每块点云的坐标位置发生了变化，利用逆向软件使得坐标重合以进行数据的拼合。

c. 数据精简。在不损失模型特征的情况下利用逆向软件对点云进行有效的精简压缩，可以大大提高工作效率。

③模型重构。模型重构可以说是反求设计的一个核心及主要的目的，是依据点云数据恢复曲面形状建立模型并进一步实现分析和再设计的过程。UG NX是当今世界上较为流行的CAD/CAM/CAE软件之一。微型出面重构过程一般是对采集的数据系进行拟合生成出特征线，然后利用特征线拟合生成出曲面，曲面之间还可以进一步缝合、过渡或者加厚，最后分析和优化以得到更合理的实体模型。例如，壳曲面重构的感本思路如图6.6所示。

3. 反求设计的实际应用

随着人们对于反求设计的认识不断深入以及相关软硬件的逐渐普及，其快捷、简便、直观等特点日益凸显，应用领域也越来越广泛。在新产品的外形设计中，当设计师难以直接用计算机进行初始外形设计，这就需要通过反求设计将实物模型转化为三维CAD模型。对于某些构造复杂的设备，如航空发动机、汽轮机组等，在实际使用中大部分故障都

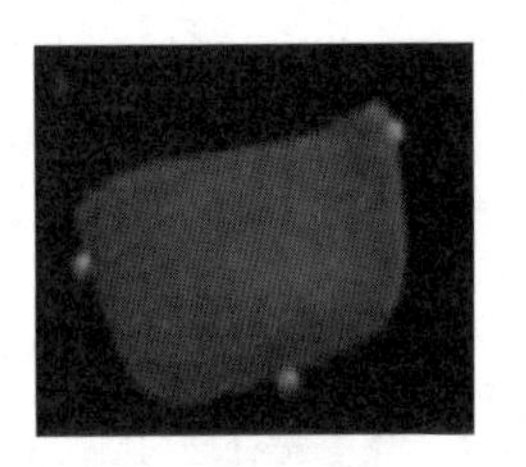

(a) 点云处理

(b) 提取特征线

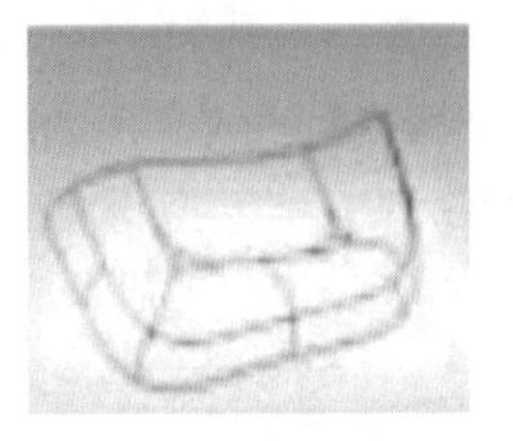

(c) 导入三维造型软件

(d) 构件曲面

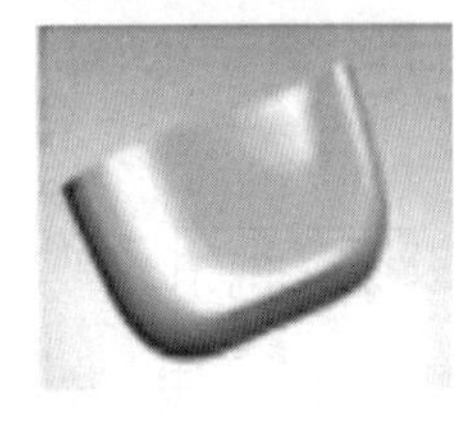

(e) 生成过渡曲面

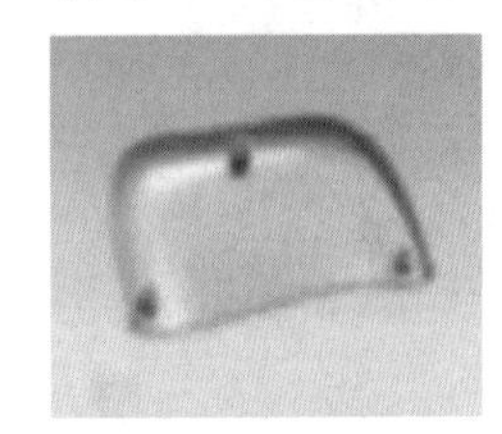

(f) 加厚生成实体

图 6.6　壳曲面重构的感本思路

是由于某一电部件的损坏而引起的。应将弧坑填满，避免产生弧坑裂纹，及时修磨起、收弧接头，保证起收弧质量；加强道间、层间清理，发现缺陷及时处理，确认合格后继续施焊。严格控制焊接线能量。焊道宽度不超过焊条半径的 4 倍，每根完整的焊条所焊接的焊道长度与该焊条的熔化长度之比应大于 50%，盖面层焊接。在填充焊接完毕并经检测无误后，进行盖面层的焊接，盖面层要高出母材 5～6 mm，对上一层焊缝金属进行自回火处理，消除部分应力，增强焊缝金属的塑韧性。

(1)焊后处理。

①后热。焊接完毕后，缓慢冷却至 100 ℃时进行后热处理，即低保度为 100 ℃。恒温时间为 2 h。通过这一措施促使焊缝中的氢扩散溢出，防止冷裂纹的产生。

②焊后热处理。根据管件的壁厚及材质，热处理工艺见图 6.7。

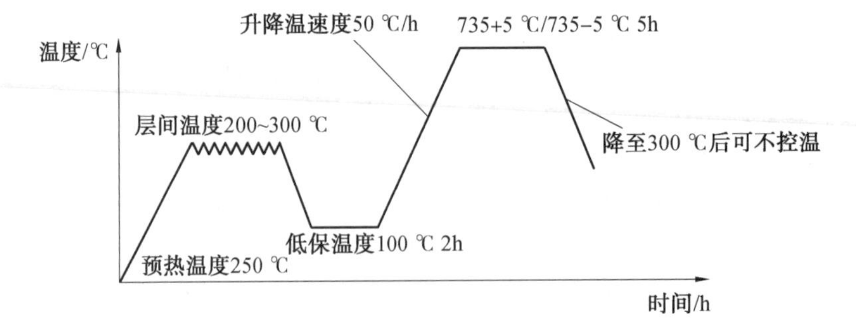

图 6.7　热处理工艺图

③在低温保护 2 h 后，选择开温速度为 500 ℃/h，烤后热处理温度为(735±5) ℃，保温 5 h，降温采用炉内冷却，降温速座在 30～50 ℃/h，300 ℃以下可不控制。

④加热器要布置规范、合理。

(2)无损检测。

焊后执处理完毕后，将表面焊缝打磨抛光，对焊缝进行各项检测，检测包括：光谱复

核、渗透检测、磁粉检测、超声检测、硬度检测，经检测均符合标准，结果判定为合格。

(3)施工完毕。

拆除加固措施并对施工场地进行清理，做到工完、料尽、场地清。

【想想练练】

一、想一想

我国是农业大国，在农业机械上面还有很大的不足与进步空间，如何合理运用反求工程在国外先进的农业设备基础上进行我国农业设备的赶超？

二、练一练

1.设计思想的反求是指什么？

2.功能原理的反求是指什么？

3.实物反求是指什么？

4.实物反求的特点是什么？

5.反求设计的含义是什么？

6.反求设计的最主要过程是什么？

任务二 硬件反求设计与创新

【任务要求】

1.掌握硬件反求设计的基本理论

2.条理清晰地梳理硬件反求设计特点，注意硬件反求的应用方法

3.学会在原有的基础上进行合理有效的创新操作

4.总结得出自己的学习心得，进行交流分享，拓展创新

【任务分析】

反求设计的研究对象为引进的比较先进的设备或产品实物，其目的是通过对产品的设计原理、结构、材料、工艺装配、包装、使用等进行分析、研究，研制开发出与被分析产品功能、结构等方面相似的产品。在进行此项任务时，要注意任务的难度，由浅入深地进行任务的探索，做好记录，分享每个人的收获成果。

【任务实施】

硬件反求可分为对整个设备的反求(即整机反求)、对组成机器部件的反求(即部件反求)和对机器零件的反求(即零件反求)共三个组成部分。硬件反求设计的一般过程如图6.8所示。

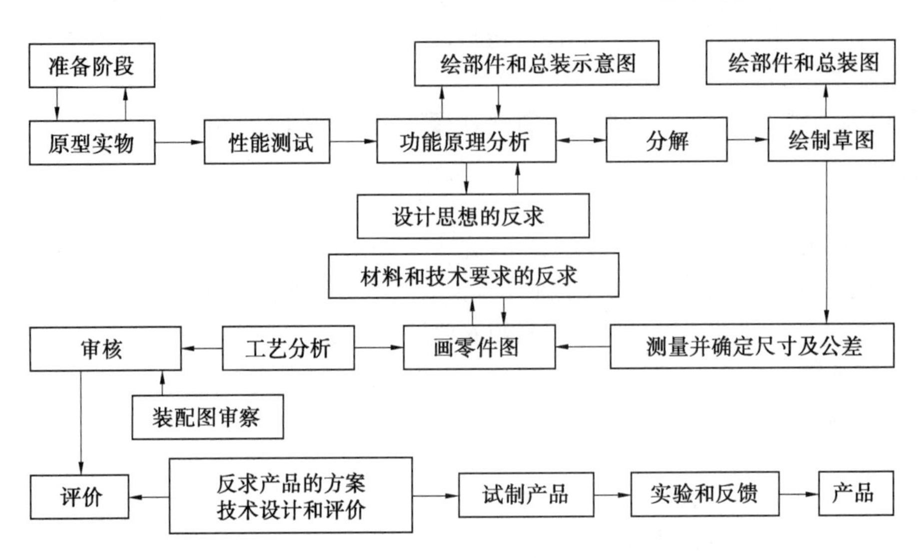

图 6.8 硬件反求设计的一般过程

1. 硬件反求设计法的特点

(1)具有直观、形象的实物。

(2)对产品功能、性能、材料等均可进行直接试验分析,求得详细的设计参数。

(3)对机器设备能进行直接测绘,以求得尺寸参数。

(4)仿制产品起点高,设计周期可大大缩短。

(5)引进的样品即为所设计产品的检验标准。

2. 硬件反求的分类

(1)整机的反求。

(2)关键零部件的反求。

(3)机械零件材料的反求。

3. 以转盘式滚压成形机为例进行反求设计

(1)原设备分析。

从设备的外形、尺寸、比例及有关专业知识,去分析、琢磨其功能及内部可能的结构进行反求设计。

(2)功能分析。

任何一件产品,既是由若干个零件组成的结构系统,又是由若干个子功能组成的功能系统。功能分析的实质就是将反求对象的结构系统转化为功能系统。

①结构组成及工作原理分析。反求对象的工作原理及结构组成分析是功能分析的基础,工作原理示意图是功能分析的重要工具。工作原理示意图能简要地反映产品的整体布局、传动系统、工作原理及结构组成等,画好原理示意图是进行功能分析的前提。经实地参观考察,凭借设备外形特征及有关的专业知识,画出转盘式滚压成型机的工作原理示意图,如图 6.9 所示。

主轴电机 14、无级变速装置 15 和锥形摩擦离合器 16 使主轴 13 转动,电机 1、带传动装置 2 和蜗杆蜗轮机构 3 使立轴 5 旋转,立轴通过齿轮传动 4 带动空套在心轴上的圆柱

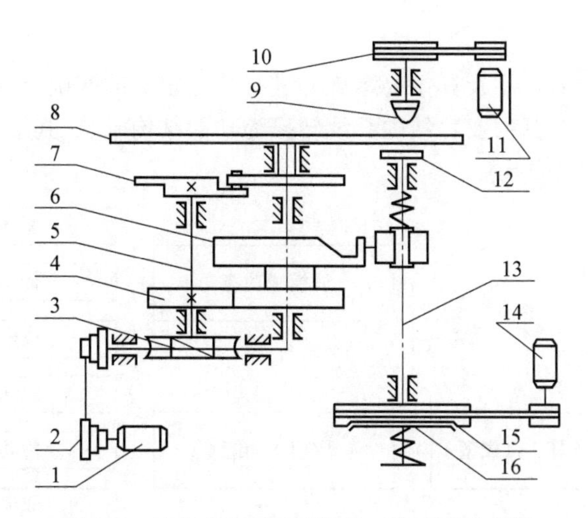

图 6.9 转盘式滚压成型机的工作原理示意图

凸轮 6 转动，圆柱凸轮机构可驱使主轴 13 做升降运动。立轴上的槽轮机构 7 使回转工作台 8 做间歇转动。滚压头电动机 11 经过三角皮带无级变速装置 10 带动滚压头 9 旋转。

主要零部件的功能见表 6.2。

表 6.2 主要零部件的功能

序号	零部件名称	功能
1	电机	提供工作台旋转和主轴升降的动力
2	带传动装置	运动转换(有级变速)
3	蜗轮蜗杆机构	运动转换(变速、变向)
4	齿轮传动	运动转换
5	立轴	支撑轴上零件
6	圆柱凸轮	主轴升降
7	槽轮机构	运动转换
8	回转工作台	装料
9	滚压头	泥料成型
10	无级变速装置	运动转换(无级变速)
11	滚压头电机	提供成型的动力
12	模座	泥料成型
13	主轴	支撑模座
14	主轴电机	提供成型的电力
15	无级变速装置	运动转换(无级变速)
16	锥形摩擦离合器	运动转换
17	机架	提供支撑

(3)功能整理。

功能整理就是在对产品及其主要零部件进行功能定义的基础上,按照各功能之间"目的一手段"的关系,将产品的实物结构系统转换为功能结构系统,其结果用功能系统图(功能树)来表达,如图 6.10 所示。

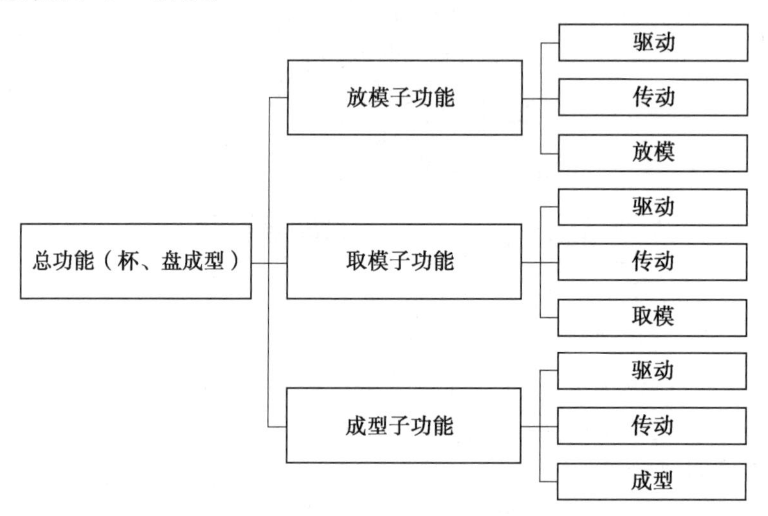

图 6.10 功能系统图(功能树)

采用直推法就是从产品的总功能开始,向后依次寻找其实现该功能的手段功能,直到找到末位功能(功能元)为止,就可得到功能系统图。

(4)原设备分析。

原设备机械传动装置较为复杂,如工作台旋转和立轴的升降由电机 1 带动,整机显得较为笨重,功耗较大。主轴的升降距离不能调节,使加工品种范围小。工作台的回转时间不能调节空转时间长,生产率低。

(5)二次设计。

对原转盘式滚压成形机进行分析,首先要找出不令人满意的子功能解,进行二次设计。

原设备与二次设计后的主要区别在于工作台转动和主轴上下运动的控制方面,省去了原成型机中的三角皮带无级变速装置、蜗杆蜗轮传动装置、槽轮机构和圆柱凸轮机构,而只增加了一只步进电机、一对齿轮传动和螺旋传动装置,如图 6.11 所示。

二次设计后转盘式滚压成型机采用多机驱动,简化了传动系统,减小了整机的尺寸,降低了制造成本,特别是采用单片机控制子功能时控制回转工作台转动的时间,缩短空转的时间,有利于提高坯体的质量和劳动生产率。

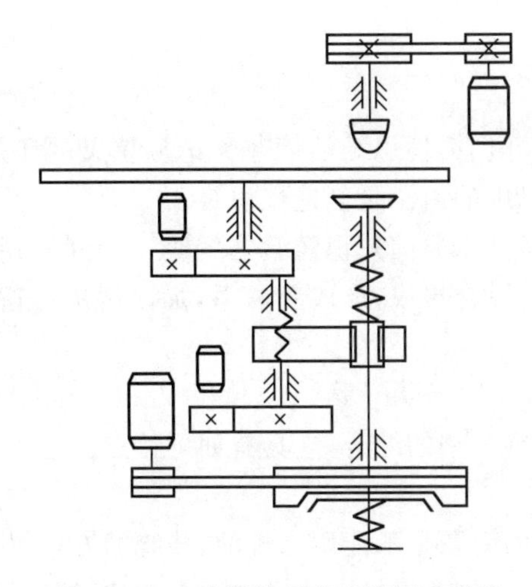

图 6.11　二次设计后盘式滚压成形机

【任务评价】

硬件反求与创新设计要点掌握情况表见表 6.3。

表 6.3　硬件反求与创新设计要点掌握情况评价表

序号	内容及标准		配分	自检	师检	得分
1	转盘式滚压成形机（30 分）	原设备分析	5			
		功能分析	5			
		功能整理	5			
		二次设计	5			
		总结梳理	10			
2	硬件反求设计要点（40 分）	硬件反求设计的目的	5			
		硬件反求设计一般过程	5			
		硬件反求设计特点	10			
		硬件反求的种类	10			
		总结梳理	10			
3	总结分析报告以及实验单的填写（30 分）	重点知识的总结	5			
		问题的分析、整理	15			
		实验报告单的填写	10			
综合得分			100			

【知识链接】

工程及产品设计离不开创造性思维活动。无论从狭义的还是广义的设计角度来讲，设计的内涵是创造，设计思维的内涵是创造性思维。

人们碰到问题，不依靠已掌握的知识经验去解决，而是将头脑中的各种信息，在新的甚至是突然的启发下，重新综合集成，形成新联系，加以解决。这种思维是与常规思维不同的创造性思维。

1. 创造性思维的特点

创造性思维是多种思维类型的综合，它具有如下特点：

(1)独创性。

创造性思维所要解决的问题是不能用常规的、传统的方式解决的问题，它要求重新组织观念，以便产生某种至少以前在思维者头脑中不存在的、新颖的、独特的思维，这就是它的独创性。它敢于对司空见惯或认为完美无缺的事物提出怀疑，敢于向旧的传统和习惯挑战，敢于否定自己思想上的“框框”，从新的角度分析问题，寻求更合理的解法。

例如，20 世纪 50 年代在研制晶体管原料时，人们发现锗是一种比较理想的材料，但需要提炼得很纯才能满足要求。各国科学家在锗的提纯工艺方面做了很多探索，都未获成功。而日本的江崎和黑田百合子对锗多次提纯失败之后，敢于采用了与别人完全不同方法，他们有计划地在锗中加入少量杂质，并观察其变化，最后发现当锗的纯度降为原来的一半时，形成了一种性能优异的电晶体。此项成果轰动世界，获得了诺贝尔奖。

(2)推理性。

推理性是创造性思维的特点之一，它能引导人们由已知探索未知，开阔思路。推理性通常表现为三种形式：纵向推理、横向推理和逆向推理。

①纵向推理针对某现象或问题，立即进行纵深思考，探寻其本质而得到新的启示。

②横向推理则通过某一现象联想到特点与它相似或相关的事物，从而得到该现象的新应用。例如，摩擦焊接的发明者看到这样一个事实：车床突然停电，促使车刀粘焊在工件上，使工件报废，分析原因是车刀与工件摩擦产生高温所至，由此引发了摩擦焊的发明。

③逆向推理则是针对现象、问题或解法，分析其相反的方面进行逆推，从另一角度探寻新的途径。

(3)多向性。

创造性思维要求向多种方向发展，寻求新的思路。它可以指从一点向多个方向的扩展，提出多种设想、多种答案。它也可以指从不同角度对一个问题进行思考、求解。

例如，过河问题的解决可以通过桥、船、游泳等多种方式，这就是对过河问题的多向考虑。

(4)跨越性。

在创造性思维中常常出现一种突如其来的领悟或理解。它往往表现为思维逻辑的中断，出现思想的飞跃，突然闪现出一种新设想、新观念，使对问题的思考突破原有的框架，从而解决了问题。如门捷列夫就是在快要上车去外地出差时，头脑中突然闪现了未来元素体系的思想；凯库勒是梦见苯分子的碳链像一条长龙首尾相接，翩跹起舞，突然悟出了

其基本分子结构。

创造性思维的这一特点，从思维进程来说，它表现为省略思维步骤，加大思维的“前进跨度”，从思维条件的角度来讲，它表现为能跨越事物“可现度”的限制，这就是它的跨越性。

登月飞船是由 700 万个零件组成，2 万家工厂承担生产制造任务，有 42 万名科学家和工程技术人员参与研制工作，历时 11 年之久，耗资 244 亿美元。这样一个复杂系统是人类智慧综合的产物。把已有的东西加以新的综合，无疑是一种杰出的创造。

2. 设备实物反求

广义上的反求工程设计是从已知事物的有关信息（包括硬件、软件、照片、广告、情报等）去寻求这些信息的科学性、技术性、先进性、经济性、合理性、国产化的可能性等，要回溯这些信息的科学依据，即要充分消化和吸收，不仅如此，更要在此基础上进行改进、挖潜和再创造。因此，概括起来反求工程设计的基本内容主要包括：产品设计意图与原理的反求、几何形状与结构反求、材料反求、制造工艺反求、管理反求等方面。其反求对象既包含了人们习以为常的实物原型，也包括了软件与影像等对象。所谓实物反求，是在已有实物的条件下，通过试验、测绘和详细分析，提出再创造的关键。其中包括功能反求、性能反求，以及方案、结构、材质、精度、使用规范等众多方面的反求。

(1)根据反求对象的不同，实物反求可分为以下三种。

①整机反求。反求对象是整台机器或设备。如一部汽车、一架飞机、一台机床，也可以是汽车或飞机的一台发动机、成套设备中的某一设备等。

②部件反求。反求对象是组成机器的部件。这类部件是由一组协同工作的零件所组成的独立制造或独立装配的组合体，如机器设备上的阀泵、机床的尾架、床头箱等。

③零件反求。反求对象是组成机器的基本单元。

(2)进行实物反求设计时的一般进程如下。

①工作准备。需广泛了解国际国内同类产品的结构、性能参数、产品系列的技术水平，生产水平、管理水平和发展趋势，以确定是否具备引进的条件。与此同时，进行反求工程设计的项目分析、产品水平、市场预测、用户要求、发展前景、经济效益等方面的分析研究，写出可行性分析报告。

②功能分析。对反求实物进行功能分析，找出相应的功能载体和工作原理。

③反求实物性能测试。实物性能包括整机性能、运转性能、动态性能、寿命、可靠性等。测试时应把实际测试与理论计算结合起来。

④反求实物分解。分解工作必须保障能恢复原机。不可拆连接一般不分解，尽量不解剖或少解剖。一般先拍照并绘制外廓图，注明总体尺寸、安装尺寸和运动极限尺寸等，然后将机器分解成各个部件。拆卸前，先画出装配结构示意图，在拆卸过程中不断修正，注意零件的作用和相互关系。再将部件分解为零件，归类记数，编号保管。

⑤测绘零件。完成零件工作图，部件装配图和机器总装图。

3. 关键部件反求

反求设计是以先进的产品或技术为对象进行深入的分析研究，探索掌握其关键技术，在消化、吸收的基础上，开发出同类型创新产品的设计反求。设计的指导思想为：合理选型，结构先进，主要性能指标达到或超过国外同类先进产品的水平。

(1)反求设计的主要内容。

反求设计也称为逆向设计，是指设计师对产品实物样件表面进行数字化处理(数据采集、数据处理)，并利用可实现逆向三维适型设计的软件来重新构造实物的CAD模型(曲面模型重构)，并进一步用CAD/CAE/CAM系统实现分析，再设计、数控编程、数控加工的过程。目前，常用往复式压缩机的主要类型有曲柄滑管式、曲柄连杆式。

①曲柄连杆式。活塞的运动通过曲柄连杆传动。

②曲轴连杆式。活塞的运动有曲轴、连杆传动，这种机构使各部分因此使用寿命长，适应于各种功率的压缩机组。

③曲柄滑管式。曲柄轴拨动"丁"字形活塞体横管中的滑块做弹性结合传动，由于这种结构无连杆装置，故加工装配比较简单，适合大批生产。

滑管式、连杆式压缩机性能比较见表6.4。

表6.4 滑管式、连杆式压缩机性能比较

类型		滑管式	连杆式	
机构分类		曲柄滑管式	曲轴连杆式	曲柄连杆式
结构	滑动副/个	2	1	1
	转动副/个	2	3	4
零件	数量	较多	较多	稍少
	精度	要求低	要求较高	要求低
设备	数量	多	多	稍少
	精度	低	较高	略低

由表6.4可知，经分析、比较三者的优点确定选型为曲柄连杆式，它具有结构简单、零件少、噪声小、寿命长、能效比较高等特点。

(2)零件设计。

材料的匹配：活塞(铁基粉末冶金)与缸体(耐磨铸铁)、连杆(铁基粉冶金)，按它们的材质成分、硬度等参数分组，以组合排列方式分组分别进行磨损试验，从中选取最佳的材料匹配组合。

4. 机械零件尺寸精度反求设计

反求尺寸不等于原设计尺寸，需要从反求尺寸推论出原设计尺寸，假定所测的零件尺寸均为合格的尺寸，反求值一定是零件图纸上规定的公差范围内的某一数值，是事先未知的，反求值应在图纸上规定的最大极限尺寸和最小极限尺寸之间。机械零部件尺寸精度应从其所包含的基本尺寸配合基准制、配合尺寸的极限偏差公差、表面粗糙度和形位公差五个方面的内容进行反求。

(1)基本尺寸的反求。

实测尺寸是反求基本尺寸和尺寸公差的主要依据。对于基本尺寸来说，设计时一般将其取为标准尺寸或整数尺寸，可取最靠近实测尺寸的标准尺寸或整数尺寸作为基本尺

寸,见表6.5。

表6.5 基本尺寸的定位表

	测基本尺寸/mm	与相邻整数差的绝对值	基本尺寸应否含小数值
测量圆整法	1～80	≥0.2	应含有小数
	>80～250	≥0.3	应含有小数
	>250～500	≥0.4	应含有小数

(2)配合基准制的判别。

若反求尺寸是配合尺寸时,那么判别配合是基孔制还是基轴制是必要的。判断方法如下:

①基孔制的判断。若孔的实测尺寸更接近于基本尺寸且比基本尺寸大,则说明孔的上偏差为正值,下偏差为零,定为基孔制。

②基轴制的判断。若轴的实测尺寸更接近于基本尺寸且比基本尺寸小,则说明轴的上偏差为零,下偏差为负值,定为基轴制。

(3)配合尺寸中公差的反求。

配合尺寸中的公差反求是一个难点,判断的主要依据是使用要求,应该根据工作条件要求的松紧程度来选择适当的配合,其方法如下:

①基准件极限偏差的反求。按概率统计实践,将实测尺寸定为公差带的中值,又有基准孔的下偏差为零(基准轴的上偏差为零),故实测尺寸与基本尺寸差值的绝对值就是尺寸公差的一半,及基准孔为 $\frac{T_n}{2}$,基准轴为$\frac{T_s}{2}$ 此时的尺寸公差就是基准孔,基准轴的下偏差。

②非基准件极限偏差的反求。首先按工艺等价的原则和配合性质确定非基准件,然后将非基准件实测尺寸定为公差带的中值,则其最大极限尺寸为实测尺寸加上公差一半,最小极限尺寸为实测尺寸减去公差的一半;相应的上偏差为最大极限尺寸减去基本尺寸,下偏差为最小极限尺寸减去基本尺寸。

(4)形位公差的确定。

确定被测要素的形位公差项目,再对可能标注形位公差项目的要素进行实测,得到相应的形位误差值,以此为参数,并按照下列关系来确定其形位公差。

①同一要素上的形位公差。

②有配合要求要求的形状公差和尺寸公差的关系。

【知识拓展】

在技术引进过程中,常把引进的机械设备等实物称为硬件引进,而把与产品生产有关的技术图样、产品样本、专利文献、影视图片、设计说明书、操作说明、维修手册等技术文件的引进称为软件引进。硬件引进模式是以应用或扩大生产能力为主要目的,并在此基础上进行仿造、改造或创新设计新产品。软件引进模式则是以增强本国的设计、制造、研制能力为主要目的,是为了解决国家建设中急需的任务。软件引进模式要比硬件引进模式经济，但要求具备现代化的技术条件和高水平的科技人员。

1. 技术资料反求设计的特点

按技术资料进行反求设计的目的是探索和破译其技术秘密，再经过吸收、创新达到大力发展本国生产技术的目的。按技术资料进行反求设计时，要首先了解技术资料反求设计的特点。

(1)技术资料反求设计的抽象性。

引进的技术资料不是实物，可见性差，不如实物形象直观。因此，技术资料反求设计的过程是一个处理抽象信息的过程。

(2)技术资料反求设计的智力性。

按技术资料反求设计的过程是用逻辑思维分析技术资料，最后返回到设计出新产品的形象思维。由抽象思维到具体思维不断反复，全靠人的脑力进行。因此说，技术资料反求设计具有高度的智力性。

(3)技术资料反求设计的科学性。

从技术资料的各种信息载体中提取信号，经过科学的分析和反求，去伪存真，由低级到高级，逐步破译出反求对象的技术秘密，从而得到接近客观的真值。因此，技术资料反求设计具有高度的科学性。

(4)技术资料反求设计的综合性。

技术资料反求设计要综合运用相似理论、优化理论、模糊理论、决策理论、预测理论、计算机技术等多学科的知识。因此，进行技术资料反求设计时，要集中多种专门人员共同工作，才能够完成任务。

(5)技术资料反求设计的创造性。

技术资料反求设计本身就是一种创造、创新的过程，是加快发展国民经济的重要手段。

2. 技术资料反求设计的一般过程

进行技术资料反求设计时，其过程大致如下：

(1)论证对引进技术资料进行反求设计的必要性。对引进技术资料进行反求设计要花费大量时间、人力、财力、物力，反求设计之前，要充分论证引进对象的技术先进性、可操作性、市场预测等项内容，否则会导致经济损失。

(2)根据引进技术资料，论证进行反求设计成功的可能性。并非所有的引进技术资料都能反求成功，因此要进行论证，避免走弯路。

(3)分析原理方案的可行性、技术条件的合理性。

(4)分析零部件设计的正确性、可加工性。

(5)分析整机的操作、维修是否安全与方便。

(6)分析整机综合性能的优劣。

3. 图片资料的反求设计

(1)图片资料反求设计的关键技术。

图片反求资料容易获得，通过广告、照片、录像带可以获得有关产品的外形资料。20世纪50年代的日本，靠收集到的几张数控机床的照片，研制开发出更为先进的数控机床，

并返销美国，使美国人大吃一惊。因为廉价的图片易得，通过照片等图像资料进行反求设计逐步被采用，并引起世界各国的高度重视。

对图片等资料进行分析是图片资料反求设计最主要的关键技术，其他关键技术主要还有变换原理与技术、投影原理与技术、阴影、色彩与三维信息等。随着计算机技术的飞速发展，图像扫描技术与扫描结果的信号急处理技术已逐渐完善。通过色彩可判别出橡胶、塑料、皮革等非金属材料的种类，也可判别出是铸件或是焊接件，还可判别出钢、铜、铝、金等有色金属材料。通过外形可判别其传动形式，机械传动中的带传动、链传动、齿轮传动等均可通过外形去判别。通过外形还可判别设备的内部结构。根据拍照距离可判别其尺寸。现代的高新技术正在使这个难度大的反求设计变得比较容易。当然，图像处理技术不能解决强度、刚度、传动比等反映机器特征的详细问题，更进一步的问题还要科技人员去解决。

(2)图片资料反求设计的步骤。

在进行图片资料的反求设计时，可参考以下步骤：

①收集影像资料。

②根据影像资料进行原理方案分析、结构分析。

③原理方案的反求设计与评估。

④技术设计的反求设计。

⑤技术性能与经济性的评估。

目前，图片资料的反求设计在较为敏感的领域中用得较多，在反求时应引起注意。

4. 专利文献的反求设计

专利技术越来越受到人们的重视，专利产品具有新颖性、实用性。使用专利技术发展生产的实例很多。不管是过期的专利技术还是受保护的专利技术都有一定的使用价值。但是没有专利持有人的参加，实施专利很困难。因此，对专利进行深入的分析研究，实行反求设计，已成为人们开发新产品的一条途径。

一般情况下，专利技术含说明书摘要(包括应用场合、技术特性、经济性、构成等)、说明书(主要是专利产品的组成原理)、权利要求书(说明要保护的内容)以及附图。对专利文献的反求设计主要依据这些内容。

利用专利文献进行反求设计时，要注意以下问题：

(1)根据说明书摘要判断该专利的实用性和新颖性，决定是否采用该项技术。

(2)结合附图阅读说明书，并根据权利要求书判断该专利的关键技术。

(3)分析该专利技术能否产品化。专利只是一种设想、产品的实用新型设计、外观设计或发明，专利并不等于产品设计，并非所有的专利都能产品化。

(4)根据专利文献研究专利持有者的思维方法，以此为基础进行原理方案的反求设计。

(5)在原理方案反求设计的基础上，提出改进方案，完成创新设计。

(6)进行技术设计，提交技术可行性、市场可行性报告。

5. 已知设备图样的反求设计

引入国外先进产品的图样直接仿造生产是我国 20 世纪 70 年代技术引进的主要方

法，这是洋为中用，快速发展本国经济的一种途径。我国的汽车工业、钢铁工业、纺织工业等许多行业都是靠这种技术引进发展起来的。仿造可加快发展速度，但不能领先世界水平。所以要在仿造的基础上有创新，研究出更为先进的产品返销国外，才能产生更大的经济效益。

从仿造到创新才能不断发展生产，一般情况下该过程可参考下面几点：

(1)读懂图样和技术要求。

(2)用国产材料代替原材料，选择适当的工艺过程和热处理方式，并据此进行强度计算等技术设计。

(3)按我国国家标准重新绘制生产图样和提出具体的技术要求。

(4)试制样机并进行性能测试。

(5)投入批量生产。

(6)产品的信息反馈。

(7)进行反求设计，以改进或创新设计新产品。

【想想练练】

一、想一想

思考硬件反求设计与创新在反求工程中起到的作用，如何运用硬件反求在机械设计创新中进行创新？

二、练一练

1.创造性思维是多种思维类型的综合化，它具有哪些特点？

2.设备实物反求的概念是什么？

3.根据反求对象的不同，实物反求可分为哪三种？

4.进行实物反求设计时的一般进程是什么？

5.关键部件反求指的是什么？

6.机械零件尺寸精度反求设计的概念是什么？

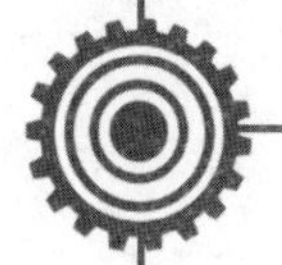

项目七

TRIZ 理论与创新设计

【学习目标】

1. 掌握 TRIZ 理论的发明原理
2. 明确每种发明原理的优缺点
3. 能够通过多种原理组合进行设计创新
4. 总结在创新设计中 TRIZ 理论的应用方法

【任务引入】

TRIZ 是由苏联发明家阿奇舒勒在 1946 年创立的，TRIZ 就是“发明问题解决理论”的俄语缩写，英文为 Theory of lnventive Problem Solving，后来阿奇舒勒也被尊称为 TRIZ 之父。

阿奇舒勒在 14 岁时就获得了首个专利证书，专利作品是水下呼吸器。15 岁时，他制作了一条船，船上装有使用碳化物作燃料的喷气发动机。从 1946 年开始，经过研究成千上万的专利，他发现了发明背后存在的模式并形成 TRIZ 理论的原始基础。为了验证这些理论，阿奇舒勒相继做出了多项发明，比如：获得苏联发明竞赛一等奖的排雷装置、船上的火箭引擎、无法移动潜水艇的逃生方法等，多项发明被列为军事机密，阿奇舒勒也因此被安排到海军专利局工作。1948 年 12 月，担忧因第二次世界大战胜利使得苏联缺乏创新气氛，阿奇舒勒写了一封引来危险的信，新封上写着“斯大林同志亲启”。他向国家领袖指出当时苏联对发明创造缺乏创新精神的混乱状态，在信的末尾他还表达了更激烈的想法：有一种理论可以帮助工程师进行发明，这种理论能够带来可贵的成果并可以引起技术世界的一场革命。

任务一 TRIZ 理论概述

【任务要求】

在进行任务时，注意原理间的相互作用，扳手的实际应用性能在通过改进之后有什么明显的提升；在进行任务时，注意合理分配任务，做好问题的总结，交流分析。

【任务分析】

在拧紧或松动螺母的过程中，扳手同时会损坏螺母的六角形表面。使用扳手时用力越大，螺母损坏就会越严重，而使得扳手作用于螺母上的力大大降低，降低了工作效率。在这一系统中存在的技术矛盾为：若想通过改变扳手形状降低扳手对螺母的损坏程度，就可能会使扳手制造工艺复杂化。如果可以找到一种制造不是很复杂，而且又可以避免对螺母的严重损坏的扳手，无疑是解决这一问题的最佳途径解决思路和关键步骤。

【任务实施】

1. 应用背景

在实际应用中，标准的六角形螺母常常会因为拧紧时用力过大使用时间过长或者螺母的六角形外表面被腐蚀，表面遭到破坏。螺母被破坏后，使用普通的传统型扳手往往不能再松动螺母，有时甚至会使情况更加恶化，也就是说螺母外缘的六角形在扳手作用下破坏更加严重，扳手更加无法作用于螺母。

传统型扳手之所以会损坏螺母，其主要原因是扳手作用在螺母上的力主要集中于六角形螺母的某两个角上，如图 7.1 所示。在这种情况下，我们需要一种新型的扳手来解决这一问题。

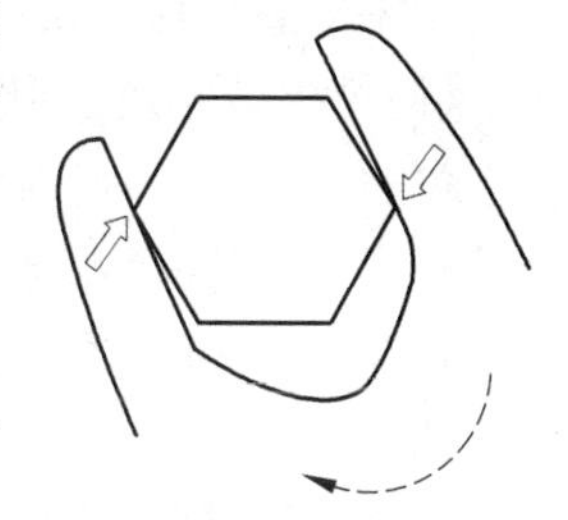

图 7.1 扳手作用在螺母上的力主要集中于六角形螺母的某两个角上

2. 经济效益和社会效益

用扳手拧紧或松动螺母是机械领域中的一个基本操作，以新型扳手取代传统型扳手，必将会使机械安装工作更加简单、方便，提高机械安装工作的工作效率。

3. 运用 TRIZ 解决问题

在应用 TRIZ 解决这一问题时，我们首先必须明确判定出存在于系统中对立的技术特性。在现有设计中，扳手在作用于螺母时会损坏螺母是存在于现有设计中的一个重要缺陷。而这一缺陷则恰恰可以提示我们找出应该解决的技术矛盾以改进现有的传统设计。

若想彻底解决这一对技术矛盾，我们首先需要将我们所希望的“降低螺母的损坏程度”转换为 TRIZ 语言——矛盾矩(Contradiction Matrix)中的某一个或几个参数。在这一问题中，很明显，“副作用(Object Generated Harmful Factors)”就是我们希望提高的技术特性。

现在，我们需要分析在降低螺母的损坏程度时，又有哪些技术特性恶化。相对于确定得以改善的技术特性而言，确定恶化的技术特性则比较难。最简单的方法是分别将 39 个技术特性对号入座，寻找适合的技术特性。

这里我们使用的是一种较为系统的方法。首先，我们提出一个问题：如果没有任何目标，我们该如何解决这一问题？

根据传统型扳手，我们可以从下面几个方面得到答案：

(1)使扳手的各个表面与螺母的外表面完全吻合，从而使得用拧螺母时扳手的表面与螺母表面完全接触，以避免螺母的角与扳手平面的接触。

(2)在扳手上增加一个“小附件”，使得扳手的表面可以自由移动以和不同的螺母表面相接触。

(3)使用比想母材料硬度小的材料制造扳手，这样可以在操作过程中损坏扳手而不是螺母。

严格说来，这些都不是扳手设计过程中的“恶化的技术特性”，我们要把它转化成为 TRIZ 语言才可以使用矛盾对立矩阵在解决这一问题时，第一个回答“改变扳手的形状”应是最实际的一个解决方案。然而，改变扳手的形状则不免要增加制造的复杂程度。因此，“制造性(Manufacturability)”即为恶化的技术特性。

根据上述分析可得到下面的结论：

(1)有待提高的技术特性(Improving Feature)。

(2)副作用(Object Generated Harmful Factors)。

(3)恶化的技术特性(Worsening Feature)。

(4)制造性(Manufacturability)。

最终结果：

技术矛盾特性对比表提供了四个创新原理及相应的解决实例以帮助设计者完成设计，这四个创新原理分别如下。

(1)4＃创新原理：对称性(Asymmetry)。

建议：如果一个物体是不对称的，增强其非对称性。

解决方向：扳手本身是一个不对称的形状，改变其形状，加强其形状的不对称程度。

(2)17＃创新原理：一维变多维(Another dimension)。

建议：将一维直线形状的物体变换成为二维平面结构或者三维空间结构的物体。

解决方向：改变传统扳手上、下钳夹的两个直线平面的形状，使其成为曲面。

(3)34＃创新原理：零件的废弃或再生(Discarding and recovering)。

建议：废弃或改造机能已完成或没有作用的零部件。

解决方向：去除在扳手工作过程中对螺母有损害的部位，使其螺母的六角形外表面的尖角而无法破坏螺母的六角形外表面。

(4)26＃创新原理：代用品(Copying)。

根据 4、17 和 34 创新原理，这一问题最终解决方案原理图如图 7.2 所示。

在上述设计中，H 为扳手手柄的中心线，W 为扳手上、下两个钳夹的平分线，X 为两条线的交点，直线 P 通过点 X 且与直线 W 向垂直，上、下两个钳夹各有一个突起。可以看到，上钳夹上的凸起的圆心 C 点到直线 P 的距离为 S，而下钳夹上的凸起的圆心 C 点到直

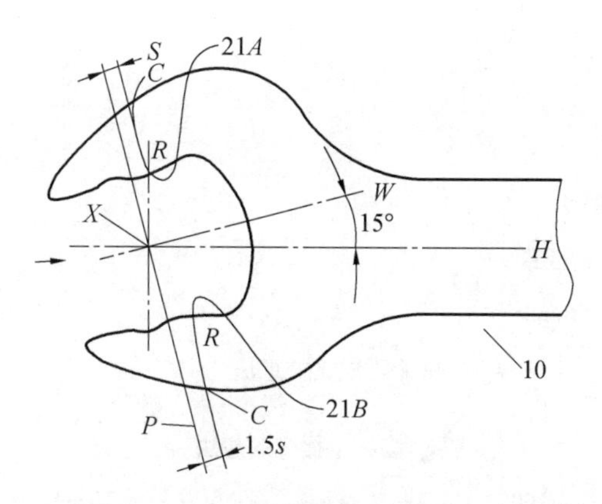

图 7.2 根据 4、17 和 34 创新原理，最终解决方案原理图

线 P 的距离为 1.5S，因此扳手的上、下两个钳夹并不对称。

在上、下钳夹的突起两端各有一个凹槽与之平滑连接。这一设计可解决使用传统扳手时遇到的问题。当使用扳手时，螺母六角形表面的其中两条边刚好与扳手上、下钳夹上的突起相接触，使得扳手可以将力作用在螺母上。而六角形表面的与扳手接触的角刚好位于扳手上的凹槽中，因此不会有力作用于其上，螺母不会被损坏。

【任务评价】

TRIZ 理论概述要点掌握情况表见表 7.1。

表 7.1 TRIZ 理论概述要点掌握情况表

序号	内容及标准		配分	自检	师检	得分
1	解决思路关键步骤（30 分）	对称性	5			
		一维变多维	5			
		零件的废气和再生	5			
		代用品	5			
		总结梳理	10			
2	制造性（40 分）	有待提高的技术特性	5			
		副作用	5			
		恶化的技术特性	10			
		制造性	10			
		总结梳理	10			
3	总结分析报告以及实验单的填写（30 分）	重点知识的总结	5			
		问题的分析、整理	15			
		实验报告单的填写	10			
综合得分			100			

【知识链接】

1. 试错法

试错法的效率图如图7.3所示。

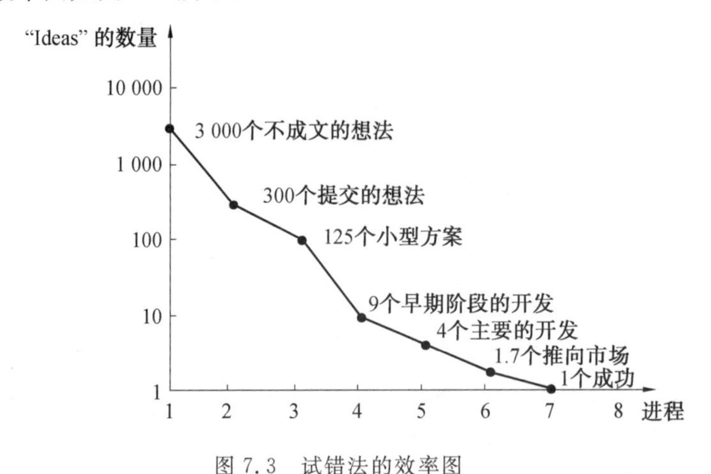

图7.3 试错法的效率图

技术系统进化的模式(规律)在不同工程及科学领域交替出现。创新设计所依据的科学原理往往来自其他领域,而且数量有限。创造的原理和方法具有普适性。

苏联解体后,TRIZ理论系统地传入西方,在欧美各地得到了广泛的研究与应用,在亚洲的日本和韩国也得到广泛重视。目前,TRIZ已成为最有效的创新问题求解方法和计算机辅助创新技术的核心理论。著名的TRIZ专家Savransky博士给出了TRIZ的如下定义:TRIZ是基于知识的、面向人的解决发明问题的系统化方法学。

2. TRIZ是基于知识的方法

(1)TRIZ是发明问题解决启发式方法的知识,这些知识是从全世界范围内的专利中提取出来的。

(2)TRIZ大量采用自然科学及工程中知识。

(3)TRIZ利用出现问题领域的知识,这些知识包括技术本身,相似或相反的技术或过程、环境、发展及进化。

3. TRIZ是面向人的方法

TRIZ中的启发式方法是面向设计者的,不是面向机器的。TRIZ理论本身是基于将系统分解为子系统,区分有益及有害功能的实践,这些分解取决于问题及环境,本身就有随机性。计算机软件仅起支持作用,而不是完全代替设计者,需要为处理这些随机问题的设计者提供方法与工具。

4. TRIZ是系统化的方法

在TRIZ中,问题的分析采用了通用及详细的模型,该模型的系统化知识是重要的。解决问题的过程是一个系统化的、能方便应用已有知识的过程。

5. TRIZ是解决发明问题的理论

(1)为了取得创新解,需要解决设计中的冲突,但是解决冲突的某些过程是未知的。

(2)未知的所需要的情况往往可以被虚拟的理想解代替。

(3)通常理想解可通过环境或系统本身的资源获得。

(4)通常理想解可通过已知的系统进化趋势推断。

6. TRIZ 理论的主要内容

TRIZ 创新理论现在已经在欧美和亚洲发达国家和地区的企业得到广泛的应用，大大提高了创新的效率。据统计，应用 TRIZ 理论与方法可以增加 80%～100%的专利数量并提高专利质量并提高 60%～70%的新产品开发效率，还可以缩短产品上市时间 50%。

TRIZ 理论的主要内容见表 7.2。

表 7.2　TRIZ 理论的主要内容

<table>
<tr><td>世界专利及技术信息</td><td rowspan="3">TRIZ 理论</td><td rowspan="3">概念：
资源的分析描述发明级别划分技术进化
模式理想化及理想设计工具及模型。
39 个工程参数
40 条发明创造原理
分离原理
物场分析
物场问题标准解效应</td></tr>
<tr><td>解决问题的过程分析</td></tr>
<tr><td>自然科学知识</td></tr>
</table>

7. TRIZ 理论的重要发现

TRIZ 的鲜明特点和优势：在问题解决之初，首先确定“解”的位置，然后利用 TRIZ 的各种理论和工具去实现这个“解”；它成功地揭示了创造发明的内在规律和原理，着力于认定和强调系统中存在的矛盾，而不是逃避矛盾；它的最终目标是完全地解决矛盾，获得最终的理想解，而不是采取折中或者妥协的做法；它是基于技术的发展演化规律来研究整个设计与开发过程的，而不再是随机的行为。

8. TRIZ 理论是解决发明创造问题的一般方法

Ideation 自 1992 年于美国密西根的 Southfield 成立后，主要的任务在运用先进的 TRIZ(创新问题解决理论)方法，为企业提供创新研发问题解决方案的咨询与培训服务，为客户提供全面的创新卓越服务，2005 年与六西格玛管理咨询的领导者 IEG 集团，在亚太地区共同成立 IEG－Ideation，开发了 I－TRIZ。I－TRIZ 的四种核心能力如下：

(1)创造性教育：学习如何解决任何领域(技术、营销、管理、安全等)内的创新问题。

(2)创新问题解决：系统解决创新问题。

(3)预期故障测定：积极分析和消除现有或潜在系统故障。

(4)直接进化：开发未来几代系统，并控制系统进化。

9. TRIZ 理论的应用

发明创造过程从揭示和分析发明情境开始。所谓发明情境，是指任何一种工程情境，它突出某种不能令人满意的特点。

(1)系统资源。

理解系统和描述系统必须正确把握系统的资源,设计中的可用系统资源对创新设计起着重要的作用,问题的解越接近理想解,系统资源就越重要。

(2)直接应用资源。

物质资源:木材可用作燃料。

能量资源:汽车发动机驱动后轮或前轮工作。

场资源:地球上的重力场及电磁场。

信息资源:汽车运行时所排废气中的油或其他颗粒,表明发动机的性能信息。

空间资源:仓库中多层货架中的高层货架。

时间资源:双向打印机。

功能资源:人站在椅子上更换屋顶的灯泡时,椅子的高度是一种辅助功能。

例如:毛坯是铸铁的导出资源;木头的各向异性就是差动资源。

10. 理想化

因为技术系统是功能的实现,同一功能存在多种技术实现,任何系统在完成所需的功能时,都产生有害功能。为了对正反两方面作用进行评价,采用如下公式:

理想化=有用功能之和/有害功能之和

11. 最终理想解

TRIZ 理论在解决问题之初,首先抛开各种客观限制条件,通过理想化来定义问题的最终理想解(Ideal Final Result,IFR),以明确理想解所在的方向和位置,保证在问题解决过程中沿着此目标前进并获得最终理想解,从而避免了传统创新涉及方法中缺乏目标的弊端,提升了创新设计的效率。

【知识拓展】

TRIZ 理论解决问题的一般过程包括五个步骤:分析问题、找准冲突、原理解决、对比评价和具体实施。

(1)分析问题。

分析问题包括功能分析、理想解分析、可用资源分析和冲突区域分析。

①功能分析。功能分析的目的是从完成功能的角度分析系统、子系统、部件。

②理想解分析。理想解分析是采用与技术及实现无关的语言对需要创新的原因进行描述,创新的重要进展往往在该阶段通过对问题深入的理解来取得。

③可用资源分析。可用资源分析是要确定可用物品、能源、信息、功能等,这些可用资源与系统中的某些元件组合将改善系统的性能。

④冲突区域分析。

冲突区域分析则是要理解出现冲突的原因。

(2)找准冲突。

找准冲突在产品创新过程中是最难解决的一类问题。冲突是指系统一个方面得到改进时削弱了另一方面的期望或表现出两种相反状态。TRIZ 理论的目的就是解决冲突,只有找准冲突才能有效地解决冲突。

(3)原理解决。

原理解决是要获得解决冲突的方法。

冲突解决原理有物理与技术两种。运用 TRIZ 理论挑选能解决特定冲突的原理，其前提是要按标准参数确定冲突，然后针对冲突从 TRIZ 理论的 40 条原理中找到解决冲突的办法。

(4)对比评价。

对比评价阶段将所求出的解与理想解进行比较，确信所做的改进不仅能够满足技术需求，而且能够推进技术创新。

(5)具体实施。

具体实施就是在前面所有的理论分析工作都已完成且确认无误之后，将其转化为具体实施细节应用到实际问题当中。

【想想练练】

一、想一想

TRIZ 理论在我国的应用市场越来越广泛，在实际的生产活动中，TRIZ 理论的功能原理与应用的选择方向是否会得到不同程度的突破?

二、练一练

1. 简述 TRIZ 的鲜明特点和优势。
2. 简述 TRIZ 解决发明问题的方法。
3. 简述 TRIZ 系统化的方法。
4. 简述 TRIZ 面向人的方法。
5. 简述 TRIZ 基于知识的方法。
6. 简述 TRIZ 的四种核心能力。

任务二 TRIZ 理论 40 个基本原理

【任务要求】

1. 掌握每种 TIRZ 理论的基本原理
2. 区分 40 种基本理论的优缺点
3. 掌握 40 种基本原理间的相互组合与组合功能
4. 熟练掌握不同理论在实际设计中的外在体现
5. 总结分析在任务中的实施重点与收获

【任务分析】

在此项任务中，TRIZ 理论共有 40 个基本原理。由于基本原理过多，掌握起来难度过大，应注意合理分配任务，在任务实施的过程中初步掌握基本理论的概念，在多种理论组合的过程中要注意记录好每种组合所得到的不同结果。

【任务实施】

随着越来越多现代化楼宇的建成，自动开门窗技术越来越受到重视，有些国家已经明文规定高空玻璃幕墙的窗户的开启必须使用自动开窗机及相关联动系统，门和窗在结构和功能上有很多相似之处，为了使人们通过门时省时省力，越来越多的公共场合需要将普通门更换为电动门。如果能设计一种低成本、高效率的机械装置安装在普通门窗上，将普通门窗升级为电动门窗，将使高空窗和各种门的开关变成一件很容易的事情。下文将阐述一种解决旋转式开启门窗的机械装置升级方案。

1. 常规的设计(方案一)

门上安装圆弧状的齿条，门框上安装齿轮，齿轮旋转使齿轮齿条间形成位移，实现开门关门的功能。转动式电动门方案一原理图如图 7.4 所示。

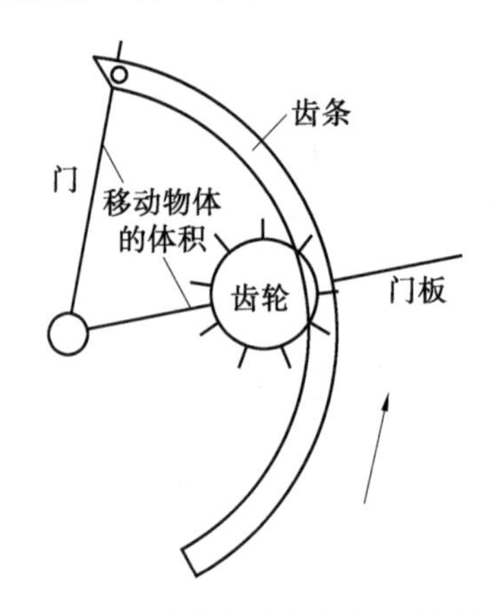

图 7.4　转动式电动门方案一原理图

存在的问题：门上的圆弧齿条需要延伸到门开启的最大角度(一般为 100°)，占据的空间较大，影响美观，而且与齿轮的配合要求高、成本高。

进化的矛盾：希望缩小移动物体的体积，但需要防止装置对门的施力效果恶化。

2. 应用 TRIZ 矛盾矩阵理论的第一次改进(方案二)

通过表 7.3 找到矛盾的工程参数，需改善的参数为：7. 运动物体的体积；防止恶化的参数为：10. 力。查 TRIZ 经典矛盾矩阵表可知，矛盾 7 和 10 之间建议的创新法则为 15. 动态化(例：可调式方向盘、照后镜)；35. 改变物质特性(例：液体肥皂)；36. 相变化(例：液态瓦斯)；37. 热膨胀(例：双金属板自动调温器)。

表 7.3 矛盾的工程参数

TRIZ 通过对大量专利的详细研究，总结提炼出工程领域内常用的表述系统性能的 39 个通用工程参数。在问题的定义、分析过程中，选择 39 个工程参数中相适宜的参数来表述系统的性能，这样就将一个具体的问题用 TRIZ 的通用语言表述了出来。39 个通用参数一般是物理、几何和技术性能的参数。尽管现在有很多对这些参数的补充研究，并将个数提高到了 50 多个，但在这里我们仍然只介绍核心的这 39 个参数。39 个工程参数中常用到运动物体(Moving Objects)与静止物体(Stationary Objects)2 个术语，运动物体是指自身或借助于外力可在一定的空间内运动的物体，静止物体是指自身或借助于外力都不能使其在空间内运动的物体

1	运动物体的重量是指在重力场中运动物体多受到的重力，如运动物体作用于其支撑或悬挂装置上的力
2	静止物体的重量是指在重力场中静止物体所受到的重力，如静止物体作用于其支撑或悬挂装置上的力
3	运动物体的长度是指运动物体的任意线性尺寸，不一定是最长的，都认为是其长度
4	静止物体的长度是指静止物体的任意线性尺寸，不一定是最长的，都认为是其长度
5	运动物体的面积是指运动物体内部或外部所具有的表面或部分表面的面积
6	静止物体的面积是指静止物体内部或外部所具有的表面或部分表面的面积
7	运动物体的体积是指运动物体所占有的空间体积
8	静止物体的体积是指静止物体所占有的空间体积
9	速度是指物体的运动速度、过程或活动与时间之比
10	力是指两个系统之间的相互作用。对于牛顿力学，力等于质量与加速度之积。在 TRIZ 中，力是试图改变物体状态的任何作用
11	应力或压力是指单位面积上的力
12	形状是指物体外部轮廓或系统的外貌
13	结构的稳定性是指系统的完整性及系统组成部分之间的关系，磨损、化学分解及拆卸都会降低稳定性
14	强度是指物体抵抗外力作用使之变化的能力
15	运动物体作用时间是指物体完成规定动作的时间、服务期，两次误动作之间的时间也是作用时间的一种量
16	静止物体作用时间是指物体完成规定动作的时间、服务期，两次误动作之间的时间也是作用时间的一种度量
17	温度是指物体或系统所处的热状态，包括其他热参数，如影响改变温度变化速度的热容量
18	光照度是指单位面积上的光通量，系统的光照特性，如亮度、光线质量
19	运动物体的能量是指能量是物体做功的一种度量。在经典力学中，能量等于力与距离的乘积。能量也包括电能、热能及核能等

续表 7.3

20	静止物体的能量是指能量是物体做功的一种度量。在经典力学中,能量等于力与距离的乘积。能量也包括电能、热能及核能等
21	功率是指单位时间内所做的功,即利用能量的速度
22	能量损失是指为了减少能量损失,需要不同的技术来改善能量的利用
23	物质损失是指部分或全部、永久或临时的材料、部件或子系统等物质的损失
24	信息损失是指部分或全部、永久或临时的数据损失
25	时间损失是指一项活动。所延续的时间间隔。改进时间的损失指减少一项活动所花费的时间
26	物质或事物的数量是指材料、部件及子系统等的数量,它们可以被部分或全部、临时或永久地改变
27	可靠性是指系统在规定的方法及状态下完成规定功能的能力
28	测试精度是指系统特征的实测值与实际值之间的误差。减少误差将提高测试精度
29	制造精度是指系统或物体的实际性能与所需性能之间的误差
30	物体外部有害因素作用的敏感性是指物体对受外部或环境中的有害因素作用的敏感程度
31	物体产生的有害因素是指有害因素将降低物体或系统的效率,或完成功能的质量。这些有害因素是由物体或系统操作的一部分而产生的
32	可制造性是指物体或系统制造过程中简单、方便的程度
33	可操作性是指要完成的操作应需要较少的操作者、较少的步骤以及使用尽可能简单的工具。一个操作的产出要尽可能多
34	可维修性是指对于有系统可能出现失误所进行的维修时间要短、方便和简单
35	适应性及多用性是指物体或系统响应外部变化的能力,或应用于不同条件下的能力
36	装置的复杂性是指系统中元件数目及多样性,如果用户也是系统中的元素将增加系统的复杂性。掌握系统的难易程度是其复杂性的一种度量
37	监控与测试的困难程度是指如果一个系统复杂、成本高、需要较长的时间建造及使用,或部件与部件之间关系复杂,都使得系统的监控与测试困难测试精度高,增加了测试的成本也是测试困难的一种标志
38	自动化程度是指自动化程度是指系统或物体在无人操作的情况下完成任务的能力。自动化程度的最低线及别是完全人工操作。最高级别是机器能自动感知所需的操作、自动编程和对操个作自动监控。中等级别的需要人工编程、人工观察正在进行的操作、改变正在进 行的操作及重新编程
39	生产率是指单位时间内所完成的功能或操作数

续表 7.3

为了应用方便，上述 39 个通用工程参数可分为如下三类： 物理及几何参数：(1)～(12)，(17) ～(18)，(21)条。技术负向参数：(15)～(16)，(19)～(20)，(22)～(26)，(30)～(31)条。技术正向参数：(13)～(14)，(27)～(29)，(32)～(39)条。负向参数(Negative Parameters)指这些参数变大时，使系统或子系统的性能变差。如子系统为完成特定的功能所消耗的能量(第 19、20 条)越大，则设计越不合理。正向参数(Positive Parameters)指这些参数变大时，使系统或子系统的性能变好。如子系统可制造性(第 32 条)指标越高，子系统制造成本就越低

根据 TRIZ 创新法则第 15 条动态化的启示，在防止施力情况恶化的前提下，通过使运动机构(图 7.4 中的齿条)进一步动态化，来减小移动物体的体积。由此可以想到，可以采取四连杆机构连接平行四边形机构进行进化，应用平行四边形的可收缩原理实现机构的动态化(与齿条相比，平行四边形自身是动态的)而且可带动从动部件门的移动，缩小了移动物体的体积。但带来的问题是固定部分的体积很大，如图 7.5 所示，固定部分的体积围成了一个较大的四边形。

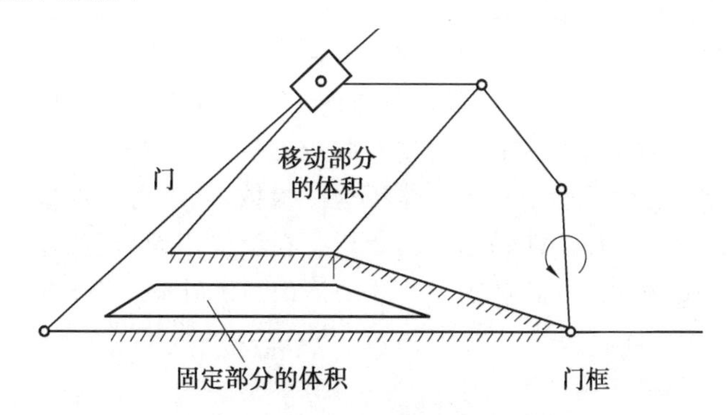

图 7.5 转动式电动门方案二原理图

3. 应用 TRIZ 矛盾矩阵理论的第二次改进(方案三)

通过第一步改进，虽然在施力情况不恶化的条件下，移动物体的体积得到有效的降低，但固定部分的体积比较大。于是，产生了一对新的技术矛盾：固定物体的体积和力的矛盾。通过表 7.3 矛盾的工程参数，找到矛盾的工程参数，需改善的参数：8 固定物体的体积；防止恶化的参数：10. 力。矛盾 8 和 10 之间建议的创新法则为 1. 区隔(例：木制折尺)；18. 机械振动(超音波振动清洗机)；35. 改变物质特性(例：液体肥皂)； 36. 相变化(例：液态瓦斯)。

根据 TRIZ 创新法则第 1 条区隔的启示，在防止施力情况恶化的前提下，通过将运动的机构(图 7.5 中的四边形结构)分成区隔，用多个小的平行四边形代替个大的平行四边形，可以减小固定机构的体积，原理图如图 7.6。

通过 TRIZ 经典的矩阵理论对推拉式窗和转动式门的原理设计进行改善。其中，推拉式窗的电动装置需要提供直线运动，实现起来相对容易，设计过程中遇到的技术矛盾相对较少，仅需应用一步 TRIZ 矩阵理论，就可以使机构基本合理。

在转动式门的原理设计中，存在更多更明显的矛盾。一方面，我们希望减小装置的体

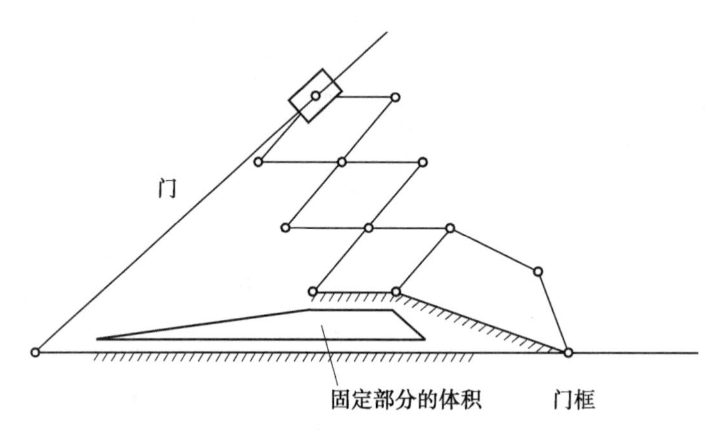

图 7.6　转动式电动门方案三原理图

积(包括移动部分和固定部分),另一方面,我们希望该装置对门的施力状况不要恶化。这样,就产生了主要的三对矛盾:

(1)移动物体的体积和力的矛盾。

(2)固定物体的体积和力的矛盾。

(3)移动物体的体积和固定物体的体积的矛盾。

其中第一个矛盾和第二个矛盾可以在矛盾的工程参数表上找到相应的解,但第三个矛盾在矩阵表上无解。于是,上一节先通过矛盾矩阵依次解决第一个和第二个矛盾。在解决了第一个矛盾后,恶化了固定物体的体积这一参数,但矛盾的数量减少了,并进一步归结为第二个矛盾:固定物体的体积和力的矛盾。在第二个矛盾也通过矛盾矩阵方法解决后,第三个矛盾移动物体的体积和固定物体的体积的矛盾也迎刃而解。

【任务评价】

TRIZ 理论 40 个基本原理要点掌握情况表见表 7.4。

表 7.4　TRIZ 理论 40 个基本原理要点掌握情况表

序号	内容及标准		配分	自检	师检	得分
1	减小装置体积同时施力状况不恶化(30 分)	移动物体的体积和力的矛盾	5			
		固定物体的体积和力的矛盾	5			
		移动物体的体积和固定物体的体积的矛盾	5			
		相应矩阵的解决办法与组合	5			
		总结梳理	10			

续表 7.4

序号	内容及标准		配分	自检	师检	得分
2	矛盾矩阵理论解决问题（40分）	矛盾矩阵的39种方法中的定义	5			
		矛盾矩阵的39种方法中的组合应用	5			
		矩阵39种方法优缺点	10			
		矛盾矩阵39种方法的应用筛选	10			
		总结梳理	10			
3	总结分析报告以及实验单的填写（30分）	重点知识的总结	5			
		问题的分析、整理	15			
		实验报告单的填写	10			
综合得分			100			

【知识链接】

1. TRIZ 理论 40 个基本原理

TRIZ 理论 40 个基本原理见表 7.5。

表 7.5　TRIZ 理论 40 个基本原理

1	分割原理	21	快速原理
2	抽取原理	22	变害为利原理
3	局部质量原理	23	反馈原理
4	非对称原理	24	中介原理
5	组合合并原理	25	自服务原理
6	多元性原理	26	复制原理
7	嵌套原理	27	替代原理
8	质量补偿原理	28	机械系统替代原理
9	预先反作用原理	29	压力原理
10	预先作用原理	30	柔化原理
11	预置防范原理	31	孔化原理
12	等势原理	32	色彩原理
13	反向作用原理	33	同化原理
14	曲线曲面化原理	34	自生自弃原理
15	动态原理	35	性能转换原理
16	部分超越原理	36	相变原理
17	多维运作原理	37	热膨胀原理
18	机械振动原理	38	逐级氧化原理
19	周期性动作原理	39	惰性环境原理
20	有效动作持续原理	40	复合材料原理

(1)分割原理。

把一个物体分割成相互独立的或容易组装和拆卸的部分。图7.7所示为组合家具。

图7.7 组合家具

原理实例:

①自行车由于整体体积较大不便于运输,都以拆解零件的形式运输。

②饮料瓶的瓶盖、瓶身、标签分开生产。

③键盘的每个按键都是单独。

④茶杯的杯体和盖子。

⑤剃须刀的两个(或三个)刀头每一个都是分开的;刀头上的刀片也是独立的。

(2)抽取原理(提取法)。

从物体中抽出必要的部分或属性,或从物体中抽出产生负面影响(即干扰)的部分或属性。如图7.8所示,用光纤或光波导分离主光源,以增加照明点。

图7.8 用光纤或光波导分离主光源,以增加照明点

原理实例:

①铜的电解提纯把纯铜和粗铜分开放置。

②笔记本电脑的外置光驱。

③台式电脑主机与显示器分开放置。

④手机的电池与机体每个都是独立的个体。

⑤手机的机身与充电器每一个都是独立的个体。

(3)局部质量原理(局部质量改善法)。

将均匀的物体结构、外部环境或作用改为不均匀的，让物体的各部分处于各自动作的最佳状态，让物体的不同部位各具不同功能。如图 7.9 所示，将刀刃部分用好钢，其他位置用一般的钢材。

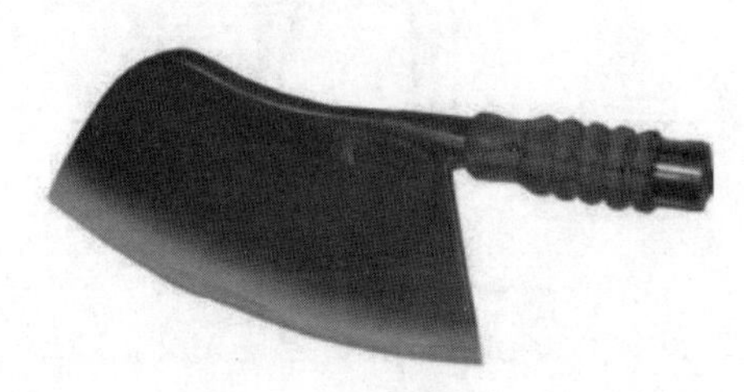

图 7.9 将刀刃部分用好钢，其他位置用一般的钢材

原理实例：

①篮球的气垫缓冲跳跃时的冲击力。

②自行车把手的副把手防止骑车者因手滑而手突然离开车把手。

③运动版水杯上的小口径出水口，使用者在运动时不打开杯盖的同时也能很方便地喝到水。

④水杯上的吊带使使用者用手指代替了一只手拿水杯的动作。

⑤电风扇为了增加安全性所增加的网罩。

(4)非对称性原理。

改变对称性或增加不对称性，来实现增强功能或保障安全的目的。图 7.10 所示为不对称的电源插头。

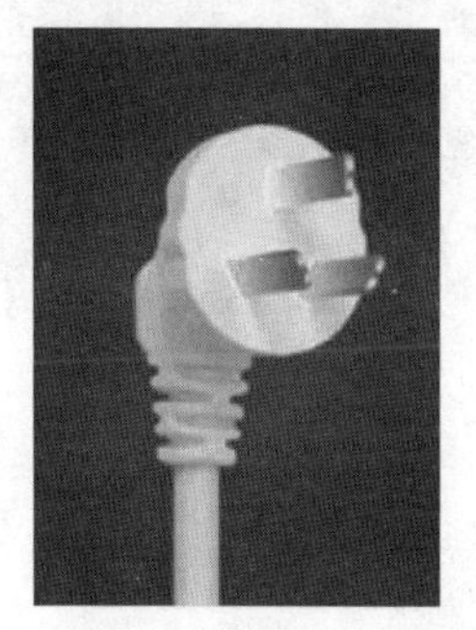

图 7.10 不对称的电源插头

原理实例：

①为了方便提拿箱子，提手总是设计在偏离中心线离质量大的一侧稍远的地方。

②为了使用方便，一个插板上的既有三口的插口也有两口的插口。

③为了方便使用，螺丝钉起子的头往往较细而把手较粗。

④电脑键盘没有平均分割，而是把数字键、字母键、方向键、功能键不对称分割。

⑤为了减少质量，笔记本电脑的显示器和机体本身的厚度不一样。

(5)组合合并原理。

在空间上将相同或相近的物体或操作加以组合，在时间上将相关的物体或操作合并。图 7.11 所示为调温水龙头。

图 7.11 调温水龙头

原理实例：

①能吹冷热风的吹风机和空空调。

②笔记本电脑集显示器、主机、键盘、鼠标于一体。

③集打印复印与一体的打印机。

④电往往以高压来传送，然后经过变压器低压分流给用户。

⑤为了提高安全性所产生的夹丝玻璃(汽车前挡风玻璃)。

(6)多元性原理(一物多用)。

将物体具有复合功能以代替其他物体的功能。图 7.12 所示为多用插座。

图 7.12 多用插座

原理实例：

①智能手机集打电话、拍照、播放器等于一身。

②镜片具有一定近视度数的太阳镜。

③集螺丝刀、开瓶器等于一体的瑞士军刀。

④可折叠的躺椅。

⑤集文字传送与语音传送的微信软件。

(7)嵌套原理(套叠法)。

把第一个物体嵌入第二个物体，然后再将这两个物体嵌入第三个物体，让某物体穿过另一个物体的空腔。图 7.13 所示为拉杆天线。

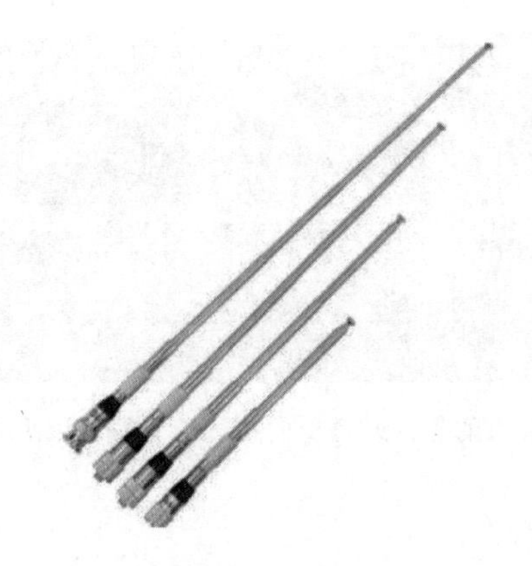

图 7.13 拉杆天线

原理实例：

①自行车、摩托车的减震。

②带有茶杯盖子的保温杯。

③牙膏盖子上的尖锐突起。

④具有多个隔槽的抽屉。

⑤U 形锁。

(8)质量补偿原理。

利用物体具有的特性，抵消相反的特性，实现质量的补偿。如图 7.14 所示，在氢气球下悬挂标语。

图 7.14 在氢气球下悬挂标语

原理实例：

①渔具中的鱼漂使鱼钩悬浮在水中。

②潜水艇气仓中注水使潜水艇下沉，排水使潜水艇浮起来。

③底座加了吸盘的摄像头可以防止摄像头随意乱动。

④为了提高手感而在笔身加重的钢笔。

⑤为了高速运行的安全性而加重底盘的汽车。

(9)预先反作用原理。

事先施加反作用力，用来消除将出现的作用力或不利影响。如图 7.15 所示，桥上的悬索通过反向拉力防止桥身因重力向下弯曲。

图 7.15　桥上的悬索通过反向拉力防止桥身因重力向下弯曲

原理实例：

①加了气垫的篮球运动鞋。

②汽车的轮胎具有一定的软度。

③键盘的每一个按键都可以在按下之后恢复原状。

④电打火打火机的打火装。

⑤消防安全门可以在打开之后自动关闭。

(10)预先作用原理。

为完成任务实现做准备(部分或全部完成任务)或预先将物体安置妥当,使他们能在现场和最方便的地点立即起作用。如图 7.16 所示,在建筑中预先放置灭火器。

图 7.16　在建筑中预先放置灭火器

原理实例：

①预先把煤气以液态的形式装进煤气罐。

②预先把吸管贴在奶制品的盒子上。

③运动员在上场之前做适当的热身运动。

④冬天早晨汽车需要预先启动发动机一段时间才开始行驶。

⑤预先把水注入抽水马桶中。

(11)预置防范原理。

采用预先准备好的应急措施,对系统进行相应的补偿以提高其可靠性。图 7.17 所示为安全通道知识标识。

图 7.17　安全通道知识标识

原理实例：

①汽车的安全气囊可以把意外所造成的伤害降到最低。

②宾馆里的灭火器可以可以有效防止火灾。

③烟雾报警器可以预先发出警报并喷洒水从而灭火。

④造纸厂设有污水处理区，把污水处理完排放出去可以减少污染。

⑤战斗机的弹射座椅 可以保证飞行员的安全。

(12)等势原理(相对法)。

不易或不能升降的物品可通过外部环境的改变达到相对升降的目的。图 7.18 所示为三峡双线五级船闸。

图 7.18　三峡双线五级船闸

原理实例：

①机器零件的尺寸精确到微米，可以使零件不需要加工就用到其他地方，从而提高零件的利用率。

②车站用来检测物品的检测仪，避免了人工检测的烦琐。

③机场用来给乘客派送行李的环形传送带，避免了人工派送的烦琐。

④大型客车的下边的行李舱，避免了放在车顶的不安全性，同时也提高了乘客的安全性。

⑤现代座椅比传统的座椅更简洁。

(13)反向作用原理(逆向运作法)。

用与原来相反的动作达到相同的目的,把物体(或过程)倒过来,让物体可动部分不动,不动部分可动。图 7.19 所示为滚梯。

图 7.19　滚梯

原理实例:

①电动剃须刀刀头相对静止,人的手在运动。

②用模具铸造物品。

③钟表的发条。

④游戏机手柄。

⑤风力发电中的螺旋桨。

(14)曲线曲面化原理。

由直线、平面向曲线、球面化方向或功能转变,实现充分利用提高效率。图 7.20 所示为蔬菜离心甩干机。

图 7.20　蔬菜离心甩干机

原理实例:

①下高速公路缓冲区的弯道,使车辆降低速度。

②公路弯道的凸面镜,可以方便车辆看到弯道的另一面。

③汽车的流线型外观,可以降低风阻系数。

④杯子的杯体的曲线化设计,更加符合人体工程学。

⑤桌子玻璃的圆角设计能有效减少对人的伤害。

(15)动态原理(动态法)。

使不动的物体变成可动的或将物体分成彼此相互移动的几个部分,图 7.21 所示为笔记本电脑。

图 7.21 笔记本电脑

原理实例:

①可以转向的天线,方便搜到更多的频道与波段。

②超级笔记本,可以以变换出不同的形态。

③可以转向的摄像头,可以获取更广的视野。

④集坐、躺、卧为一体的躺椅。

⑤可调节风速大小的风扇。

(16)部分超越原理(未达到或过度作用原理)。

如果难以取得百分之百要求的功效,则应当取得略小或略大的功效,以把问题简化。如图 7.22 所示,测量血压时,先向气袋内充入较多的空气,再慢慢排除。

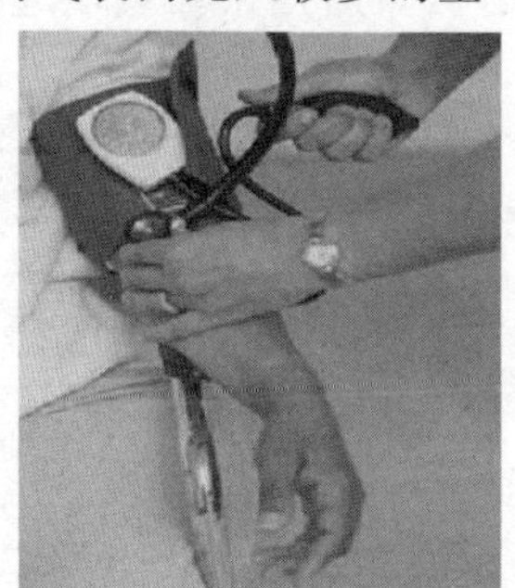

图 7.22 测量血压时,先向气袋内充入较多的空气,再慢慢排除

原理实例:

①为了给足买家所买的物品的质量,卖家往往会多给买家一点而不是少给一点。

②总体质量好的产品的生产标准往往超过国家所定的标准。

③商品的价格总是围绕着商品的价值上下波动。

④袜子总是带有一定弹性的。

⑤无菌装置是把细菌的含量降到接近零而不是零。

(17)多维运作原理(一维变多维)。

将一维线性运动的物体变为二维平面运动或三维空间运动;单层排列的物体变为多层排列;利用给定平面的反面;将物体倾斜或斜向放置。图7.23所示为旋转楼梯。

图7.23　旋转楼梯

原理实例:

①在二维空间上表现三维的图像。

②可以双面穿的衣服。

③从播放器实体到播放软件。

④从2D电影到3D电影。

⑤照相机把三维空间转化为二维空间。

(18)机械振动原理。

使静止的物体振动、使振动的物体加强振动或形成共振,以提高工作效率。图7.24所示为手机振动扁平马达。

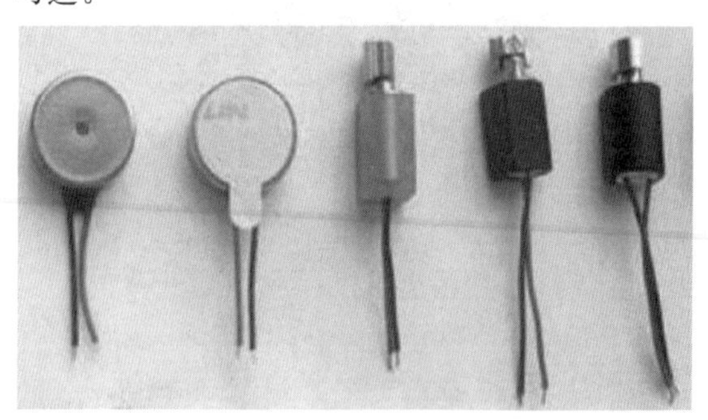

图7.24　手机振动扁平马达

原理实例:

①手机震动提醒来电。

②通过震动进行按摩的按摩器。

③(挖掘机)通过振动而产生的冲击钻。

④闹钟通过震动响铃。

⑤缝纫机针头通过震动缝补衣服。

(19)周期性动作原理(离散法)。

由连接作用过渡到周期作用或改变周期性。如图 7.25 所示,警车的鸣笛利用周期性原理避免噪声过大,并使人更敏感。

图 7.25 警车的鸣笛利用周期性原理避免噪声过大,并使人更敏感

原理实例:

①车辆的公里表以轮胎所转的圈数来计算。

②音乐节拍。

③车辆的定期报废。

④充电电池的定期充电。

⑤季节变换(春夏秋冬)。

(20)有效动作持续原理。

运动除去空转或间歇运动,实现事半功倍的效果,图 7.26 所示为双向打气筒。

图 7.26 双向打气筒

原理实例:

①通信卫星 24 小时不间断工作。

②手机保持开机状态。

③工厂流水线作业。

④电视台不间断发送视频信号。

⑤无须上发条的机械手表。

(21)快速原理(减少有害作用的时间)。

缩短执行一个危险或有害的作业时间,减少危害。如图 7.27 所示,闪光灯采用瞬间闪光,节省能源,同时避免对人眼造成伤害。

图 7.27 闪光灯采用瞬间闪光,节省能源,同时避免对人眼造成伤害

原理实例:

①切割机切割地砖。

②汽车的紧急刹车。

③战斗机的弹射仓。

④照相机的闪光灯。

⑤pvc 材料通过热缩法连接。

(22)变害为利原理。

将有害的要素相结合来消除有害的作用;利用有害的因素,得到有益的结果;增加有害因素的幅度,直至有害因素消失。如图 7.28 所示,森林灭火时,有时先在火即将通过的地方放火烧出隔离道,达到组织火势蔓延的目的。

图 7.28 森林灭火

原理实例:

①沼气发电。

②农家肥。

③秸秆造纸。

④废铁回收。

⑤回收废旧电池。

(23)反馈原理。

不易掌握的情况可通过信息系统进行反映或控制,图 7.29 所示为万用表。

图 7.29 万用表

原理实例:

①手机触摸屏反馈震动。

②驾驶员根据汽车的行驶速度决定更换高速挡或低速挡。

③自动驾驶系统根据公路的实时情况选择高速行驶或低速行驶。

④设计师根据市场需求设设计产品。

⑤洗澡时先试下水温然后,选择要不要调节水温。

(24)中介原理(借助中介物)。

把一个物体与另一个容易去除的物体暂时结合在一起,使用中介物实现所需动作,图 7.30 所示为化学反应中的催化剂。

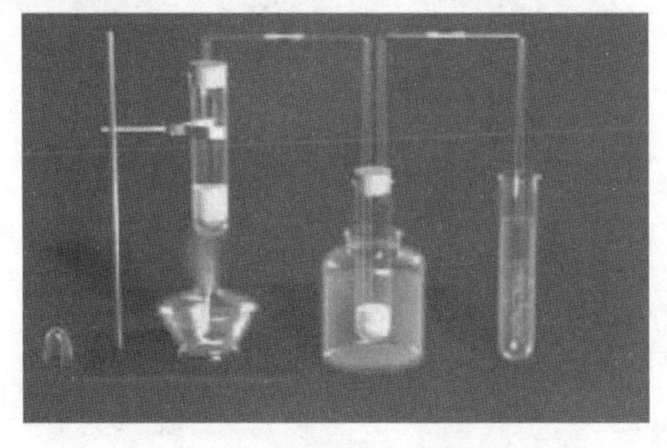

图 7.30 化学反应中的催化剂

原理实例:

①轴承中间的钢珠。

②用筷子吃饭。

③用手机软件传递信息。

④用水杯喝水。

⑤用炸药爆破建筑。

(25)自服务原理。

系统可以服务于自我,并能执行辅助和修理的功能,或是利用废弃物或废弃物的能量在利用。如图7.31所示,数码相机中的超声波除尘系统可自助清除感光元件(CCD/COMS)上的灰尘。

图7.31 数码相机中的超声波除尘系统可自助清除感光元件(CCD/COMS)上的灰尘

原理实例:

①抽水马桶自动加水。

②轮胎自我修复。

③太阳能热水器自动上水。

④电脑软件自动更新。

⑤超市自助服务。

(26)复制原理。

通过复制品代替原物,可通过音像信号模拟物等方式进行复制,以达到节省时间、资金、便于观察等目的,如图7.32所示,医学上用摄影方法“复制”病变部位诊断病情。

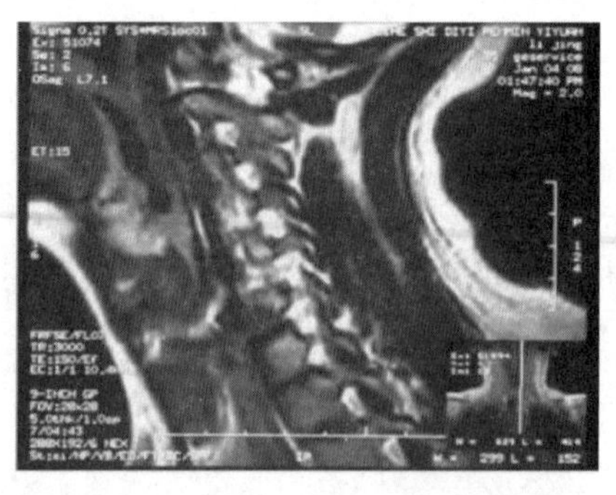

图7.32 医学上用摄影方法“复制”病变部位诊断病情

原理实例:

①网络硬盘替代实际硬盘。

②网购替代现实购物。

③电子地图替代真实地图。

④复合木地板替代实木地板。

⑤塑料杯子替代玻璃杯子。

(27)替代原理。

用便宜的物体代替贵重的物体，同时降低某些质量要求，实现相同的功能。如图7.33所示，用人造金刚石代替钻石制成玻璃刀的刀头，以降低成本。

图 7.33 用人造金刚石代替钻石制成玻璃刀的刀头，以降低成本

原理实例：

①医用一次性手套。

②牙签。

③塑料袋。

④宾馆一次性拖鞋。

⑤隐形眼镜替代实体眼镜。

(28)机械系统替代原理。

用新的系统替代先有系统用光学、声学、味学、热学、电场、磁场等系统代替机械系统。图 7.34 所示为磁力搅拌机。

图 7.34 磁力搅拌机

原理实例：

①声控灯代替原有开关。

②电子触摸屏代替原有屏幕。

③感应门代替原有旋转门。

④眼睛控制瞄准的头盔。

⑤体感游戏机。

(29)压力原理。

用气体、液体结构代替固体部分，从而可利用气体、液体产生膨胀或利用气压和液压起缓冲作用。图 7.35 所示为液压千斤顶。

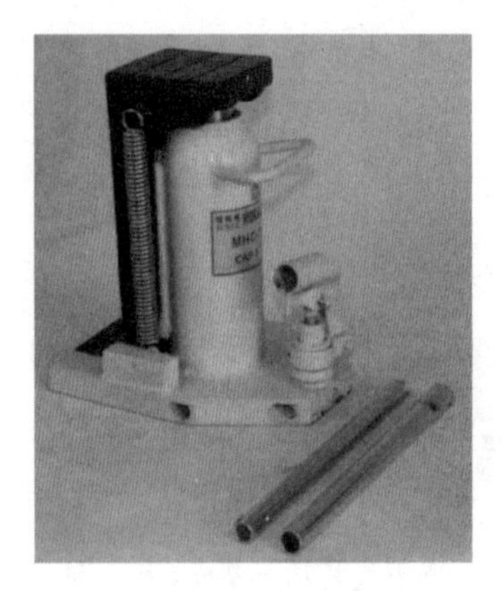

图 7.35 液压千斤顶

原理实例：

①公交车气动车门。

②挖掘机液压臂。

③蒸汽机。

④安全阀。

⑤液压千斤顶。

(30)柔化原理。

使用柔性壳体或薄膜代替传统的一般结构。图 7.36 所示为水上步行球。

图 7.36 水上步行球

原理实例：

①真空压缩包装袋。

②为了防止虫蛀而把苹果用袋子套起来生长。

③为了防止铁生锈而在表面刷漆。

④为了提高金属的抗氧化性而在其表面镀锌。

⑤为了保护手机屏幕而在其表面贴屏保。

(31)孔化原理(多孔材料)。

使物体变成多孔的或利用多孔性改变原有特性。如图 7.37 所示，蜂窝煤球的多孔可促进燃烧。

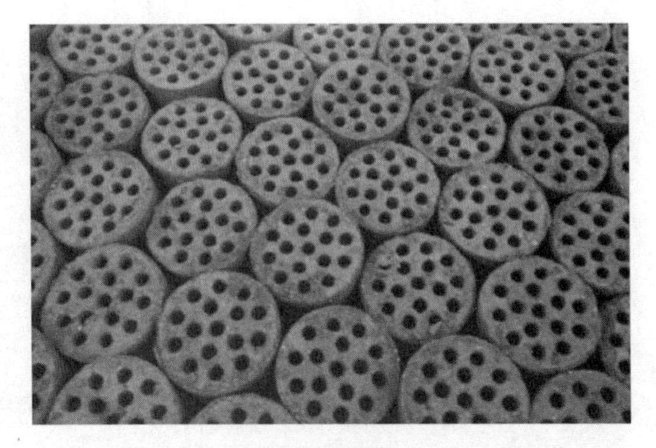

图 7.37　蜂窝煤球的多孔可促进燃烧

原理实例：

①为了节约用水，使用淋浴喷头。

②电视采用多空外壳的孔用来散热。

③蜂窝煤球的多孔促进燃烧。

④医用纱布的多孔材质用来保持良好的透气性。

⑤窗纱多孔材质用来保证空气流通。

(32)色彩原理(改变颜色：拟态)。

改变物体或其周围的颜色、透明度或可视性；在难以看清物体中添加有色或发光物质；通过辐射加热改变物体的热辐射性。如图 7.38 所示，养路工人的工作服色彩艳丽并有荧光，保证安全。

图 7.38　养路工人的工作服色彩艳丽并有荧光，保证安全

原理实例：

①飞行表演飞机尾部的彩色烟雾。

②为防止碘的挥发，采用棕色的玻璃瓶装碘。

③为吸引人的眼球而采用彩色 LED 灯箱。

④为了空间的私密性而采用毛玻璃。

⑤为了方便观察，温度计中采用加了颜色的液体。

(33)同化原理(同性质)。

主要物体与其相互作用的物体采用同样或性质相近的材料制成，防止化学反应和一物对另一物的损害，图 7.39 所示为用金刚石切割钻石。

图 7.39 用金刚石切割钻石

原理实例：

①用热水解冻冰。

②用纸箱运输纸质档案袋。

③用淀粉所做的纸盒来装食品。

④血液凝固所形成的结痂止血。

⑤乙醇和汽油混合而形成的乙醇汽油能减少污染气体的排放量。

(34)自生自弃原理(抛弃或再生)。

采用溶解、蒸发等手段废弃已完成其功能的零部件，或在工作过程中直接变化；在工作过程中迅速补充消耗或减少的部分。如图 7.40 所示，冰灯在过季后，不必清除，让其自动融化。

图 7.40 冰灯在过季后，不必清除，让其自动融化

原理实例：

①鞭炮。

②化学反应中所用的催化剂。

③砂轮随着沙砾的脱落一直保持锋利。

④当刀头不锋利时，以去掉刀头重新锋利的美工刀。

⑤铅笔。

(35)性能转换原理(物理或化学参数变化)。

通过改变物理状态浓度或密度、柔性或灵活程度等，实现性能优化或改变。如图7.41所示，制作酒心巧克力时，先将酒冷冻成一定形状，再在热巧克力中蘸一下。

图 7.41 制作酒心巧克力时，先将酒冷冻成一定形状，再在热巧克力中蘸一下

原理实例：

①把煤气液化从而方便运输。

②把氮气液化从而实现气化时极速降温。

③通过温室大棚生产反季蔬菜。

④改变电脑参数获得更好的视觉效果。

⑤改变发动机的排放量提高发动机的动力。

(36)相变原理。

利用物体相变时产生的某种效应(如体积改变、吸热或放热)，如图 7.42 所示，煤气加压后呈液体状态，便于储存和运输，通过阀门控制，加压呈气体状态，便于使用。

图 7.42 煤气加压后呈液体状态，便于储存和运输，通过阀门控制，加压呈气体状态，便于使用

原理实例：

①液态氮气汽化时吸收大量的热，用于速冻。

②金属在熔融状态下的导电性比固体状态下更强。

③在保持同样的功的情况下，电在高压状态下比低压状态下传输的距离更远。

④干冰变为二氧化碳吸收大量热，用于人工降雨。

⑤日电棒管里的银光粉在电离状态下可以发光。

(37)热膨胀原理。

利用材料热膨胀(或收缩)特性，或组合使用不同膨胀系数的材料。图 7.43 所示为利用热胀冷缩原理制成的温度计。

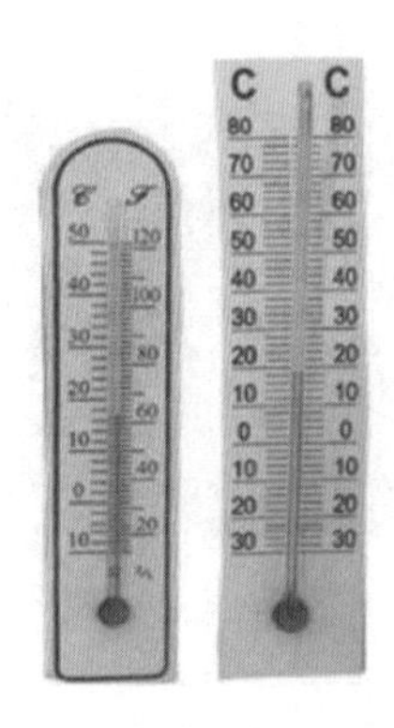

图 7.43 利用热胀冷缩原理制成的温度计

原理实例：

①气体加热膨胀。

②面团加热膨胀。

③汽车夏季容易爆胎。

④炸药爆炸。

⑤蒸汽机。

(38)逐级氧化原理(加速氧化)。

利用从一级向更高一级氧化的转换特性防止或加速氧化。图 7.44 所示为利用臭氧发生器净化空气。

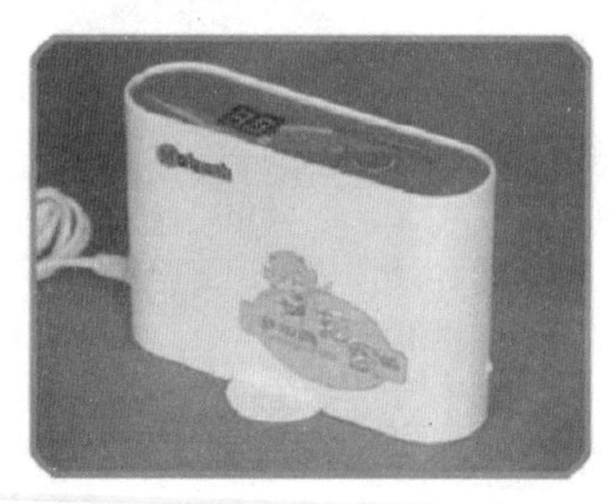

图 7.44 利用臭氧发生器净化空气

原理实例：

①为了制造出生锈的效果而在金属上泼硫酸。

②用八四消毒液消毒。

③氯气用于造纸和纺织工业的漂白。

④一氧化二氮促进燃料燃烧的完整度，提升动力。

⑤为了获得更多的热量不断向焊枪中通入氧气。

(39)惰性环境原理。

用惰性环境替代通常环境；在物体中添加惰性或中性添加剂；使用真空环境。如图 7.45所示，利用惰性气体填充灯泡，做成霓虹灯。

图 7.45　利用惰性气体填充灯泡，做成霓虹灯

原理实例：

①节能灯的真空灯管。

②氦气球代替氢气球。

③真空镀膜机。

④电解 NaOH 制取钠要在惰性环境下才能完成。

⑤真空消毒。

(40)复合材料原理。

利用不同物质的不同构造和特性，根据需要，用几种物质制成一种新的材料(复合材料)而代替单一材料。如图 4.46 所示，用玻璃纤维制成的冲浪板，比木质板更轻，且易于制成各种形状。

图 7.46　用玻璃纤维制成的冲浪板，比木质板更轻，且易于制成各种形状

原理实例：

①复合木地板能有效避免虫蛀。

②铝合金质量轻强度大抗氧化性强。

③夹丝玻璃，防止玻璃破碎。

④塑钢质地轻、强度大、成本低。

⑤人造革成本低。

【知识拓展】

1. 分割(Segmentation)原理体现在三个方面

(1)将物体分割为独立部分。

①用个人计算机代替大型计算机;用卡车加拖车的方式代替大卡车;用烽火传递信息(分割信息传递距离);在大项目中应用工作分解结构等。

②电脑分割为 CPU、显卡、声卡等,可分别独立制作,插接组合成 PC 使用,鼠标/键盘与电脑的分离——无线鼠标/键盘。

③电视控制部件的分割——遥控器的产生;电视机的分割——电视盒,可以接收解码电视节目。

④独立分割的立交桥制作方法,将不同端分别制作再连接;火车车厢之间是单独的个体,可调整车厢的数量。

⑤分割笔芯和笔——自动铅笔;圆珠笔的笔芯与笔套是两个可分的部分,笔芯可以换。

⑥手机将显示时间部分进行分割——双屏翻盖手机,外部小屏显示时间;耳机与耳机线的分割——无线耳机。

(2)使物体成为可组合的(易于拆卸和组装)。

①组合式家具;橡胶软管可利用快速拆卸接头连接成所需要的长度等。

②刮胡刀的刀片与手柄可分离、可更换刀片的美工刀;可更换不同接头的电钻。

③抽油烟机油盒的可拆卸;可更换镜片的望远镜。

(3)增加物体被分割的程度。

①用软的百叶窗代替整幅大窗帘;中央空调出气口,被格栅分割成面向不同方向的出气口。

②电子线路板表面贴装技术中所使用的锡膏,主要成分是粉末状的焊锡,用这种焊锡替代传统焊接用的焊锡丝和焊锡条,从而大大地提升了焊接的透彻程度。

③存储食物制冷箱体的分割——冰箱包括冷冻室、冷藏室,再分割成保鲜室。

④多个块状竹制块(麻将块)的凉席替代竹条式凉席。

⑤将相机镜头部分分为多个套管连接实现伸缩镜头的结构;自行车、摩托车等的链条是一环一环相接的,每环都是可以取下来的。

TRIZ 故事 1——通红的玻璃板

在玻璃批量生产线上,对玻璃先进行加热然后再进行加工,加工完成后的玻璃仍处于通红状态,需要将其输送到指定位置直至冷却下来。现在的问题是,因为玻璃还处于高温,呈现柔软的状态,在滚轴传输线的输送过程中会因为重力下垂而造成变形,导致玻璃表面凹凸不平,后续需要大量的打磨工作来进行修正。年轻的工程师提出将传输线上的滚轴直径做到尽量小,以减少玻璃悬空的面积,提高玻璃的平度。年轻的工程师说:“我们可以将滚轴直径像火柴棍一样细,组成一个传输线”。老工程师说:“那么,每米长度内将有大约 500 个滚轴,安装时需要像做珠宝首饰一样细致。想一想这个传输线的造价。”一

位工程师说:“我认为我们不能再考虑滚轴传输线,最好用新的方法来替代它。”年轻的工程师说道:“有什么好办法呢?”

突然,TRIZ 先生出现了。他说:“让我们来研究一下这个问题,从方法上来选择。”随后,一个基于分割原理的解决方案展示了出来,突破常规思维的限制,将滚轴直径无限缩小,小到头发丝、1/100 mm、1/1 000 mm1/10 000 mm……一直分割下去,会是什么呢?物质呈现分子、原子状态。

解决方案是:用熔化的锡来代替滚轴。传输线是一个长长的、盛满熔化锡的槽子。由于锡的熔点低而沸点高,正适合通红的玻璃板的冷却温度区间,熔化锡在重力作用下,会呈现出一个绝对平面,可以很好地满足此工序的要求。而基于这个解决方案,又出现了很多的专利,比如给锡通电可以与磁铁一起作用,来完成对玻璃的成型加工。

2. 抽取(Extraction)原理体现在两个方面

(1)将物体中“负面”的部分或特性抽取出来。

①由于压缩机用于压缩空气,所以将嘈杂的压缩机放在室外。无噪声中央真空吸尘系统:美国 Duo Vac 中央真空吸尘器系统的马达被抽离且安装在室外,因此吸尘器噪音不会传至室内。

②计算机 CPU 的水冷散热器,将散热部分设置在计算机机箱外。

③分体手机,辐射大的与网络通信的部分抽取出,单独设置模块。

④子弹、发生后,将无用的弹壳丢弃,仅发送弹头;多级火箭,冲出大气后将燃烧完的部分解体分离丢弃。

⑤高建筑物易遭雷击,设置高于建筑物的避雷针,将雷电抽取出引入地下。

(2)体中取必要的部分或仅有用的特性。

①用狗叫声作为报警器的报警声,而不用养一条真正的狗;在机场播放猛禽叫声驱赶鸟类(将叫声抽取出来)。

②用光纤分离主光源,增加照明点。

③将蟑螂、蚊子等天敌所发出的声音低频抽取出来,制作的播放低频的电子驱虫装置;风洞测试仪(抽取出物体在空气中快速通过的相对风速,而不是让物体真正快速通过测试)。

④红外体温测试仪(抽取人体体温特征测试)。

TRIZ 故事 2——三个火枪手

大仲马在小说《三个火枪手》中,描述了普托斯是如何在裁缝店定制新装的。

普托斯不允许裁缝接触他的身体,裁缝无法量体,僵持之中,剧作家莫里哀来到了裁缝店莫里哀将普托斯带到镜子前,然后让裁缝对着镜子里的普托斯进行测量,一个两难的问题得到了解决。

这里,莫里哀使用的就是抽取原理,将普托斯影响抽取出来,有效地化解了普托斯和裁缝之间的矛盾。

3. 局部质量(Local Conditions)原理体现在三个方面

(1)将物体或外部环境的同类结构转换成异类结构。

采用温度、密度或压力的梯度，而不用恒定的温度、密度或压力。

(2)使物体的不同部分实现不同的功能。

带橡皮擦的铅笔，带起钉器的榔头；多功能的工具，不同部分可作为普通钳子、剥线钳、普通螺丝刀、十字螺丝刀和指甲修剪工具等使用。

(3)使物体的每一部分处于最有利于其运行的条件下。

快餐饭盒中设置不同的间隔区来分别存放热、冷食物和汤。

TRIZ 故事 3——巨大的过滤器

一家工厂获得了一个大订单，产品是一个圆柱形过滤器，圆柱的直径为 1 m，长度为 2 m，轴向均匀分布直径为 0.5 mm 的密密麻麻的很多过滤通孔。工程师们看到图纸后都惊呆了，每个过滤器要加工出成千上万个轴向小孔。总工程师问大家："我们该如何来加工这么多的小孔呢？用钻床来钻吗？"一位年轻的工程师毫无把握地说道："显然，钻这么长的小孔是不可能实现的，也许可以用高温铁针来扎出这些孔。"所有的工程师都陷入了沉默，这似乎是一个无法解决的难题。

突然，TRIZ 先生出现了。"我们既不需要钻床，也不需要铁针，这件事应该这样来考虑。"随后，一个基于局部质量原理的解决方案展示了出来。将过滤器的功能进行分解，其主要构成元素是过滤孔和基体，有用功能的元素是过滤孔，即过滤孔是有用的局部质量。每个过滤孔不就是一条管子吗？答案找到了。拿一些细管，并捆扎起来，就形成了过滤器。这种过滤器的组装制造和拆离都可以非常方便地完成。用细圆棒做原料，然后捆扎起来，而圆棒之间的空隙就形成了过滤孔，也可以实现过滤器的功能。

4. 非对称(Asymmetry)原理体现在两个方面

(1)用非对称形式代替对称形式。

非对称容器或者对称容器中的非对称搅拌叶片可以提高混合的效果(如水泥搅拌车等)；模具设计中，对称位置的定位销设计成不同直径，以防安装或使用中出错。

(2)如果对象已经是非对称，增加其非对称的程度。

将圆形的垫片改成椭圆形甚至特别的形状来提高密封程度。

TRIZ 故事 4——聪明的气罐

很多家庭在使用灌装液化石油气，但让他们烦恼的是，不知道气罐里的气体何时将耗完，所以不能及时更换燃气。一家燃气公司的工程师们试图解决这个问题。前提是方法简单易行，并能准确预报何时罐中燃气将耗完。

一位工程师说："测量压力？"另一位工程师即刻反对："不行，这不管用，只要罐中还有少量燃气，其压力的变化不明显，而且，压力表的成本较高。"又一位工程师说："如果称重量呢？"再一位工程师反对道："这也不行。每次都要拆出气罐来称质量对于用户来说太麻烦了，况且容易引发安全问题。"看来，在不增加成本和复杂性的基础上要获得气罐的信息是一个似乎不能解决的难题。

突然，TRIZ 先生出现了。他说："我知道答案，这个气罐应该会很有礼貌地报告自己的情况。"随后，一个基于非对称原理的解决方案展示了出来：煤气罐的传统结构设计中，

气罐的底面般是完整的圆形。现在，要改变这种习惯性的对称结构，采用非对称的结构。

新的设计是：煤气罐的底面做成部分斜面。这样，当有液体燃气充当气罐底部重物时，气罐保持直立，一旦液态燃气消耗完毕时，底部失去压重物，煤气罐会在重力作用下歪向一边。相当于提醒用户："煤气将尽，请速更换。"

5. 组合合并(Consolidation)原理体现在两个方面

(1)合并空间上的同类或相邻的物体或操作。

网络中的个人计算机；并行处理计算机中的多个微处理器；合并两部电梯来提升一个宽大的物体(拆掉连接处的隔板)。

(2)合并时间上的同类或相邻的物体或操作。

把百叶窗中的窄条连起来，同时分析多项血液指标的医疗诊断仪器；现代冷热水龙头，调温通过转动完成，将过去的两个龙头合并为一个龙头。

TRIZ 故事 5——玻璃磨角

一个工厂接到一个大订单，需要生产大量椭圆形的玻璃板。

首先，工人们将玻璃板切成长方形，然后将四角磨成弧形从而形成椭圆形。然而，在磨削工序中，出现了大量的破碎现象，因为薄玻璃受力时很容易断裂。一位工人对主管说："我们应该将玻璃板做得厚一点。"主管说："不行，客户的订单上要求的就是这种厚度的产品。"这似乎是一个难以解决的难题。

突然，TRIZ 先生出现了他说："我们的玻璃应该既厚又薄，玻璃在磨削的工序中应该是厚的，而加工完成后应该是薄的。"

随后，一个基于组合合并原理的解决方案展示了出来：将多层玻璃叠放在一起从而形成一叠玻璃，而且事先在每层玻璃面上洒一层水，以保证堆叠后的玻璃可以形成相当强的粘贴力。堆叠玻璃的强度会远大于单层玻璃的强度，在磨削加工中就可以承受较大的磨削力，从而改善了玻璃的可加工性。当磨削加工完成后，再分开每层玻璃，水分自行会挥发掉，从而获得了所需要的产品。

6. 多元性(Universality)原理

多元性原理使得物体或物体的一部分实现多种功能，以代替其他部分的功能。

内部装有牙膏的牙刷柄；将汽车上的小孩安全座位转变成小孩推车；小组领导人充当记录员和计时员。

TRIZ 故事 6——一物二用

渥伦哥尔船长(阿奇舒勒笔下的一位主人公，阿奇舒勒经常使用科幻小说的形式，进行 TRIZ 相关知识的讲解和传播)经常应用一物二用来产生发明。比如船上的压舱物，常规的是用水或沙子，但渥伦哥尔船长却使用土作为压舱物。在土中种上可以生长的棕榈树，棕榈树又用来作为船的桅杆。

7. 嵌套(Nesting) 原理体现在两个方面

(1)将第 1 个物体嵌入第 2 个物体，然后将这 2 个物体一起嵌入第 3 个物体……

(一组)量杯(匙)；俄罗斯玩偶娃娃(俄罗斯套娃)。

(2)让物体穿过另一物体的空腔。

伸展天线、伸缩变焦镜头。

TRIZ 故事 7——火星车

一个科幻故事里描述了一次火星探险。宇宙飞船降落在一个石头山谷,宇航员乘坐一辆火星车开始火星之旅。这个特型火星车有巨大的轮胎,当行驶到陡坡时,很容易在石头的颠簸下翻车。怎么办?

这个问题刊登在一本杂志上,收到了大量的读者来信,提供解决办法:在火星车的下面悬挂重物,降低整车的重心,增加稳定性;将轮胎的气放出一半,轮胎下陷,增加稳定性;在火星车的两边分别多安装一只轮胎;让宇航员探出身体来保持车子的平衡。

上面的各种建议,确实能改善火星车的稳定性,但明显都带来另一些问题,比如:降低了火星车的运动性能,降低了车速,让火星车变得更复杂,增加宇航员的危险性等。由于以上正反两方面问题的存在,有一位读者干脆建议:“什么办法都没有了,让宇航员走路吧!”

这个问题似乎是一个难以解决的问题。

突然,TRIZ 先生出现了,他说:“将重物放得非常低以接近火星的地面,以降低车子的重心而且在火星车里面。”随后,一个基于嵌套原理的解决方案展示了出来。在火星车的轮胎里放置球形重物,这些重物可以滚动,总处在轮胎的最下面,以最低的重心来保持火星车的稳定。

8.质量补偿(Anti-Weight)原理体现在两个方面

(1)将一个物体与另一能产生提升力的物体组合,来补偿其质量。

在一捆原木中加入泡沫材料,使之更好地漂浮;用气球悬挂广告条幅。

(2)通过与环境(利用气体、液态的动力或浮力等)的相互作用实现物体质量的补偿。

飞机机翼的形状可以减小机翼上面的密度,增加机翼下面空气的密度,从而产生升力:水翼可使船只整个或部分浮出水面,减小阻力。

TRIZ 故事 8——飞机紧急降落之后

一架巨型运输机在起飞后出现了故障,紧急迫降在距离飞机场 200 km 外的空地上。经过检查,发现飞机机体上出现了许多裂缝和损坏,必须将飞机运送往工厂进行维修。这架运输机非常重,如何运送成为问题。专家们聚在一起,商讨如何将这个庞然大物运走

“地上没有跑道,只有将飞机用吊车吊起来运走。”一位年轻的工程师说。

一位专家沮丧地说:“哪里有这么大的吊车?而且我们也没那么大的车子将飞机运走!”

问题处于僵持之中而不能解决。突然,TRIZ 先生出现了。他说:“我们确实需要将飞机吊起。而且用车子运走。”于是,一个基于质量补偿原理的解决方案产生了。

将气袋固定在飞机翅膀下,然后充气,气袋所产生的浮力可以抬起飞机,然后将平板拖车开到飞机下面拖走飞机。

9. 预先反作用(Prior Counteraction)原理体现在两个方面

(1)预先施加反作用。

在溶液中加入缓冲剂来防止高 pH 值带来的危害。

(2)如果物体将处于受拉伸工作状态,则预先施加压力。

在浇注混凝土之前对钢筋进行预压处理。

TRIZ 故事 9——让暴风雨来得更猛烈些吧

在靠近岸边约 5 km 的海上,一只挖泥船正在为航道进行清理工作,挖出的混着海水的泥巴通过一条管道被抽送到岸上,为保证管道浮在水面,管道上捆绑着一长溜的浮桶。船长说:“天气预报说一场暴风雨即将来临!我们要立即停止工作,将管道拆开并带回岸上。暴风雨过后再带回来安装。大家行动要快,必须在暴风雨来临之前完成。”船员们说:“没有别的办法,如果暴风雨将管道破坏,情况会更糟,赶快拆卸。”

突然,TRIZ 先生出现了。他说:“不用拆卸管道,不管什么样的暴风雨,我们都可以继续工作。”于是,一个其干预失反作用原理的解决方案产生了:管道不必浮于水面,而是沉入海水中。暴风雨的影响被消除。

10. 预先作用(Prior Action)原理体现在两个方面

(1)事先完成部分或全部的动作或功能。

不干胶纸;卷状食品保鲜袋,事先在 2 个保鲜袋间切口,但保留部分相连,使用时可以轻易拉断相连部分等。

(2)在方便的位置预先安置物体,使其在第一时间发挥作用,避免时间的浪费。

柔性制造单元。

TRIZ 故事 10——请你做侦探

一家粮油公司购买的食用油,用油罐车来运装,每罐可装 3 000 L。但老板发现每次卸出的油都短缺 30 L,经过核准流量仪,检查封条和所有可能漏油部位后,没有找到短缺的原因。没办法,请来了老侦探调查这个问题,老侦探进行了暗地跟踪,发现油罐车在运送途中没有停过车,但依然短缺了 30 L,连老侦探也百思不得其解。

突然,TRIZ 先生出现了。他说:“我们只要思考一下,就知道是司机偷了油。”

接着,他解释了这个基于预先作用原理的问题答案。

原来司机事先在油罐内挂了一个桶,当油罐中注满食用油时,桶中就盛满了食用油。但是卸油后,桶中的油却保存了下来,司机随后伺机取出这一桶油。

11. 预先防范(Cushion in Advance)原理

针对物体相对较低的可靠性,预先准备好相应的应急措施。

降落伞、消防设施;俄沙皇害怕敌人投毒害他,就每天服用少量的毒药培养抗毒性,后来他想服毒自杀,居然没有成功。

TRIZ 故事 11——危险的冰柱

北方的冬天,房子上的排水槽和排水管里会形成坚硬的冰柱,有的长达数米。当春天来到的时候，排水管受到太阳的照射，吸收的热量会首先融化冰柱的外表。当融化到一定程度时，冰柱会在重力的作用下从排水管中滑落，撞破排水管的弯头，有时，冰柱碎块会从排水管中飞出，扎伤经过的行人。如何消除这个问题？成为人们面心的一道难题

突然，TRIZ先生出现了。他说："这个问题需要我们预先做些应急的事情。"于是一个基于预先防范原理的解决方案是：在冬天来临之前，在排水管里穿进一根绳子，冰柱中的绳子可有效防止冰柱滑落，保证其渐渐地消融。

12. 等势原则(Equipotentiality)原理

在势能场中，避免物体位置的改变。

电子线路设计中，避免电势差大的线路相邻；在两个不同高度水域之间的运河上的水闸等。

TRIZ故事12——古塔是否在下沉

城市的中心广场有一座古塔，似乎在逐渐下沉。名胜古迹保护委员会前来测量研究这个古塔的下沉问题。测量的第一步是要选择一个高度不变的水平基准，并且在塔上可以看到这个基准以便进行比较测量。很可能广场周围建筑也在一起下沉，所以需要寻找一个远离古塔而且高度不变的基准，最后他们选择了远离古塔1 500英尺(1英尺≈0.3 m)以外的一个公园的墙壁，但古塔和公园的墙壁之间被高层建筑物遮挡住了，无法直接进行测量。测量员沉思后说："非常复杂的情况，看来我们得求助于其他的专家。"

突然，TRIZ先生出现了。他说："不必麻烦专家，看一下初中物理书就可以找到此问题的解决办法。"

于是，一个基于等势原则的方案呈现了：拿两根玻璃管，一个安装在塔上，一个安装在公园的墙壁上，用胶管将其连接起来，然后灌入液体，就组成一个水平仪，两只玻璃管中的液体应保持同样的高度，我们在玻璃管上标出这个高度。如果古塔下沉，则塔上的玻璃管内液体会升高。

13. 逆向思维(反向作用，Inversion)原理体现在三个方面

(1)颠倒过去解决问题的办法。

为了松开粘连在一起的部件，不是加热外部件，而是冷却内部件；把大山带到穆罕默德的面前来，而不是让穆罕默德到大山那里去等。

(2)物体的活动部分改变为固定的，让固定的部分变为活动的。

旋转部件而不是旋转工具；健身跑步机等。

(3)翻转物体(或过程)。

通过翻转容器以倒出谷物；将杯子倒置，以便从下面喷水清洗。

TRIZ故事13——巧克力的窍门

这一天是一个漂亮女孩的生日，有一个客人带来了一大盒巧克力糖，这是一种酒瓶形的果汁巧克力糖，巧克力的中心是液态的果汁，大家都非常喜欢。一边吃着巧克力，有位客人好奇地问道，"我很纳闷这种果汁巧克力的果汁是怎么装进去的？"另一位客人猜测道："先做好巧克力，然后往里面灌上果汁，再封口。"第三位客人说："果汁必须非常的稠，

要不然会影响巧克力成型，但是果汁不容易灌进巧克力中。通过加热是可以让果汁稀些以便灌入，却会熔化巧克力。”

突然，TRIZ 先生出现了，于是一个基于逆向思维的解决方案产生了：先将果汁降温，降到冰冻状态，将一颗颗冰冻的果汁颗粒放入巧克力中，然后进行成型随后冰冻的果汁会在常温下恢复液体。果汁巧克力就完成了。

14. 曲线曲面化(Spheroidality)原理体现在三个方面

(1)将直线、平面用曲线、曲面代替，立方体结构改成球体结构。

在建筑中采用拱形或圆屋顶来增加强度；结构设计中，用圆角过滤避免应力集中等。

(2)使用滚筒、球体、螺旋状结等结构。

圆珠笔的球状笔尖使得书写流利而且提高了寿命。

(3)从直线运动改成旋转运动，利用高离心力。

用洗衣机甩干衣物，代替原来拧干的方法。

TRIZ 故事 14——莫比乌斯环

科幻故事《黑暗的墙》中，哲人格里尔手里拿着一张纸，对同伴不里尔顿说：“这是一个平面，它有两个面。你能设法让这两个面变成一个面吗?”不里尔顿惊奇地看着格里尔说：“这是不可能的。”格里尔说：“是的，乍看起来是不可能的，但是，你如果将纸条的一端扭转180°再将纸条对接起来，会出现什么情况?”不里尔顿将纸条一端扭转 180°后对接，然后粘贴起来。格里尔静静地说：“现在把你的食指伸到纸面上。”不里尔顿已经明白了这位智者同伴的智慧，他移开了自己的手指。“我懂了！现在不再是分开的 2 个面，只有一个连续的面。”这就是以著名的德国数学家莫比乌斯命名的“莫比乌斯环”。

很多人利用这个奇妙的“莫比乌斯环”来获得发明。大约有 100 多项专利均是基于这个奇妙的环，有砂带机、录音机、皮带过滤器等。

“莫比乌斯环”正是曲面化原理的典型代表。

15. 动态(Dynamicity)原理体现在三个方面

(1)使物体或其环境自动调节，以使某在每个动作阶段的性能达到最佳。

汽车的可调节式方向盘(或可调节式座位、后视镜等)。

(2)把物体分成几个部分，各部分之间可相对改变位置。

折叠椅、笔记本电脑等。

(3)将不动的物体改变为可动的，或使其具有自适应性。

用来检查发动机的柔性的内孔窥视仪；医疗检查中用到的柔性状结肠镜等。

TRIZ 故事 15——神奇的不倒翁

玩具公司的总裁召集工程师们开会。

总裁问道：“我们能不能在不倒翁的基础上发明一种新的玩具?”大家说不倒翁很早就被发明出来了，还能挖掘出什么新意呢? 一位年轻的工程师叫道：“这种玩具太简单了，没什么可增加或减少的。”总裁说：“新专利 645661 号颁发给了发明家柴兹塞夫的一款新型不倒翁。”工程师们围过来看这个新玩具，发现它与传统的不倒翁不同的是内部安装了滑槽，重物可以沿着滑槽滑动，所以，这个新的不倒翁可以倒立和平躺。总工程师评论道："哦，这是动态性原理，重物原来是固定的，现在可移动了。"总裁说："让我们依据动态性原理，发明一个动态的不倒翁吧！"

于是，一个基于动态化原理的新方案产生了：将重物分成两部分，而且都可以滑动这样，重心会不断移动和变化，不倒翁的晃动频率。会不断地变化，显得更有趣。

16. 不足或超额行动（部分超越，Partial or Excessive Actions）原理

如果用现有的方法很难完成对象的 100%，可用同样的方法完成"稍少"或"稍多"一点，问题可能变得相当容易解决。

①大型船只在制船厂的制造，往往先不安装船体上部的结构，以避免船只从船厂驶往港口的过程中受制于途中的桥梁高度，带船只达到港口后再安装上部的结构。

②油印印刷时，滚筒涂布全表面的印油，印刷到纸张上的是需要的字体部分，其他的印油被蜡纸所阻挡。

③表面贴装技术的锡膏印刷工艺，锡膏印刷机的刮刀涂布是全面积的锡膏，而印刷到电路板上的只是钢网开孔对应的焊盘上，其他的被钢网阻挡。

TRIZ 故事 16——大直径钢管的切割

现在要生产一种直径为 1 m、长度为 12 m 的钢管。原材料为带状卷料，在钢管弯卷焊接设备上进行加工，此设备以连续的 2 m/s 的速度输出焊接完成的钢管，所以，需要每 6 s 完成一次切割。因为切割设备的电锯切割这 1 m 直径的钢管需要一定的时间才可以完成，而钢管在连续向前输出，所以切割设备得与在钢管同步前进中进行切割，切割完成后海需要快速返回到原来的位置，以开始对下一段钢管的切割，切割和返回的动作需要在 6 s 之内完成。现在的矛盾是，切割设备的功率选择和移动速度产生了矛盾，大功率的设备切割速度快但比较笨重、移动起来缓慢，小功率的设备比较轻巧，可快速移动但切割时间会比较长。工程部被要求来解决这个问题，工程师们陷入了激烈的争论，最后折中方案似乎占据了上风，那就是降低钢管弯卷焊接设备的输出速度。总工程师说："难道我们非得降低焊接设备的钢管输出速度吗？如果将输出速度降低到 1 m/s，我们的生产率将降低一半，根本天无法按时交货。"

突然，TRIZ 先生出现了。他说："我们根本不必降低输出速度，切割工作可以预先来做一部分。"于是，一个基于不足或超额行动的解决方案产生了：可以事先将带状原材料钢板进行切割，但是不能完全切断，要保留部分连接以保证弯卷焊接过程中的足够连接强度，这样，在后续切割中，只切断那部分保留的部位就可以了。最后，以一个振动来实现钢管的切割，生产效率得到了大幅提升。

17. 多维运作（Shift to a New Dimension）原理体现在四个方面

（1）将物体从一维变到二维或三维空间。

螺旋梯可以减少所占用的房屋面积。

（2）用多层结构代替单层结构。

多碟 CD 机可以增加音乐的时间，丰富选择。

（3）使物体倾斜或侧向放置。

自动装卸车。

TRIZ 故事 17——会变身的自行车

对很多人来说,学骑自行车可能是件令人烦恼的事,经常会摔倒,尤其是儿童学骑自行车时可能会产生危险。

现在,人们将不再有这种顾虑了。美国帕杜大学的工业设计师发明出了一种"变身三轮车"当骑车者加速时,它的两个后轮会靠得越来越近,而减速或停车时,两个后轮又会分开,骑车者根本不用担心车子会侧翻。

18. 机械振动(Mechanical Vib Ration)原理体现在五个方面

(1)让物体处于振动状态。

电动剃须刀。

(2)对有振动的物体,增加振动的频率(甚至到超声波)。

振动送料器。

(3)使用物体的共振频率。

用超声波共振来粉碎胆结石或肾结石。

(4)用压电振动器代替机械振动器。

石英晶体振荡驱动高精度的钟表。

(5)使用超声波和电磁场振荡耦合。

在高频炉里混合合金,使混合均匀。

TRIZ 故事 18——聪明的测量仪

化工厂车间里,一种强腐蚀性的液体装在一个巨大的容器中,生产时,让液体从容器流向反应器,但进入反应器的液体量需要进行精确的控制。车间主任对厂长说:"我们尝试使用了各种玻璃或金属制作的仪表,但它们很快就被液体给腐蚀了。"厂长问:"如果不测量流量,只测量液体高度的变化怎么样?"车间主任说:"容器很大,高度变化很微小,我们无法得到准确的结果,而且容器接近天花板,操作上很不方便。"这似乎是一个难以解决的问题。

突然,TRIZ 先生出现了。他说:"我们需要一台聪明的测量仪,不是测量液体,而是测量空隙。于是,一个基于振动原理的解决方案产生了。

原来,利用振动的原理,测量容器中液面以上的空气部分的共振频率,得到空气部分的变化量,从而准确推算出液面的细微变化量。

19. 周期性动作(Periodic Action)原理体现在三个方面

(1)用周期性动作或脉动代替连续的动作。

松开生锈的螺母时,用间歇性猛力比持续拧力有效。

(2)如果行动已经是周期性的,则改变其频率。

用频率调制来传送信息,而不用 Morse 编码。

(3)利用行动之间的间隙来执行另一动作。

在心肺呼吸中,每五次胸腔压缩后进行呼吸。

TRIZ 故事 19——两根绳子

在一个空房间里，有一个布娃娃放在窗台上，两根细绳从天花板上垂直下来。你的任务是将两根绳子的下端绑在一起。但是，如果你拿着一根绳子却够不到另一根绳子，旁边没有人，所以不会得到帮助。当然的想法是让绳子动起来。但是绳子又轻又软，根本就动不起来。怎么办？

突然，TRIZ 先生出现了。他说："看到了窗台上的那只布娃娃了吗？用它来解决这个难题。于是，一个基于周期性动作原理的解决方案产生了：将布娃娃绑在绳子的下端，然后让绳子在布娃娃的重力作用下形成周期性的摆动，问题就迎刃而解了。

20. 有效动作持续(Continuity of Useful Action)原理体现在两个方面

(1)持续采取行动，使对象的所有部分都一直处于满负荷工作状态。

在工厂里，使处于瓶颈地位的工序持续地运行，达到最好的生产步调。

(2)消除空闲的、间歇的行动和工作。

打印头在回程过程中也进行打印。

TRIZ 故事 20——穿山甲

《先驱者真理》杂志上刊登了一个问题：在地底下可以随意穿行的车子应该是一个什么样子的？杂志社收到了很多解答，用一辆拖拉机，前面装上铲子，把土挖开形成通道。带翅膀的车子。所有的设想基于挖掘原理，将土从车前移到车后，而车后的土，需要运输处理掉才可以形成通道。车子要达到地下行动自如的目标，看来不大可能实现。

突然，TRIZ 先生出现了。他说："这是有一定的难度。不过，是可以实现的，让我们看看穿山甲是怎么工作的。"

穿山甲打洞的原理是：将土一点点地用头拍到隧道壁上，这连续的有效动作不断地重复最后"挤"出一条隧道来。基于穿山甲有效动作持续原理的"人造穿山甲"专利在苏联诞生，是一种前边带有尖锥形的切土器的机器，不仅将土切下来，而且挤拍到隧道壁上去。

21. 紧急行动(快速，Rushing Through)原理

快速地执行一个危险或有害的作业。

牙医使用高速电钻，避免烫伤口腔组织；快速切割塑料，在材料内部的热量传播之前完成，避免变形。

TRIZ 故事 21——"磁速"网球拍

菲舍尔公司推出的"磁速"网球拍不但不会限制你的正手击球，反而能击中最有效的击球点，你将会体验到其中的不同。在正常击球时，球拍的结构在恢复前会稍微变形。然而，一旦拥有"磁速"网球拍，安装在拍头两侧的两个单极磁铁有助于加快球拍恢复的速度，这样，球就有了更大的力量可以弹回到球网的方向。德国网球选手格罗恩菲尔德和其他著名选手都使用这种球拍进行比赛。

磁铁就是在瞬间完成的球拍恢复原位的紧急行动。

22. 变害为利(Convert a Harm into a Benefit)原理体现在三个方面

(1)利用有害的因素(特别是对环境的有害影响)来取得积极效果。

用废弃的热能来发电;废品的回收二次利用。

(2)"以毒攻毒",用另一个有害作用来中和以消除物体所存在的有害作用。

在腐蚀性的溶液中添加缓冲剂;在潜水中使用氦氧混合气,既消除空气或其他硝基混合物带来的氧中毒。

(3)加大有害因素的程度。

用逆火烧掉一部分植物,形成隔离带,来防止森林大火的蔓延。

TRIZ 故事 22——渥伦哥尔船长的遭遇

渥伦哥尔船长要从加拿大乘雪橇前往阿拉斯加,一个叫"倒霉蛋"的团伙给他买了一只鹿和一条"狗",但他实际收到的不是鹿和狗,所谓的"鹿"实际是牛,"狗"是狼。渥伦哥尔船长并没有被难住,他巧妙地利用牛和狼之间的有害作用,顺利完成了旅行任务渥伦哥尔船长将牛和狼一前一后套在雪橇上,受惊吓的牛拼命地拉着雪橇向前奔,狼想扑牛也拼命地拉着雪橇向前跑。

23. 反馈(Feedback)原理体现在两个方面

(1)通过引入反馈来改善性能。

音乐喷泉;系统过程控制中用测量值来决定什么时候对系统进行修正。

(2)如果已经引入了反馈,则改变其大小和作用。

在机场 5 英里(1 英里≈1.6 km)范围内,改变自动驾驶仪的灵敏度。

TRIZ 故事 23——聪明绳索

任何一个消防队员或者攀岩者都可以告诉你,一条简单的绳子可以救你的命,条件是它不要磨损或突然断裂。如今科学家研制出了"聪明绳索",这种智能绳索里面有电子传导金属纤维,可以判断它所承受的重量,如果重量太大,它无法承受,绳索就会向使用者发出警告。智能绳索还可以用于停泊船只、保护贵重物品或者用于营救行动。聪明的绳索就是在普通绳索上增加了反馈,从而提高安全性。

24. 中介(Mediator)原理体现在两个方面

(1)采用中介体传递或完成所需动作。

木匠的冲钉器,用在榔头和钉子之间;机械传动中的惰轮。

(2)把一个物体和另一个物体临时结合在一起(随后能比较容易地分开)。

用托盘把热盘子端到餐桌上。

TRIZ 故事 24——胶管上的孔

现在需要在一根长胶管上钻出很多径向小直径的标准孔,因为胶管很软,钻孔操作起来显得非常不容易。有人建议用烧红的铁棍来烫出小孔。经过尝试,发现烫出的小孔很毛糙,而且很容易破损不能满足质量要求。经理问:"有没有什么好的办法?",大家面面相觑。这似乎是一个不容易解决的问题。

突然，TRIZ 先生出现了。他说："有一个很简单的办法，可以帮助我们完成这项加工。"于是，一个基于中介原理的解决方案产生了。

先给胶管里面充满水，然后进行冷冻，待水冻成冰态时，再进行钻孔加工。加工完成后冰会融化成水很容易流出管道。

25. 自服务(Self-Service)原理体现在两个方面

(1)使物体具有自补充和自恢复功能以完成自服务。

饮水机。

(2)利用废弃的资源、能量或物资。

麦秸或玉米秆等直接填埋做下一季庄稼的肥料。

TRIZ 故事 25——钢珠输送管道的难题

在一个输送钢珠的管道中，拐弯部位在工作一两个小时后就会坏掉。根本的原因是钢珠在高速气体的驱动下，对弯曲部位的管壁进行着连续撞击，很快就会撞出一个洞来。管道损坏后必须停止输送来进行维修，这就影响了生产效率。工程师说："看来还需要一条管道，当需要维修时，启动另一条管道来输送钢珠。"经理说："两条管道会增加成本，而且更替管道时仍然会影响生产效率这似乎是一个难以解决的难题。"

突然，TRIZ 先生出现了。他说："总是修补管道不是个办法，我有一个主意，可以保证管道永远工作而不必修补。"于是，一个基于自服务原理的解决方案产生了。

在拐弯部位的管道外，放置一个磁铁，当钢珠到达磁场范围内时，会被磁铁吸附到管道内壁上，从而形成保护层。钢珠的冲击将作用在由钢珠形成的保护层上，并不断补充那些被冲掉的钢珠。这样，输送管道就被完全保护起来。

26. 复制 (Copying) 原理体现在三个方面

(1)使用更简单、更便宜的复制品代替难以获得的、昂贵的、复杂的、易碎的物体。

虚拟驾驶游戏机；听录音带而不亲自参加研讨会。

(2)用光学复制品或图形来代替实物，可以按比例放大或缩小图形。

用空间摄影技术进行调查，而不是实地进行；通过测量其照片来测量一个对象：产生生谱图来评估胎儿的健康状况，而不冒险采用直接测量的方法。

(3)如果可视的光学复制品已经被采用，进一步扩展到红外线或紫外线复制品。

用红外图像来检测热源，例如对农作物疾病，或者安保系统中的入侵者。

TRIZ 故事 26——火车将在 5 分钟内开动

货运列车上装满了大圆木，检查员们都正满头大汗地测量每根圆木的直径，以准确计算出圆木体积。经理说："看来得让火车推迟开出，今天我们无论如何都是测量不完的。"站长说"但是，火车必须在 5 min 内开出，下一列火车正在等待着进站。"如何解决这个问题？大家给出了很多建议，主要的有以下几个方法。让更多的人来进行测量，三五百人总可以了吧！通过测量其中一根圆木的直径，数出圆木总数，相乘后估算总的体积。锯下每根圆木的一片，稍后进行测量。

以上所有的解决办法，都会带来另外的其他一些问题，这个问题似乎难以解决。

突然,TRIZ 先生出现了。他说:“这个问题应该这样解决。”

于是,一个基于复制原理的解决方案产生了:对火车上的圆木进行拍照,然后依据照片进行详细的分析测量。当然,照片中需要一个精确的参照比例尺。

27. 一次性用品(替代 Disposable Objects)原理

用廉价的物品代替一个昂贵的物品,在某些质量特性上妥协(例如使用寿命)。

使用一次性的纸用品,避免由于清洁和储存耐用品带来的费用,例如酒店里的塑料杯、一次性尿布、多种一次性的医疗用品;火箭外的隔热涂料。

TRIZ 故事 27——秘密的上油方法

将钢板加温来轧制钢管,轧制完成后,需要在冷却前给钢管内壁涂上一层均匀的润滑油这个涂油工作看起来似乎比较简单,但是实现起来却比较复杂。需要设计制造一台专用的可移动机器进入钢管内,完成涂油工作。由于是在管内壁作业,是非平面涂油,所以涂油的速度比较慢,导致整个轧制生产的速度下降,影响生产效率。为解决这个问题,专家们开始了研究,但无法得到理想答案这似乎是一个难以解决的问题。

TRIZ 先生给出了一个基于一次性用品原理的解决方案。

制作一种上面涂好润滑油的纸带,直接贴到钢板上,纸会在高温下燃烧,剩下的只有润滑油了。这个纸带作为一次性用品,起到均匀分配润滑油的作用。

28. 机械系统替代(Replacement of Mechanical System)原理体现在四个方面

(1)用感官刺激的方法代替机械手段。

用声学“栅栏”(动物可听见的声学信号)代替真正现实中的栅栏,来限制狗或猫的行动;在天然气中加入气味难闻的混合物,警告用户发生了泄露,而不采用机械或电器类的传感器。

(2)采用与物体相互作用的电、磁或电磁场。

为了混合两种粉末,用产生静电的方法使一种产生正电荷,另一种产生负电荷。用电场驱动它们,或者先用机械方法把它们混合起来,然后使它们获得电场,导致粉末颗粒成对地结合起来。

(3)场的替代:从恒定场到可变场、从固定场到随时间变化的场、从随机场到有组织的场。

早期通信中采用全方位的发射,现在使用有特定发射方式的天线。

(4)将场和铁磁离子组合使用。

铁磁催化剂,呈现顺磁状态。

TRIZ 故事 28——敲钟

在瓷器的二次烧制工序之间,要进行检验,俗称“敲钟”,根据检验结果来确定第 2 次烧制的温度。“敲钟”的工序是这样进行的。检验员用一只特制的小锤轻轻敲击瓷器,然后根据声音判断烧制的程度。由于这个工序对检验员的技能要求很高,而且这种人工判断的方式波动很大,公司决定使用机器人来代替检验员的工作。于是,工程师们设计制造了有 2 只手的机器人,一只手拿瓷器,另一只手拿小锤。敲击的声音通过麦克风来接收,然后传送到声音分析仪进行分析判断。机器人安装到生产线上后，很快又被搬走，恢复到原来人工检验的状态。原因是，机器人检验中，手臂移动得快回敲碎瓷器，缓慢移动将远远低于人工检验的速度。工程师们非常失望，一个良好的愿望眼看就要失败了。

突然，TRIZ 先生出现了。他说："我们的机器人还是在用机械方式进行检测，显然需要再次进化。"于是，一个基于机械系统替代原理的解决方案产生了。

在陶瓷电阻生产的过程测试中，采用的是光测试，从电阻上反射的光强度取决于烧制的程度。所以，瓷器的检验也可以使用光测试来进看来，跨行业间的技术交流和共享非常重要。

29. 气体与液压结构(压力，Pneumatics or Hydraulic Construction)原理

使用气体或液体代替物体的固体零部件，这些零部件可使用气体或水的膨胀，或空气或液体的静压缓冲功能。

充满凝胶体的鞋底填充物，使鞋穿起来更舒服；把车辆减速时的能量储存在液压系统中，然后在加速时使用这些能量；汽车的安全气囊、儿童的充气城堡(滑梯等)玩具。

TRIZ 故事 29——元帅的旗子

在电影拍摄现场，一场激烈的战斗正在进行，兵对兵、将对将捉对厮杀，刀枪飞舞、马嘶人叫，场面好不热闹。可是，导演依然感觉不满意，虽然布景布置得很漂亮，演员演得也非常好。导演说："这是一场两军对垒，将军的旗子是战斗的中心，可是我们感觉不到这个气氛。"助手说："为什么会这样？将军在旗子下战斗着！"导演说："噢，旗子，旗子挂在旗杆上，一动也不动，它就像一块布，旗子应该在风中飘舞！"助手说："怎么样才能做到呢？现场没有风啊！"

突然，TRIZ 先生出现了。他说："我们要让旗子永远飘扬。"于是，一个基于气体结构原理的解决方案产生了。

将旗杆做成中空的，并在旗杆上部靠近旗真子的位置钻上小孔。在旗杆的底部装上一个小风扇，将风送上旗子部位，从小孔吹动旗子飘。所以，大家看到的电影中，旗子一定是在空中飘扬的。

30. 柔性外壳和薄膜(柔化，Flexible Shells or Thin Films)原理体现在两个方面

(1)使用柔性外壳和薄膜代替传统结构。

使用膨胀的(薄膜)结构作为冬天里网球场上空的遮盖；充气儿童城堡。

(2)用柔性外壳和薄膜把对象和外部环境隔开。

在贮水池上漂浮一层双极材料(一面亲水，一面厌水)来限制水的蒸发作用。

TRIZ 故事 30——雨天也能工作

在一个码头上，一艘轮船正在装货。突然，大雨不期而至，当吊车将货物送入舱口，舱门被打开时，雨水也淋进货舱。船上的一个搬运工说："这是什么鬼天气！我快成了落汤鸡了。"另一位说："有什么办法呢？货物要吊装下来，舱门不能关上，也不能盖顶棚来遮雨。"这是一个难题。

突然，TRIZ 先生出现了。他说："这需要一个非常特别的顶棚，可以阻止雨水进入货

舱，又不妨碍货物的进入，这样来做……”于是，一个基于柔性外壳和薄膜原理的解决方案产生了。

做两扇充气门，当货物进入时，可以将气袋推向两边而顺利进入。没有货物时，两气袋对合形成门扇，可以遮雨。

31. 多孔材料(孔化，Porous Materials)原理体现在两个方面

(1)使物体多孔或添加多孔元素(如插入、涂层等)。

机翼用泡沫金属；在一个结构上钻孔以减轻质量。

(2)如果一个物体已经是多孔的，则利用这些孔引入有用的物质或功能。

用多孔的金属网吸走接缝处多余的焊料、药棉。

TRIZ 故事 31——“椰碳运动服”

Cannondale 公司即将推出的自行车新款运动服“Carbon LE”是一种新布料剪裁而成的，它具有防湿、除味、防紫外线等功能。它由什么制成的呢？从椰子中提取的碳。椰子的外壳被加热到 1 600 ℃会生成活性炭(水和空气过滤器中使用的也是这种碳)，与纱线混合，织成“Carbon LE”布料。这些通过一个专利程序保持活性的碳颗粒，形成一种多孔渗水的表面防止异味和有害射线侵入，并能使身体排出的汗液迅速蒸发。这种运动服经常清洁、晒干，纤维会焕然一新，骑车者穿着它会感觉更轻松。

32. 改变颜色(色彩，Change the Color)原理体现在四个方面

(1)改变物体或周围环境的颜色。

在冲洗照片的暗房中使用红色暗灯。

(2)改变难以观察的物体或过程的透明度或可视性。

感光玻璃；在半导体的处理过程中，采用照相平版印刷术将透明材料改成实心遮光板，同时，在丝绢网印花处理中，将遮盖材料从透明改成不透明。

(3)采用有颜色的添加剂，使不易观察的物体或过程容易观察到。

研究水流实验中，给水加入颜料。

(4)如果已经加入了颜色添加剂，则借助发光迹线追踪物质。

TRIZ 故事 32——降落伞的秘密

降落伞工程师为研究降落伞的降落过程，制作了一只小降落伞模型，然后放入有水流流动的透明玻璃管中，研究模型的降落轨迹和涡流的形成。研究工作进行得不大顺利，因为透明水中的涡流很难用肉眼观察到。于是，工程师在模型上涂上可溶颜料，情况暂时得到了改善，但是，模型经过几次试验以后，颜料没有了，于是需要停下测试再次涂上颜料，结果模型被颜料搞得变了形，测试条件发生了变化，测试的结果误差也增大。一位工程师说：“颜料应该从模型内壁出来，但是模型伞的吊线太细了，很难能让墨水通过。”另一位工程师附和道：“世上还有在大米上作画的巧匠，我们也许需要那样的人来解决这个难题。”总工程师说道：“不可想象，完成这样的模型得花多长时间！”问题陷入了僵局。

突然，TRIZ 先生出现了。他说：“就用现在的模型，不使用颜料，让模型自己在水中产生颜色，一层又一层，就像神话一样。”工程师说：“那不可能，颜色从哪里来？” TRIZ 先生说："从水中，只有一个来源，当水和吊线接触时，就产生一种颜色，或者另一种像颜色的物质。"

这个降落伞的秘密就是，将降落伞做成一个电极，与玻璃管中的水形成电解作用，利用电解原理产生的气泡，来观察模型的运动和涡流的形成。气泡来自于水，增加了可观察性。看似改变了水的颜色，实际并没有改变水的真正颜色。

33. 同化(Homogeneity)原理

将物体或与其相互作用的其他物体用同一种材料或特性相近的材料制作。

使用与容纳物相同的材料来制造容器，以减少发生化学反应的机会；用金刚石制造钻石的切割工具。

TRIZ 故事 33——水果标签

现在一些产品包装员和分发员正在体验一种新的形式，利用一种自然光标签，就是用激光在水果和蔬菜表皮刻上识别信息(比如产地、种类等)，但不会擦伤或造成其他的伤害。用梨子进行味道实验，除了刻标签的地方看上去有点怪怪的外，吃起来并没有什么两样。这种新的标签方式可以让供货商给每一个水果标注更具体的信息，比如一个桃子什么时候成熟，什么时候可以食用。这样，使用了同质性原理，就避免了使用额外的标签。

34. 抛弃与再生(自生自弃，Rejecting Regenerating Parts)原理体现在两个方面

(1)抛弃或改变物体中已经完成其功能和无用的部分(通过溶解、蒸发等手段)。

在药品中使用消溶性胶囊；火箭飞行中的分离抛弃。

(2)在过程中迅速补充物体所消耗和减少的部分。

自动铅笔；自动磨快割草机的刀片。

TRIZ 故事 34——成品油运输送的困境

一家石油化工厂，需要经常使用同一条管道长距离轮换输送不同种类的成品油。为避免不同液体混合到一起，需要在转换输送液体时，在 2 种液体间加一个分离器，将液体分隔开来。常用的分隔器是一个活塞状的橡胶球。经理说："这种分隔器经常不能保证效果，因为管道中液体处于高压状态，液体会渗透过分分隔器而产生混合。而且，因为我们的管道每 200 km 就有一个泵站，分隔器不能通过泵站，需要取出来再放到下一段管道。我们需要一种分隔器，既能通过泵站又能避免不同液体产生混合。"这似乎是一个无法解决的难题。

突然，TRIZ 先生出现了。他说："我们需要这样的分隔器，既分隔又不能存在，可以这样来考虑……"于是，一个基于抛弃原理的解决方案产生了。

用氨水做分隔器，可以与油一样通过泵站。在到达目的地后，氨水会变成气体挥发掉，对成品油没有产生危害。氨水完成自己的分割使命后被抛弃了。

35. 物理/化学状态的变化(性能转换，Transform the Physical/Chemical State)原理

改变物体的物理/化学状态、浓度/密度、柔性、温度。

①在制作甜心糖果的过程中，先将液态的夹心冰冻，然后浸入溶化的巧克力中，这样避免处理杂乱、胶粘的热液体。

②将氧气、氮气或石油气从气态转换为活夜态，以减小体积。

③液体肥皂是浓缩的，而且从使用的角度复看比固体肥皂更有黏性，更容易分配合适的用量当多人使用时也更加卫生。

④用可调节的消音器来降低货物装入集装装箱时的噪音，主要是限制集装箱壁的振动；使橡胶硫化（硬化）来改变其柔韧性和和耐久性；温度升高到居里点以上，将铁磁体改变变成顺磁体。

⑤通过升高温度来加工食物（改变食物的味道、香味、组织、化学性质等）降低医学标本的温度来保存它们，以用于今后的研究。

TRIZ 故事 35——自动消失

铸造厂里，铸件表面需要清洁，常用的方法是吹砂机，用高速运动的沙子将铸件表面的污层冲掉。但是，这个工序带来的一个问题是，铸件的缝隙里会残留沙子而且不易清除干净，尤其是又大又重的产品，解决起来更是困难。工程师们被要求来解决这个难题。一位工程师说："也可以先将缝隙盖上，但增加大量的工作量。"另一位附和道："而且，铸件的清洁程度受到影响。" 这似乎是一个不易解决的难题。

突然，TRIZ 先生出现了。他说："沙子可以自己从缝隙里出来，我们需要另一种沙子。"于是，一个基于物理状态变化的解决方案产生了：用冰粒来替代沙子。冰粒也被用在批量土豆、红薯的清洁工序中。

36. 相变(Phase Transformation)原理

利用物体相变转换时发生的某种效应或现象（例如热量的吸收或释放引起物体体积变化）。

与其他大多数液体不同，水在冰冻后会膨胀。可以用于爆破；热力泵就是利用一个封闭的热力学循环中，蒸发和冷凝的热量来做有用功的。

TRIZ 故事 36——固体水

波兰作家史蒂芬·万菲各在 1964 年发表的幻想小说《疯子》中，描述了精神病人安里·格里乔的故事。安里·格里乔想发明在 200 ℃高温下都不融化的固体水，而且获得了成功。他发明了一种白色粉末状的固体，在高温下可变成清澈的水。格里乔说："固体水的发现可以让人们在水资源缺乏的地区生活，固体水不需要器皿而可以方便地以各种方式运送到任何地方去。小说归小说，但科技的发展却是真真切切的。1967 年，固体水果真被发明出来了。这种包含 90％水和 10％硅酸的固体水，确实呈现为白色粉末状。相变的应用，可以让很多问题得到巧妙解决。

37. 热膨胀(Thermal Expansion)原理体现在两个方面

(1)利用热膨胀或热收缩的材料。

在过盈配合装配中，冷却内部件使之收缩，加热外部件使之膨胀，装配完成后恢复到常温，内、外件就实现了紧配合装配。

(2)组合使用多种具有不同热膨胀系数的材料。

双金属片传感器，使用两种不同膨胀系数的金属材料并连接在一起，当温度变化时双金属片会发生弯曲。

TRIZ 故事 37——超精确阀门

化学家邀请了一位发明家来帮助解决一个难题。化学家苦恼地说:"在我们的一个实验中,需要精确控制气流的流量,可现有的阀门均不能满足控制的要求。"发明家说:"当然了,现有的阀门根本无法达到你那么苛刻的要求。但是,试验中对气体的控制要求又不能降低。"这是一个难以解决的问题。

突然,TRIZ 先生出现了。他说:"只要稍微动动脑筋,结合高中物理课程中的知识,这个问题很容易解决。"于是,一个基于热膨胀原理的解决方案产生了。

采用晶体结构的材料来做阀门的阀门体,利用热膨胀原理来实现精确的流量控制。这就是现在已经普遍使用的超精确阀门。

38. 加速氧化(逐级氧化,Strengthen Oxidation)原理体现在四个方面

(1)使用富氧空气代替普通空气。

水下呼吸器中存储浓缩空气,以保持长久呼吸。

(2)使用纯氧代替富氧空气。

用氧气－乙炔火焰做高温切割;用高压氧气处理伤口,既杀灭厌氧细胞,又帮助伤口愈合。

(3)使用电离射线处理空气或氧气,使用电离子化的氧气。

空气过滤器通过电离空气来捕获污染物。

(4)用臭氧代替离子化的空气。

臭氧溶于水中去除船体上的有机污染物。

TRIZ 故事 38——矿渣吊桶的盖子

矿石熔炼后的矿渣,在 1 000 ℃时倾倒进大吊桶,作为极好的原料通过铁道被送往工厂加工成建筑材料。但运送过程中,吊桶中的矿渣会冷凝,在表面和铜壁附近会形成坚硬的壳,需要九牛二虎之力才可以破壳,倒出大半液态矿渣进行使用。而另外的少部分凝固的矿渣要倒掉都不容易,需要很多人力来清除吊桶内的残留硬壳。浪费巨大的资源和人力。最后,这个问题交给专家委员会来解决。一位专家说道:"应该设计绝热良好的吊桶。"生产线的一位成员反对说:"我们已经这样试过了,但没有成功。绝热层会占去很大的空间,吊桶将很宽大并超出铁路的宽度极限而不能接受。"专家接着说:"给吊桶加一个盖子怎么样?为什么不能用绝缘体做一个盖子呢?主要的热量是从高温的液体矿渣表面损失的。"生产线的成员叹息说:"我们也尝试过这种办法,这吊桶如此大,可以想象一下盖子有多大,盖子得启用吊车来盖上或取下。增加的工作量巨大啊!"第 2 位专家说:"我们需要寻求不同的方法处理这个问题。让我们重新构思整个过程以便不需要将矿渣运送那么远。"另一位专家反对说:"我不这样想,我们应从不同的角度思考一下,以更快的速度输送矿渣。"这似乎是一个难以解决的问题。

突然,TRIZ 先生出现了。他说:"这个问题可以这样构思。"于是,一个基于加速氧化原理的方案展开了。

苏联发明家美克尔·夏洛波夫解决了这个问题,并马上被很多冶金厂应用。解决方案是:给吊桶中的灼热矿渣泼上冷水,矿渣和冷水急速氧化反应后会形成一层矿渣泡沫,泡沫有很好的保温作用,将矿渣和空气隔绝,相当于在矿渣表面加上了一个厚厚的"盖子",这个"盖子"又不会妨碍矿渣倒出吊桶。

39. 惰性环境(Inert Environment)原理体现在两个方面

(1)用惰性气体环境代替通常环境。

用氩气等惰性气体填充灯泡,防止发热的金属灯丝氧化。

(2)在真空中完成过程。

在粉末状的清洁剂中添加惰性成分,以增加其体积,这样更易于用传统的工具来测量;真空包装。

TRIZ 故事 39——霜冻提前来临

气象局通知,今年的霜冻将会提前来到。农场主沮丧地说:"这将是一场灾难。我们的大片种子地怎么办呢?这些种子还未长大,仍然需要温暖的空气。这片地太大了,我们没有薄膜进行覆盖,这种种子又不能经受火烤,不能点火加温,真是急死人了!"大家如同热锅上的蚂蚁,急得团团转。

突然,TRIZ 先生出现了。他说:"我们需要对种子进行保温吧!请来消防队,我有一个主意。"于是一个基于惰性环境的解决方案产生了。

让消防队给田地喷上一层惰性气体的泡沫,作为被子进行保温。

40. 复合材料 (Composite Materials) 原理

将单一材料改成复合材料。

复合的环氧树脂/碳素纤维高尔夫球杆更轻,强度更好,而且比金属更具有柔韧性。

【想想练练】

一、想一想

想一想是否掌握每种 TIRZ 理论的基本原理,能否做到区分 40 种基本理论的优缺点,40 种基本原理间的相互组合与组合功能能否熟练地应用到实际生产设计中?

二、练一练

1. 简述局部质量原理(局部质量改善法)的概念。
2. 简述组合合并原理的概念。
3. 简述嵌套原理(套叠法)的概念。
4. 简述分割原理体现在三个方面。
5. 简述抽取原理体现在哪两个方面。
6. 简述柔性外壳和薄膜原理体现在哪两个方面。

项目八

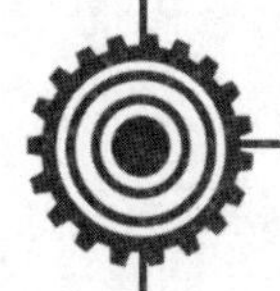

机械创新实例与分析

【学习目标】

在项目八的学习过程中要注意知识的复习巩固，机械创新实例与分析是把最新的创新实例引入学习过程中，从新的设计中找寻创新方法与原理，在学习过程中应做好复习学过知识点的巩固，新知识点以及知识盲区进行查缺补漏。

【任务引入】

由于工业生产和社会生活的需要，大量的玻璃瓶、塑料瓶需要进行回收清洗后再利用，节省了大量制瓶洗所需要的费用同时也提高了工业生产的生产效率。然而就在此时也出现了回收后再清洗的问题。产品盛载是车间的最后一道关键工序，因此玻璃瓶的供应速度也就决定了总的生产效率的高低，从而产生了对洗瓶机设备的研究与改进工作。随着啤酒市场不断地发展变化，酒瓶种类、标纸和黏接剂品种不断增加，特别是现在的头标铝箔纸的出现，给洗瓶设备和工艺提出了新的更高的要求在长期使用多种洗瓶机的过程中。为了适应现在啤酒回收瓶的洗涤要求，我们同该洗瓶机的制造厂家进行了广泛地讨论和研究，对洗瓶机适时地进行了一系列的技术改进。

任务一 新型内燃机的开发实例

【任务要求】

通过新型内燃机的开发实例总结出创新实例的特点，在新型内燃机的开发过程中应用了哪些所学过的知识，在设计过程中创新方法起到了什么作用，总结、分析、记录得出的结论。做好设计过程的梳理，明晰创新设计的原理。

【任务分析】

内燃机是一种动力机械，它是通过使原料在机器内部燃烧并将其放出的热量直接转化为热力的发动机。广义上的内燃机不仅包括往复活塞式内燃机、旋转活塞式发动机和自由活塞式发动机，也包括旋转叶轮式的燃气轮机、喷气式发动机等，但通常所说的内燃机是指活塞式内燃机。

活塞式内燃机以往复活塞式最为普遍。活塞式内燃机将燃料和空气混合，在其气缸内燃烧，释放出的热能使气缸内产生高温高压的燃气。燃气膨胀推动活塞做功，再通过曲柄连杆机构或其他机构将机械功输出，驱动从动机械工作。常见的有柴油机和汽油机，通过将内能转化为机械能，再通过做功改变内能。要在原有基础上进行创新设计，增强内燃机的功效。

【任务实施】

内燃机(Internal Combustion Engine)将液体或气体燃料与空气混合后，直接输入气缸内部的高压燃烧室燃烧爆发产生动力。这也是将热能转化为机械能的一种热机。内燃机具有体积小、质量小、便于移动、热效率高、起动性能好的特点。但是内燃机一般使用石油燃料，同时排出的废气中含有害气体的成分较高。

1. 发展分析

为促进内燃机工业形成循环型生产方式和消费模式，推动内燃机工业节能降耗，提升国际竞争力，2013 年 11 月 21 日，工信部发布《内燃机再制造推进计划》，该文件指出内燃机再制造的主要目标是，到“十二五”末，内燃机工业再制造生产能力、企业规模、技术装备水平显著提升。全行业形成 35 万台各类内燃机整机再制造生产能力，3 万台以上规模的整机再制造企业 6～8 家，3 万台以下规模的整机再制造企业 6 家以上；增压器、发电机、起动机、机油泵、燃油泵、水泵等关键零部件规模化配套企业 30 家以上。再制造产业规模达到 300 亿元，再制造产品配套服务产业规模达到 100 亿元。

研究显示，截至 2012 年底，我国有内燃机及配件制造规模以上生产企业 546 家，2008～2012 年中国内燃机及配件制造行业工业总产值逐年增加，受金融危机影响，2009 年增幅有所下降，为 0.97%，到 2011 年实现工业总产值 1 490.40 亿元，同比增长 31.67%，2012 年工业总产值增加至 1 639.01 亿元。

2. 系统组成

发动机是一种由许多机构和系统组成的复杂机器。无论是汽油机，还是柴油机；无论是四行程发动机，还是二行程发动机；无论是单缸发动机，还是多缸发动机，要完成能量转换，实现工作循环，保证长时间连续正常工作，都必须具备以下一些机构和系统。

(1)曲柄连杆机构。

曲柄连杆机构是发动机实现工作循环、完成能量转换的主要运动零件,它由机体组、活塞连杆组和曲轴飞轮组等组成。在做功行程中,活塞承受燃气压力在气缸内做直线运动,通过连杆转换成曲轴的旋转运动,并从曲轴对外输出动力。而在进气、压缩和排气行程中,飞轮释放能量又把曲轴的旋转运动转化成活塞的直线运动。曲柄连杆机构如图8.1所示。

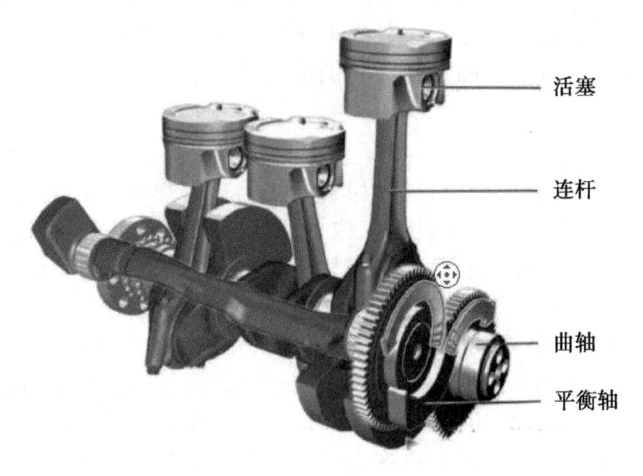

图 8.1 曲柄连杆机构

(2) 配气机构。

配气机构的功用是根据发动机的工作顺序和工作过程,定时开启和关闭进气门和排气门,使可燃混合气或空气进入气缸,并使废气从气缸内排出,实现换气过程。配气机构大多采用顶置气门式配气机构,一般由气门组、气门传动组和气门驱动组组成。配气机构如图 8.2 所示。

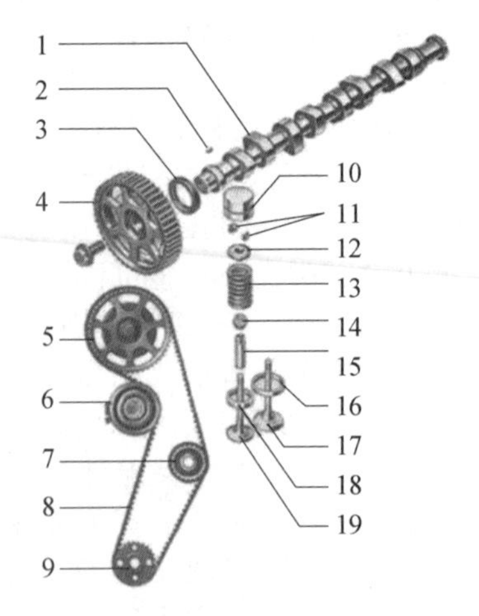

图 8.2 配气机构

1—凸轮轴;2—半圆键;3—凸轮轴油封;4—凸轮轴正时齿形带轮;5—凸轮轴正时齿形带轮;6—张紧轮;7—水泵齿形带轮;8—正时齿形带;9—曲轴正时齿形带轮;10—挺柱体;11—气门锁片;12—上气门弹簧座;13—气门弹簧;14—气门油封;15—气门导管;16—进气门座;17—进气门;18—排气门座;19—排气门

(3) 燃料供给系统。

汽油机燃料供给系的功用是根据发动机的要求，配制出一定数量和浓度的混合气，供入气缸，并将燃烧后的废气从气缸内排出到大气中去；柴油机燃料供给系的功用是把柴油和空气分别供入气缸，在燃烧室内形成混合气并燃烧，最后将燃烧后的废气排出。燃料供给系统如图 8.3 所示。

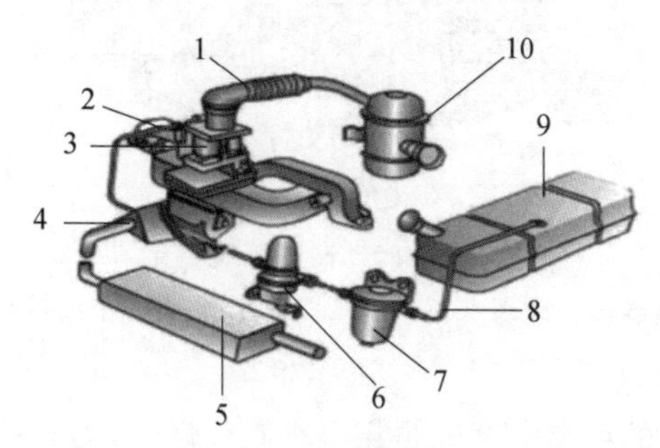

图 8.3　燃料供给系统

1—进气软管；2—进气歧管；3—化油器；4—排气管；5—消音器；6—汽油泵；7—汽油滤清器；8—油管；9—汽油箱；10—空气滤清器

(4) 润滑系统。

润滑系统的功用是向做相对运动的零件表面输送定量的清洁润滑油，以实现液体摩擦，减小摩擦阻力、减轻机件的磨损，并对零件表面进行清洗和冷却。润滑系通常由润滑油道、机油泵、机油集滤器和一些阀门等组成，如图 8.4 所示。

图 8.4　润滑系统

1—机油加注口；2—缸盖油道；3—回油油道；4—主油道；5—机油滤芯；6—油底壳；7—机油集滤器；8—机油泵

(5) 冷却系统。

冷却系统的功用是将受热零件吸收的部分热量及时散发出去，保证发动机在最适合的温度状态下工作。水冷发动机的冷却系统通常由冷却水套、水泵、风扇、水箱、节温器等组成，如图 8.5 所示。

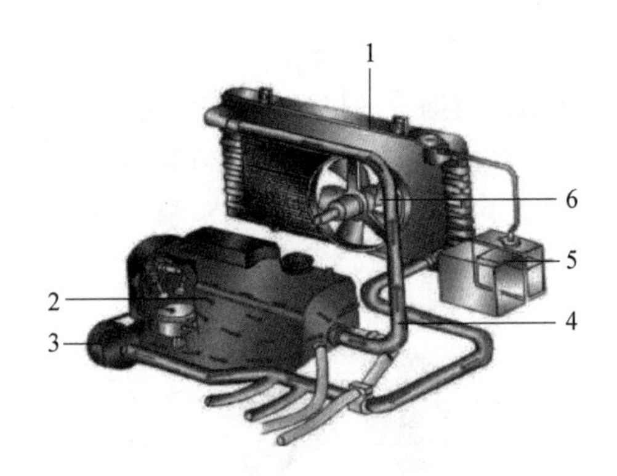

图 8.5 冷却系统

1—散热器；2—冷却水；3—水泵；4—水管；5—储水箱；6—风扇

(6) 点火系统。

在汽油机中，气缸内的可燃混合气是靠电火花点燃的，为此在汽油机的气缸盖上装有火花塞，火花塞头部伸入燃烧室内。能够按时在火花塞电极间产生电火花的全部设备称为点火系，点火系通常由蓄电池、分电器、点火线圈和火花塞等组成，如图 8.6 所示。

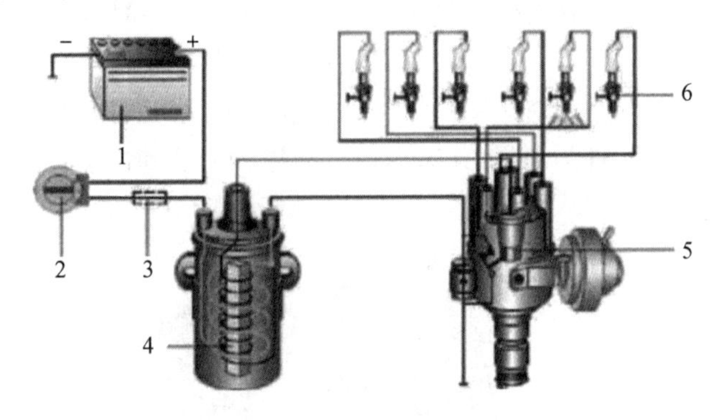

图 8.6 点火系统

1—蓄电池；2—点火开关；3—电阻；4—点火线圈；5—分电器；6—火花塞

(7)起动系统。

要使发动机由静止状态过渡到工作状态，必须先用外力转动发动机的曲轴，使活塞做往复运动，气缸内的可燃混合气燃烧膨胀做功，推动活塞向下运动使曲轴旋转，发动机才能自行运转，工作循环才能自动进行。因此，曲轴在外力作用下开始转动到发动机开始自动地怠速运转的全过程，称为发动机的起动。完成起动过程所需的装置称为发动机的起动系。汽油机由以上两大机构和五大系统组成，即由曲柄连杆机构、配气机构、燃料供给系、润滑系、冷却系、点火系和起动系组成；柴油机由以上两大机构和四大系统组成，即由曲柄连杆机构、配气机构、燃料供给系、润滑系、冷却系和起动系组成，柴油机是压燃的，不需要点火系。起动系统如图 8.7 所示。

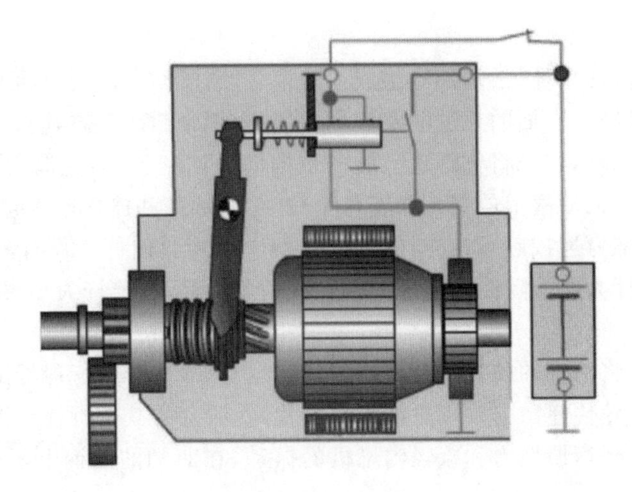

图 8.7　起动系统

(8)往复活塞式内燃机的组成部分。

往复活塞式内燃机的组成部分主要有曲柄连杆机构、机体和气缸盖、配气机构、供油系统、润滑系统、冷却系统、起动装置等,如图 8.8 所示。

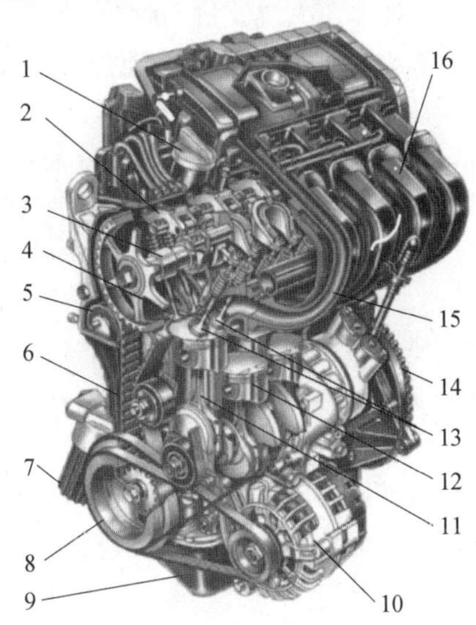

图 8.8　往复活塞式内燃机

1—机油加注口;2—气门摇臂;3—凸轮轴;4—排气门;5—张紧轮;
6—正时带;7—机油滤清器;8—曲轴带轮;9—油底壳;10—交流发电机;
11—连杆;12—活塞;13—进气门;14—飞轮;15—进气歧管;16—排气歧管

气缸是一个圆筒形金属机件。密封的气缸是实现工作循环、产生动力的源地。各个装有气缸套的气缸安装在机体里,它的顶端用气缸盖封闭着。活塞可在气缸套内往复运动,并从气缸下部封闭气缸,从而形成容积做规律变化的密封空间。燃料在此空间内燃烧,产生的燃气动力推动活塞运动。活塞的往复运动经过连杆推动曲轴作旋转运动,曲轴再从飞轮端将动力输出。由活塞组、连杆组、曲轴和飞轮组成的曲柄连杆机构是内燃机传递动力的主要部分。

活塞组由活塞、活塞环、活塞销等组成。活塞呈圆柱形,上面装有活塞环,借以在活塞往复运动时密闭气缸。上面的几道活塞环称为气环,用来封闭气缸,防止气缸内的气体泄漏,下面的环称为油环,用来将气缸壁上的多余的润滑油刮下,防止润滑油窜入气缸。活塞销呈圆筒形,它穿入活塞上的销孔和连杆小头中,将活塞和连杆连接起来。连杆大头端分成两半,由连杆螺钉连接起来,它与曲轴的曲柄销相连。连杆工作时,连杆小头端随活塞做往复运动,连杆大头端随曲柄销绕曲轴轴线做旋转运动,连杆大小头间的杆身做复杂的摇摆运动。

曲轴的作用是将活塞的往复运动转换为旋转运动,并将膨胀行程所做的功,通过安装在曲轴后端上的飞轮传递出去。飞轮能储存能量,使活塞的其他行程能正常工作,并使曲轴旋转均匀。为了平衡惯性力和减轻内燃机的振动,在曲轴的曲柄上还应适当装置平衡质量。

3. 工作原理

气缸盖中有进气道和排气道,内装进、排气门。新鲜充量(即空气或空气与燃料的可燃混合气)经空气滤清器、进气管、进气道和进气门充入气缸。膨胀后的燃气经排气门、排气道和排气管,最后经排气消声器排入大气。进、排气门的开启和关闭是由凸轮轴上的进、排气凸轮,通过挺柱、推杆、摇臂和气门弹簧等传动件分别加以控制的,这一套机件称为内燃机配气机构。进排气系统通常由空气滤清器、进气管、排气管和排气消声器组成。

为了向气缸内供入燃料,内燃机均设有供油系统。汽油机通过安装在进气管入口端的化油器将空气与汽油按一定比例(空燃比)混合,然后经进气管供入气缸,由汽油机点火系统控制的电火花定时点燃。柴油机的燃油则通过柴油机喷油系统喷入燃烧室,在高温高压下自行着火燃烧。

内燃机气缸内的燃料燃烧使活塞、气缸套、气缸盖和气门等零件受热,温度升高。为了保证内燃机正常运转,上述零件必须在许可的温度下工作,不致因过热而损坏,所以必须备有冷却系统。

内燃机不能从停车状态自行转入运转状态,必须由外力转动曲轴,使之起动。这种产生外力的装置称为起动装置。常用的有电起动、压缩空气起动、汽油机起动和人力起动等方式。

内燃机的工作循环由进气、压缩、燃烧和膨胀、排气等过程组成。这些过程中只有膨胀过程是对外做功的过程,其他过程都是为更好地实现做功过程而需要的过程。按实现一个工作循环的行程数,工作循环可分为四冲程和二冲程两类。

四冲程是指在进气、压缩、做功(膨胀)和排气四个行程内完成一个工作循环,此间曲轴旋转两圈。进气行程时,此时进气门开启,排气门关闭。流过空气滤清器的空气,或经化油器与汽油混合形成的可燃混合气,经进气管道、进气门进入气缸;压缩行程时,气缸内气体受到压缩,压力增高,温度上升;膨胀行程是在压缩上止点前喷油或点火,使混合气燃烧,产生高温、高压,推动活塞下行并做功;排气行程时,活塞推挤气缸内废气经排气门排出。此后再由进气行程开始,进行下一个工作循环。双冲程发动机的基本组成如图 8.9 所示。

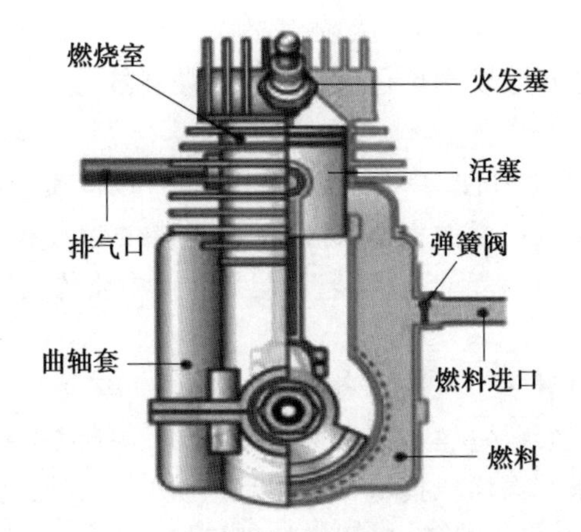

图 8.9　双冲程发动机的基本组成

二冲程是指在两个行程内完成一个工作循环，此期间曲轴旋转一圈。首先，当活塞在下止点时，进、排气口都开启，新鲜充量由进气口充入气缸，并扫除气缸内的废气，使之从排气口排出；随后活塞上行，将进、排气口均关闭，气缸内充量开始受到压缩，直至活塞接近上止点时点火或喷油，使气缸内可燃混合气燃烧；然后气缸内燃气膨胀，推动活塞下行做功；当活塞下行使排气口开启时，废气即由此排出，活塞继续下行至下止点，即完成一个工作循环。

内燃机的排气过程和进气过程统称为换气过程。换气的主要作用是尽可能把上一循环的废气排除干净，使本循环供入尽可能多的新鲜充量，以使尽可能多的燃料在气缸内完全燃烧，从而发出更大的功率。换气过程的好坏直接影响内燃机的性能。除了降低进、排气系统的流动阻力外，主要是使进、排气门在最适当的时刻开启和关闭。

实际上，进气门是在上止点前即开启，以保证活塞下行时进气门有较大的开度，这样可在进气过程开始时减小流动阻力，减少吸气所消耗的功，同时也可充入较多的新鲜充量。当活塞在进气行程中运行到下止点时，由于气流惯性，新鲜充量仍可继续充入气缸，故使进气门在下止点后延迟关闭。

排气门也在下止点前提前开启，即在膨胀行程后部分即开始排气，这是为了利用气缸内较高的燃气压力，使废气自动流出气缸，从而使活塞从下止点向上止点运动时气缸内气体压力低些，以减少活塞将废气排挤出气缸所消耗的功。排气门在上止点后关闭的目的是利用排气流动的惯性，使气缸内的残余废气排除得更干净。

4. 工作指标

(1)动力性能指标。

动力性能指标具体指发出多大功率，功率/扭矩储备多大。

(2)经济性能指标。

经济性能指标具体指单位功率单位时间内的燃油消耗量。

(3)可靠性与耐久性指标。

可靠性与耐久性指标具体指大修或更换零件之间的最长运行时间与无故障长期工作能力。

(4)环保性能指标(NO_x、HC、CO、微粒、噪声)。

环保性能指标具体指单位功率单位时间内有害物排放量。

5.性能发展

内燃机性能主要包括动力性能和经济性能。动力性能是指内燃机发出的功率(扭矩),表示内燃机在能量转换中量的大小,标志动力性能的参数有扭矩和功率等。经济性能是指发出一定功率时燃料消耗的多少,表示能量转换中质的优劣,标志经济性能的参数有热效率和燃料消耗率。

内燃机未来的发展将着重于改进燃烧过程、提高机械效率、减少散热损失、降低燃料消耗率;开发和利用非石油制品燃料、扩大燃料资源;减少排气中有害成分,降低噪声和振动,减轻对环境的污染;采用高增压技术,进一步强化内燃机,提高单机功率;研制复合式发动机、绝热式涡轮复合式发动机等;采用微处理机控制内燃机,使之在最佳工况下运转;加强结构强度的研究,以提高工作可靠性和寿命,不断创制新型内燃机。

这种发动机有一个桶形缸体,桶底后,桶底中间有圆孔。还有一个缸体,好像一根筷子穿过一张厚的圆饼并黏合,筷子就是轴,这个轴也穿过桶形缸体底部的孔,饼形体也纳入桶中,封闭成一个空心圆柱体的缸腔。这个缸腔的容积是可以变化的,比如只要固定桶,用机械装置或者液压装置抽动轴就可以实现。

桶底从圆孔的边到桶的内壁割条缝,插入一个矩形板;饼面从圆边到轴割条缝,也插入一块矩形板,两块矩形板可以把缸腔一分为二,成为两个密封缸腔,第一密封缸腔和第二密封缸腔。其中一个密封缸腔从桶壁的矩形板本侧开口,充入高压气体,或充入油气混合物并点燃;第二密封腔从桶壁上与前一开口相隔一个矩形板的位置开口放气。固定桶、矩形板就牵引饼和筷子转动,反过来也行。

第一个密封腔从最小、充气到转过一定相位(转角)就停止供气,可以用阀门或者控制油气供应量来实现。由于高压气体膨胀,装置会继续转动,第一密封缸腔内的气压会降低,直到稍微低于环境气压,这样会产生转动阻力。于是第二个矩形板需要在头部靠近边缘开一个孔,安装单向阀,向内补气。如果当初的气压适当,在第二块矩形板转到第二开口的时候,第一密封缸腔的气压正好等于或接近于环境气压,这是最经济的。第三种情况是还有少量余压。

当两个矩形板快要相遇的时候,需要避让。于是从桶的裙部内圆刻成曲线滑槽,装上滑动块,滑动块与第二块矩形板连接;从轴穿出桶底的一侧套装一个空心圆柱体,外圆面刻曲线滑槽,装上滑动块,与第一块矩形板连接。滑槽由圆和摆线构成,控制矩形板前冲、顶住和抽回。桶底和饼都够厚,所以不会抽脱。第二块矩形板在转动方向上,和饼一块转动;在轴向上,则由桶上的滑槽控制,所以变换容积的时候仍能抵住桶的底部。同样道理,第一块矩形板总是能抵住饼的内表面。

这种装置在一个着力面上沿弧形轨迹,把高压气体的内能转化为动能,是一种动力机械装置。反过来,也可以在机械的带动下反向转动,制取压缩空气,或者作为一个刹车器。做一个容量小的压气装置,制取高压油气,配上点火装置,再做一个容量动力机械装置,将燃烧后大量高温高压气体的内能转化为动能,就是一台发动机。

它做功的轨迹是一段弧,而且可以无级地改变容量,也就意味着可以改变发动机排

量。配合油门，可以改变燃烧后气压，灵活改变转速；改变排量，配合变速器，在一定范围内可以适应各种负荷，而且采取上述最经济的方式。如果多套矩形板对置使用，可以减轻轴的弯曲；它是连续排气的，因而噪声低；可以多套缸错相联轴，动力平稳。它可以最大限度地减少余压排放，而且在不同负载下都能采取最经济的工况，所以是好用节能技术。

它作为一类发动机，不同于蒸汽机、活塞发动机和三角转子发动机，称为可变容弧缸发动机。

6. 常见误区

(1)循环加注润滑油或不同品质的油掺兑使用。

(2)选用的润滑油黏度较高。

(3)单向流量控制阀或通风软管损坏后随意拆除。

(4)大容量的蓄电池寿命长。

(5)随意加添电解液。

(6)随便调高发电机的端电压。

(7)空气滤清器长期短路或随便更换不同规格的滤芯。

(8)经常在大功率、高温状态下熄火。

(9)高压油泵内的润滑油加注或更换不合理。

(10)喷油器喷油压力调整过高。

(11)随意拆除散热器上的空气蒸气阀。

(12)随意更换火花塞。

内燃机使用不当，是目前造成其早期损坏和使用可靠性降低的重要因素之一。

7. 理论循环

将实际循环进行若干简化，便于进行定量分析的理想循环。

(1)折叠研究的目的。

①用简单公式阐明工作过程中各基本热力参数间的关系，以明确提高 η_{it} 的基本途径。

②确定 η_{it} 的理论极限，以判断内燃机工作过程的完善程度以及改进潜力。

③分析比较不同的热力循环方式的经济性和动力性。

(2)折叠简化假设。

①空气作为工质，理想气体。

②不考虑工质更换及泄露损失，忽略进、排气流动损失及影响。

③理想的绝热等熵过程，工质与外界不进行热量交换。

④理想的加热、放热过程。

(3)折叠三种循环原理理论。

①等容加热循环(Otto 循环)，对应于点燃式内燃机。

②等压加热循环(Brayton 循环)，对应于燃气轮机。

③混合加热循环(Diesel 循环)，对应于柴油机。

【任务评价】

新型内燃机的开发实例要点掌握情况表见表 8.1。

表 8.1 新型内燃机的开发实例要点掌握情况表

序号	内容及标准		配分	自检	师检	得分
1	系统组成（30 分）	曲柄连杆机构	5			
		配气机构	5			
		燃料供给系统	5			
		润滑系统与冷却系统	5			
		总结梳理	10			
2	工作指标（40 分）	动力性能指标	5			
		经济性能指标	5			
		可靠性与耐久性指标	10			
		环保性能指标	10			
		总结梳理	10			
3	总结分析报告以及实验单的填写（30 分）	重点知识的总结	5			
		问题的分析、整理	15			
		实验报告单的填写	10			
综合得分			100			

【知识链接】

本实例就新型内燃机开发中的一些创新技法（类比、组合、替代等创新技法）进行简单分析。

1. 往复式内燃机的技术矛盾

目前，应用最广泛的往复式内燃机由气缸、活塞、连杆、曲轴等主要机件和其他辅助设备组成。

活塞式发动机工作时具有吸气、压缩、做功（燃爆）、排气四个冲程，做功冲程输出转矩，对外做功。

(1)工作机构及气阀控制机构组成复杂，零件多；曲轴等零件结构复杂，工艺性差，如图 8.10 所示。

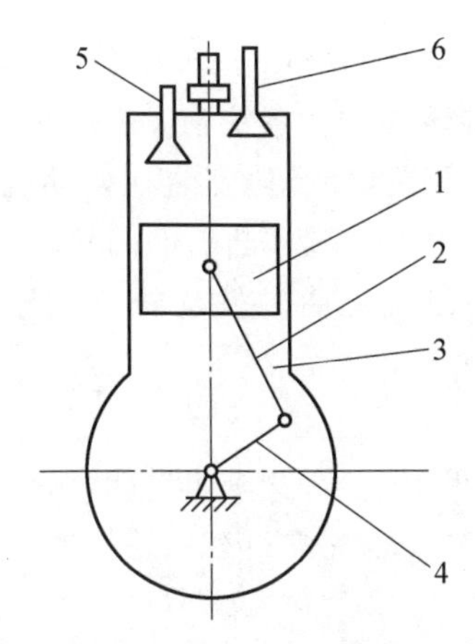

图 8.10　工作机构及气阀控制机构组成

1—活塞；2—连杆；3—气缸；4—曲轴；5—进气阀；6—排气阀

(2) 活塞往复运动造成曲柄连杆机构较大的往复惯性力，此惯性力随转速的平方增长，使轴承上的惯性载荷增大，系统由于惯性力不平衡而产生强烈振动。往复运动限制了输出轴转速的提高。图 8.11 所示为活塞往复运动结构图。

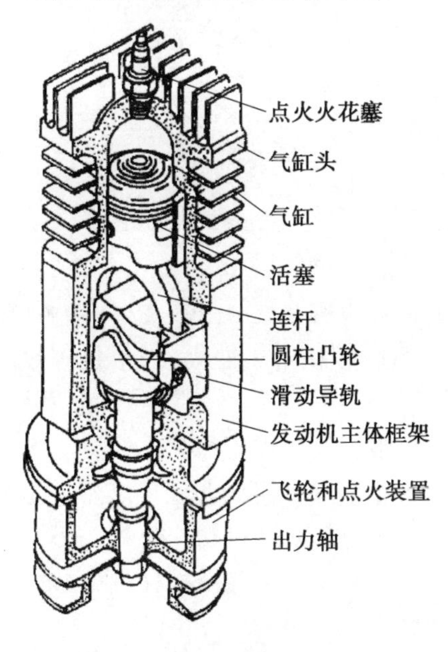

图 8.11　活塞往复运动结构图

(3)曲轴回转两圈才有一次动力输出，效率低。

上述问题引起了人们改变现状的愿望，社会的需求促进产品的改造和创新，多年来，人们在原有发动机的基础上不断开发了一些新型发动机。

2. 无曲轴式活塞发动机

无曲轴式活塞发动机采用机构替代的方法，以凸轮机构代替发动机中原有的曲柄滑块机构，取消原有的关键件曲轴，使零件数量减少，结构简单、成本降低。

一般圆柱凸轮机构是将凸轮的回转运动变为从动杆的往复运动，而此处利用反动作，即当活塞往复运动时，通过连杆端部的滑块在凸轮槽中滑动而推动凸轮转动，经输出轴输出转矩。活塞往复两次，凸轮旋转 360°。系统中没有飞轮，控制回转运动平稳。

这种无曲轴式活塞发动机若将圆柱凸轮安装在发动机的中心部位，可在其周围设置多个气缸，制成多缸发动机。通过改变圆柱凸轮的凸轮轮廓形状可以改变输出轴的转速，达到减速增矩的目的。这种凸轮式无曲轴发动机已用于船舶、重型机械、建筑机械等行业。

3. 旋转式内燃发动机

在改进往复式发动机的过程中，人们发现如果能直接将燃料的动力转化为回转运动必将是更合理的途径。类比往复式蒸汽机到蒸汽轮机的发展，许多人都在探索旋转式内燃发动机的建造。

汪克尔所设计的旋转式发动机简图如图 8.12 所示，它由椭圆形的缸体 1、三角形转子 2(转子的孔上有内齿轮)、外齿轮 3、吸气口 4、排气口 5 和火花塞 6 等组成。

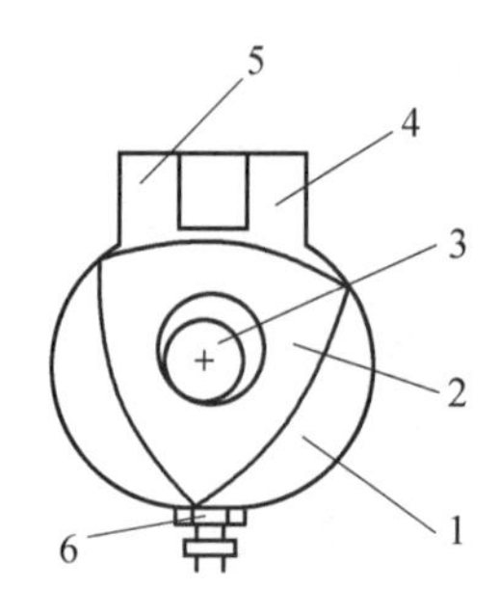

图 8.12　旋转式发动机简图

1—缸体；2—三角形转子；3—外齿轮；4—吸气口；5—排气口；6—火花塞

旋转式发动机在运转时同样也有吸气、压缩、燃爆(做功)和排气四个动作。

(1)吸气。AB 弧所对的内腔容积由小变大，产生负压效应，由吸气口将燃料与空气的混合气体吸入腔内。

(2)压缩。内腔由大变小，混合气体被压缩。

(3)燃爆。高压状态下，火花塞点火使混合气体燃爆并迅速膨胀，产生强大的压力驱动转子，并带动曲轴输出运动和转矩，对外做功。

(4)排气。内腔容积由大变小，挤压废气由排气口排出。

4. 旋转式发动机的设计特点

(1)功能设计。

内燃机的功能是将燃气的能量转化为回转的输出动力，通过内部容积变化，完成燃气的吸气、压缩、燃爆和排气四个动作以达到目的。旋转式发动机抓住容积变化这个主要特征，以三角形转子在椭圆形气缸中偏心回转的方法达到功能要求。而且三角形转子的每一个表面与缸体的作用相当于往复式发动机的一个活塞和气缸，依次平稳地连续工作。转子各表面还兼有开闭进排气阀门的功能，设计可谓巧妙。

(2)运动设计。

偏心的三角形转子如何将运动和动力输出，在旋转式发动机中采用了内啮合行星齿

轮机构，如图 8.13 所示。

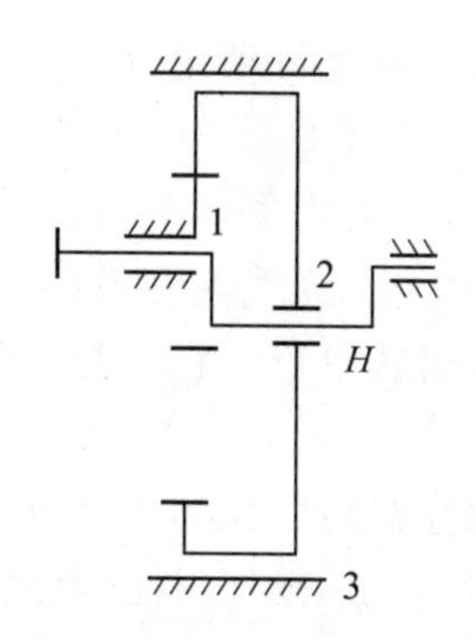

图 8.13　内啮合行星齿轮机构

1—中心外齿轮；2—行星内齿轮；3—缸体

三角形转子相当于行星内齿轮 2，它一面绕自身轴线自转，一面绕中心外齿轮 1 在缸体 3 内公转，系杆 H 转子内齿轮与中心外齿轮的齿数比是 1.5∶1，这样转子转一周，使曲轴转 3 周，输出转速较高。

根据三角形转子的结构可知，曲轴每转一周即产生一个动力冲程，相对四冲程往复式发动机，曲轴每转两周才产生一个动力冲程，可知旋转式发动机的功率容量比是四冲程往复式发动机的两倍。

旋转式发动机结构简单，只有三角形转子和输出轴两个运动构件。它需要一个化油器和若干火花塞，但无需连杆、活塞以及复杂的阀门控制装置。零件数量比往复式发动机少 40%，体积缩小 50%，质量下降$\frac{1}{2}\sim\frac{2}{3}$。

【知识拓展】

活塞式内燃机起源于荷兰物理学家惠更斯用火药爆炸获取动力的研究，但因火药燃烧难以控制而未获成功。1794 年，英国人斯特里特提出从燃料的燃烧中获取动力，并且第一次提出了燃料与空气混合的概念。1833 年，英国人赖特提出了直接利用燃烧压力推动活塞做功的设计。

19 世纪中期，科学家完善了通过燃烧煤气、汽油和柴油等产生的热转化机械动力的理论，这为内燃机的发明奠定了基础。活塞式内燃机自 19 世纪 60 年代问世以来，经过不断改进和发展，已是比较完善的机械。它热效率高、功率和转速范围大、配套方便、机动性好，所以获得了广泛的应用。全世界各种类型的汽车、拖拉机、农业机械、工程机械、小型移动电站和战车等都以内燃机为动力。海上商船、内河船舶和常规舰艇，以及某些小型飞机也都由内燃机来推进。世界上内燃机的保有量在动力机械中居首位，它在人类活动中占有非常重要的地位。之后人们又提出过各种各样的内燃机方案，但在 19 世纪中叶以前均未付诸实用。直到 1860 年，法国的勒努瓦模仿蒸汽机的结构，设计制造出第一台实用的煤气机，这是一种无压缩、电点火、使用照明煤气的内燃机。勒努瓦首先在内燃机中采用了弹力活塞环。这台煤气机的热效率为 4%左右。

英国的巴尼特曾提倡将可燃混合气在点火之前进行压缩，随后又有人著文论述对可燃混合气进行压缩的重要作用，并且指出压缩可以大大提高勒努瓦内燃机的效率。1862年，法国科学家罗沙对内燃机热力过程进行理论分析之后，提出提高内燃机效率的要求，这就是最早的四冲程工作循环。

1876年，德国发明家奥托(Otto)运用罗沙的原理，创制成功第一台往复活塞式、单缸、卧式、3.2 kW的四冲程内燃机，仍以煤气为燃料，采用火焰点火，转速为156.7 r/min，压缩比为2.66，热效率达到14%，运转平稳。在当时，无论是功率还是热效率，它都是最高的。

奥托内燃机获得推广，性能也在提高。1880年单机功率达到11～15 kW，到1893年又提高到150 kW。由于压缩比的提高，热效率也随之增高，1886年热效率为15.5%，1897年已高达20～26%。1881年，英国工程师克拉克研制成功第一台二冲程的煤气机，并在巴黎博览会上展出。

随着石油的开发，比煤气易于运输携带的汽油和柴油引起了人们的注意，首先获得试用的是易于挥发的汽油。1883年，德国的戴姆勒(Daimler)创制成功第一台立式汽油机，它的特点是轻型和高速。当时其他内燃机的转速不超过200 r/min，它却一跃而达到800 r/min，特别适应交通运输机械的要求。1885～1886年，汽油机作为汽车动力运行成功，大大推动了汽车的发展。同时，汽车的发展又促进了汽油机的改进和提高。不久汽油机又用作了小船的动力。

1892年，德国工程师狄塞尔(Diesel)受面粉厂粉尘爆炸的启发，设想将吸入气缸的空气高度压缩，使其温度超过燃料的自燃温度，再用高压空气将燃料吹入气缸，使之着火燃烧。他首创的压缩点火式内燃机(柴油机)于1897年研制成功，为内燃机的发展开拓了新途径。

狄塞尔开始力图使内燃机实现卡诺循环，以求获得最高的热效率，但实际上做到的是近似的等压燃烧，其热效率达26%。压缩点火式内燃机的问世，引起了世界机械业的极大兴趣，压缩点火式内燃机也以发明者而命名为狄塞尔引擎。

这种内燃机以后大多用柴油为燃料，故又称为柴油机。1898年，柴油机首先用于固定式发电机组，1903年用作商船动力，1904年装于舰艇，1913年第一台以柴油机为动力的内燃机车制成，1920年左右开始用于汽车和农业机械。

早在往复活塞式内燃机诞生以前，人们就曾致力于创造旋转活塞式的内燃机，但均未获成功。直到1954年，联邦德国工程师汪克尔(Wankel)解决了密封问题后，才于1957年研制出旋转活塞式发动机，被称为汪克尔发动机。它具有近似三角形的旋转活塞，在特定型面的气缸内做旋转运动，按奥托循环工作。这种发动机功率高、体积小、振动小、运转平稳、结构简单、维修方便，但由于它燃料经济性较差、低速扭矩低、排气性能不理想，所以还只是在个别型号的轿车上得到采用。

2013年5月，内燃机行业销量较4月小幅下降，总体降幅6.48%。据统计，5月全国共完成内燃机销量283.63万台，环比下降6.48%。功率完成16 131.04×10^4 kW，环比下降3.80%。行业市场表现总体稳中有降，按照不同分类情况观察，除混合动力发动机、发电机组用发动机、通机外，其他均有不同程度下降。

从燃料类型来看，柴油机环比下降18.06%，降幅较大；汽油机环比下降1.95%，与上

月情况基本持平；混合动力环比增长10.03%，表现较好；天然气环比下降12.79%，降幅也较大。其中柴油机销量71.69万台，环比下降18.06%，销售占比为25.28%。汽油机仍是主力，销量占比达到73.39%，销量208.15万台，环比下降1.95%。混合动力销量3.578万台，环比增长10.03%；天然气销量2 128台，环比下降12.79%。

从内燃机配套市场情况来看，与上月相比，除发电机组用内燃机有小幅增长外，其他均有不同程度下降，其中通机用、农业机械用、工程机械用及园林机械用降幅较大。5月，乘用车用内燃机销量131.40万台，环比下降3.84%；商用车用内燃机销量34.46万台，环比下降5.44%；工程机械用内燃机销量5.91万台，环比下降16.64%；农用机械用内燃机销量48.82万台，环比下降19.06%；船用内燃机销量0.50万台，环比下降5.35%；发电机组用内燃机销量33.35万台，环比增长15.88%；园林机械用内燃机销量17.03万台，环比下降10.90%；摩托车用内燃机销量8.56万台，环比下降1.40%；通机用内燃机销量3.58万台，环比下降36.69%。

从缸数来看，四缸机及单缸机仍为市场主要产品，总体比例由上月的93%增长至本月的94%，占比分别为56.90%及37.04%。5月单缸机销量105.06万台，环比下降8.28%。两缸机销量1.2万台，环比下降34.16%。三缸机销量1.45万台，环比下降20.34%。四缸机销量161.38万台，环比下降4.80%。六缸机销量14.29万台，环比下降6.87%。;8～12缸销量513台，环比下降23.20%。其他缸销量为1 953台，环比增长15.38%。

对于小柴企业来讲，行业销量58.67万台，环比下降18.83%。江动、常柴、常发、全柴、新柴销量排名靠前。5月江动销量12.83万台，环比下降12.93%，其中小柴类产品环比下降12.23%；常柴销量9.78万台，环比下降23.72%，其中小柴类产品下降23.98%；常发销量6.70万台，环比下降近14.50%；全柴销量3.96万台，环比下降13.13%；新柴销量2.03万台，环比下降23.88%。五家企业小柴类产品销量占行业销量比例63.38%，小柴企业主要配套领域为农业机械领域，占比为62.09%。

小汽油机企业5月行业总销量88.76万台，环比下降3.67%。其中重庆润通销量13.82万台，环比增长5.30%；江动小汽油机销量7.63万台，环比下降13.18%；隆鑫销量9.18万台，环比下降2.28%；苏州双马逆势增长，销量8.05万台，环比增长37.01%；同样林海动力销量7.30万台，环比增长6.13%。小汽油机用途比较广泛，其中93%集中在发电机组领域、农用领域、园林机械领域及摩托车用领域。

中缸径企业产品5月销量总计29.16万台，环比下降10.85%。其中潍柴销量5.9万台，环比下降11.98%；玉柴股份销量4.78万台，环比下降12.07%；锡柴销量2.76万台，环比下降12.92%；东风康明斯销量1.55万台，环比下降7.80%；东风朝柴销量1.45万台，环比增长1.32%。前10名企业销量总计为25.42万台，占细分市场总销量的87.16%，市场集中度较高。

车用发动机本月销量167.86万台，环比下降5.33%。而车用汽油发动机本月销量134.06万台，环比下降3.25%；车用柴油发动机本月销量17.93万台，环比下降10.14%。据统计，生产乘用车用柴油机的企业有6家，分别为长城、庆铃五十铃(重庆)、常柴、玉柴、上菲红及云内动力，共计销售16 076台。乘用车用汽油机销量靠前的仍为几大车企，独立发动机厂中销量较多的有上海通用东岳动力总成、大众动力总成、航天三菱汽车发动机等。商用车用柴油发动机本月销量16.32万台,环比下降10.10%,其中玉柴、锡柴、云动力、江铃、华源莱动、道依茨一汽(大连)等销量较大。商用车用汽油发动机本月销量10.06万台,环比增长2.64%,其中柳州五菱销量5.99万台、重庆小康为1.19万台。

1. 船舶应用

船上用的内燃机用柴油作燃料,故称柴油机。柴油机动力装置是现代船舶上的主要动力装置。现代船舶和舰艇的主机是船用柴油机。

图8.14所示为体积与功率的关系。

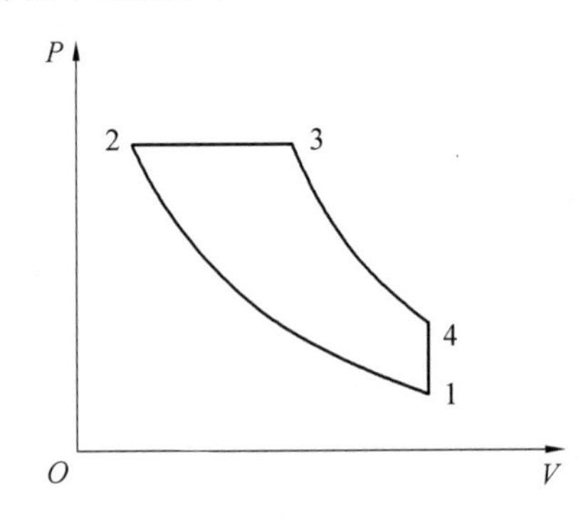

图8.14　体积与功率的关系

2. 船用内燃机

船用内燃机可用柴油、汽油、煤油或煤气、天然气作燃料。烧汽油的内燃机叫汽油机,烧煤气的叫煤气机,汽油机、煤气机功率小,仅用在小型船舶上。

3. 机械损失

平均机械损失压力 p_{mm} 指发动机单位气缸工作容积一个循环所损失的功,可以用来衡量机械损失的大小。

(1)机械损失的组成。

①活塞与活塞环的摩擦损失:占摩擦损失的主要部分,约为45%～65%。

②轴承与气门机构的摩擦损失:包括所有主轴、连杆轴承和凸轮轴轴承等的摩擦损失。轴承直径越大、转速越高,损失越大。约为15%～30%。

③驱动附属机构的功率消耗:为保证发动机工作所必不可少的部件总成,如冷却水泵总成(风冷发动机中则是冷却风扇)、机油泵、喷油泵、调速器等占10%～20%。

④流体摩擦损失:为克服油雾、空气阻力及曲轴箱通风等将消耗一部分功。

⑤驱动扫气泵及增压器的损失:二冲程或机械增压发动机中,要加上对进气进行压缩而带来的损失。占10%～20%。

4. 损失分配情况

损失分配情况见表8.2。

表 8.2 损失分配情况表

机械损失名称	占 p_m 的百分比/%	占 p_i 的百分比/%
摩擦损失,包括活连杆、活塞环、轴承及曲轴、配气机构	60～75;45～65 15 ～ 20;2～3	8 ～ 20
驱动各种附件损失,包括水泵、风扇、机油泵、电器设备	10～20;2～8; 6～3;1～2;1～2	1 ～5
带动机械增压器损失	6 ～ 10	
泵气损失		2～4

5. 机械损失测定

(1)示功图法。

运用示功图算出 p_i 值,从测功器测出发动机的有效功率 p_m,从而算出产 p_m、h_m 及 p_{mm} 值。

问题:误差来源于图 8.15$p-V$ 图上活塞上止点位置正确地确定以及测量误差。此外,各个气缸存在的不均匀性,这也会引起一定的误差。示功图法当上止点位置能得到精确校正时才能取得较满意的结果。局限:只能测量整体机械损失。

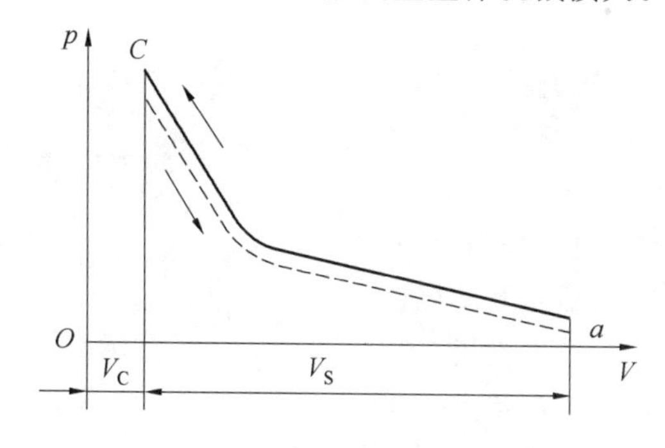

图 8.15 发动机被倒拖时的 $p-V$ 图

(2)倒拖法。

当发动机以给定工况稳定运行,冷却水、机油温度到达正常数值时,切断对发动机的供油,将电力测功器转换为电动机,以给定转速倒拖发动机,并且维持冷却水和机油温度不变,这样测得的倒拖功率即为发动机在该工况下的机械损失功率。

与实际运行的差异:

①气体压力在膨胀行程中大幅度下降,使活塞、连杆。曲轴的摩擦损失有所减少。

②由于排气过程中温度低、密度大,使 p_p 比实际的还大。

③倒拖在膨胀、压缩行程中,存在充量向气缸壁的传热损失,在测量该工况的有效功率时,这部分传热损失已被考虑在内。

综合结果是:倒拖时所消耗的功率要超过柴油机的实际机械损失,在低压缩比发动机中,误差大约为 5%,在高压缩比发动机中,误差可高达 15%～20%,因此此方法适用于低压缩比的汽油机。

(3)灭缸法。

内燃机调整到给定工况稳定工作后,先测出其有效功率 p_e,之后在喷油泵齿条位置或节气门不变的情况下,停止某一气缸工作,并用减少制动力矩的办法迅速将转速恢复到原来的数值,重新测定其有效功率 p_e'。如果灭缸后其他各缸的工作情况和发动机机械损失没有变化,则被熄灭的气缸原来所发出的指示功率为p_{ix}。依次将各缸灭火,最后可以从各缸指示功率的总和中求得整台发动机的指示功率。局限:只能适用于柴油多缸机。

(4)油耗线法。

保证发动机转速不变,逐渐改变供油,测出每小时耗油量 B 与负荷 p_{me} 变化关系,绘成负荷特性曲线,延长直线段于横坐标的相交,此交点到原点的距离为平均机械损失压力 p_{mm}。只能适用于 p_{mm} 与 η_{it} 不随负荷变化,只适用于柴油机。

倒拖法只能用于配有电力测功器的情况,不适用于大功率发动机,较适用于测定压缩比不高的汽油机的机械损失。对于排气涡轮增压柴油机,由于倒拖法和灭缸法破坏了增压系统的正常工作,只能用示功图法、油耗线法来测定机械损失。对于排气涡轮中增压、高增压的柴油机($p_b > 0.15$ MPa),除示功图外,尚无其他适用的方法可取代。

【想想练练】

一、想一想

在实例的分析过程中,实例的设计过程应用了哪些创新原理,创新突破的关键在于哪里?

二、练一练

1.简述往复式内燃机的技术矛盾。

2.简单介绍下无曲轴式活塞发动机。

3.简单介绍下旋转式内燃发动机。

4.简述旋转式发动机的设计特点。

5.简述新型内燃机开发中的一些创新技法。

6.简述目前应用最广泛的往复式内燃机由哪几部分构成。

任务二 圆柱凸轮数控铣削装置的创新设计实例

【任务要求】

在完成任务的过程中要做到耐心细致,掌握知识点的积累与运用,从每一个细节中抽丝剥茧地找到每有一个创新方法的突破,着重记录创新点如何攻克的,创新方法的应用与组合应用,在实例设计中如何打破陈规做到创新点的闪光,总结后做好记录。

【任务分析】

由于凸轮的槽形轨迹设置在零件的圆周表面上,并且槽形轨迹控制着凸轮上配合零

件的运行动作轨迹，所以槽形轨迹不仅加工难度大，而且精度要求高。该零件既要求准确曲线形槽轨迹的加工，还要求曲线槽加工转动时对应于摆杆运动轨迹的准确基点位置，常规加工受机床结构和加工方法的制约产品质量不能达到要求，另外该产品型号规格较多使得此问题更为突出，因此，提高该类凸轮加工的精度，进行实现此类零件数控化加工的应用工艺研究有着良好的应用前景。

在进行任务的过程中，要注意任务的目的性，创新性与创新方法的理解运用，掌握圆柱凸轮数控铣削装置的创新应用方法。由简到难，从直观的创新方法到潜在的不明显的创新方法逐条进行剖析。

【任务实施】

1. 零件加工工艺分析

(1)零件结构精度分析。

圆柱凸轮轴为进口机械上的易损零件，零件图如图 8.16 所示。

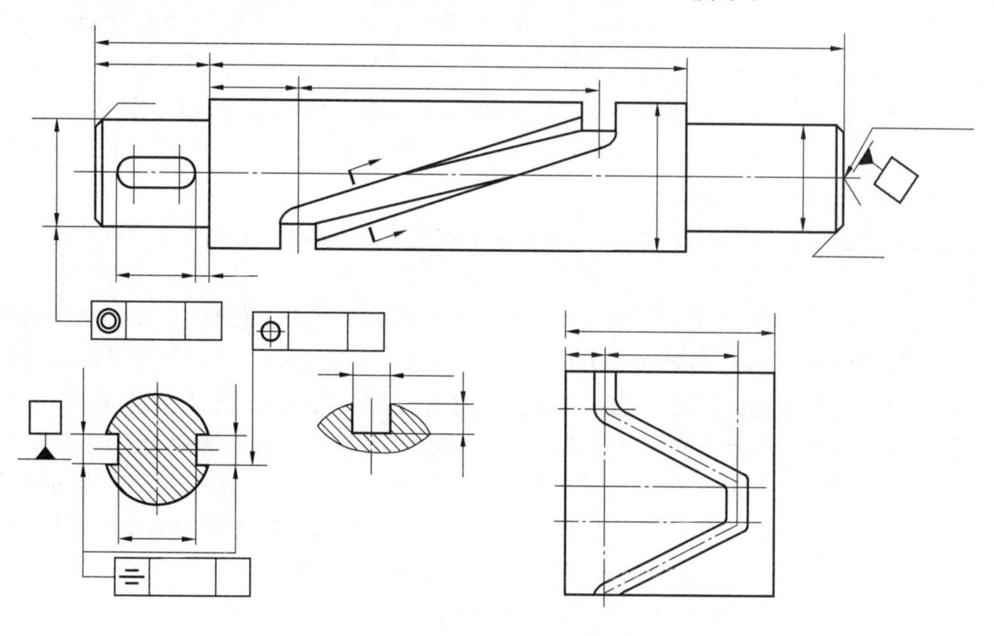

图 8.16 圆柱凸轮轴零件图

零件毛坯轮廓的结构形状较为简单，但零件的加工精度和几何精度要求较高。由于零件的圆周表面上设置有复杂轨迹的曲线槽，并且要求曲线槽之间必须圆滑连接过渡(RS 的过渡圆弧)，因此零件成型轮廓的铣削加不仅形状复杂，而且加工精度和几何精度要求较高这是加工的难点，必须予以保证。因为可以采用将旋转坐标转换为直线方式进行编程，所以，在凸轮槽的转折处增加 R5 的过渡圆弧，可以实现二轮槽的圆滑过渡，如此处理更有利于零件在实际中的使用。

(2)加工刀具分析。

在数控铣削曲线槽的加工中，从零件的加工精度考虑，粗铣使用 ∅8 键槽铣刀，精铣使用 ∅12 普通圆柱铣刀，粗、精加工使用两把不同规格尺寸的铣刀，更有利于曲线轨迹尺寸和表面粗糙度的保证，同时可以简化程序编制的节点参数计算。键槽加工使用 8 键槽铣刀就可达到加工要求。

(3)零件装夹与定位基准分析。

在数控铣削加工中，利用完成加工的 ∅35 外圆柱面使用数控旋转工作台采用一夹一顶的方式进行零件的装夹定位。数控车削加工、零件轴向的定位基准选择在零件右端 ∅35 外圆柱面和零件的右端面，这样处理的好处是在数控车削加工和数控铣削加工中均采用相同的基准和相同的方式进行定位，符合基准重合的原则，有利于提高零件的加工精度和几何精度。

(4)数控铣削加工方式分析。

由零件的结构形状可知，凸轮轴的曲线槽轨迹由直线和斜线构成，而且轨迹精度的要求较高。

曲线槽的直线轨迹是沿零件轴线直线运动的轨迹，曲线槽的斜线和圆弧轨迹是沿零件轴线的旋转运动和沿零件轴线的直线运动合成的轨迹。

由数控旋转工作台工作的原理和特点可知，数控旋转工作台的运动是按照角度进行控制的，应用附加旋转轴的数控加工方法能够满足零件圆周表面上直线(斜线)槽轨迹的加工，而不能满足零件圆周表面上圆弧槽轨迹的加工要求。欲满足上述加工要求，必须将零件圆周表面上的角度控制转换为零件圆周表面上的直线长度控制，才能满足零件圆周表面上圆弧槽轨迹的加工要求。

由上述分析可知：该零件应该运用下列加工方式来进行圆筒凸轮曲线槽轨迹的数控铣削加工。

在卧式数控铣床上，将普通 FW－125 型分度头固定在铣床工作台上，使分度头的旋转中心轴线与铣床 X 向直线轴运动方向平行，在分度头上装夹圆柱凸轮轴零件并使得零件中心轴线与分度头的旋转中心轴线重合，X 向运动控制铣床工作台做纵向直线移动；Y 向运动控制铣床工作台做横向直线移动；Z 向运动控制铣床工作台做垂直直线移动，旋 Z 向电动机与数控系统连接的旋纽，并另置一台相同型号的 Z 向电动机，用来控制分度头实现沿工件中心轴线的旋转运动机使用，轴来进行零件加工中的进刀退刀运动；使用心轴/轴(旋转轴)联动进行直线插补，应用直角坐标的控制方式来进行零件曲线槽轨迹的数控铣削加工，采用此方式加工的零件轮廓和轨迹精度也可以满足加工要求，并且加工操作方便简便易行。

【任务评价】

圆柱凸轮数控铣削装置的创新设计实例要点掌握情况表见表 8.3。

表 8.3 圆柱凸轮数控铣削装置的创新设计实例要点掌握情况表

序号	内容及标准		配分	自检	师检	得分
1	零件结构分析(30 分)	零件尺寸要求	5			
		零件表面粗糙度要求	5			
		零件结构精度要求	5			
		零件装配要求	5			
		总结梳理	10			
2	数控铣削加工方式分析(40 分)	机床型号的选择	5			
		加工方式的选择	5			
		刀具的选择	10			
		装夹方式的选择	10			
		总结梳理	10			
3	总结分析报告以及实验单的填写(30 分)	重点知识的总结	5			
		问题的分析、整理	15			
		实验报告单的填写	10			
综合得分			100			

【知识链接】

本实例就圆柱凸轮加工原理开发中运用综合创新技法、反求创新法，通过创造性的综合和巧妙的构思，使综合体发生质的飞跃，做了简单的说明，从而体现出综合创新是一种更具实用性的创新思路。

1. 设计目的

圆柱凸轮作为一种机械传动控制部件，具有结构紧凑、工作可靠等突出优点，但其加工制作比较困难。东北大学东软集团生产的医用全身 CT 扫描机，有一对复杂的圆柱凸轮，过去一直采用手工加工，不仅制造精度低，而且劳动强度大、生产效率低、成本高。为此，负责机械加工的东北大学机械厂提出要研制一种精度较高、操作方便、成本较低的圆柱凸轮加工装置，故于 2002 年年末，其成立了跨年级的研究小组，开始对这一问题进行研究。经过一年多的时间，完成了圆柱凸轮数控铣削装置的综合创新设计，由东北大学机械厂完成制造，并成功地投入使用，满足了圆柱凸轮加工的精度和生产率的要求。

2. 工作原理

圆柱凸轮数控铣削装置包括工作台直线运动坐标轴和工件回转运动坐标轴，在加工圆柱凸轮时，本装置根据数控加工程序控制工件做旋转进给运动和直线进给运动，通过普通立式铣床工作台的垂直运动进行切深调整，这样就可以实现一条凸轮曲线槽的连续自动化加工。凸轮曲线槽的连续自动化加工原理图如图 8.17 所示。

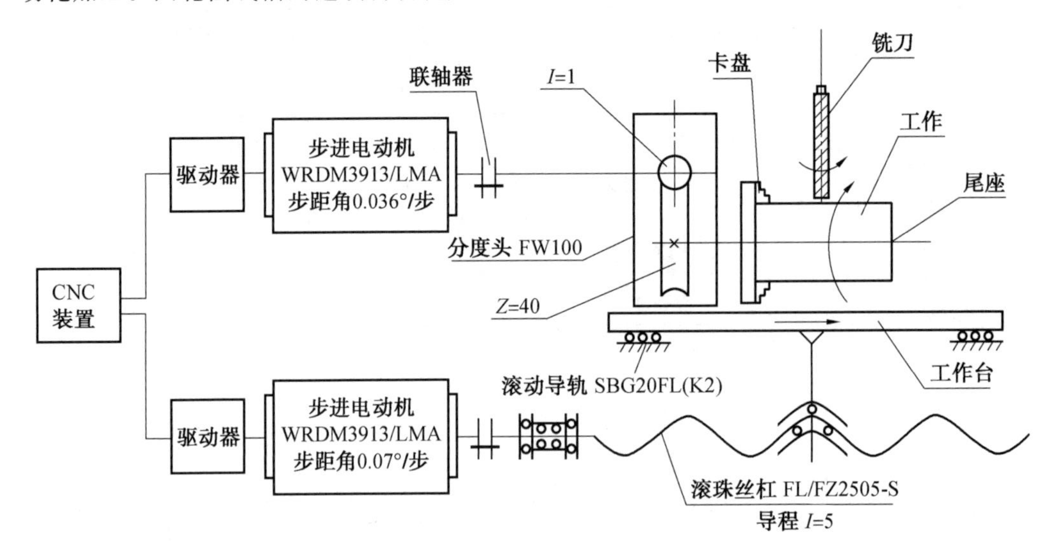

图 8.17　凸轮曲线槽的连续自动化加工原理图

本装置由简易 CNC 装置控制驱动器，驱动两个高精度步进电动机，两个电动机分别控制分度头的转动和滚珠丝杠的直线运动，由分度头带动工件做回转进给运动，滚珠丝杠则带动工作台做直线方向的进给运动，由普通立式铣床进行切深调整，从此实现了一条凸轮槽的连续加工。

3. 设计方案

在方案设计阶段，通过对圆柱凸轮的各种加工方案进行深入的分析研究得出：对于复杂的、多导程圆柱凸轮，理想的加工方法是采用带回转台的四轴立式加工中心或带自驱动式铣刀的车削中心加工，但这两种机床价格昂贵，东北大学机械厂近期难以购买这两种机床。

创新思路拟在普通立式铣床上，加装高精度数控装置，将传统的机械技术与现代高新数控技术和电子技术等有机地综合在一起，从而实现高精度的可靠加工要求。

因此根据数控技术越来越普及以及简易数控系统价格比较便宜的现状和特点，东北大学机械厂决定设计一个简易的圆柱凸轮数控铣削装置。将该装置放置在普通立式铣床上，由普通立式铣床的主轴做切削运动，由其工作台的垂直方向运动进行切深调整，该装置则根据数控加工程序控制工件做旋转进给运动和直线进给运动，实现一条凸轮曲线槽的连续自动化加工。这种加工方法成本很低，加工自动化程度较高、操作方便、加工精度高，且能满足圆柱凸轮不断改型的要求。

4. 功能及特点

(1)圆柱凸轮数控铣削装置包括工作台直线运动坐标轴（Z 轴）和工件回转运动坐标轴（X 轴），采用德国 BERGER LAHR 高精度步进电动机驱动，德国 ENGEL HARDT 两轴 CNC 系统控制。X 向脉冲当量为 0.000 9 mm；Z 向脉冲当量为 0.001 mm，可以完成圆柱凸轮复杂凸轮槽的连续、自动化加工。

(2)工件回转运动（即 X 轴）的机械传动由普通分度头完成，其蜗杆蜗轮的降速比大

($i=40$)、传动精度高、价格便宜。

(3)工作台的直线运动(即 Z 轴)采用双螺母垫片式滚珠丝杠螺母传动,并采用滚珠导轨支承,其摩擦力小、运动灵敏、精度高、刚度大。

(4)数控编程采用 CAD/CAM 一体化编程方法。在 CAXA/ME 的支持下,首先绘制圆柱凸轮的展开曲线,然后生成代码程序,最后利用 R232 接口将加工程序传输给数控系统。编程过程精确、直观、方便、灵活。该装置可完成各种圆柱凸轮的精确自动化加工,另外还可以加工各种平面凸轮。

5. 主要创新点

(1)工件回转运动采用标准分度头传动,简化了设计制造,降低了研制成本。在研制过程中,通过分析对比选择了合理的驱动位置,保证了传动精度,这种方法在国内尚属首次。

(2)工作台的直线运动采用先进的滚珠丝杠传动,并采用滚动导轨支承,其传动灵活、精度高、刚度大。

(3)该装置采用简易 CNC 系统控制,采用 CAD/CAM 一体化编程,选择廉价的 CAXA/ME 作为支撑软件,利用反求设计创新思维进行了创新改造,并进行了二次开发,对编程方法进行了合理的改进,使数控编程精确、直观,因而其操作方便,使用灵活,能满足各种圆柱凸轮的加工。

(4)该装置可在普通铣床上完成各种复杂圆柱凸轮曲线的精确、高效、自动化加工,其操作方便、价格低廉。此外,该装置也可用于各种平面凸轮的加工,因此颇具推广应用价值。该装置已在东北大学机械厂投入使用。

【知识拓展】

拖把是一个在我们日常生活中每天都会用到的物品,应该说它的出现已经有很长一段时间了。但是,现在人们用的各种拖把真的很好用吗?如果你经常做家务的话,我想你一定会皱起眉头的。

现在市场上的拖把主要以下几种,如图 8.18 所示。

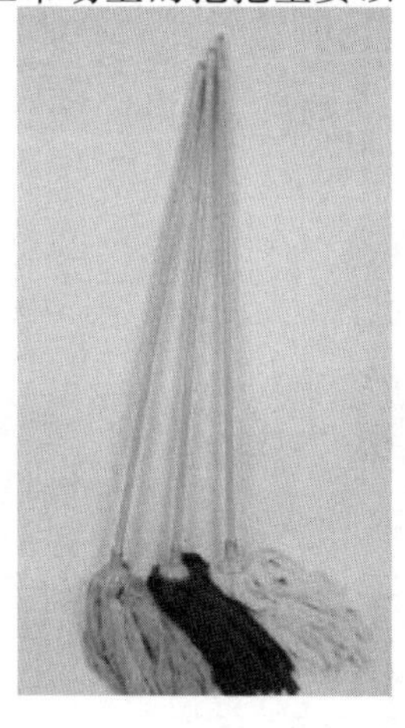

图 8.18　市场上的几种拖把

1. 拖把现状的调查

(1)普通拖把,如图 8.19 所示。

①优点:价格便宜、制造简单。

②缺点:不易拧干、污渍清洗麻烦、拖地时身体极易疲劳。

(2)机械式拧干拖把,如图 8.20 所示。

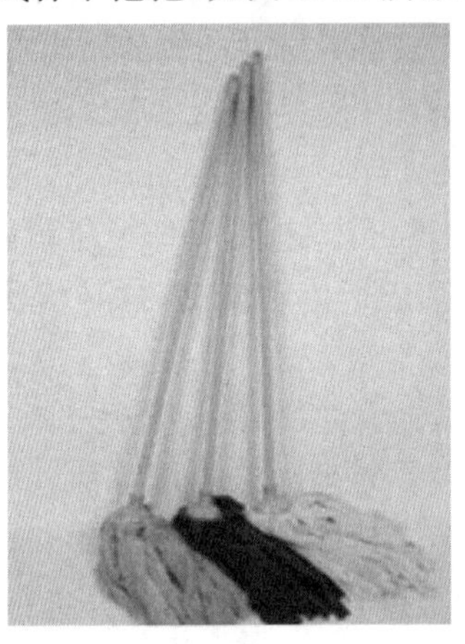

图 8.19 普通拖把

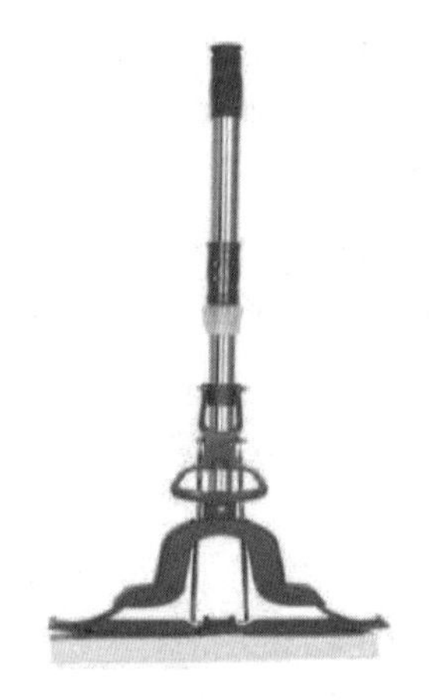

图 8.20 机械式拧干拖把

①优点:用机械式的方法拧干,减轻了使用者的劳动强度,使得拧干的过程变得简单。

②缺点:拖把打湿了以后不容易干(比如拖完厕所瓷砖以后又要拖地板就很不方便),虽然便于脱水,但是不便于清洗,不符合人体工学。

(3)可更换布式拖把,如图 8.21 所示。

①优点:可以更换拖把布,轻松地实现了干湿之间的转换。

②缺点:拖把布吸水的能力不强、拧干不方便(如果换布太多,那么又会使得使用不方便,需要准备很多块布),大部分的拖把柄不结实,使用过程中极易产生变形。

(4)魔术拖把,如图 8.22 所示。

图 8.21 可更换布式拖把

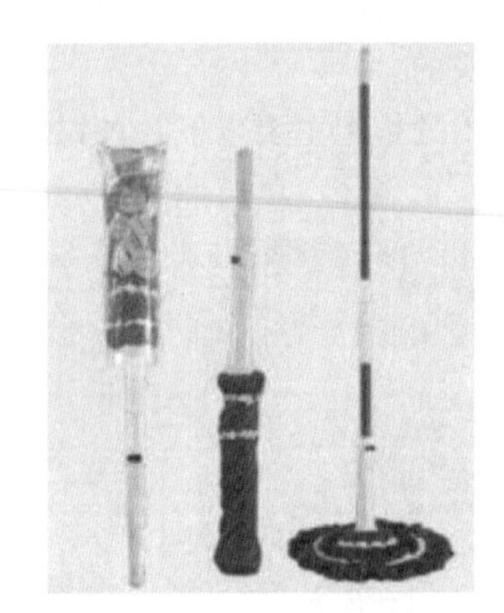

图 8.22 魔术拖把

①优点:更换布方便,可实现自动拧紧。

②缺点:直柄设计,沙发下面的部分很难伸进去。

2. 问题总结

(1)拖把不易拧干或者拧干十分困难。

(2)拖把使用时不符合人体舒适度。

(3)拖把不能同时用来清洁和擦干。

(4)拖把吸水能力不强。

3. 问题分析

(1)解决拖把不易拧干或者拧干十分困难的问题。

①改善的技术特性参数:10#力——用更小的力完成同样的工作;33#可操作性——使得拧干的过程动作更加简单,增强其可操作性。

②恶化的技术特性参数:36#装置的复杂性——要增加拧干功能必然使得装置较普通拖把而言更加复杂。

查冲突解决矩阵可知,使用的解决原理是:26、35、10、18、32、25、12、17(表8.4)。

表8.4 冲突矩阵26、35、10、18、32、25、12、17

序号	名称	介绍
26	复制	①使用简单、廉价的复制品来代替复杂、昂贵不易获得的物体; ②用图像替换物体,并可进行放大和缩小; ③用红外或紫外光去替换可见光
35	改变参数	①改变物体的物理状态; ②改变物体的浓度、黏度; ③改变物体的柔性,改变物体的温度或体积等参数
10	预先作用	①预置必要的动作、功能; ②把物体预先放置在一个合适的位置以让其能及时地发挥作用而不浪费时间
18	机械振动	①使物体振动; ②提高振动频率,甚至超声区; ③利用共振现象; ④用压电振动代替机械振动; ⑤超声振动和电磁场耦合
32	改变颜色	①改变物体或其环境的颜色; ②改变物体或其环境的透明度和可视性; ③在难以看清的物体中使用有色添加剂或发光物
25	自服务	①使物体具有自补充和自恢复功能; ②利用废弃物和剩余能量
12	等势	在势场内避免位置的改变

续表 8.4

序号	名称	介绍
17	多维化	①将一维变为多维； ②将单层变为多层； ③将物体倾或者侧向放置； ④利用给定表面的反面

解决方案：

利用19＃把物体预先放置在一个合适的位置以让其能及时地发挥作用而不浪费时间：可以将拖把放置在某个装置内然后用脚踩或者手拉的方式即可自动将水拧干。经调查，这种方案已经运用于现代产品中并且效果良好。

(2)解决拖把使用时不符合人体舒适度的问题。

①改善的技术特性参数：31＃物体产生的有害因素。

②恶化的技术特性参数：36＃装置的复杂性。

查冲突解决矩阵可知，使用的解决原理是：19、1、13(表8.5)。

表8.5 冲突矩阵19、1、13

序号	名称	介绍
19	周期性作用	①变持续性作用为周期性(脉冲)作用； ②如果作用已经是周期性的，就改变其频率； ③在脉冲中嵌套其他作用以达到其他效率
1	分割	①把一个物体分成相互独立的部分； ②把物体分成容易组装和拆卸的部分； ③提高物体的可分性
13	多孔材料	①使物体多空或加入多孔物体； ②利用物体的多孔结构引入有用的物质和功能

解决方案：

利用1＃分割原理中把物体分成容易组装和拆卸的部分，将拖把的手柄设置成符合人体工学的形状，最理想的情况是人不需要弯腰便可以完成拖地的过程。

(3)解决一个拖把不能同时用来清洁和擦干的问题。

①改善的技术参数：35＃适用性及多样性。

②恶化的技术参数：36＃装置的复杂性。

查冲突解决矩阵可知，使用的解决原理是：15、29、37、28(表8.6)。

表 8.6 冲突矩阵 15、29、37、28

序号	名称	介绍
15	动态化	①在物体变化的每个阶段让物体或其环境自动调整到最优状态； ②把物体的结构分成既可变化又可相互配合的若干组成部分； ③使不动的物体可动或自适应
29	用气体或液体	用气体或液体替换物体的固定部分
37	热膨胀	①使用热膨胀和热收缩材料； ②组合使用不同膨胀系数的材料
28	替代机械系统	①用声学、光学、嗅觉系统替换机械系统； ②使用与物体作用的电场、磁场或电磁场； ③用动态场替代静态场，用确定场替代随机场； ④利用铁磁粒子和作用场

解决方案：

利用 15＃动态化中的把物体的结构分成既可变化又可相互配合的若干组成部分；可以使用两块拖把布，当需要湿拖的时候换上其中一块，当需要将水擦干的时候换上另一块即可。

(4)解决拖把吸水能力不强的问题。

①改善的技术特性参数：27＃可靠性——拖把是否能够可靠的将地板上的水吸干净。

②恶化的技术特性参数：26＃物质或事物的数量——很可能需要增加某一具有强吸附能力的物质。

查冲突解矩阵可知，使用的解决原理是：21、28、40、3(表 8.7)。

表 8.7 冲突矩阵 21、28、40、3

序号	名称	介绍
21	缩短有害作用	在高速中施加有害或危险动作
28	改变局部	①从均匀的物体结构、外部环境或作用改变为不均匀的； ②让物体不同的部分承担不同的功能； ③把物体的每个部分处于各自动作的最佳位置
40	复合材料	用复合材料来替代单一材料料
3	替代机械系统	①用声学、光学、唤觉系统替换机械系统； ②使用与物体作用的电场、磁场或电磁场； ③用动态场替代静态场，用确定场替代随机场； ④利用铁磁粒子和作用场

解决方案：

利用 40＃复合材料原理中用复合材料来替代单一材料，寻找一种吸水能力超强的材料，将其使用到拖把布中即可。

4. 总结

我们应该多从身边的小事出发多观察多思考，将创新的思维运用到实践中去真正的做一个创新型人才。

【想想练练】

一、想一想

在创新实例中如何进行突破创新？在突破创新中应用到了哪些学过的知识理论？在今后的生产设计中要做到哪些注意事项？

二、练一练

1. 简述圆柱凸轮的工作原理。

2. 简述圆柱凸轮加工创新思路。

3. 简述圆柱凸轮的优缺点。

任务三　全自动送筷机创新设计实例

【任务要求】

掌握分析实例应用创新方法的能力，通过实例举一反三得出自己的创新心得，从生活中出发，找到自己的创新突破点做好记录，完成任务后做好记录交流分析。

【任务分析】

目前高校等公众食堂通常采用自助餐的形式，即由食堂向用餐者提供餐具，虽然餐具都经消毒或是一次性用品，但由于装筷子的都是普通的筷子筒或筷子篓，使用者取用不方便且不卫生，有传染传播疾病的可能。以当前社会北京为基础，提供一种取用方便、卫生的全自动送筷机。

【任务实施】

1. 技术方案

解决上述技术问题的技术方案是：一种全自动送筷机，由箱体和箱体上可开启的箱盖组成，箱体内装有一将箱体分为上下两部分的底板，上半部分为装筷子部分，下半部分装有电机和传动部件，箱体装筷子的上半部分的前壁开有筷子出口，后壁外侧装有与传动部件连接的后推板，后推板与伸入箱体上半部分中的筷子推杆垂直连接。

所述的传动部件由曲柄、连杆、滑杆和前推板组成，曲柄通过定位销钉与电机输出轴相连，曲柄与连杆相连，连杆与位于底板下的滑杆相连，连杆与滑杆相连接处装有前推板，滑杆的另端与箱体后壁外侧的后推板相连。

所述的箱体上半部分装有方便筷子滑动的斜板和将置筷子部分间隔开来的隔板。所述的筷子推杆为阶梯状，与筷子接触面为一斜面。

电机通电后，电机输出轴转动带动曲柄、连杆和前推板做往复运动，从而带动扣推板及滑杆做往复运动，后推板推动与其相连接的筷子推杆，推杆做直线运动，把筷子从筷子出口推出，方便取用。

本实用新型结构简单、自动送筷、取用方便卫生，可有效避免疾病的传播与传染。

全自动送筷机可塑性高，可根据需要安装紫外线灭菌等保证筷子卫生的附属装置，还可安装红外感应装置，使送筷机在有人来时自动开启。

2. 附图说明

图 8.23(a)为结构示意图；图 8.23(b)为左视图；图 8.23(c)为俯视图。

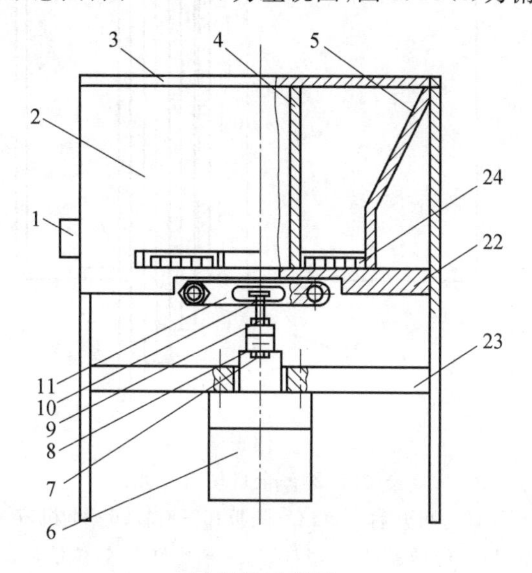

(a)结构示意图

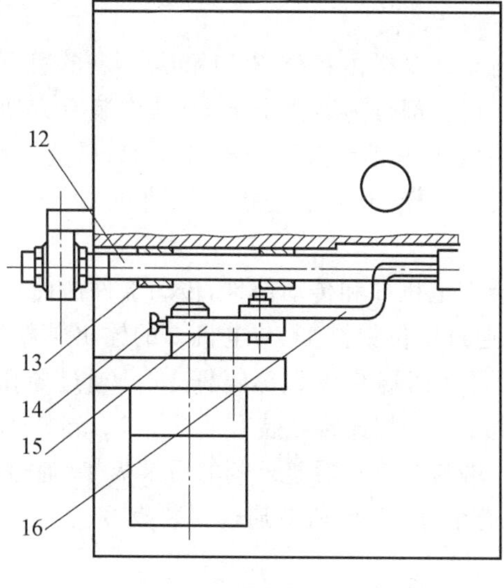

(b)左视图

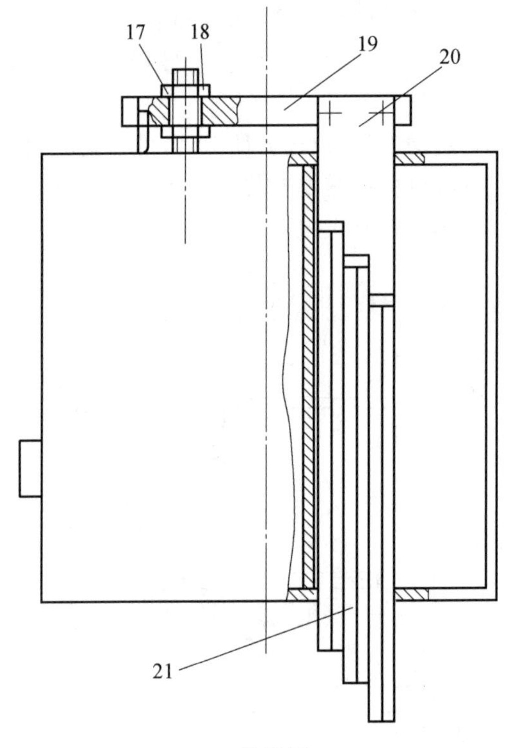

(c)俯视图

图 8.23　全自动送筷机

1—电源开关；2—箱体；3—可开启上盖；4—隔板；5—滑板；6—电机；7—螺栓；8,17—垫片；9,18—螺母；10—销；11—前推板；12—滑杆；13—导孔；14—定位销钉；15—曲柄；16—连杆；19—后推板；20—筷子推杆；21—筷子；22—底板；23—安装板；24—筷子出口

3. 具体实施方式

如图 8.23 所示，全自动送筷机由箱体 2 和箱体 2 上的可开启上盖 3 组成，底板 22 将箱体 2 分为上、下两部分，上部分为装筷子部分，其中装有方便筷子滑动的滑板 5 和将这部分隔成两个筷笼的隔板 4，其前壁开有筷子出口 24，后壁外侧装后推板 19，后推板与伸入箱体上半部分中的筷子推杆 20 垂直连接，筷子推杆 20 为阶梯状，其与筷子 21 接触面为 30°～60°的斜面。

箱体 2 下半部分内装有电机 6 和传动部件，传动部件由曲柄 15、连杆 16、滑杆 12 和前推板 11 组成，曲柄 15 通过定位销钉 14 与电机 6 的输出轴相连，曲柄 15 与连杆 16 通过螺栓 7、螺母 9 相连，螺母 9 两端有垫片 8，连杆 16 与通过导孔 13 安装于底板 22 下的滑杆 12 相连连杆 16 与滑杆 12 相连接处装有前推板 11，连杆 16 通过销 10 与前推板 11 连接固定，滑杆 12 的另一端与箱体 2 后壁外侧的后推板 19 通过螺母 18 与滑杆上的外螺纹连接固定，螺母两端装有垫片 17，电机 6 通过安装板 23 安装在箱体 6 上。箱体 2 上装有电源开关 1。

【任务评价】

全自动送筷机创新设计实例要点掌握情况表见表 8.8。

表 8.8 全自动送筷机创新设计实例要点掌握情况表

序号	内容及标准		配分	自检	师检	得分
1	设计要求（30 分）	结构要求	5			
		功能要求	5			
		装配要求	5			
		维护要求	5			
		总结梳理	10			
2	技术方案（40 分）	箱体上半部分	5			
		箱体隔板	5			
		箱体下半部分	10			
		推送装置	10			
		总结梳理	10			
3	总结分析报告以及实验单的填写（30 分）	重点知识的总结	5			
		问题的分析、整理	15			
		实验报告单的填写	10			
综合得分			100			

【知识链接】

本实例就开发新型全自动送筷机采用的创新思维（新型、实用、快捷）和创新技法（系统分析法、组合创新法、形态分析法、机构构型创新设计法等）进行了一些简单的介绍，以期对创新设计有所启发。

1. 设计目的

学生每天到食堂就餐都得从筷筒里胡乱地抓取筷子，这样既不方便又不卫生，因此设计一种自动送筷机具有很大的实用性。

2. 设计过程

(1)送筷方式的确定。

初定的送筷方式（利用系统分析法和形态分析法进行论证分析）有三种，如图 8.24～8.26 所示。

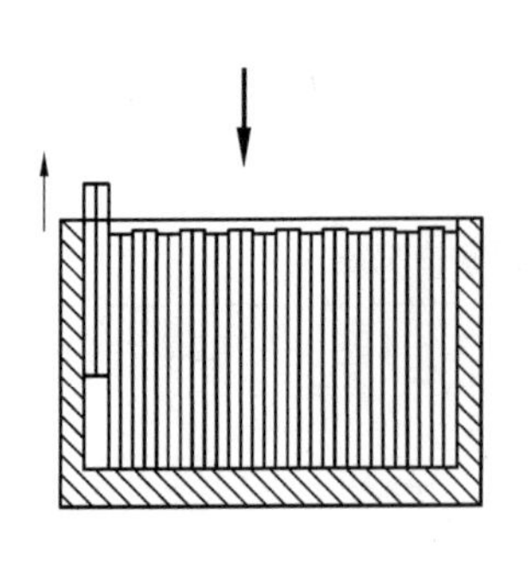

图 8.24 朝上竖直送筷方式

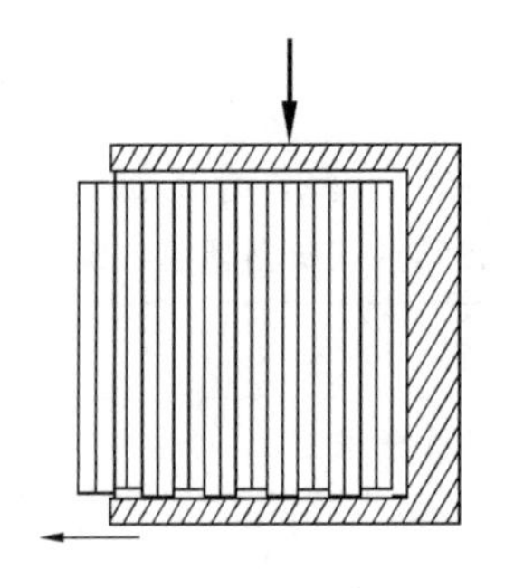

图 8.25 水平横向送筷方式

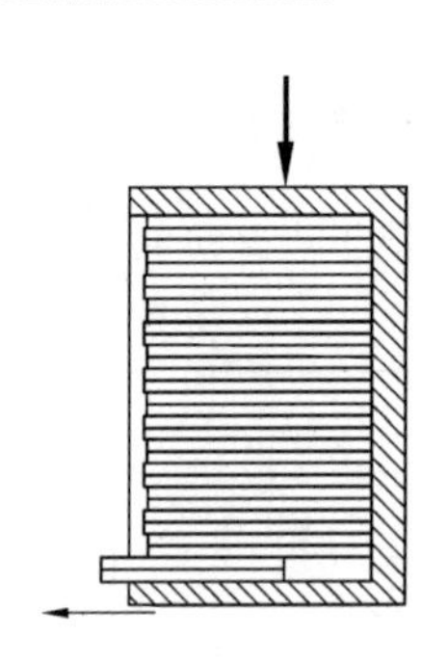

图 8.26 水平竖向送筷方式

通过多次模拟实验发现，朝上竖直送取筷子最为方便，但筷子的水平移动距离长，所需水平推力也大，会导致机器的结构复杂，成本增加；水平横向送筷子，由于筷子尺寸、形状、大小及摆放的不规则，能顺利取出筷子的概率不足 30%；水平竖向送筷子不仅出筷顺畅，而且在抽出筷子后，在重力作用下筷子会自由下落，省去了机械传动成本，这种方式取筷也比较方便。因此，最终选择了第三种方案。

(2)出筷机构的选择。

可供选择的出筷机构(利用机构组合创新法和机构构型创新设计进行分析)有盘形凸轮机构、摆动导杆机构、曲柄摇杆机构、曲柄滑块机构等。

通过模拟实验，分析对比，发现盘形凸轮机构虽然结构简单，但由于从动件行程较大(70 mm)，机构的总体结构尺寸过大；曲柄摇杆和导杆机构不仅平稳性较差，而且占据的空间也大；而曲柄滑块机构占据的空间最小，结构比较简单。因此，最后确定用曲柄滑块机构与移动凸轮组合机构作为出筷的执行结构，如图 8.27 所示。

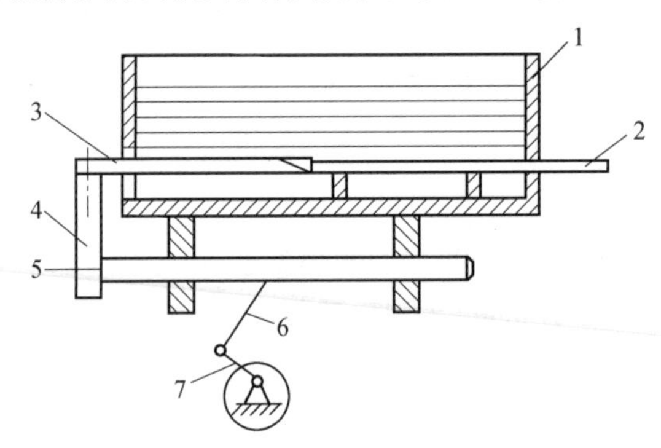

图 8.27 曲柄滑块机构与移动凸轮组合机构作为出筷的执行结构

1—箱体；2—筷子；3—移动凸轮(推杆)；4—推板；5—滑块；6—连杆；7—曲柄

(3)电动机的选择。

通过模拟实验测定推筷子的阻力和最佳的出筷子速度，从而确定电动机的功率为 25 W，减速电动机的输出转速为 60 r/min。

3. 工作原理

当曲柄滑块机构运动时，滑块带动移动凸轮(阶梯斜面)反复移动，将筷子水平送出。推出的一截筷子如果未被取走，则移动凸轮空推，已推出的筷子静候抽取。如果推出的筷子被取走，则上方的筷子在重力作用下会自由下落到箱体底部，而被再次推出，如图 8.28 所示。

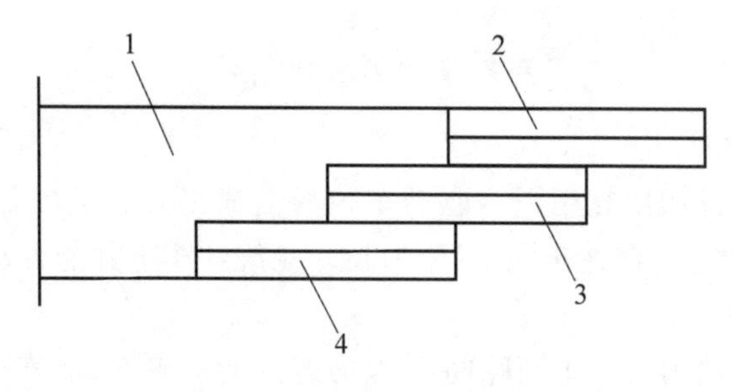

图 8.28 阶梯推杆推筷示意图

1—阶梯推杆；2—推出最长筷；3—推出较短筷；4—推出最短筷

设计阶梯推杆的目的：一是提高送筷子的效率；二是防止筷子由于摆放不规则，出现卡死、架空等现象。初定的推杆只能推一双筷子，不仅效率低，而且经常出现卡死、架空等现象。阶梯推杆推出的 3 双筷子成并排阶梯状。伸出箱体最长的筷子被抽取走后，如果上方筷子不能自由下落，则再抽取伸出较短的一双，如果抽走后上方的筷子还不能自由下落，则再抽走最短的第三双筷子。由于 3 双筷子较宽，故 3 双都抽走后，上方筷子必然失去支撑而下落到箱体底部。阶梯推杆斜面的作用：一是起振动作用；二是防止筷子未对准出口时被顶断。当筷子未对准出口、顶在箱体壁上时，筷子在阶梯推杆的斜面上滑过。经过多次作用，只有筷子对准出口时才能被顶出，如图 8.29 所示。

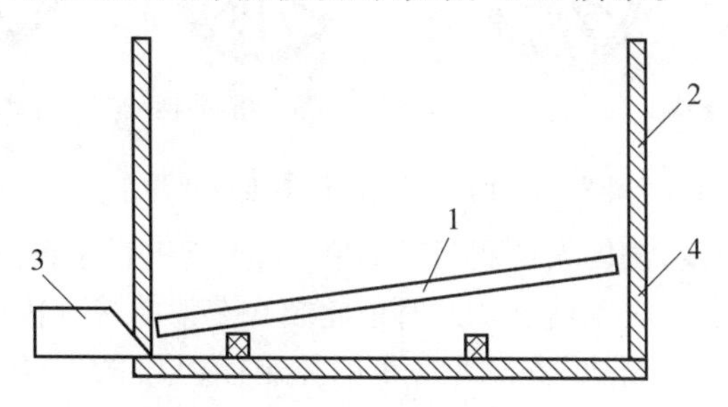

图 8.29 斜面推杆作用示意图

1—筷子；2—箱体；3—斜面推杆；4—筷子出口

4. 主要创新点

(1)机构创新点。

将曲柄滑块机构与移动凸轮机构(阶梯斜面推杆)有机组合，能实现多项功能：一是机构组合本身结构非常简单、紧凑，可大幅度降低成本及机器的结构尺寸；二是阶梯推杆可有效地防止筷子被卡住而不能自由下落的现象；三是斜面推杆能有效防止筷子未对准出口而被机器顶断的现象；四是斜面推杆可适用所有不同横截面的筷子。

(2)产品创新。

该产品属国内外首创，经过市场调查及网上查询，国内外还没有自动出筷机等自动出筷装置。由于市场容很大，产品又获得专利权，投放市场后将取得良好的社会及经济效益。

【知识拓展】

自行车的演变和开发

1. 自行车的演变史

17 世纪初期人们开始研究用人力驱动车轮的交通工具。机械师加赛纳首先提出一种手驱动的方式，驾驶者驱奇在车座上，用力拉一条绕在车上并能带动轮子转动的环状绳子，使车前进。

1816—1818 年在法国出现了两轮间用木梁连接的双轮车，骑车者骑坐在梁上，用两脚交替蹬地来推动车子前进。这种车称为“趣马”(Hobby Horse)，如图 8.30(a)所示。当时它是贵族青年的玩物，不久就过时了。

真正的双轮自行车(Bicycle)是 1830 年由苏格兰铁匠麦克米伦发明的。他在两轮小车的后轮上安装曲柄，曲柄与脚踏板用两根连杆相连，如图例 8.30(b)，只要反复蹬踏悬在前支架上自的踏板，驾驶者不用蹬地就可驱动车子前进。

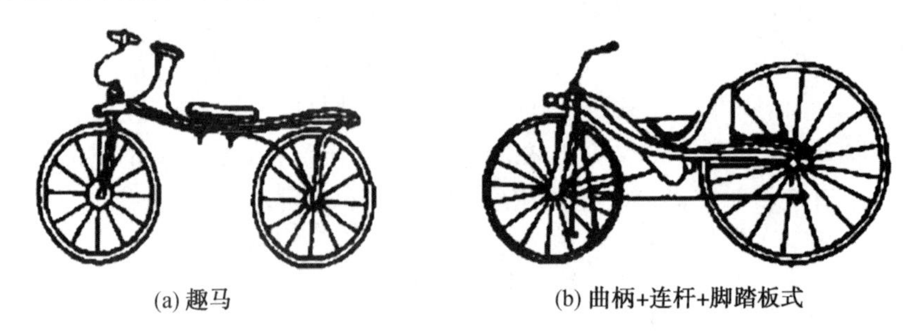
(a) 趣马　　(b) 曲柄+连杆+脚踏板式

图 8.30　两轮间用木梁连接的双轮车

为了提高骑行的速度，法国人拉利门车寺在 1865 年进行了改进，将回转曲柄置于前轮上，骑行者直接蹬踏曲柄驱车前进。此时前轮装在车架前端可转动的叉座上，能较灵活地把握方向；后轮上有工杆制动，骑行者对车的控制能力加强了，如图 8.31(a)所示。这种自行车脚踏反转动一周，车子前进的距离与前轮周长相等。

为了加快速度，人们不断增大前轮直行经(但为了减轻质量，同时将后轮缩小)，有的前轮大至 56 in(1.42 m)、64 in(1.63 m)甚至 80 in(2.03 m)，如图 8.31(b)所示。如此结构使骑行者上下车很不方便且不安全，影响了这种“高位自行车”的使用。

(a)　　(b)

图 8.31　回转式曲柄

1879年,英格兰人劳森又重新考虑采用后轮驱动,设计了链传动的自行车,采用较大的传动比,从而排除了采用大轮子的必要性,使骑行者安全地骑坐在合适高度的座位上,它称为安全自行车,如图8.32所示。在这时期随着科学技术的发展,自行车结构还做了不少改进。如采用受力合理的菱形钢管支架,这样既提高了强度,又能减轻质量;用滚动轴承提高效率;1888年邓洛普引人充气轮胎,使自行车行走更加平稳。由此,自行车逐渐定型,成为普遍使用的交通工具。

由于不断提出新的需求,经过种种改革,自行车的功能和结构逐步完善起来,而从开始研究到定型差不多经过了80年。

图8.32　安全自行车

2. 新型自行车的开发

随着科学技术发展,人们生活水平不断提高,发现原有自行车有不少缺点,同时也根据需要提出一些希望点,在此基础上开发了多种新型自行车。

(1)助力车。

为省力开发出多种助力车,为避免对环境的污染,电动车较受欢迎,小巧的电机和减速装置放于后轮毂中,直接驱动车轮,电源则采用干电池。

(2)考虑宜人性的新型车。

英国发明家伯罗斯发明躺式三轮车,如图8.33所示,车上座位根据人体工程学设计,躺式蹬车省力,速度可达50 km/h。

摇杆式自行车,如图8.34所示。将回转蹬踏变为两脚往复蹬踏,这样能充分使人蹬车时在90°～120°范围内做有用功,而去除做无用功的动作。两摆杆通过链条分别带动超越离合器使后轮转动。

图8.33　躺式三轮车

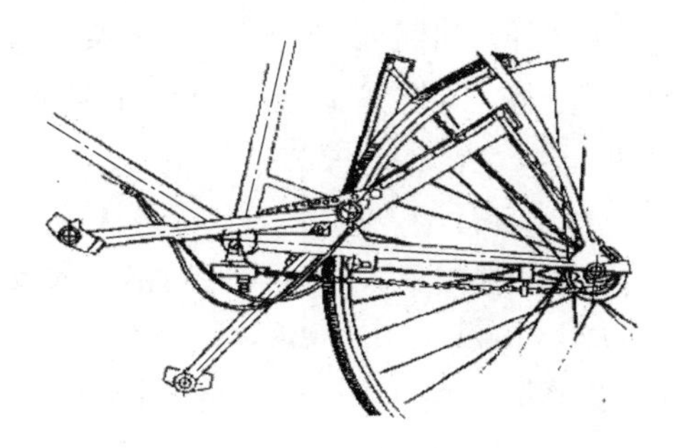

图8.34　摇杆式自行车

(3)传动系统的变异。

链传动易磨损掉链。新开发的齿转传动自行车如图 8.35 所示。脚蹬带动齿轮通过传动轴将运动件至后轮,提高传动效率。传动体包覆,无绞人裙摆、裤脚之忧。上海凯瑞驰自行车公司已生产这种自行车系列。根据需要将单速车改型为变速车 最多可达 15 种变速开发自适应调速装置,在上坡或路踏阻力大处自动调至低速挡。

图 8.35 齿轮传动自行车

(4)塑料自行车。

工程塑料的引入对自行车性能有很大改进。碳纤维自行车采用碳纤维模压做成整体无骨架式车身,如图 8.36 所示。其特点是强度高,避免有焊接薄弱点;无横梁,重心低,行车便于控制;流线外形,风阻小;质量轻(约 11 kg,比金属架车轻 1.5 kg);速度快(比金属架车每公里快 3 s)。在巴塞罗那奥运会,一名美国车手骑着定做的一辆碳纤维自行车取得金牌并破世界纪录。

图 8.36 塑料自行车

(5)全塑自行车。

全塑自行车如图 8.37 所示,其车架、车轮皆为塑料整体结构,一次模压成型;车把为整流罩式全握把,整车呈流线型。日本伊嘉制作公司开发的全塑自行车整车质量仅为7.5 kg。

(6)高速自行车。

美国加利福尼亚大学学生弗朗斯等人设计的半躺式 Dexter Hysol“猎豹”自行车车速达 68.73 mile/h(109.968 m/s),创世界新纪录(猎豹奔跑时速可达 68 mile/h (108.8 km/h)。图 8.38 所示的这种高速自行车具有以下特点:

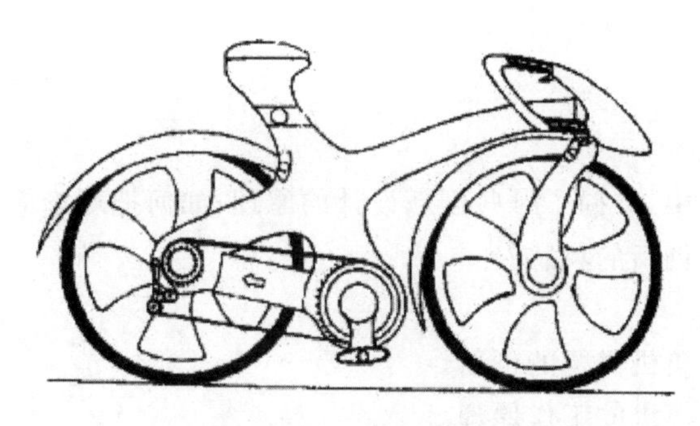

图 8.37 全塑自行车

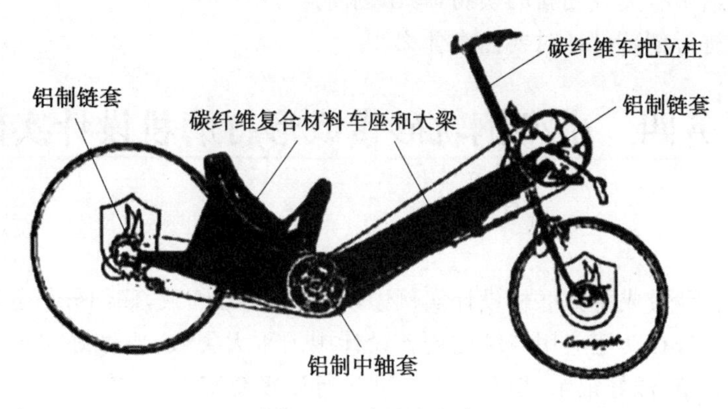

图 8.38 高速自行车

①采用"躺式",骑车者能发挥最大动力,并减小风阻面积。

②双级链传动升速。

③以高强度碳纤维复合材料注塑整体车座和大梁。采用碳纤维车把和立柱,铝制链套和中轴套,连同碳纤维车外罩,全车总质量只有 29.5 ib(约 13.4 kg)。

④采用 Hysol 宇航黏合剂取代传统紧固件,既减轻质量,又使载荷和应力均布在更大面积上,增加强度、减少振动。

⑤运用空气动力学原理对车外罩形状进行优化设计,形成笼罩骑车者的流线型封闭舱,提高空气动力学效率 30%以上。

3. 几点启示

(1)小小普通的自行车可以有多种新型原理和结构,而且还会不断改进翻新。可见处处有创新之物,创新设计是大有可为的。

(2)人类和社会的需要是创造发明的源泉。社会的需要促使了自行车的演变,也正是社会的需要产生了各种新型功能和结构的自行车。紧紧抓住社会的需要,将使创新设计更具有生命力。

(3)不断发展的科学理论和新技术的引入,使产品日趋先进和完善。如高速自行车的开发中考虑到空气动力学和人体力学,采用了新型材料和先进结构,还应用计算机辅助手段进行优化,故具有先进的性能。实践证明,充分利用先进设计理论和科学技术是创新设计中必须重视的问题。

【想想练练】

一、想一想

在本次任务学习中，掌握了哪些创新设计的原理；如何把理论应用到实际，学以致用；是否从生活中找到了创新的灵感？

二、练一练

1. 简述全自动送筷机机构的创新。

2. 简述全自动送筷机的工作原理。

3. 简述生活中有突破创新的实物，写出创新点。

4. 简述在进行创新设计时要注意什么。

任务四　小型钢轨砂带成形打磨机设计实例

【任务要求】

在小型钢轨砂带成型打磨机设计实例中，要做到耐心细致，仔细分析创新设计的每一步流程与创新技法在功能应用与结构创新设计中的重大突破，要做好记录，从细节入手，做到自我反思总结，做好记录，填写任务单并进行班级交流。

【任务分析】

火车钢轨是轨道结构最重要的部件，它直接承受车辆载荷。长时间运行致使轨道表面疲劳点蚀和磨损破坏，圆弧部分压溃为不规则形状及侧面形成毛刺等。钢轨打磨技术可以用来消除钢轨的波形磨耗、车轮擦伤、钢轨端部裂纹接头的马鞍形磨耗和轨道表面裂纹，控制钢轨表面接触疲劳的发展。因此，钢轨打磨是铁道建设和养护的重要措施，随着高速、重载列车的运行，钢轨打磨变得尤为重要，在铁路轨枕的生产过程中，人们发现人工打磨存在效率低下和环境污染的问题。焊缝打磨机最早是加拿大的研究人员发明研制，后来法国科研人员提出了改进。我国最早从上海引进，发现仍存在问题。根据焊后打磨工序中打磨存在的上述问题，提出设计方案意义在于加强环保，提高企业效益。

【任务实施】

1. 国内钢轨仿形打磨存在的问题

(1)金属结构厂打磨技术领域的效率较低。

随着我国加入世贸组织，中国机械行业，特别是板材、模具、焊接等机加行业在国际接轨合作上获得大步发展。我国机械制造业属于劳动密集型产业，效率低、成本高、投入产出性价比低。如今随着科技的迅速发展，自动化技术得到的普遍重视，大量的体力劳动被一些自动化装置所代替，大大降低了生产成本、提高了生产效率。但在国内实际的机械加工生产当中，特别是在机加工车间当中，焊缝的打磨都是用人工的，效率低下，且打磨不彻底，三五个人可能需要半天或一天才能打磨完。

(2)打磨内容单调且安全措施差。

机械材料焊缝打磨过程中,往往单调、噪声很大,安全性差。打磨是重复性工作,动作单调相对固定。打磨过程产生的粉尘会随着抛光机砂轮的切线方向以高速飞溅而出,对工人的身体特别是眼睛易造成伤害,同时粉尘会弥漫在半高的空气当中,对工作人员的身体影响较大,特别是对呼吸器官有损害,工作环境质量差。

(3)金属结构加工厂板材、型材、模具焊缝打磨的综合性较差。

金属结构厂板材大多是Q235普通钢板,和45#钢,另外是各种型钢如:圆钢(Q235和45#材质)、角钢、方钢、槽钢、工字钢,用于加工各种大型设备的机加部分以及模具制造。对于轨枕模具,有其自身的特点,就其加工工艺而言,在其焊合各种端板和底板及侧板等板料后,需要对其上平面槽间隔壁。焊缝进行打磨,达到一定的平整度,其粗糙度符合一般要求即可,但因为其生产属大批量生产,因此,机械加工生产效率对于金属机械加工公司而言是最重要的。就整个机加工工艺工程而言,焊缝打磨过程的效率直接影响工程工艺的进度,按照现有的打磨方式,经常会发生这样的情况:打磨的工序过程中,工人不停地打磨,工作过程累且不太安全,互相之间有干扰,下一个工序的工人因为前边打磨的太慢节奏跟不上在等活。同时,现有打磨方式常常影响设备性能主要因素有很多,例如当切刀变钝时,不仅难以切削,而且切削过程中会增加电能损耗,故必须保持切刀的锋利和正确的切削角度。由于叶轮挡板的周边被磨损,则其推压力不能使木片保持正确的方向,而产生推力角向下,此时,木片不能与轮鼓的内面相平行,久之,挡板边缘的磨损会愈加严重。挡块、垫板磨损由于推压的方向不正确,会造成挡块和垫板的磨损加剧,并且使挡块和垫板间的间隙变大,进而被压塞,造成挡块和垫板间产生较大的压力,阻碍打磨机的正常运转。少量木片的端部在通过切刀与压板间的间隙时,也受到挤压,其结果是不仅耗电量大,而且生产效率低,磨削质量下降。切刀的安装位置准确与否决定着磨削的程度及质量,故切刀的位置必须安装准确。铁屑在切刀和压板间的空隙中排出,故须保持槽道的清洁,以免堵塞,刀环轮鼓的设计不能有狭窄段。综上分析,为了使打磨机生产性能达到最佳效果,除了有针对性地排除可能出现的影响因素外,还必须重视设备的设计质量和结构形式,如切削角、叶轮臂的形状等,以改进设备的工作性能,提高产品质量。

(4)结合工厂实际生产能力的定位。

焊缝打磨的自动化,符合我国社会的现状原则,符合我国改革开放的基本要求。能够推动科学技术进步、改善环境保护。就一般的金属机械加工厂的生产能力,通常拥有车床、铣床、刨床、磨床、钻床,高级一些的厂家有数控机床、加工中心。因比,最经济有效的解决方式在自己的机械加工能力范围内完成该打磨设备的研制,以最大限度降低成本,快速应用解决实际生产问题。本设计就是在已有产品的基础上,加以改进和创新,使其结构更简单、操作更简便,不过其专用性也较强,适于大批量生产。

2. 同类型仿形打磨机

目前铁路线路维修用于钢轨维护打磨的机具主要分为两类。一是进口的大型钢轨打磨列车;二是各铁路单位自行行研制的小型钢轨打磨机。二者均是以砂轮为磨具,在现场使用中这两类打磨工具分别存在着一些不足。前者价格昂贵、能耗大、砂轮耗材大,后者的功能和应用多限于小范围离散病害点的单一性病害的修理性打磨,无法打磨出较理想的标准钢轨端部的复杂廓面。因此设计出一种实用可靠、效率高的小型打磨机很有必要。

3. 内燃式钢轨仿形砂带打磨机设计原理

通过小车沿轨道在 X 方向上移动找到相应的打磨位置，手轮转动螺杆实现 Z 轴方向上的进给，通过轨道在支架上沿 Y 轴移动和绕 X 轴的转动实现打磨运动。图 8.39 所示为设计原理图。

图 8.39 设计原理图

该打磨机由打磨系统和行走系统两部分组成。打磨系统安装在机体上，可在机体上上下移动，机体安装在行走轮上，行走轮移动至预定位置。打磨头经传送带系统和汽油机驱动，打磨头与钢轨相对接触位置的调节和锁定由竖直方向和轨距方向的螺旋调节机构进行。底盘轮轴上装配可调间隙的圆柱滚子轴承使打磨机通过时其曲线具有随轨自适性。该打磨机的执行动作为：将打磨机推至工作区间，放下接触轮，然后预调打磨头与钢轨的接触位置。根据钢轨病害诊断结果（由专门设备完成），确定分次打磨的实际切深，再细调并锁定，最后开机至一定转速，合上带传动系统开始打磨。打磨机由人力推动进给，打磨效果用专门的检验设备检验。整个设计过程需达到方案论证充分、设计计算准确、结构设计合理、工作安全可靠。

4. 结合实际问题提出具体设计方案

（1）焊缝的确定。

不同的焊接方法生成的焊缝的质量，包括强度和硬度不同，进而影响到下一步机械设计过程中的强度和磨削的计算。因此先从焊接方法考虑以确定焊缝的质量。焊接过程是根据被加工件的复杂程度、要求的焊缝等级和具体的设备加工能力所决定的。焊接方法的选择必须符合：能保证焊接产品的质量优良可靠、生产率高、生产费用低且能获得较好的经济效益。因焊缝长短、形状、焊接位置不同，使用焊接方法结构不同。电弧焊缝是由容池内的液态金属凝固而成，是特殊冶金过程。由于按等强度原则选用焊条，通过渗合金实现合金强化，因此焊缝强度一般不低于母材。根据钢轨生产要求，一般钢模对焊后的尺寸和表面平整度要求较高，因此需打磨焊缝。模具表面的焊缝必须打磨平整与焊接上的钢板母材的上边沿等齐。由图 8.40 可知打磨得位置主要是焊缝自身和熔合区。

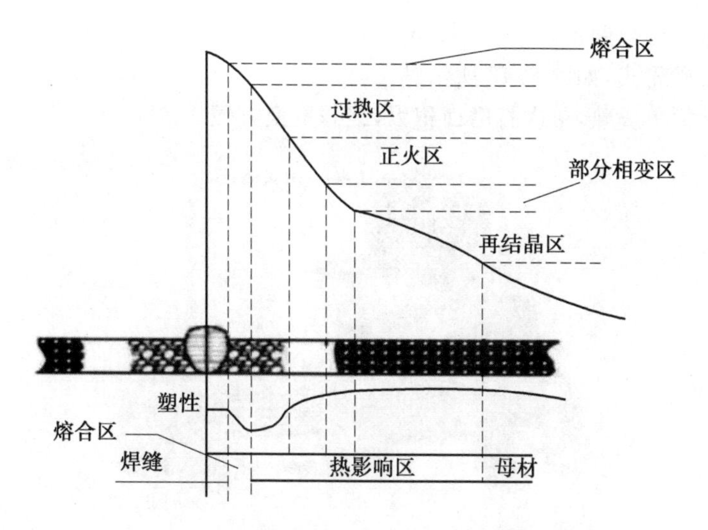

图 8.40　低碳钢焊接接头的组织和性能变化示意图

(2)焊后打磨工艺。

一般焊后的打磨采用手提式小型打磨机,实现小面积打磨。图 8.41 所示模具的结构相对复杂,涉及空间多方位,属结构类产品,因此选用埋弧焊手工电弧焊和气体保护焊。从经济性和质量要求考虑,焊条电弧焊设备简单轻便操作比较灵活,是主要的焊接方式,因此焊缝主要是电弧焊缝。

钢轨模具上表面的焊缝为分布均们的点焊,尺寸都是在图纸要求的标准内,因此构思设计一打磨装置,该设备在模具上表面进行打磨,实现人力的解放,提高效率。在预定的轨道内,通过小车在 X 轴和小车导轨在 Y 轴方向的运动实现砂带打磨。焊缝的打磨方式的确定:本次设计选择中型,自动化程度高的设备。打磨的空间定位属二维操作,即砂带在 $X-Y$ 平面内运动。根据焊缝打磨时砂轮的转速以及摩擦力,相应力传递的扭矩,计算主轴转速,根据传动功率计算所需电动机的最低转速和功率。根据模具的焊缝所在面设计轨道方案。最后,合理优化选定各自方案,确定最终方案。

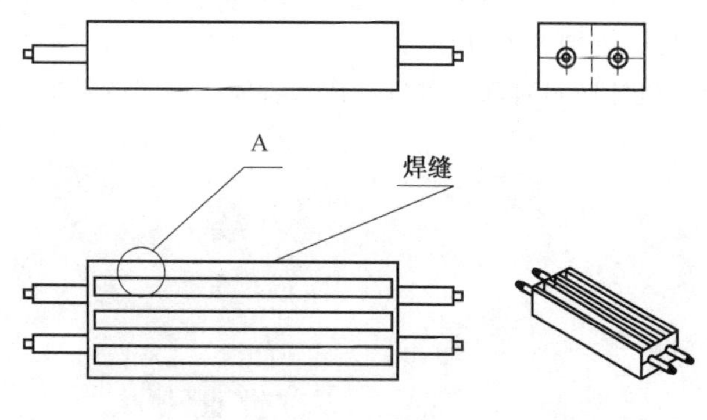

图 8.41　钢轨模具模型图

(3)设计方案选择确定。

①方案一:砂轮式,如图 8.42 所示。

特点:设计简单成熟,单次打磨面积大,维修更换方便。

图 8.42 砂轮式

②方案二:打磨头传动用三轮式,如图 8.43 所示。

特点:张紧动作和使打磨头上下运动简单易执行。

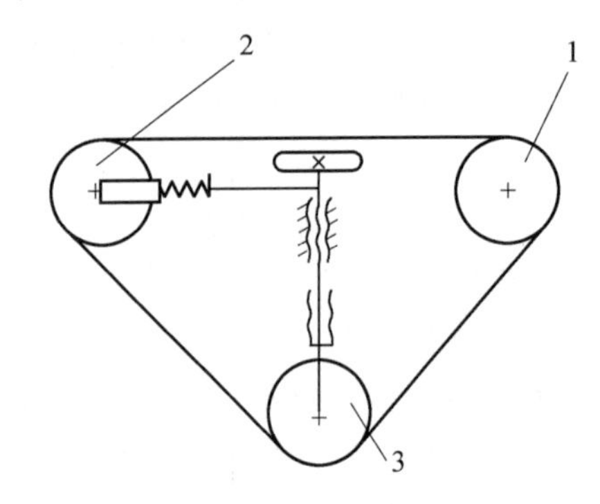

图 8.43 打磨头传动用三轮式

1—驱动轮;2—张紧轮;3—接触轮

③方案三:加横杆式,如图 8.44 所示。

特点:伸杆可承受机体倾斜时部分重量可作为机体倾斜时的基准。

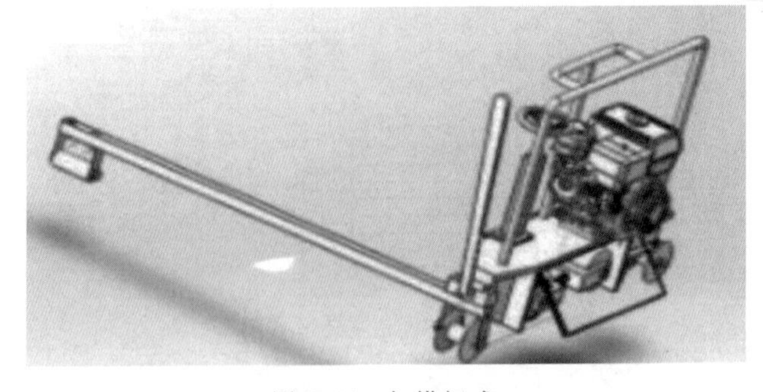

图 8.44 加横杆式

④方案四：两轮可横移砂带式，如图 8.45 所示。

特点：机体体积和重量大为缩减可横移，可倾斜。

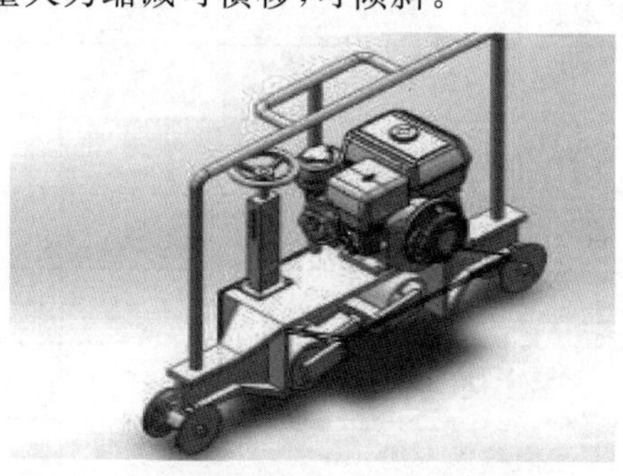

图 8.45 两轮可横移砂带式

方案比较：方案一不能较准确打磨标准钢轨轮廓面；方案二导致机体体重增大且砂带由于受热等因素的影响变长后必须进一步张紧；方案三无横移动作且机体较大；故本课题选方案四。方案四项目清单见表 8.9。

表 8.9 方案四项目清单

序号	项目	单位	特性参数
1	发动机		原装进口GX270
2	空转怠速	r/min	≤1 400
3	最大功率；转速	kW；r/min	5.1；3600
4	燃料消耗率	g/kW·h	≤374
5	砂带轮尺寸	mm	$\varphi=150$
6	打磨可调整角度	°	向内外 90°
7	外形尺寸(长×宽×高)	mm	1 120×760×800
8	质量	kg	79

钢轨仿形打磨机专于精确打磨轨头，以及去除钢轨铝热焊、闪光焊焊缝处的焊瘤，从而修整轨头的廓形，达到标准要求。

产品特点：

①能够从垂直方向内外翻 90°范围内进行打磨。

②一个连续的打磨操作可以完成钢轨轨顶和侧面的打磨。

③配备支撑滚轮，使打磨机能够在钢轨上移动和作业。

④该机为单人操作，打磨作业轻便、快捷。

【任务评价】

小型钢轨砂带成型打磨机设计实例要点掌握情况表见表 8.10。

表 8.10 小型钢轨砂带成型打磨机设计实例要点掌握情况表

序号	内容及标准		配分	自检	师检	得分
1	内燃式钢轨仿形砂带打磨机（30 分）	焊缝的确定	5			
		焊后打磨工艺	5			
		设计方案选择确定	5			
		各方案的创新点与特征	5			
		总结梳理	10			
2	国内外研究情况（40 分）	国内技术发展	5			
		国际技术发展	5			
		同类型仿形打磨机	10			
		综合对比条件特征	10			
		总结梳理	10			
3	总结分析报告以及实验单的填写（30 分）	重点知识的总结	5			
		问题的分析、整理	15			
		实验报告单的填写	10			
综合得分			100			

【知识链接】

本实例就小型钢轨成形打磨机更新再设计所采用的创新设计思维(反求设计、移植创新设计等)以及运用的创新技法(组合变异创新技法、功能设计创新法等)进行介绍说明。

1. 设计背景

火车钢轨是轨道结构最重要的部件,它直接承受车辆载荷。由于长时间运行,致使轨道表面疲劳点蚀和磨损破坏,圆弧部分压溃为不规则形状及侧面形成毛刺等。钢轨打磨技术可以用来消除钢轨的波形磨耗、车轮擦伤、钢轨端部裂纹、接头的马鞍形磨耗和轨道表面裂纹萌生,控制钢轨表面接触疲劳的发展。因此,钢轨打磨是铁道建设和养护的重要措施,随着高速、重载列车的运行,钢轨打磨变得尤为重要。图 8.46 所示为钢轨打磨部分。

目前铁路线路维修用于钢轨打磨的机具主要分为两类:一是进口的大型钢轨打磨列车;二是各铁路单位自行研制的小型钢轨打磨机。二者均是以砂轮为磨具,在现场使用中,这两类打磨工具分别存在着一些不足:前者价格昂贵、能耗大、砂轮耗材大等;后者的功能和应用多限于小范围、离散病害点的单一性病害的修理性打磨,而且因结构局限性,不能打磨道岔,对钢轨顶面、侧面和圆弧联结部分须分次打磨,打磨效率低,无法打磨出较理想的标准钢轨端部的复杂廓面。因此,设计出一种实用可靠、效率高的小型打磨机很有

必要。

2. 创新构思及设计过程

(1)打磨机的设计要求。

图 8.46　钢轨打磨部分

产品的性能要求来自市场以及用户的需求。根据调研发现,铁路现场对小型打磨机的性能要求主要有以下内容:

①安全实用、轻便,两人能搬动。

②能打磨道岔。

③能较准确打磨标准钢轨轮廓面。

④打磨效率高、质量好,调节方便。

上述性能要求中的大部分是现有小型打磨机所不具备的,也就是新型打磨机应达到的主要功能要求。

(2)设计过程。

总体创新构思:在小型打磨机的总体构思中,突破原产品的约束,提出以下创新点。

①采用移植创造原理,把切削加工中的砂带磨削技术引入打磨机的设计中,变刚性打磨为柔性打磨,从而改善磨削质量。

②在柴油机气缸盖等复杂曲面砂带磨削装置的诱导启发下,构思出快速、准确打磨钢轨轮廓面的成形打磨头。

③现有小型砂轮打磨机都是单轨行驶,由于道岔宽度等于单轨宽度,所以不能打磨道岔,为此运用变性创造原理和技法,设计出双轮行走部分,解决打磨道岔的问题。

在上述创新构思基础上,通过功能设计法设计出小型砂带打磨机,其总体方案如图8.47所示。

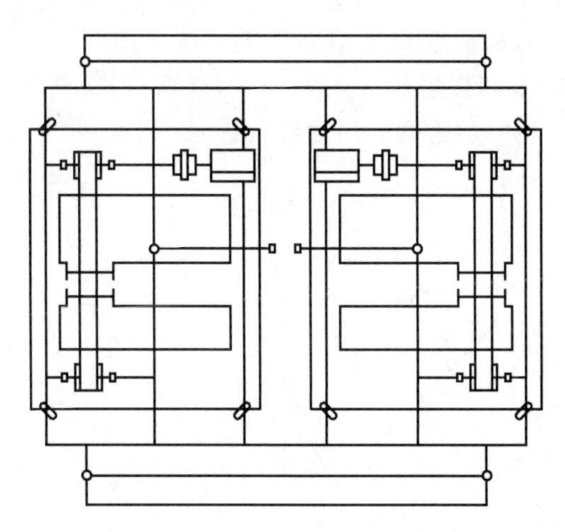

图 8.47　总体方案

该打磨机由打磨系统和行走系统两部分组成。打磨系统安装在滑板上,滑板可在导轨上移动,导轨固定在带4个行走轮的减振底盘上。滑板移动至预定位置,可通过锁紧机构加以固定。两个打磨头经两个带滚动轴承的多片摩擦离合器分别由两台汽油机驱动,打磨头与钢轨相对接触位置的调节和锁定由竖直方向和轨距方向的螺旋调节机构进行。

底盘轮轴上装配可调间隙的圆柱滚子轴承，使打磨机通过时其曲线具有随轨自适性。

该打磨机的执行动作为：将打磨机推至工作区间，放下接触轮，然后预调打磨头与钢轨的接触位置。根据钢轨病害诊断结果（由专门设备完成），确定分次打磨的实际切深，再细调并锁定，最后开机至一定转速，合上离合器，开始打磨。打磨机由人力推动进给，打磨效果用专门的检验设备检验。

打磨磨具的移植创新：与砂轮磨削相比，砂带磨削有如下特性。

① 高效。磨削效率为砂轮磨削的 4 倍以上。

② 低耗。一般情况下，砂轮旋转运动所消耗的能量占总功率的 15%～20%，而维持砂带运动的功率占 4%～10%，工作时，磨削热低。

③ 适用范围广。可打磨各种钢轨及进行各种复杂形面的修整。

④ 磨削质量好。表面粗糙度值可小于 *Ra* (0.1～0.5)，在工件表面的残余应力状态及微观裂纹等方面，优于砂轮磨削。

⑤ 寿命较高。由于涂附磨料，模具达到新发展和静电植砂砂带的使用，以及抗“粘盖”添加剂的使用，砂带使用寿命可达 10～12 h。

因此，在打磨机功能实现上，完全可以引入砂带磨削技术，但它也有下列问题需通过进一步的试验才能解决，即砂带选型、最佳砂带打磨速度、最佳打磨进给量、最佳行走速度等。

成形打磨头部件的相似诱导移植设计：

为了提高打磨效率和打磨质量，在创新构思的基础上，对成形打磨构件进行了相似诱导移植技术设计。相似诱导移植指的是借助类似或相近的结构和技术，移植相似元中的部分要素或全部要素，结合当前的具体问题，使求解该问题的有用信息幅度大大增加，以至于形成突发性灵感思维，从而获得当前问题的解决。图 8.48 所示为打磨头传动示意图，图中驱动轮 1、张紧轮 2 和接触轮 3 为实体式，以钢、铝材料为轮芯，外包弹性橡胶等耐磨材料制成，其外缘硫化一层耐磨的耐油胶料。

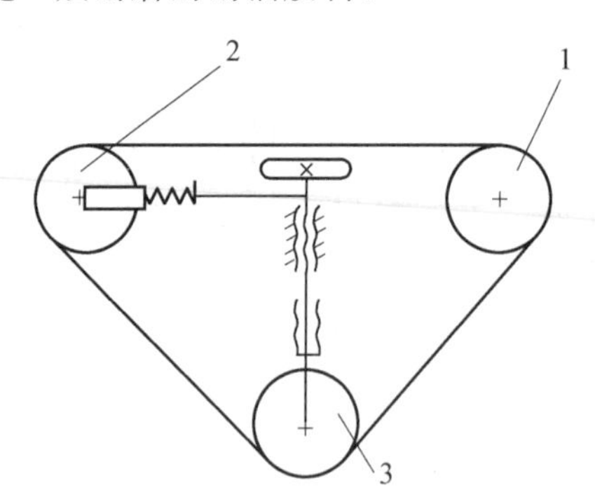

图 8.48　打磨头传动示意图

1—驱动轮；2—张紧轮；3—接触轮

张紧轮和接触轮采用凹形结构，如图 8.49(a)所示，形状与钢轨轮廓相似，以减少砂带在打磨过程中的变形次数，提高寿命；接触轮的轮廓曲线采用仿轮缘踏面曲线，如图 8.49(b)所示，X 锯齿形外缘，并在轮缘上沿圆周方向开平行的环形沟槽，即消气槽，以防

止运行中砂带憋气，同时可增加摩擦力，提高磨削质量和效率。接触轮的硬度在 40～70HS(A)之间。

图 8.49 张紧轮和接触轮采用凹形结构

在图 8.50 所示的砂带张紧快换机构中，砂带通常在张紧状态下工作，因此在砂带由于受热等因素的影响变长后，必须进一步张紧。

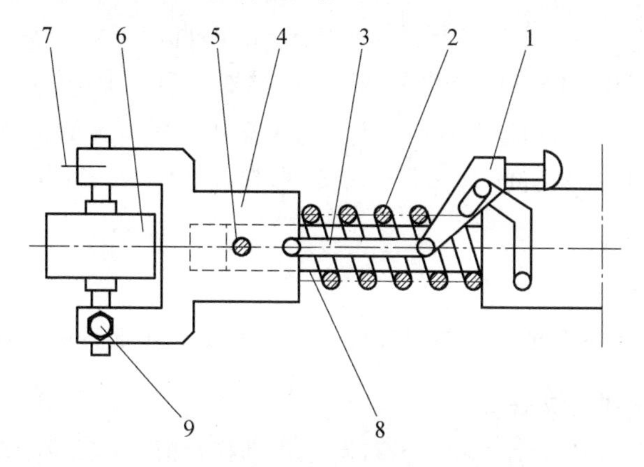

图 8.50 砂带张紧快换机构

1—转动手柄；2—压缩弹簧；3—拉杆；4—支架；5—螺钉；
6—张紧轮；7—张紧轮调偏螺钉；8—支杠；9—张紧轮调偏螺栓

砂带的张紧通过改变张紧轮与驱动轮之间的中心距来实现，现采用弹簧手柄式砂带快换机构来实现砂带磨削中的张紧，其机构运动原理如下：转动手柄 1、带动拉杆 3，使支架 4 在支杠 8 中左右移动。若支架带动张紧轮 6 向右压缩弹簧 2，则缩短了张紧轮和驱动轮的中心距，便于装卸砂带，反之，弹簧推动支架张紧砂带。为保证张紧可靠，在调整后用螺钉 5 将支架与支杠固定。图中的 7 和 9 是用于张紧轮调偏的螺钉和螺栓，调偏采用扁轴调偏结构。

图 8.51 所示为磨削量进给调节机构，其为竖直方向的螺旋调节机构，用以控制接触轮与钢轨的正确接触和施力。设计中采用结构简单、易于自锁、转运平稳的差动螺旋装置。图 8.51 中，支架 1 上的螺纹与手轮螺杆 7 的螺纹构成一螺旋副，与接触轮 6 连接在一起的螺母 4 中的螺纹与螺杆 7 的螺纹构成另一螺旋副，两螺旋副组成差动螺旋机构。套筒 3 通过螺钉 2 与支架 1 固联为一体，螺母 4 可在套筒 3 内移动。为了使打磨接触轮工作可靠，在调整结束后，应用紧定螺钉 5 将螺母 4 固定在套筒 3 上。

上述的四个典型创新设计实例中，全自动送筷机是从工作原理进行创新，内燃机是从实现相同工作原理的不同机构入手创新尝试，其他两个设计实例一是利用反求新思维进

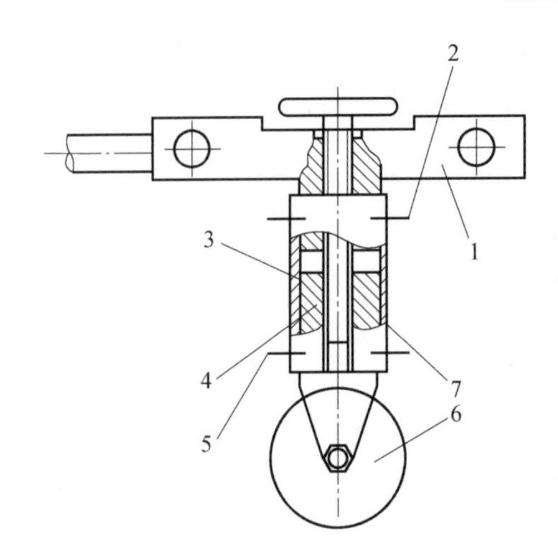

图 8.51 磨削量进给调节机构

1—支架;2—螺钉;3—套筒;4—螺母;5—紧定螺钉;6—接触轮;7—螺杆

行了创新改造,二是利用移植原理进行设计,机械发展史中有无数的创新事例,并不可能一一列举,而是以上述典型实例举一反三、启迪思维,点燃学习者创新设计智慧的火花。

【知识拓展】

内燃机钢轨仿形砂带打磨机设计——主题结构零部件的设计及计算

1. 主要零部件的设计及计算

机械运动主要包含传动动作和机械打磨工作动作,如图 8.52 所示。该打磨机机构运行过程:发动机转动带动皮带轮转动,皮带轮转动通过 V 型带带动主机轴上的带轮转动,通过带轮带动打磨机主轴转动,通过主轴旋转带动砂带轮转动,实现了动力从电机到动作执行部分的传递;通过手轮的转动实现砂带轮的纵向进给。

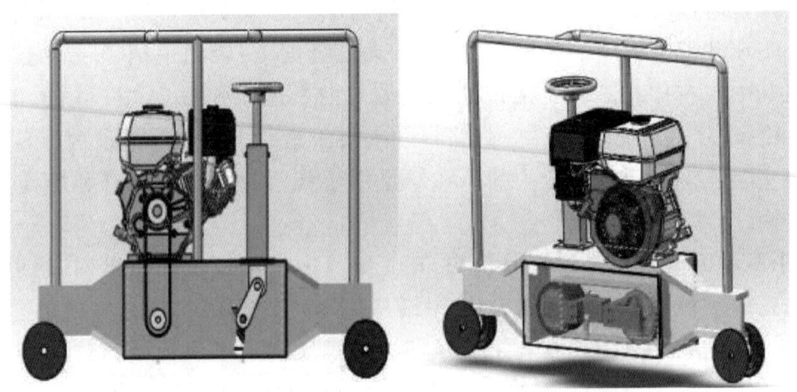

图 8.52 焊缝自动打磨机的机构运动示意图

(1)磨机运动分析。

打磨机整体主要运动如下：

①发动机转动：将化学能转变为机械能，转速高低由自身的型号有直接关系。

②皮带轮传动：将电机输出功传递到砂轮机主轴，实现了能量的进一步传递。

③主轴转动：带动砂轮旋转，是整个设备设计和安装的中心部分。

④砂带轮转动：与模具表面接触后实现打磨动作，对焊缝进行清理。

⑤小车在 X 轴方向、小车轨道在 Y 轴方向上的移动和竖直方向上的进给。通过人工推动，实现设备的快速定位和进给，完成整套设备的动作。

2. 焊缝自动打磨机机构动力分析

焊缝打磨机的主要传动为带传动，动力从发动机机输出，将化学能转化为动能，通过发动机轴传递到与其相连的带轮上，经皮带带动主轴转动，进而将动能传递到砂带轮轴，带动砂带轮旋转实现打磨运动。因为焊缝实际上都较窄，所以打磨时的接触的面积不会很大，磨削运动平稳，故所需力适中，因此一般带传动的传动比不宜过大，经验选择 1∶1 或 1∶2。电机的输出功率大部分转化为主轴砂带轮的转动。能量传递如下图 8.53 所示。

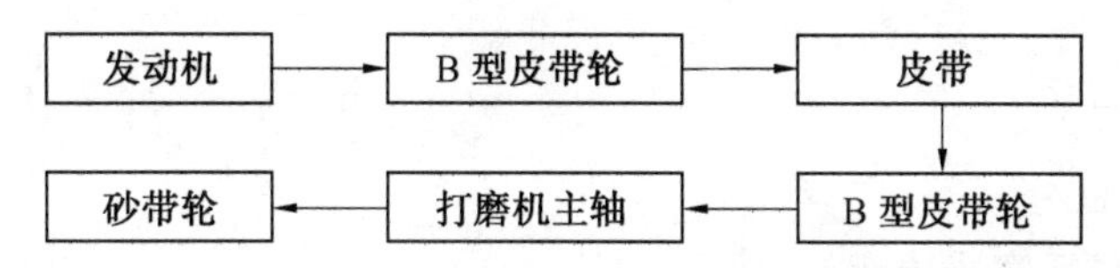

图 8.53　打磨机能力量传递路线图

3. 对焊缝打磨机传动部分进行设计

(1)电动机。

根据焊缝打磨时砂带轮的转速以及摩擦力相应力传递的扭矩，计算主轴转速，根据传动功率计算所需电动机的最低转速和功率由于焊缝的形式为椭圆状突起，砂带在对模具表面进行打磨时产生较大的阻力，查机械设计手册得：滑动摩擦 $\mu=2.0$。轨枕模具两侧立板的距离是最大 100 mm，焊缝都位于侧板与上端板的连接位置。因此选定砂带轮的外圆直径为 150 mm。

动摩擦力公式：

$$F=\mu N \tag{8.1}$$

式中　N—— 手轮进给力，$N=50$ N。

将摩擦系数和正压力带入公式(8.1)得

$$F=2\times 50=100\ (\text{N})$$

根据砂带轮磨削时相应要求达到的转速 $n=2\ 800$ r/min

$$\omega=2n\pi/t \tag{8.2}$$

$$\omega=\frac{2\times 3.14\times 2\ 800}{60}=293.06\ (\text{rad/s})$$

$$V=R\omega$$

$$V=\frac{0.15\times 293.06}{2}=21.98\approx 22\ (\text{m/min})$$

$$p_1 = FV = 100 \times 22 = 2\ 200\ (\mathrm{W}) = 2.2\ (\mathrm{kW})$$

$$p_0 = \frac{p_1}{\eta_1}$$

查表皮带传递效率为：$\eta_1 = 0.85$。

又 $p_1 = 2.2$ kW，代入公式 $p_0 = \frac{p_1}{\eta_1}$ 得

$$p_0 = \frac{2.2}{0.85} = 5.176\ (\mathrm{kW})$$

根据工作性质为使用长期且带负载较高的场合，选用本田发动机 GX270，技术参数如下：

燃料：汽油气缸数。

单缸冷却介质：风冷。

标定转速：3 600 r/min 应用范围。

工程机械产品类型：全新。

连续输出功率：7 kW。

最大功率：7.5 kW。

旋向：顺时针。

冲程数：四冲程。

额定频率：50 Hz。

工作方式：往复活塞式内燃机。

连续工作时间：6 h。

启动方式：手动。

燃油箱容量：6 L。

燃油消耗量：320 g/(HP・h)。

尺寸(长×宽×高)：380 mm×430 mm×410 mm。

净重：25 kg(含配重)。

轴内径：58 mm。

选择原因：

①理想的燃烧室形状，优良的吸排气效果，大幅度提高燃烧效率的 OHV 构造。

②专业的稳速器，减少由负荷变动引起的运转不均匀。

③手拉反冲起动器由于卸压机构，使女性也能轻松起动。

④晶体管磁体点火装置的标准装备，发挥稳定的点火性能，低燃耗，低油耗以及良好的经济性。

⑤OHV 构造独有的卓越燃烧功率，从而实现低燃耗。

⑥改善冷却风通道，使冷动性能提高，从而使油耗进一步降低；低重心设计、低振动。

⑦采用薄形手拉反冲式起动机，实现轻巧、紧凑，充分发挥优异的装配性。

⑧OHV 顶置气门减少碳的堆积，气缸头点检简单，外置的晶体管化点火系统不用进行触点点检，简单的装备、高度的耐尘性等使维护也更容易。

⑨适用场合、范围涵盖园林机械、建筑机械、农机产品以及其他户外动力设备等。

(2)皮带轮。

皮带轮作用:

①电机动力输出,实现现传递。

②与带配合传递扭矩实现砂轮机主轴和砂轮的转动。

材料:QT20－40。

尺寸:查《机械设计手册》得标准件:皮带轮内径为 $d=40$ mm;外径为 $D=200$ mm;高度为 $h=42$ mm。

4. 焊缝自动打磨机主机结构设计

主机由砂带、砂带轮、调整支座、固定螺钉、机架、砂轮机主轴、轴承、圆螺母、钢板、键、槽钢、皮带轮、调整螺杆机构、固定支架机构调整垫主要部分构成,相应机构部分以轴为中心安装(图 8.54)。

图 8.54　打磨机主机机构示意图

(1)砂带轮。

轨枕模具两侧面的距离是最大 100 mm,因此查标准系列有型号选定砂带轮的外圆直径为 150 mm。如图 8.55(a)所示,作轮内凹,使工作面积增大;如下图 8.55(b)所示,动力轮内凸,使砂带易对中。打磨机主轴的最大径选为 20 mm、中径为 17 mm、小径为 15 mm的三阶梯轴。大径与砂轮配合,小径与轴承配合,完成设备的组装。打磨机主轴主要承受扭矩,因此选用深沟球轴承查工具书,选择 60208 轴承型号:轴承内径要求为 $d=15$ mm。

(a) 工作轮

(b) 动力轮

图 8.55　砂带轮的选择

(2)防护罩。

防护罩作用:透明状可方便观察。主要用于防尘,提高工作环境质量,保护人体安全,降低危险系数。砂带轮在打磨过程中,因为线速度很高,打磨产生的铁屑会沿砂轮切线方向飞溅,将砂带轮罩安装上之后,可以有效避免上述情况的发生,铁屑打在砂带轮罩内壁上顺着内壁滑落下来,可以有效避免在打磨过程中砂轮和铁屑对人体的伤害,环保,符合人机工程学。砂带轮罩图如图 8.56 所示。

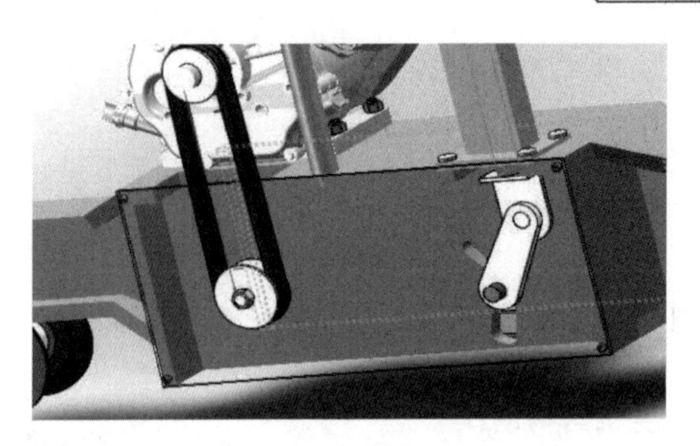

图 8.56　砂带轮罩图

(3)工作主轴。

工作主轴作用:工作主轴是整个主机的组合中心,支持传动零件,传递运动和动力。查表 8.11,结合实际生产要求,用于较重要的轴,选 45 正火或 45 调制。

表 8.11　轴的常用材料及其主要力学性能表

材料及热处理	毛坯直径/mm	硬度HBS	抗拉强度/MPa	屈服点/MPa	弯曲疲劳极限/MPa	应用说明
Q235A			440	240	200	用于不重要或载荷不大的轴
35 正火	≤100	149～187	520	270	250	有好的塑性和适当的强度,可做一般曲轴转轴
45 正火	≤100	170～217	600	300	275	用于较重要的轴,应用最广泛
45 调质	≤200	217～255	650	360	300	
40Cr 调质	25		1 000	800	485	性能接近于40Cr 用于重要的轴
	≤200	241～286	750	500	335	

续表 8.11

材料及热处理	毛坯直径/mm	硬度HBS	抗拉强度/MPa	屈服点/MPa	弯曲疲劳极限/MPa	应用说明
40MnB 调质	25		1 000	800	500	用于载荷很大而无很大冲击的重要轴
	≤200	241～286	750	500	335	
	>100～300	241～266	700	550	350	
35CrMo 调质	≤200	207～269	750	550	390	用于重载荷轴
20Cr 渗碳淬火回火	15	表面 HRC 50～60	850	550	390	用于要求强度、韧性以积极耐磨性均较高的轴
	≤60		650	400	280	

设计结构形式为：三阶梯轴，其中大径为 20 mm，中径为 17 mm，小径为 15 mm，最大径与砂轮带配合，小径与轴承配合。

(4)调整螺杆机构。

调整螺杆机构作用：与调整支座配合，通过丝杠与固定螺母的作用，调节打磨机主轴的升降，进而实现纵向进给。

图 8.57 所示其为竖直方向的螺旋调节机构，用以控制接触轮与钢轨的正确接触和施力。设计中采用结构简单、易于自锁、转运平稳的差动螺旋装置。图 8.57 中支架上的螺纹与手轮螺杆的螺纹构成一螺旋副，与接触轮连接在一起的螺母中的螺纹与螺杆的螺纹构成另一螺旋副，两螺旋副组成差动螺旋机构。套筒通过螺钉与支架固联为一体，螺母可在套筒内移动。为了使打磨接触轮工作可靠，在调整结束后应用紧定螺钉将螺母固定在套筒。圆弧形槽与曲柄组成曲柄滑块机构，可仅使工作轮在竖直方向上移动而不用使整个机体上下。

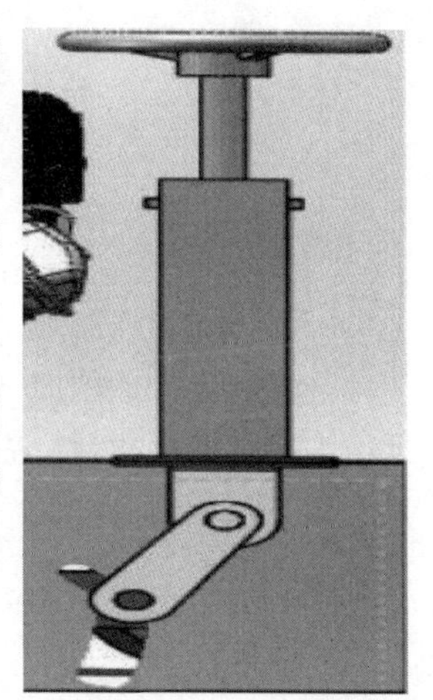

图 8.57　调整螺杆机构

材料为 45 号钢。

(5)张紧装置设计。

张紧装置设计如图 8.58、图 8.59 所示，列出了张紧装置松弛和张紧两个状态。在松弛状态下顺时针转动把手 90°，中间的旋转块推动伸臂，使两个轮中心距扩大，达到张紧砂带的效果。

旋转块的推动部分采用半圆柱状，方便推动伸臂，而伸臂对应位置设置了圆弧卡槽，在伸臂旋转 90°之后，能后卡在卡槽内不会轻易弹出。

图 8.58 张紧装置设计(松弛)

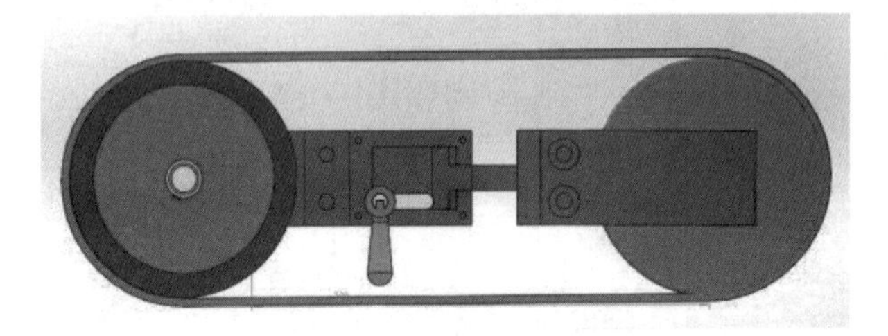

图 8.59 张紧装置设计(张紧)

(6)扶手设计。

方便两边人工控制机器,可操作机器倾斜 90°(图 8.60)。

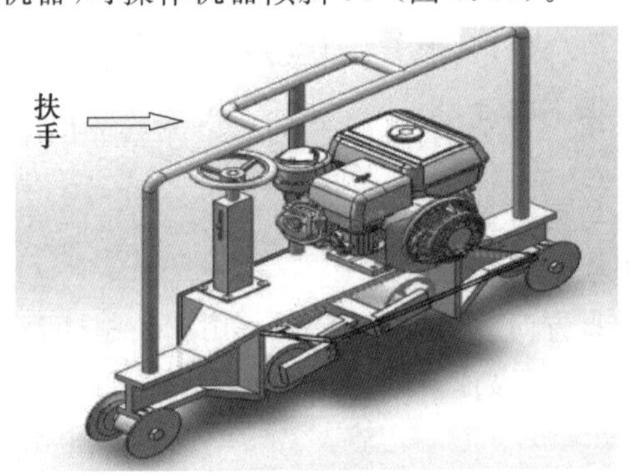

图 8.60 扶手设计

(7)行走轮设计。

行走轮设计如图 8.61 所示,采用凹形结构,形状与钢轨轮廓相似以减少砂带在打磨过程中的变形次数,提高寿命,硬度在 40～70HSA 之间。

图 8.61 行走轮设计

(8)数字显示装置设置。

①电子数字显示装置。电子数字显示装置如图 8.62 所示,利用位移传感器,该位移传感器是一种属于金属感应的线性器件,接通电源后,在开关的感应面将产生一个交变磁场,当接触轮出下降接近此感应面时,金属中则产生涡流而吸取了振荡器的能量,使振荡器输出幅度线性衰减,然后根据衰减量的变化来完成无接触检测其竖直位移的目的。

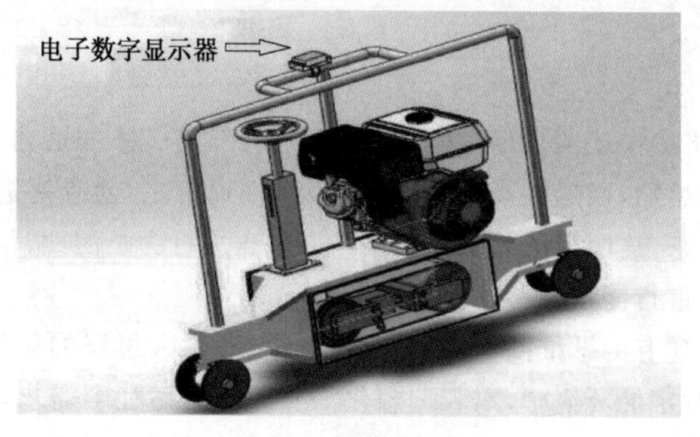

图 8.62 电子数字显示装置

②机械数字显示装置。

机械数字显示装置如图 8.63 所示,类似弹簧测力计原理,套筒内装有弹簧与升降装置相连,弹簧处于自然状态时使机械数字显示装置显示零刻度。当升降装置升降时,弹簧受力发生形变,其形变量通过数学换算等量换算成升降装置的位移量。

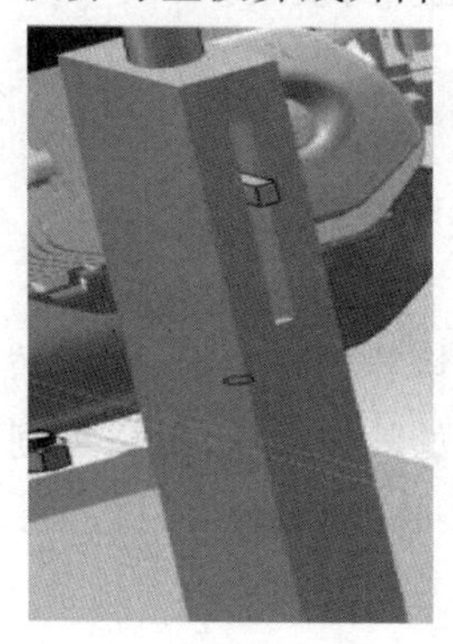

图 8.63 机械数字显示装置

【想想练练】

一、想一想

通过任务实例想一想创新设计在人们生产生活中起到了怎样的作用?如何在生活中发现创新的影子,怎样能够做到突破创新,应用合理的创新理论进行突破?

二、练一练

1. 简述成形打磨头部件的相似诱导移植设计。
2. 与砂轮磨削相比,砂带磨削有哪些特性?
3. 在小型打磨机的总体构思中,突破原产品的约束,提出哪些创新点?
4. 简述打磨机的设计要求。

练一练参考答案

项目一

任务一

1.创造,是指将两个或两个以上概念或事物按一定方式联系起来,主观地制造客观上能被人普遍接受的事物,以达到某种目的的行为。简而言之,创造就是把以前没有的事物给产生出或者造出来,这明显的是一种典型的人类自主行为。因此,创造的一个最大特点是有意识地对世界进行探索性劳动。

2.创新是指以现有的思维模式提出有别于常规或常人思路的见解为导向,利用现有的知识和物质,在特定的环境中,本着理想化需要或为满足社会需求,而改进或创造新的事物、方法、元素、路径、环境,并能获得一定有益效果的行为。

3.(1)矛盾是创新的核心;

(2)人是自我创新的结果;

(3)创新是人自我发展的基本路径;

(4)认识论认为创新是自我意识的发展。

4.(1)技术上的不确定性;

(2)市场的不确定性;

(3)其他不确定性。

任务二

1.一类把创新教育定义为以培养创新意识、创新精神、创新思维、创造力或创新人格等创新素质以及创新人才为目的的教育活动;另一类则把创新教育定义为相对于接受教育、守成教育或传统教育而言的一种新型教育。

2.(1)转变教育观念;

(2)营造教学氛围;

(3)实践,观察,想象和分享;

(4)利用新的信息,新的教学手段,触发创新灵感。

3.(1)智商高,但并非天才;

(2)善出难题,不谋权威;

(3)标新立异,不循陈规;

(4)甘认不知,善求答案;

(5)清心寡欲,以工作为乐;

(6)积极解忧,不信天命;

(7)才思敏捷,激情迸发。

4.兴趣、情感、意志、性格。

项目二

任务一

1.创新思维是指以新颖独创的方法解决问题的思维过程。

2.创新思维包含“思维对象”和“思维主体”两个要素。

3.(1)概括性与间接性;

(2)逻辑性和形象性;

(3)统一性和差异性;

(4)历史性与现实性;

(5)言语性。

4.准备、立题、搜索、捕获、解释。

5.(1)形象思维;

(2)抽象思维;

(3)发散思维;

(4)收敛思维;

(5)动态思维;

(6)有序思维;

(7)直接思维;

(8)创造性思维;

(9)质疑思维;

(10)灵感思维;

(11)理想思维。

任务二

1.观察法是指人们通过感官等器官或科学仪器,有目的、有计划地对研究对象进行反复细的观察,再通过思维器官的综合分析,以解释研究对象的本质及其规律的一种方法。

2.观察者、观察对象、观察工具。

3.重复观察、动态观察、间接观察。

4.将所研究和思考的事物与人们熟悉并与之有共同点的某一事物进行对照和比较,从中找到它们的相似点或不同点,并进行逻辑推理,在同中求异或异中求同中实现创新。

5.移植创新法是将某一领域的原理、结构、方法、材料等移植到新的领域中,从而创新产品。

6.组合型创新技法是指利用创新思维将已知的若干事物合并成一个新的事物,使其在性能和服务功能等方面发生变化,以产生出新的价值。以产品创新为例,可根据市场需求分析比较,得到有创新性的新的技术产物的过程,包括功能组合 、材料组合、原理组合等。

项目三

任务一

1. 把由 2 个构件和 1 个运动副组成的开链机构称为最简单的机构，简称最简机构。

2. 把含有 3 个构件以上、且不能再进行拆分的闭链机构称为基本机构，其要素是闭链且不可拆分性。

3. (1)利用机构的组成原理，不断连接各类杆组；

(2)按照串联规则组合基本机构；

(3)按照并联规则组合基本机构；

(4)按照叠加规则组合基本机构；

(5)按照封闭规则组合基本机构；

(6)上述方法的混合连接，可得到复杂的机构系统。

4. 把基本杆组依次连接到原动件和机架上，可以组成新机构。机构组合原理为创新设计一系列的新机构提供了明确的途径。

5. 把前述的各种Ⅱ级杆组和Ⅲ级杆组连接到原动件和机构上，可以组成基本机构；再把各种Ⅱ级杆组和Ⅲ级杆组连接到基本机构的从动件上，可以组成复杂的机构系统。

任务二

1. 前一个结构的输出构件与后一个机构的输入构件刚性连接在一起，称为串联组合。前一个机构称为前置机构，后一个机构称为后置机构。其特征是前置机构和后置机构都是单自由度机构。

2. 若干个单自由度的基本机构的输入(或输出)构件连接在一起，保留各自的输出(或输入)运动；或有共同的输入构件与输出构件的连接，称为并行连接。特征：各基本机构均是单自由度机构。

3. 通过对称并联同类机构，可以实现机构惯性力的部分平衡与完全平衡。利用Ⅰ型并联组合实现此类目的。

4. Ⅰ型并联组合可以实现运动的分解，Ⅱ型并联组合可以实现运动的合成。

5. 曲柄驱动两套相同的串联机构，再通过滑块输出动力，不但减小了边路机构的受力，而且使滑块受力均衡。

6. 一个两自由度机构中的两个输入构件或两个输出构件或一个输入构件和一个输出构件用单自由度的机构连接起来，形成一个单自由度的机构系统，称为封闭式组合。特征：基础机构为二自由度机构，附加机构为单自由应机构。

项目四

任务一

1. (1)明确对结构设计的要求；

(2)主功能载体初步结构设计；

(3) 分功能载体的初步结构设计；

(4)检查各功能载体结构的相互影响及配合性；

(5)详细设计各功能载体结构；

(6)技术和经济评价；

(7)对设计进一步修改完善。

2.保证功能、提高性能、降低成本。

3.(1)明确：功能明确，工作原理明确，使用工况及载荷状态明确；

(2)结构简单；

(3)安全可靠：直接安全技术法。

4.机械结构是机械功能的载体，机械结构设计的任务是依据所确定的功能原理方案设计出实体结构。该结构能体现出所要求的功能，用结构设计图样表示。结构图应表示出结构件的形状、尺寸及所用的材料，同时还必须考虑加工工艺、强度、刚度、精度、寿命、可靠性及零件间的相互关系，有关造型设计及人机工程等问题也应在这一阶段解决。

5.所选结构的物理作用明确，从而可靠地实现能量流(力流)、物料流和信息流的转换或传导。在功能原理设计中需要通过某种(或某些)物理过程实现给定的功能要求。

6.在结构设计中，零件的材料选择及工作能力分析均根据对结构的工作状态分析进行。设计中应避免出现可能造成某些要素的工作状态不明确的结构。

任务二

1.功能分解：每个零件的每个部位各承担着不同的功能，具有不同的工作原理。若将零件功能分解、细化，则会有利于提高其工作性能，有利于开发新功能，也使零件整体功能更趋于完善。

2.螺钉功能可分解为螺钉头、螺钉体、螺钉尾三部分。

3.指一个零件可以实现多种功能，从而使整个机械系统更趋于简单化，简化制造过程、减少材料消耗、提高工作效率，是结构创新设计的一个重要途径。

4.功能移植：指相同的或相似的结构可实现完全不同的功能，可以通过联想、类比、移植等创新技法获得新功能。

5.(1)原理移植。

原理移植指把某一学科(领域)中的科学领域应用于解决其他学科(领域)中的问题。

实例：电子语音合成技术→新年贺卡→倒车提醒器→语音玩具。

(2)技术移植。

技术移植指把某一方面的技术应用于解决其他方面的问题。

实例：钢筋混凝土技术。

(3)方法移植。

方法移植指把某一学科(领域)中的方法应用于解决其他学科(领域)中的问题。

实例：深圳的“锦绣中华”景点。

(4)结构移植。

结构移植指将某种事物的结构形式或结构特征部分地或整个地应用于新产品的设计与制造。

实例:缝衣服的线——手术的线,衣服拉链——手术拉链。

(5)功能移植。

功能移植指设法使某一事物的某种(些)功能赋予另一事物,从而实现创新。

实例:洗衣机——洗齿机——洗地瓜机——洗碗机。

(6)材料移植。

材料移植指将某种产品使用的材料移植到别的产品的制作上,以起到更新产品、改善新能、节约材料、降低成本的目的。

6.工作原理:在涨套内制作多个环形内腔,各内腔有小孔相连,若腔中充满高压液体,则套主要产生径向膨胀,对轴与毂就会形成径向压力,工作时就靠摩擦力传递转矩,实现轴毂的可靠连接。

任务三

1.(1)典型化:标准化前提,确定产品系统典型模式(功能,结构);

(2)通用化:模块化的基本特性,通过接口的输入和输出实现;

(3)系列化:形成模块化系统的必要条件;

(4)模数化:模块尺寸互换和布局的基础(要符合标准化中的参数系列优先数系和模数数系);

(5)组合化:模块化产品的构成特性。

2.模块化思维的基本模式:系统=模块+接口。

3.(1)市场调查与分析;

(2)进行产品功能分析,拟定产品系列型谱;

(3)确定参数范围和主参数;

(4)确定模块化设计类型,划分模块;

(5)模块结构设计,形成模块库;

(6)编写技术文件。

4.目的:满足多样化的需求和适应激烈市场竞争在多品种、小批量的生产方式下,实现最佳效益和质量。

5.(1)系列模块化产品研制过程:根据市场调研结果对整个系列进行模块化设计,是系列产品研制过程;

(2)单个产品的模块化设计过程:需要根据用户的具体要求对模块进行选择和组合,并加以必要的设计计算和校核计算,本质上是选择及组合过程。

6.(1)由于产品或系统的结构和功能具有层次性,与其相对应的模块也有层次性,即高层模块由低一层次的模块组合而成,最底层的模块则是由零件或元件组成;

(2)按模块的通用化程度还可将模块分为通用模块和非通用模块(专用模块、特别模块);

(3)按其在系列化过程中所处的地位和所起的作用,将某些模块分为基础模块和派生、变形模块;

(4)按模块在产品中的重要程度把构成产品的模块分为主体模块和非主体模块(辅助

模块、附加模块)等。

任务四

1.载荷分担原则、载荷均布原则、载荷平衡原则、减小应力集中原则、提高刚度原则、变形协调原则、等强度原则、其他设计原则。

2.刚度的作用:刚度也表明结构(或系统)的工作能力、刚度的类型。

3.(1)材料的弹性模量;

(2)变形体断面的几何特征数;

(3)变形体的线性尺寸长度 L;

(4)载荷及支承形式。

4.(1)用构件受拉、压代替受弯曲准则;

(2)合理布置受弯曲零件的支承,避免对刚度不利的受载形式准则;

(3)合理设计受弯曲零件的断面形状,尽可能大的断面惯性矩准则;

(4)正确采用肋板以加强刚度,尽可能使肋板受压准则;

(5)用预变形(由预应力产生的)抵消工作时的受载变形准则。

5.机械中的可动零、部件,在压力下接触而做相对运动时,其接触表面间就会产生摩擦,造成能量损耗和机械磨损,影响机械运动精度和使用寿命。因此,在机械设计中,考虑降低摩擦、减轻磨损,是非常重要的问题,其措施之一就是采用润滑。

6.(1)减少摩擦:减轻磨损加入润滑剂后,在摩擦表面形成一层油膜,可防止金属直接接触,从而大大减少摩擦磨损和机械功率的损耗;

(2)降温冷却:摩擦表面经润滑后其摩擦因数大为降低,使摩擦发热量减少;当采用液体润滑剂循环润滑时,润滑油流过摩擦表面带走部分摩擦热量,起散热降温作用,保证运动副的温度不会升得过高;

(3)清洗作用:润滑油流过摩擦表面时,能够带走磨损落下的金属磨屑和污物;

(4)防止腐蚀:润滑剂中都含有防腐、防锈添加剂,吸附于零件表面的油膜,可避免或减少由腐蚀引起的损坏;

(5)缓冲减振作用:润滑剂都有在金属表面附着的能力,且本身的剪切阻力小,所以在运动副表面受到冲击载荷时,具有吸振的能力;

(6)密封作用:润滑脂具有自封作用,一方面可以防止润滑剂流失,另一方面可以防止水分和杂质的侵入。润滑技术包括正确地选用润滑剂、采用合理的润滑方式并保持润滑剂的质量等。

项目五

任务

1.曲柄摇杆、双曲柄、双摇杆。

2.凸轮机构、固定凸轮、浮动凸轮。

3.(1)连杆机构中构件间以低副相连,低副两元素为面接触,在承受同样载荷的条件下压强较低,因而可用来传递较大的动力。又由于低副元素的几何形状比较简单(如平面、圆柱面），故容易加工；

（2）构件运动形式具有多样性。连杆机构中既有绕定轴转动的曲柄、绕定轴往复摆动的摇杆，又有做平面一般运动的连杆、做往复直线运动的滑块等，利用连杆机构可以获得各种形式的运动，这在工程实际中具有重要价值；

（3）在主动件运动规律不变的情况下，只要改变连杆机构各构件的相对尺寸，就可以使从动件实现不同的运动规律和运动要求；

（4）连杆曲线具有多样性。连杆机构中的连杆，可以看作是在所有方向上无限扩展的一个平面，该平面称为连杆平面。在机构的运动过程中，固接在连杆平面上的各点，将描绘出各种不同形状的曲线，这些曲线称为连杆曲线。

4. 平面连杆机构设计通常包括选型和运动尺寸设计两个方面。

5. 由凸轮的回转运动或往复运动推动从动件作规定往复移动或摆动的机构。

6.（1）优点：构件少，运动链短，结构简单紧凑，易于设计。可使从动件得到各种预期的运动规律；

（2）缺点：高副为点、线接触，易磨损，所以凸轮机构多用传递动力不大的场合。

项目六

任务一

1. 设计思想的反求主要应包括设计产品开发的必要性与适应性，产品是在何种条件下产生的，为什么要研制开发这种产品；产品造型的特殊性，这种造型会产生何种效应与影响，是单纯为操作者提供方便，还是具有某种特殊功能；产品的结构特点，有些什么与众不同的特点，进而分析这些特殊结构的特殊原因，以及会造成的结果等。设计思想的反求是贯穿反求全过程的工作，在反求设计中的每一步骤都不要忘记揣摩设计者的意图。

2. 功能原理的反求也是一个分析过程，对于一个已知产品，其总功能是已知的，但深入分析其组成结构时，会发现产品的各组成部分的分功能，乃至功能元并非全了解，因此有必要首先分析组成产品各部分存在的意义。其次应深入分析实现这一功能的工作原理，是简单的机械效应，或是气动与液压的效应，还是电磁等效应；是采用了分割，还是合并原理等掌握了功能原理，就可以变被动为主动，开发出实现同样功能的不同原理，也就实现了从反求到创新的过程。

3. 顾名思义，它是在已有实物条件下，通过试验、测绘和详细分析，再创造出新产品的过程。实物反求包括功能、性能、方案、结构、材质、精度、使用规范等众多方面的反求。实物反求的对象可以是整机、部件、组件和零件。通常实物反求的对象大多是比较先进的设备、产品，包括从国外引进的和国内的先进产品。实物反求应用于技术引进的硬件模式中，是以扩大生产能力为主要目的，在此基础之上，开发创新的新产品。

4. 实物反求设计有如下特点：

（1）具有形象直观的实物；

（2）可对产品的性能、功能、材料等直接进行测试分析，获得详细的的产品技术资料；

（3）可对产品各组成部分的尺寸直接进行测试分析，获得产品的尺寸参数；

(4)起点高,缩短了产品的开发周期;

(5)实物样品与新产品之间有可比性,有利于提高新产品开发的质量;

5. 反求设计(也称逆向设计),是指设计师对产品实物样件表面进行数字化处理(数据采集、数据处理),并利用可实现逆向三维造型设计的软件来重新构造实物的 CAD 模型(曲面模型重构),进一步用 CAD/CAE/CAM 系统实现分析、再设计、数据编程、数控加工的过程。

6. 产品样件→数据采集→数据处理 CAD/CAE/CAM 系统→模型重构→制造系统→新产品。

任务二

1. (1) 独创性。

创造性思维所要解决的问题是不能用常规的、传统的方式解决的问题。它要求重新组织观念,以便产生某种至少以前在思维者头脑中不存在的、新颖的、独特的思维。这就是它的独创性。

它敢于对司空见惯或认为完美无缺的事物提出怀疑,敢于向旧的传统和习惯挑战,敢于否定自己思想上的“ 框框 ”,从新的角度分析问题,寻求更合理的解法 。

(2) 推理性。

推理性是创造性思维的特点之一,它能引导人们由已知探索未知,开阔思路。

推理性通常表现为三种形式:纵向、横向和逆向推理。

①纵向推理针对某现象或问题,立即进行纵深思考,探寻其本质而得到新的启示。

②横向推理则通过某一现象联想到特点与它相似或相关的事物,从而得到该现象的新应用。

(3) 多向性。

创造性思维要求向多种方向发展,寻求新的思路。它可以指从一点向多个方向的扩展,提出多种设想、多种答案。它也可以指从不同角度对一个问题进行思考、求解。

(4) 跨越性。

在创造性思维中常常出现一种突如其来的领悟或理解。它往往表现为思维逻辑的中断,出现思想的飞跃,突然闪现出一种新设想、新观念,使对问题的思考突破原有的框架,从而解决了问题。如门捷列夫就是在快要上车去外地出差时,头脑中突然闪现了未来元素体系的思想。

2. 广义上的反求工程设计是从已知事物的有关信息(包括硬件、软件、照片、广告、情报等)去寻求这些信息的科学性、技术性、先进性、经济性、合理性、国产化的可能性等,要回溯这些信息的科学依据,即要充分消化和吸收,不仅如此,更要在此基础上进行改进、挖潜和再创造。因此,概括起来反求工程设计的基本内容主要包括:产品设计意图与原理的反求、几何形状与结构反求、材料反求、制造工艺反求、管理反求等方面。其反求对象既包含了人们习以为常的实物原型,也包括了软件与影像等对象。所谓实物反求,它是在已有实物的条件下,通过试验、测绘和详细分析,提出再创造的关键。其中包括:功能反求、性能反求以及方案、结构、材质、精度、使用规范等众多方面的反求。

3.(1)整机反求:反求对象是整台机器或设备。如一部汽车、一架飞机、一台机床,也可以是汽车或飞机的一台发动机、成套设备中的某一设备等;

(2)部件反求:反求对象是组成机器的部件。这类部件是由一组协同工作的零件所组成的独立制造或独立装配的组合体。如机器设备上的阀泵、机床的尾架、床头箱等;

(3)零件反求:反求对象是组成机器的基本单元。

4.(1)工作准备。

需广泛了解国际国内同类产品的结构、性能参数、产品系列的技术水平,生产水平、管理水平和发展趋势,以确定是否具备引进的条件。

与此同时,进行反求工程设计的项目分析、产品水平、市场预测、用户要求、发展前景、经济效益等方面的分析研究,写出可行性分析报告。

(2)功能分析。

对反求实物进行功能分析,找出相应的功能载体和工作原理。

(3)反求实物性能测试。

实物性能包括整机性能、运转性能、动态性能、寿命、可靠性等。测试时应把实际测试与理论计算结合起来。

(4)反求实物分解。

分解工作必须保障能恢复原机。不可拆连接一般不分解,尽量不解剖或少解剖。一般先拍照并绘制外廓图,注明总体尺寸、安装尺寸和运动极限尺寸等,然后将机器分解成各个部件。拆卸前,先画出装配结构示意图,在拆卸过程中不断修正,注意零件的作用和相互关系。再将部件分解为零件,归类记数,编号保管。

(5)测绘零件。

完成零件工作图,部件装配图和机器总装图。

5.反求设计是以先进的产品或技术为对象进行深入的分析研究,探索掌握其关键技术,在消化、吸收的基础上,开发出同类型创新产品的设计反求设计的指导思想为:合理选型,结构先进,主要性能指标达到或超过国外同类先进产品的水平。

6.反求尺寸不等于原设计尺寸,需要从反求尺寸推论出原设计尺寸假定所测的零件尺寸均为合格的尺寸,反求值一定是香件图纸上规定的公差范围内的某一数值是事先未知的,反求值应在图纸上规定的最大极限尺寸和最小极限尺寸之间。机械零部件尺寸精度应从其所包含的基本尺寸配合基准制、配合尺寸的极限偏差公差、表面粗糙度和形位公差5个方面的内容进行反求。

项目七

任务一

1.在问题解决之初,首先确定“解“的位置,然后利用TRIZ的各种理论和工具去实现这个“解”;它成功地揭示了创造发明的内在规律和原理,着力于认定和强调系统中存在的矛盾,而不是逃避矛盾;它的最终目标是完全地解决矛盾,获得最终的理想解,而不是采取折中或者妥协的做法;它是基于技术的发展演化规律来研究整个设计与开发过程的,而不再是随机的行为。

2.(1)为了取得创新解,需要解决设计中的冲突,但是解决冲突的某些过程是不知道的;

(2)未知的所需要的情况往往可以被虚拟的理想解代替;

(3)通常理想解可通过环境或系统本身的资源获得;

(4)通常理想解可通过已知的系统进化趋势推断。

3.(1)在 TRIZ 中,问题的分析采用了通用及详细的模型,该模型的系统化知识是重要的;

(2)解决问题的过程是一个系统化的、能方便应用已有知识的过程。

4.TRIZ 中的启发式方法是面向设计者的,不是面向机器的。TRIZ 理论本身是基于将系统分解为子系统,区分有益及有害功能的实践,这些分解取决于问题及环境,本身就有随机性。计算机软件仅起支持作用,而不是完全代替设计者,需要为处理这些随机问题的设计者提供方法与工具。

5.(1)TRIZ 是发明问题解决启发式方法的知识。这些知识是从全世界范围内的专利中抽象出来的;

(2)TRIZ 大量采用自然科学及工程中的效应知识;

(3)TRIZ 利用出现问题领域的知识。这些知识包括技术本身,相似或相反的技术或过程、环境、发展及进化。

6.(1)创造性教育:学习如何解决任何领域(技术、营销、管理、安全等)内的创新问题;

(2)创新问题解决(IPS):系统解决创新问题;

(3)预期故障测定(AFD):积极分析和消除现有或潜在系统故障;

(4)直接进化(DE):开发未来几代系统,并控制系统进化。

任务二

1.将均匀的物体结构,外部环境或作用改为不均匀的,让物体的各部分处于各自动作的最佳状态,让物体的不同部位各具不同功能。

2.在空间上将相同或相近的物体或操作加以组合;在时间上将相关的物体或操作合并。

3.把第一个物体嵌入第二个物体,然后再将这两个物体嵌入第三个物体,让某物体穿过另一个物体的空腔。

4.(1)将物体分割为独立部分;

(2)使物体成为可组合的(易于拆卸和组装);

(3)增加物体被分割的程度。

5.(1)将物体中“负面”的部分或特性抽取/分离出来;

(2)取必要的部分或仅有用的特性;

6.(1)使用柔性外壳和薄膜代替传统结构;

(2)用柔性外壳和薄膜把对象和外部环境隔开。

项目八

任务一

1.(1)工作机构及气阀控制机构组成复杂,零件多;曲轴等零件结构复杂,工艺性差;

(2)活塞往复运动造成曲柄连杆机构较大的往复惯性力,此惯性力随转速的平方增长,使轴承上的惯性载荷增大,系统由于惯性力不平衡而产生强烈振动。往复运动限制了输出轴转速的提高;

(3)曲轴回转两圈才有一次动力输出,效率低;

2.无曲轴式活塞发动机采用机构替代的方法,以凸轮机构代替发动机中原有的曲柄滑块机构,取消原有的关键件曲轴,使零件数量减少,结构简单,成本降低。

一般圆柱凸轮机构是将凸轮的回转运动变为从动杆的往复运动,而此处利用反动作,即当活塞往复运动时,通过连杆端部的滑块在凸轮槽中滑动而推动凸轮转动,经输出轴输出转矩。活塞往复两次,凸轮旋转 360°。系统中没有飞轮,控制回转运动平稳。

这种无曲轴式活塞发动机若将圆柱凸轮安装在发动机的中心部位,可在其周围设置多个气缸,制成多缸发动机。通过改变圆柱凸轮的凸轮轮廓形状可以改变输出轴的转速,达到减速增矩的目的。这种凸轮式无曲轴发动机已用于船舶、重型机械、建筑机械等行业。

3.在改进往复式发动机的过程中,人们发现如果能直接将燃料的动力转化为回转运动必将是更合理的途径。类比往复式蒸汽机到蒸汽轮机的发展,许多人都在探索旋转式内燃发动机的建造。

4.(1)功能设计;

(2)运动设计。

5.运用类比、组合、替代等创新技法进行简单分析。

6.气缸、活塞、连杆、曲轴等主要机件和其他辅助设备组成。

任务二

1.圆柱凸轮数控铣削装置包括工作台直线运动坐标轴和工件回转运动坐标轴,在加工圆柱凸轮时,本装置根据数控加工程序控制工件作旋转进给运动和直线进给运动,通过普通立式铣床工作台的垂直运动进行切深调整,这样就可以实现一条凸轮曲线槽的连续自动化加工。

2.创新思路拟在普通立式铣床上,加装高精度数控装置,将传统的机械技术与现代高新数控技术和电子技术等有机地综合在一起,从而实现高精度的可靠加工要求。

3.圆柱凸轮作为一种机械传动控制部件,具有结构紧凑、工作可靠等突出优点,但其加工制作比较困难。

任务三

1.将曲柄滑块机构与移动凸轮机构(阶梯斜面推杆)有机组合,能实现多项功能:一是机构组合本身结构非常简单、紧凑,可大幅度降低成本及机器的结构尺寸;二是阶梯推杆可有效地防止筷子被卡住而不能自由下落的现象;三是斜面推杆能有效防止筷子未对准出口而被机器顶断的现象;四是斜面推杆可适用所有不同横截面的筷子。

2.当曲柄滑块机构运动时,滑块带动移动凸轮(阶梯斜面)反复移动,将筷子水平送出。推出的一截筷子如果未被取走,则移动凸轮空推,已推出的筷子静候抽取。如果推出的筷子被取走,则上方的筷子在重力作用下会自由下落到箱体底部,而被再次推出。

3.略。

4.(1)小小普通的自行车可以有多种新型原理和结构,而且还会不断改进翻新。可见处处有创新之物,创新设计是大有可为的。

(2)人类和社会的需要是创造发明的源泉。社会的需要促使了自行车的演变,也正是社会的需要产生了各种新型功能和结构的自行车。紧紧抓住社会的需要,将使创新设计史具有生命力。

(3)不断发展的科学理论和新技术的引入,使产品日趋先进和完善。如高速自行车的开发中考虑到空气动力学和人体力学,采用了新型材料和先进结构,还应用计算机辅助手段进行优化,故具有先进的性能。实践证明,充分利用先进设计理论和科学技术是创新设计中必须重视的问题。

任务四

1.为了提高打磨效率和打磨质量,在创新构思的基础上,对成形打磨构件进行了相似诱导移植技术设计。相似诱导移植指的是借助类似或相近的结构和技术,移植相似元中的部分要素或全部要素,结合当前的具体问题,使求解该问题的有用信息幅度大大增加,以至于形成突发性灵感思维,从而获得当前问题的解决。

2.(1)高效:磨削效率为砂轮磨削的4倍以上;

(2)低耗:一般情况下,砂轮旋转运动所消耗的能量占总功率的15%~20%,而维持砂带运动的功率占4%~10%,工作时,磨削热低;

(3)适用范围广:可打磨各种钢轨及进行各种复杂形面的修整;

(4)磨削质量好:表面粗糙度值可小于$Ra(0.1\sim0.5)$,在工件表面的残余应力状态及微观裂纹等方面,优于砂轮磨削;

(5)寿命较高:由于涂附磨料,模具达到新发展和静电植砂砂带的使用,以及抗“粘盖”添加剂的使用,砂带使用寿命可达10~12 h。

因此,在打磨机功能实现上,完全可以引入砂带磨削技术,但它也有下列问题需通过进一步的试验才能解决,即砂带选型、最佳砂带打磨速度、最佳打磨进给量、最佳行走速度等。

3.(1)采用移植创造原理,把切削加工中的砂带磨削技术引入打磨机的设计中,变刚性打磨为柔性打磨,从而改善磨削质量;

(2) 在柴油机气缸盖等复杂曲面砂带磨削装置的诱导启发下,构思出快速、准确打磨钢轨轮廓面的成形打磨头;

(3)现有小型砂轮打磨机都是单轨行驶,由于道岔宽度等于单轨宽度,所以不能打磨道岔,为此运用变性创造原理和技法,设计出双轮行走部分,解决了打磨道岔的问题。

4.(1) 安全实用、轻便,两人能搬动;

（2）能打磨道岔；

（3）能较准确打磨标准钢轨轮廓面；

（4）打磨效率高、质量好，调节方便。

上述性能要求中的大部分是现有小型打磨机所不具备的，也就是新型打磨机应达到的主要功能要求。

参考文献

[1] 张有忱,张莉彦.机械创新设计[M].2版.北京:清华大学出版社,2011.
[2] 张春林,李志香,赵自强.机械创新设计[M].3版.北京:机械工业出版社,2019.
[3] 于惠力,冯新敏.机械创新设计与实例[M].北京:机械工业出版社,2017.
[4] 吴宗泽.机械设计实用手册[M].3版.北京:机械工业出版社,2010.
[5] 王红梅,赵静.机械创新设计[M].北京:科学出版社,2011.
[6] 高志,黄纯影.机械创新设计[M].北京:高等教育出版社,2010.
[7] 孟宪源.现代机构手册[M].北京:机械工业出版社,1994.
[8] 胡成立,朱敏.材料成型基础[M].武汉:武汉理工大学出版社,2001.
[9] 孙桓,陈作模.机械原理[M].北京:高等教育出版社,1996.
[10] 王贵棠.美国的小型钢轨打磨机[J].中国期刊方阵,1986(3):25-27.
[11] 俞尚知.焊接工艺人员手册[M].上海:上海科学技术出版,1991.
[12] 成大先.机械设计手册[M].北京:化学工业出版社,2002.
[13] 陆萍.机械设计基础[M].山东:科技技术出版社,2003.
[14] 单行本.常用工程材料[M].北京:化学工业出版社,2004.
[15] 郑文伟,吴克坚.机械原理[M].北京:高等教育出版社,1997.
[16] 高志,刘莹.机械创新设计[M].北京:清华大学出版社,2009.
[17] 张春林.机械创新设计[M].北京:机械工业出版社,2007.
[18] 李立斌.机械创新设计基础[M].长沙:国防科技大学出版社,2002.
[19] 丛晓霞.机械创新设计[M].北京:机械工业出版社,2002.
[20] 裘祖荣.精密机械设计基础[M].2版.北京:机械工业出版社,2016.
[21] 王隆太.先进制造技术[M].2版.北京:机械工业出版社,2015.
[22] 吕庸厚,沈爱红.组合机构设计与应用创新[M].北京:机械工业出版社,2008.
[23] 强建国.机械原理创新设计[M].武汉:华中科技大学出版社,2008.
[24] 沈萌红.TRIZ 理论及机械创新实践[M].北京:机械工业出版社,2015.
[25] 王波,张美麟.椭圆齿轮连杆机构的运动分析[J].北京化工大学学报,2003,3:60-62.
[26] 檀润华.创新设计[M].北京:机械工业出版社,2002.
[27] 刘仙洲.中国机械工程发明史[M].北京:科学出版社,1962.
[28] 贾延林.模块化设计[M].北京:机械工业出版社,1993.